国家出版基金项目
NATIONAL PUBLICATION FOUNDATION

中国西南岩溶碳循环及全球意义

Karst Carbon Cycle in Southwest China and Its Global Significance

曹建华 蒋忠诚 袁道先 等 编著

测绘出版社
·北京·

内容简介

本书在岩溶动力系统理论的指导下，详细论述了中国西南碳酸盐岩形成、岩溶分布与发育特征，并通过大量野外岩溶碳循环调查研究数据和影响因素的剖析、规律的总结，提出流域尺度岩溶碳循环与碳汇效应模式，以及人为干预固碳增汇技术途径；结合全球岩溶分布的广泛性、陆地风化研究的最新进展，分析了岩溶碳循环及碳汇效应的全球意义。

本书以最新数据、全球视野阐述岩溶地质过程对全球碳循环的影响和贡献，是应对全球气候变化、努力增加碳汇的新途径。本书可供地质学、生态学、全球气候变化与区域可持续发展等领域的科技工作者、高等院校师生参考。

图书在版编目（CIP）数据

中国西南岩溶碳循环及全球意义 / 曹建华，蒋忠诚，袁道先，等编著. -- 北京：测绘出版社，2023.4
ISBN 978-7-5030-4416-8

Ⅰ.①中…　Ⅱ.①曹…　Ⅲ.①岩溶地貌—碳循环—研究—西南地区　Ⅳ.①P931.5

中国版本图书馆CIP数据核字（2022）第031181号

中国西南岩溶碳循环及全球意义
Zhongguo Xinan Yanrong Tanxunhuan ji Quanqiu Yiyi

责任编辑　刘　策　　**封面设计**　李　伟　　**责任印制**　陈姝颖

出版发行	测绘出版社	**电　话**	010-68580735（发行部）
地　址	北京市西城区三里河路50号		010-68531363（编辑部）
邮政编码	100045	**网　址**	www.chinasmp.com
电子信箱	smp@sinomaps.com	**经　销**	新华书店
成品规格	210mm×297mm	**印　刷**	北京新华印刷有限公司
印　张	14.25	**字　数**	350千字
版　次	2023年4月第1版	**印　次**	2023年4月第1次印刷
印　数	0001—1500	**定　价**	128.00元

书　号　ISBN 978-7-5030-4416-8
审图号　GS（2021）6815号

《中国西南岩溶碳循环及全球意义》

编　委　会

序一

联合国政府间气候变化专门委员会（IPCC）评估包括三个组成部分：气候变化事实、脆弱性与影响、缓解与适应。我很高兴看到在第五次评估报告中，有两处与现代岩溶地质作用密切相关的内容：一是将“碳酸盐岩风化碳循环与碳汇效应过程”与硅酸盐岩分离，将其对现代地球碳循环影响的时间尺度确定为千年～万年（10^3～10^4a），而硅酸盐岩的时间尺度仍然确定为万年～百万年（10^4～10^6a）；二是将碳酸钙作为去除大气CO_2的技术途径之一，与陆地生态过程、海洋过程、人工捕获与地质储存相并列，时间尺度确定为百年～千年（10^2～10^3a），这是前四次评估报告中没有的。自此，我一直关注中国在岩溶地质领域去除大气CO_2调查研究方面的进展情况。

2019年1月，《中国气候与生态环境演变：2021》评估报告启动，何大明先生承担第二部分第21章，并邀请了联合国教科文组织国际岩溶研究中心常务副主任曹建华同志参加，在与其交流过程中，了解到中国岩溶地质研究的最新进展，尤其是当我看到他们编写的《中国西南岩溶碳循环及全球意义》一书的稿件时，很是高兴。

《中国西南岩溶碳循环及全球意义》一书是曹建华同志所在团队近10年来的研究成果，全书分为5章：第1章，中国西南岩溶碳循环发生的地质背景；第2章，中国西南岩溶碳循环的影响条件；第3章，中国西南典型岩溶流域碳循环过程与碳汇效应；第4章，流域尺度岩溶碳循环调查研究方法及人为干预固碳增汇技术；第5章，岩溶碳循环的全球意义。其中，第3章～第5章的内容给我留下深刻的印象：第3章根据岩溶地质碳循环的主要影响因子，选择了具有代表性的流域，采用大量第一手的数据、多种技术方法进行详细论述，工作非常扎实，说服力强。第4章提出一个与应对气候变化密切相关的、新的岩溶地质研究的理论“流域尺度岩溶碳循环及碳汇效应”，揭示了一些全新的认识，如碳酸盐岩溶解风化消耗的CO_2主要来源于土壤；岩溶流域中水–气界面CO_2释放通量越大，意味着岩溶碳汇效应越强；碳酸盐岩溶解风化产生的碳、钙、酸不溶物的地球化学行为决定了岩溶生态环境的脆弱性和敏感性等新结果；更为重要的是，本书提出了四种可人为干预固碳增汇的技术，为缓解全球气候变化、增加碳汇提供了新的途径，也为岩溶地质碳汇进入碳交易市场奠定了基础。第5章针对全球岩溶分布及岩溶碳循环过程，收集大量文献资料，将碳酸盐岩岩石风化过程与陆地生态、水生生态、海洋生态过程相连接，阐述了岩溶碳循环在全球碳循环中的地位及其与生物圈的关系。

中国岩溶地质研究在国际上具有明显的地域优势和学术优势。全球岩溶面积为2 200万km^2，约占陆地面积的15%，分布在130多个国家。中国是岩溶大国，各类岩溶分布面积为344万km^2。岩溶地质作用对气候环境变化响应敏感，对大气、土壤碳循环影响强烈，岩溶是地球表层系统的重要组成部分，中国地质调查局2010年以来先后启动相关的项目，开展了大量相关的调查研究。此书的出版不仅是联合国教科文组织国际岩溶研究中心建设的重要成果，而且书中的创新性成果也进一步巩固了我国岩溶地质研究的领先地位。

在此书出版之际，我很期待中国“岩溶碳循环及碳汇效应”调查研究技术方法在“一带一路”沿线国家推广，并取得新成果，服务国家需求。

2022年7月

郭正堂，中国科学院院士。

序二

“地球关键带”是破解“地球系统科学”定量化研究的技术手段，地球关键带是“地球系统科学”的发展。地球关键带的结构具有三个基本特性：垂向的分层性、横向的异质性和流域的完整性。地球关键带物质循环系统中，涉及大气圈、水圈、生物圈和岩石圈，其核心是岩石圈与生物圈间的相互作用和相互影响，连接两者间物质交换的是水文过程和生物地球化学过程。中国以碳酸盐岩为主的岩溶地质体是开展地球关键带研究的优势地质体：其一，全球碳酸盐岩出露面积约占陆地面积的15%，岩溶环境脆弱、富钙偏碱，是地球表层系统的重要组成部分；其二，碳酸盐岩的平均溶解速率是硅酸盐岩的近百倍，加上地壳间歇式的抬升，在岩溶关键带垂向上出现多层洞穴系统，为揭示关键带结构和物质循环过程提供便利条件；其三，岩溶水文介质的多重性，地表与地下的两大水文系统，为地球关键带水文过程研究提供了丰富的内涵；其四，快速的碳酸盐岩风化溶解过程，强烈影响地表生态过程，在一定程度上，其影响度可与大气圈相媲美。

《中国西南岩溶碳循环及全球意义》研究专著收录了作者团队近10年的工作积累，梳理总结了大量第一手观测、调查的数据，研究过程充分利用了地球化学的技术方法，追踪岩溶碳循环的过程，提出“流域尺度岩溶碳循环及碳汇效应”新概念，获得丰富的资料数据和若干新认识，如：漓江流域碳稳定同位素地球化学的追踪，揭示碳酸盐岩溶解风化消耗的CO_2主要来源于土壤，即生物作用产生的CO_2是碳酸盐岩风化的主要驱动力；水文地球化学计量和同位素相结合，揭示了不同气候条件下，水体中碳来源、变化和各自比例；揭示了岩溶流域石膏层风化溶解和酸沉降对岩溶碳循环的减汇效应的地球化学原理；给出了在地下河补给的岩溶水库、湖泊和河流中，丰富的碳源促进水生植物光合作用，无机碳转化为有机碳的生物地球化学证据。

本书不仅是揭示碳酸盐岩风化溶解、迁移、沉积过程和产物的岩溶地质方面的研究专著，同时也是融合岩石圈与生物圈相互作用，揭示岩溶关键带碳循环过程和地球化学过程的研究专著，对深入认识地球系统物质循环具有重要的借鉴作用。我很高兴看到在本书的第1章“中国西南岩溶碳循环发生的地质背景”中，作者系统梳理了中国西南裸露岩溶区地表岩溶发育类型与碳酸盐岩地层和地质构造的内在关系，地质背景制约岩溶发育类型，气候条件影响岩溶发育程度。

我很高兴为此书写序，也很愿意将此书推荐给对岩溶地质、岩溶景观和应对全球气候变化感兴趣的科技工作者和广大读者。同时也很期待中国“岩溶碳循环及碳汇效应”调查研究技术方法，借助联合国教科文组织国际岩溶研究中心的平台，向其他岩溶国家尤其是“一带一路”沿线国家推广，取得更大成果。

2022年7月

刘丛强，中国科学院院士。

前　言

地球的碳循环可分为两类：其一是由植物光合作用驱动的生物碳循环，是短时间尺度碳循环，对现代地球碳循环具有明显的影响；其二是岩石风化驱动的地质碳循环，是长时间尺度碳循环，对过去地球碳循环具有明显的影响。两者是否存在截然的分界？岩石风化能否产生短时间尺度碳汇效应？针对这些问题，各国科学家在近30年进行了不懈的努力，具有代表的成果主要有两个：其一是国际地质对比计划IGCP①379“岩溶作用与碳循环”（1995—1999），结合40多个国家的观测数据，获得全球碳酸盐岩风化溶解每年消耗大气或土壤的CO_2达0.6 Pg C，这相当于“遗漏汇”的1/3；其二是IGCP 404“过去12.5万年陆地碳循环”(1996—1999)，法国200多个小流域的统计数据，给出了陆地岩石风化消耗大气和土壤CO_2的GEM-CO_2模型，在该模型中，不同岩石风化产生的碳汇通量被赋予不同系数，系数越大，碳汇通量越大，碳酸盐岩被赋予的系数是砂岩的10倍、变质岩的16.7倍。由此可见，碳酸盐岩风化可产生可观的短时间碳汇效应。

2010年以来，中国地质调查局启动“岩溶碳循环及碳汇效应”等系列相关的调查研究项目，2016年国家自然科学基金委员会也启动重点项目“漓江流域岩溶碳循环与水循环耦合机制及模型研究”（41530316）。在大量资料数据获取、归纳梳理的基础上，提出“岩溶流域碳循环及碳汇效应”新概念，编制了地质矿产行业标准《岩溶碳循环调查及碳汇效应评价指南》（DZ/T 0375—2021）。

岩溶碳循环及碳汇效应调查研究是一次探索性的工作。“岩溶流域碳循环”入选《中国大百科全书（第三版）》的新词条，岩溶碳循环是指在碳酸盐岩风化这一外动力地质作用下，产生碳转移、碳迁移和碳转化过程，并产生碳汇效应的现象。作为首部“岩溶碳循环及碳汇效应”研究专著，本书在解剖影响岩溶碳循环影响因素的基础上，主要有以下两个方面的新认识。

其一是岩溶碳循环过程的新认识：①驱动碳酸盐岩风化溶解的CO_2主要来源于土壤–植物（生态成因）；②具有侵蚀性的外源水（来自硅酸盐岩区的水）进入岩溶区，可促进岩溶碳循环，当碳酸盐岩分布面积占流域面积50%左右时，岩溶碳汇效应增加最大；③洞穴次生化学沉积物沉积逃逸的CO_2只占岩溶水体中很少部分，绝大部分随水流进入地下河；④当岩溶地下水出露地表时，基本处于过饱和状态，碳形态主要发生两方面的变化，一方面是高CO_2分压岩溶水，导致水体中CO_2向大气释放，水溶态碳转化为气态碳，另一方面是高无机碳的岩溶水，刺激水生植物光合作用，将无机碳转化为有机碳，其中部分有机碳沉积在淡水水体中，绝大部分的碳稳定地保存在水体中，随河流入海；⑤珠江流域动态监测的结果显示，碳酸盐岩岩石圈风化溶解消耗大气、土壤的CO_2，其中15%返回到大气圈，32%转移到生物圈（27%进入海洋，5%混合于水体底部沉积物），53%保留在

① 2003年以后，国际地质对比计划更名为国际地球科学计划（International Geoscience Programme，IGCP）。

水圈。

其二是人为干预岩溶碳循环过程，增加碳汇效应的技术途径：①人工造林种草，提高地表植被覆盖率，增强生物碳循环强度，加速地下碳酸盐岩风化溶解，增加岩溶碳汇效应；②土壤改良，在改善养分元素供给状况的同时，提高土壤碳循环强度，影响岩溶碳循环，可增加岩溶碳汇效应；③引入外源水（来自硅酸盐岩区）的灌溉，可加强碳酸盐岩风化溶解，增加岩溶碳汇效应；④培育适合的水生植物，可提高岩溶水体中无机碳向有机碳转化，稳定碳在水体中赋存，增加岩溶碳汇效应。

从本书的监测研究结果基本可以回答前面提出的两个问题：①岩石风化能否产生短时间尺度碳汇效应？回答是肯定的，主要理由有两个，其一全球尺度看碳酸盐岩风化溶解产生的碳汇通量相当于森林碳汇通量的20%～50%，其二岩溶碳循环过程强烈影响着地球陆生淡水生态系统；②地质碳循环与生物碳循环两者是否存在截然的分界？回答是，岩溶地质碳循环（岩溶碳循环）与生物碳循环两者不能截然分开，因为碳酸盐岩风化溶解、岩石圈活化，消耗的CO_2主要来源于生物圈，碳酸盐岩中重碳制约着生物碳循环过程，岩溶系统中的碳循环过程融合了地质碳循环和生物碳循环。在联合国政府间气候变化专门委员会第五次评估报告中，针对碳酸盐岩风化溶解产生碳汇效应的时间尺度确认为10^3～10^4 a，比硅酸盐岩的时间尺度提高1～2个数量级。

本书共分为5章：第1章“中国西南岩溶碳循环发生的地质背景”主要由曹建华、杨慧、白冰等完成；第2章“中国西南岩溶碳循环的影响条件”主要由蒲俊兵、曹建华、李建鸿、张陶等完成；第3章“中国西南典型岩溶流域碳循环过程与碳汇效应”是本书的主体，累积了众多研究工作者的辛勤劳动，其中主要作者包括张春来、覃小群、曹建华、张连凯、黄奇波、于奭、黄芬、康志强、杨慧、吴夏、王培、史婷婷等；第4章“流域尺度岩溶碳循环调查研究方法及人为干预固碳增汇技术”由李强、梁月明、杨慧、王培、朱同彬等完成；第5章“岩溶碳循环的全球意义”主要由曹建华、黄芬、吴夏等完成。

本书的成果研究得到国家重点研发计划项目“喀斯特断陷盆地石漠化演变及综合治理技术与示范”（2016YFC0502500）、国家自然科学基金委员会重点基金项目“漓江流域岩溶碳循环与水循环耦合机制及模型研究”(41530316)、中国地质调查局“全国地质环境创新工程”、中国地质调查局计划项目“应对全球气候变化地质研究”、中国地质调查局二级项目“长江、珠江、黄河岩溶流域碳循环综合环境地质调查”（DD20160305）、广西重点研发计划项目“广西岩溶生态系统碳汇功能及固碳潜力提升技术研究与示范”（桂科AB22035004）、广西科学研究与技术开发计划项目“广西岩溶碳汇监测与计量技术方法研究”（桂科合14125008-2-1）、IGCP-661“岩溶关键带过程、资源环境可持续（2017—2021）”的资助。

本书在撰写过程中，得到丁梦凯、周孟霞、黄思宇、郑焕君、霍俊伊、闵佳、莫春梦、李菁、苏悦、张清华、黄炳惠、王修华、张鹏、任梦梦、马俊飞等的大力支持，他们为本书图件的数字化付出了努力，本书也包括了他们学位论文的贡献，在此一并致谢。

希望本书对从事岩溶地质、岩溶地貌、岩溶地球化学、岩溶生态和应对气候变化的研究工作者有所启迪。受编写人员水平和数据资料的限制，书中难免存在疏漏或不足，敬请读者批评指正。

目　录

第❶章

中国西南岩溶碳循环发生的地质背景

碳酸盐岩是岩溶碳循环发生的物质基础。碳酸盐岩的形成演化（古地理、地层）既是地球历史碳循环、碳汇效应的重要环节，也是现代岩溶碳循环的物质基础。古地理格局变迁和构造运动是岩溶形态塑造和岩溶碳循环的重要影响因素。

§1.1　古地理与中国西南碳酸盐岩地层

中国西南岩溶地区是指滇、黔、桂、湘、川、渝、粤、鄂等8个省（自治区、直辖市）的集中连片分布区（图1.1），碳酸盐岩出露的面积达5.4×10^5 km^2，主要位于扬子–华南板块。

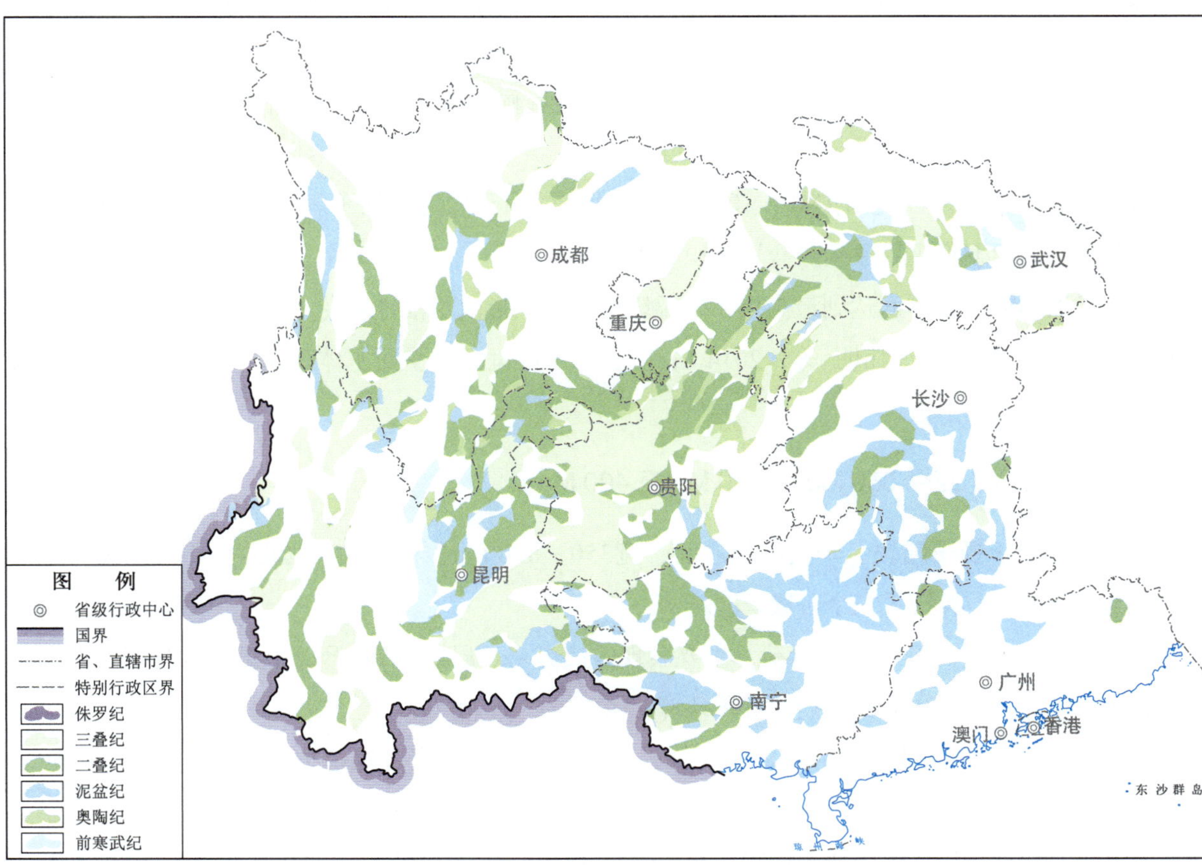

图1.1　中国西南不同地质年代碳酸盐岩空间分布

碳酸盐岩在地壳浅表层（平均厚度2.2 km）中所占比例随地球演化而增加，显生宙地层碳酸盐岩占22.5%，比晚元古宙的11%增加了一倍。我国碳酸盐岩占沉积岩的55%，广泛分布在各个地质年代中，集中分布在古生代（刘宝珺，1980；李大通，1985）。碳酸盐岩主要形成于温暖、清洁的浅海海洋环境，与海洋生物活动关系密切（Fairbridge，1978；刘志礼，1990；Ferris et al，1994）。换言之，碳酸盐岩的沉积需要较为苛刻的形成环境和条件。

1.1.1 板块运动、海平面变化与碳酸盐岩形成

中国西南岩溶区碳酸盐岩形成的构造域，主要隶属于扬子地台和华南褶皱系，与扬子–华南板块运动密切相关，大致经过三个阶段（刘宝珺 等，1994）。

1. 南方原始刚性陆核 – 地台基底形成（1 700 Ma ~ 1 800 Ma 至 850 Ma ~ 800 Ma）

1 800 Ma前，伴随着浙–闽运动，形成原始的华夏陆块（陆核为澳大利亚古大陆分离而来）（赵风清 等，1995；王鹤年 等，2006）；1 700 Ma前，伴随着小官河运动，形成原始的扬子陆块，两者之间为华南洋（华南盆地）。华南洋与华夏大陆组成华夏板块，扬子大陆为扬子板块。

距今1 050 Ma ~ 1 000 Ma，伴随着四堡运动，扬子板块形成增生的大陆东南边缘褶皱带，同时发生一次裂谷作用。距今850 Ma ~ 800 Ma（震旦纪），伴随着晋宁运动，扬子板块东南边缘增生。华夏陆块在浙江江山以东开始汇聚拼合，形成江绍缝合带。四堡运动、晋宁运动主要表现为华南洋向扬子陆块、华夏陆块俯冲。晋宁运动后期（震旦纪开始），地壳消减，收缩环境转化为拉张扩展环境，华夏陆块向东、扬子陆块向西形成华南裂谷盆地，同时也导致中国南方早古生代发生了与全球一致的海平面上升现象。震旦纪至早古生代的碳酸盐岩主要发育在扬子板块上，与构造演化、海进海退过程相吻合。晚震旦世扬子陆块碳酸盐岩的形成是在早震旦世全球冰川运动结束后，大规模的海平面上升淹没扬子陆块，加上当时的气候、海洋生物条件，有利于台地型的碳酸盐岩形成。

萌芽期的碳酸盐岩以陡山沱组、灯影组藻类建造的白云岩为特征（唐天福 等，1980）；晚震旦世晚期，海平面下降，导致碳酸盐岩沉积的中断。

早寒武世早期，海平面达到最高位，气温缓慢上升，形成沧浪铺和龙王庙碳酸盐岩缓坡沉积环境（冯增昭 等，2001；冯伟明 等，2014）；中、晚寒武世，海平面主体表现为下降阶段，碳酸盐岩沉积向深海的方向推进。

2. 南华造山带形成（距今 850 Ma ~ 800 Ma 至 400 Ma）

华南盆地介于扬子陆块、华夏陆块之间，宽350 ~ 800 km，存在时间为近1亿年。加里东运动期，华南盆地的消亡经历了三个阶段。

（1）寒武纪–奥陶纪的郁南运动，主要表现为武夷–云开地区的隆升；中奥陶世晚期，浙闽沿海盆地封闭隆升，逐渐缺失碳酸盐岩沉积环境。

（2）奥陶纪扬子陆块的边缘海海水变深，碳酸盐岩沉积演变成黑色页岩、炭质页岩、硅质岩沉积，华夏陆块明显扩大，华南海面积显著减少（刘宝珺 等，1994）。

（3）志留纪华南海成逆冲造山带，向西北方向推挤，大量陆源碎屑由东向西堆积在扬子陆

块上，除钦防海槽外，扬子陆块和华夏陆块连成统一的南方大陆；志留纪末发生广西运动，形成南华造山带。该阶段海平面处于总体下降阶段，地壳运动主体表现为由东向西进行挤压收缩。

3. 扬子 – 华南统一板块的形成与演化（400 Ma 至 200 Ma）

自泥盆纪起，整个华南地区具有了统一的古地理和构造格局，地层可以横向追索和对比，此时古地理、古构造出现的一个重要变化是从“南隆北坳”转变为“南坳北隆”。碳酸盐岩的沉积则随着海平面新一轮的上升，进入新一轮的沉积旋回，碳酸盐岩的发育受控于海平面的变化，形成海侵性沉积，由南向北、由海向陆推进。南方大陆的南部钦防海槽，成为第二次海平面上升、海水入侵的通道，并发展扩大了滇黔桂海、湘桂海、下扬子海和北部的南秦岭海。

早泥盆世早期滇黔桂海海域较小；中期海侵扩大，滇黔桂海全部贯通；晚期古大陆剥蚀夷平，陆源物质减少，发育大量碳酸盐岩。中泥盆世中期，海平面继续上升北进，湘桂海形成，海盆内的台地、台盆沉积分异明显。晚泥盆世，滇黔桂海、湘桂海达到最大扩展和最大分异，海域向北推进400 ~ 500 km；晚泥盆世末期，发生海退运动，海盆收缩变浅。

石炭纪海平面的变化受控于南半球冰川活动，同时受特提斯构造域的影响，存在4次区域性的海平面变化。因此，可分为2个阶段4个时期：早石炭世和晚石炭世；岩关期、大塘期、威宁期和马平期（冯增昭 等，1999）。

二叠纪时，古特提斯洋的打开，造成中国南方最大的海侵，海域几乎覆盖整个南方大陆。早二叠世栖霞期，中国南方形成岩相、厚度稳定的巨型碳酸盐岩大缓坡； 早二叠世茅口期，华夏古陆出露，尤其在早二叠世末，发生东吴运动，中国南方大陆再次上升，遭受剥蚀，钦防海槽关闭； 晚二叠世吴家坪期是海退期，滨海、三角洲沉积广泛，是重要的成煤期； 晚二叠世长兴期是海侵期，是中国南方碳酸盐生物礁最为发育的时期，其分布广、类型多。

三叠纪时，中国南方古陆海平面主体下降，陆内挤压造山，结束了海洋沉积，是重要的成盐、成煤时期。但在早三叠世至中三叠世印支运动前，继承了晚二叠世碳酸盐岩的沉积发展，且碳酸盐岩面积有所扩展（图1.2）；中三叠世安尼期，发生一次大的海退，同时发生以挤压造山为特征的印支构造运动（图1.3）；晚三叠世强烈的印支运动，中国南方海相沉积转变为陆相沉积（图1.4）。此时，中国北方的中朝地台与扬子–华南地台拼合，形成秦岭–大别山造山带。

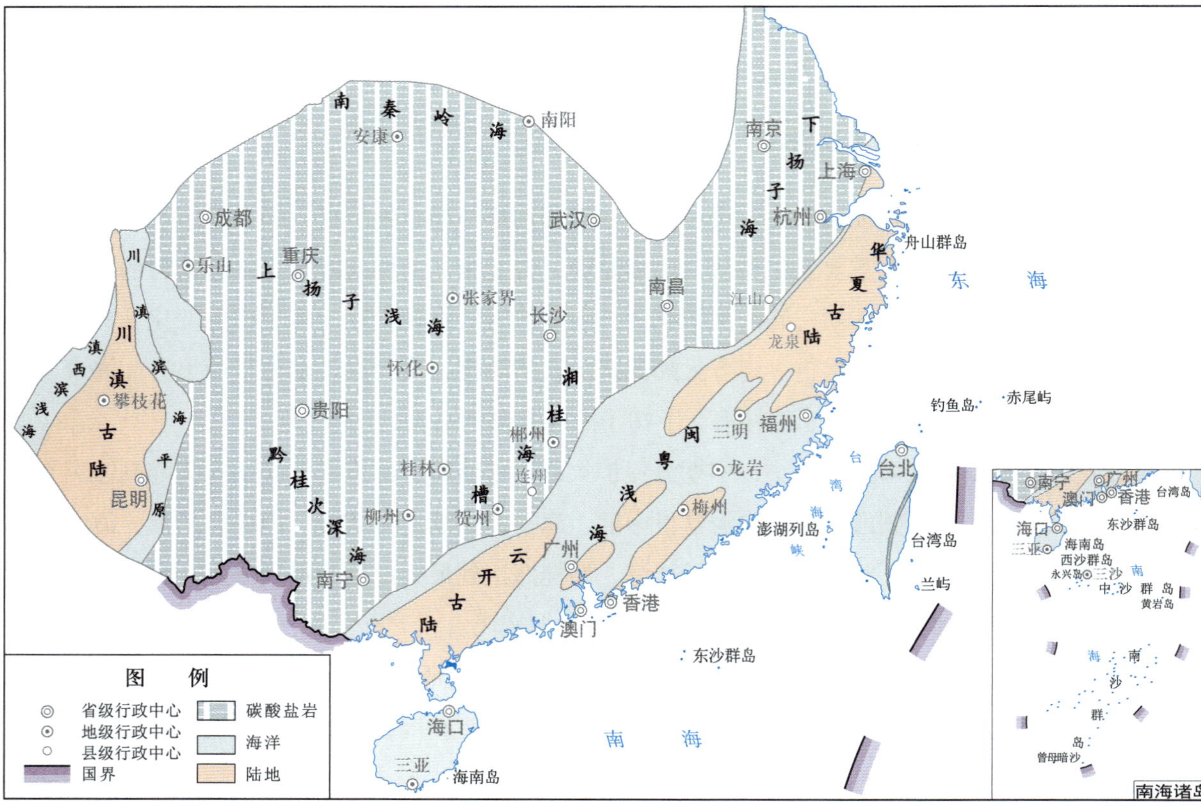

图1.2 中国南方早三叠世奥伦期岩相古地理图

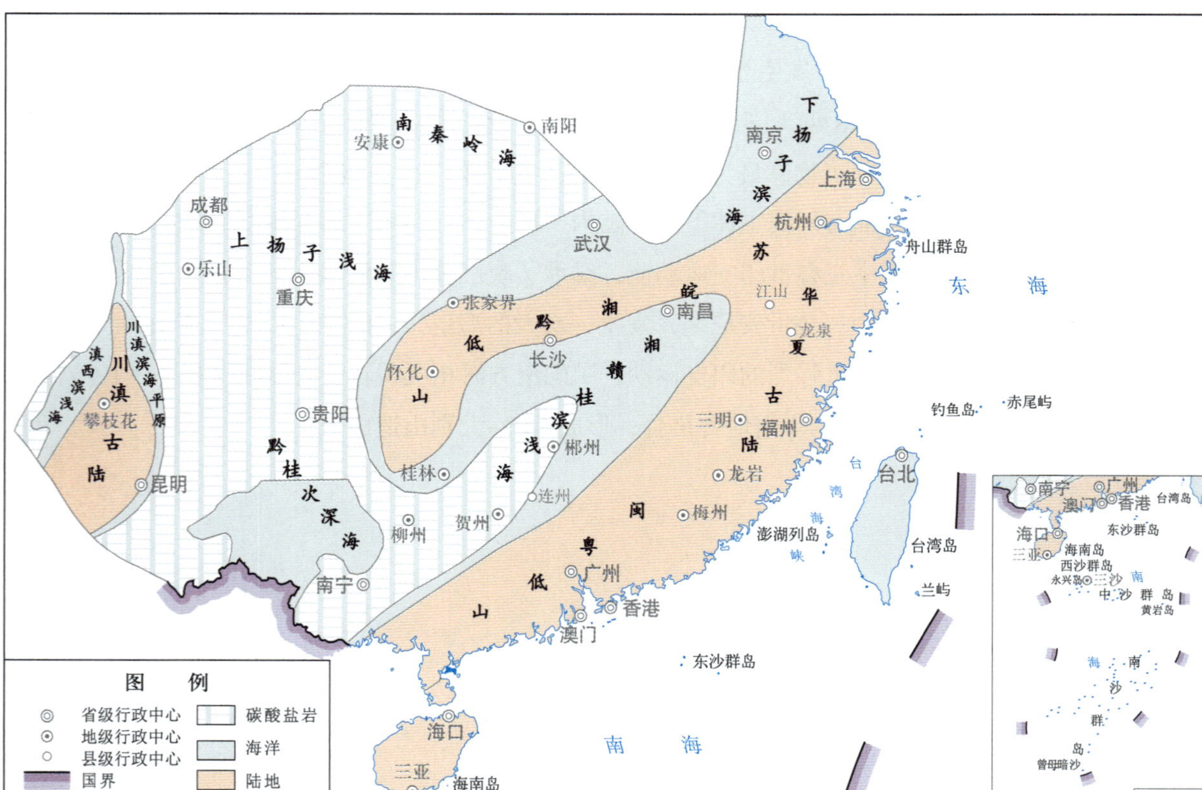

图1.3 中国南方中三叠世安尼期岩相古地理图

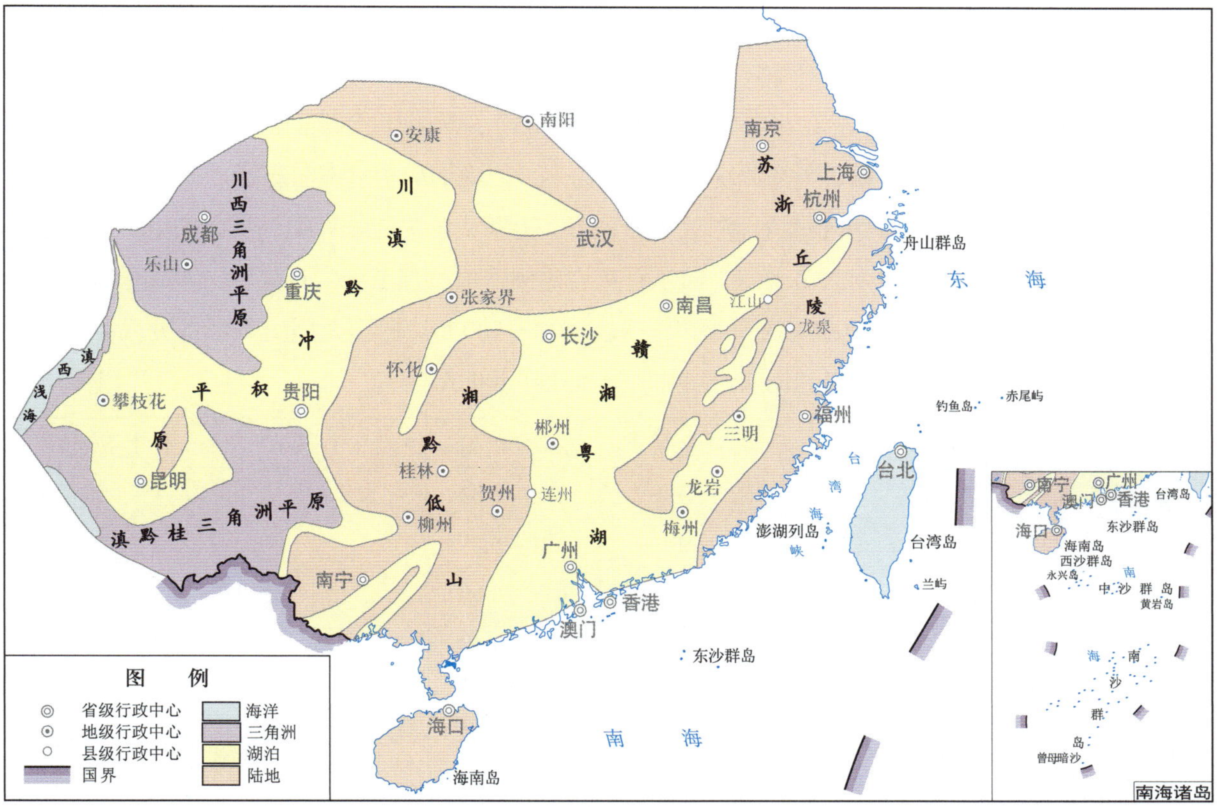

图1.4　中国南方晚三叠世诺利期–瑞替期岩相古地理图

1.1.2　中国西南碳酸盐岩地层

1. 碳酸盐岩地层的基本特征

根据扬子地台和华南褶皱系的地质演化过程，中国西南碳酸盐岩的地层主要有两大体系，即扬子地台碳酸盐岩地层序列和华南褶皱系碳酸盐岩地层序列。扬子地台，主要是上中扬子地台，从震旦纪至整个古生代均有碳酸盐岩地层；华南褶皱系碳酸盐岩，主要为晚古生代至早中生代地层（泥盆纪至早中生代）（图1.5）。

1）扬子地台碳酸盐岩地层

在震旦纪至三叠纪地层层序中，扬子地台碳酸盐岩地层均有不同程度的出露，且碳酸盐岩与碎屑岩多次反复交替沉积，揭示其曲折漫长的碳酸盐岩沉积历史（李大通，1985）。与沉积古地理相对应，扬子地台碳酸盐岩地层大致可分为4个主要沉积阶段。

（1）新元古代末震旦纪（梅冥相 等，2006）：下震旦统陡山沱组及上震旦统–下寒武统灯影组一般为白云岩，厚度变化大，西部康滇地轴东侧最厚，可达千米以上；江南古陆附近最薄，仅几十米，不纯碳酸盐岩比例也较大。

从上扬子区的典型地层层序看，从北西至南东存在有规律的变化：在西北部的浅水地区，灯影组白云岩地层厚度较大（400 ~ 600 m），而且在其中部发育较多的颗粒和泥粒白云岩、藻白云岩，相应地，在陡山沱组中发育盆地相黑色页岩系和陆棚相炭质泥质白云岩；在东南部的深水背景中，震旦系厚度明显变小（数十米至百余米），陡山沱组以硅质岩为主，灯影组白云岩中夹硅质层，难以详细划分三级层序而组成一个凝缩序列（图1.6）。

（2）早古生代清虚洞期至红花园期（李大通，1985）：早古生代碳酸盐岩以中、上寒武统为主体，几乎全为碳酸盐岩沉积；下寒武统以碎屑岩为主，但晚期沉积清虚洞灰岩。

寒武系：早寒武世末开始沉积清虚洞组灰岩；中、上寒武统（陡坡寺组、娄山关组）几乎全部为碳酸盐岩沉积，贵州、川南为白云岩，向东石灰岩比例增加，直至全为石灰岩。寒武系碳酸盐岩厚度在湘、鄂西部和贵州为2 000余米，四川一般在400 ~ 700 m。西部龙门山一带部分或全部缺失中、上寒武统，岩性中泥质灰岩和泥灰岩增加，厚度小于400 m。

地质时期的层位				距今年龄/Ga	扬子地台	华南褶皱系
新生界	第四系		Q	0.01 ~ 0.02		
	新近系		N	0.10 ~ 0.25		
	古近系		E	0.25 ~ 0.80		
中生界	白垩系		K	0.80 ~ 1.40		
	侏罗系	上统	J_3	1.40 ~ 1.95		
		中统	J_2			
		下统	J_1			
	三叠系	上统	T_3	1.95 ~ 2.30		
		中统	T_2			
		下统	T_1			
古生界	二叠系	上统	P_3	2.30 ~ 2.80		
		中统	P_2			
		下统	P_1			
	石炭系	上统	C_2	2.80 ~ 3.50		
		下统	C_2			
	泥盆系	上统	D_3	3.50 ~ 4.10		
		中统	D_2			
		下统	D_1			
	志留系		S	4.10 ~ 4.40		
	奥陶系	上统	O_3	4.40 ~ 5.00		
		中统	O_2			
		下统	O_1			
	寒武系		Є	5 ~ 6		
元古界	震旦系	上统	Z_2	6 ~ 17		
		下统	Z_1			
	古元古界		Pt	17 ~ 25		
太古界			Ar	25 ~ 35		

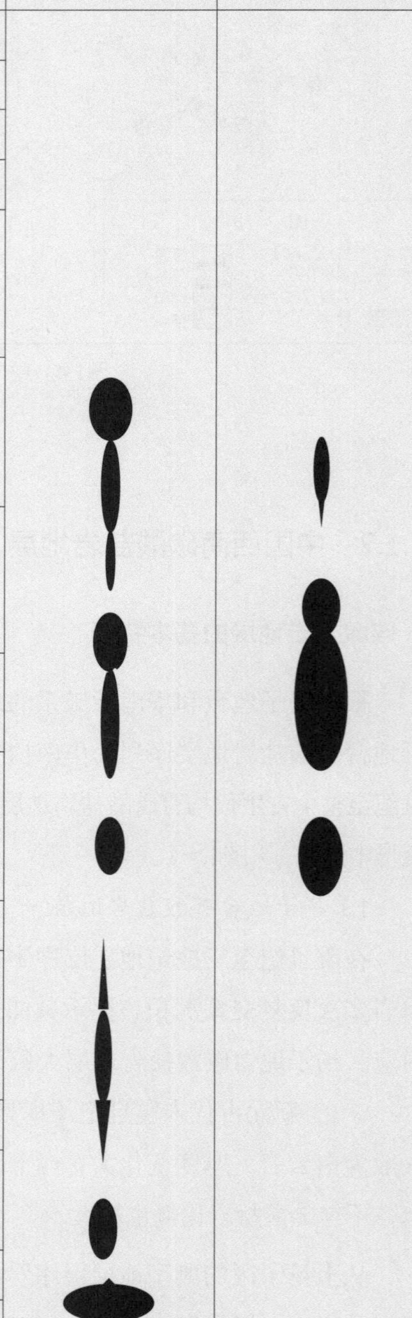

图1.5　扬子地台与华南褶皱系碳酸盐岩地层在时间尺度上的变化对比

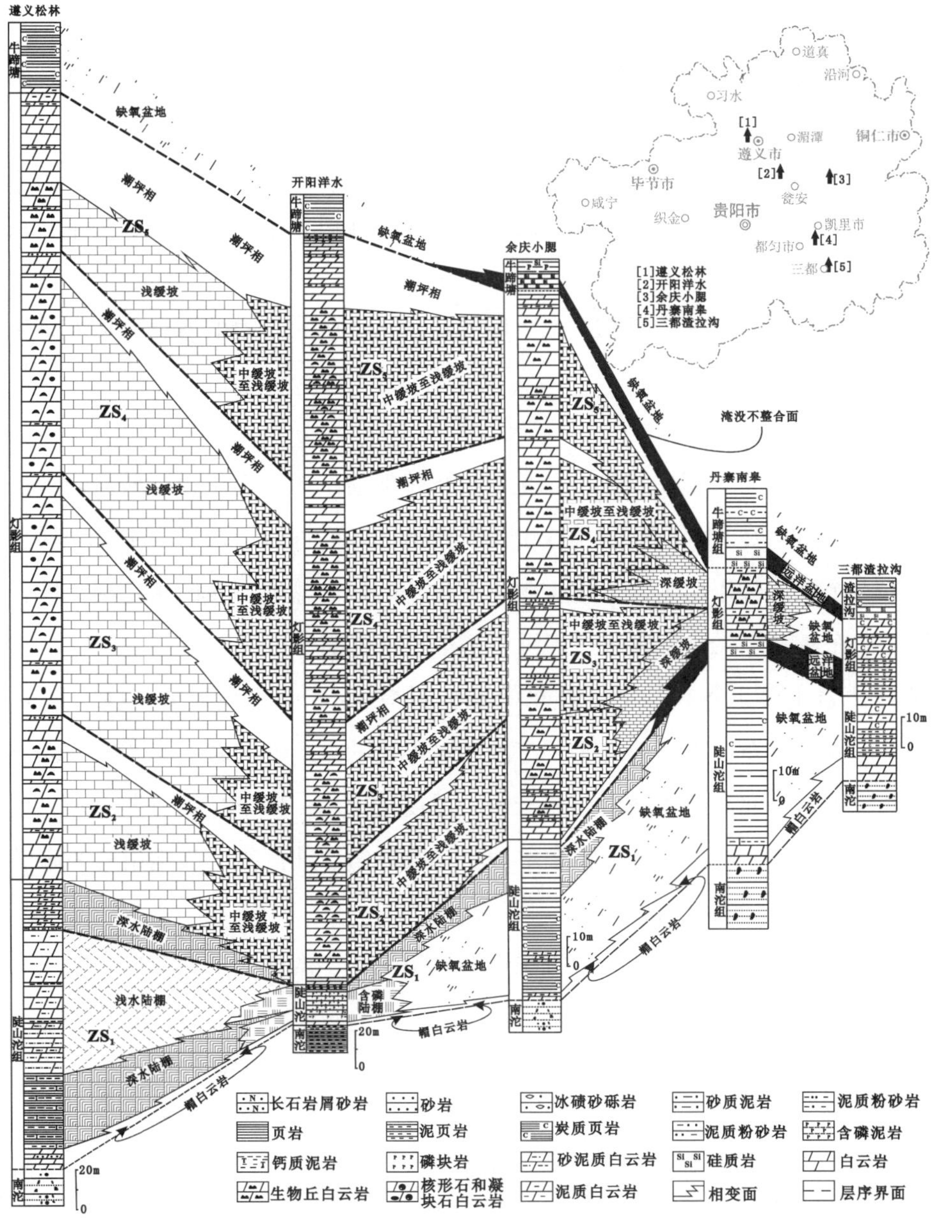

ZS_1至ZS_5代表震旦系中划分出的5个三级层序，自北西向南东变为一个凝缩序列

图1.6　上扬子区典型地层层序对比

奥陶系：奥陶系沉积有桐梓组和红花园组灰岩，与上寒武统白云岩呈连续过渡。四川酉阳及贵州都匀以东地区，下统以灰岩为主，可夹碎屑岩，总厚200 ~ 500 m。

志留系：贵州及滇东北地区夹几十米连续厚度的灰岩、泥质灰岩或泥灰岩。

（3）晚古生代中泥盆世至早二叠世。

泥盆系：泥盆系在相当大的范围内缺失一部分或全部地层。泥盆系中统上部和上统为碳酸盐岩沉积，岩性变化较大，上统以灰岩为主，中统白云岩占主导地位。黔西南地区中、上泥盆统中多含有碎屑岩夹层。

石炭系：分布范围与泥盆系很相似。贵州南部、西部和滇东部分地区，下统下部多为不纯的灰岩及碎屑岩夹层或碎屑岩夹灰岩；下统上部，在全区范围有连续的沉积，厚度为300 ~ 800 m。滇东建水及四川龙门山一带为灰岩，与泥盆系、二叠系可连成跨系跨统的碳酸盐岩沉积，厚度为

1 500 ~ 2 000 m。

二叠系：下二叠统岩性几乎全部都是灰岩及燧石结核灰岩（栖霞组和茅口组），四川大巴山及贵州紫云地区夹较多硅质岩与页岩，一般厚300 ~ 600 m。

（4）早–中三叠世：三叠系在上扬子地区分布最广，黔、川、渝、湘、鄂西部下统沉积了嘉陵江组（永宁镇组）灰岩、白云岩；中统雷口坡组（关岭组或巴东组）以白云岩为主，法郎组下部以灰岩为主。

中三叠世拉丁期开始至晚三叠世初，发生印支运动，产生大规模的海退，从而结束了扬子地台碳酸盐岩沉积阶段。

2）华南褶皱系碳酸盐岩地层

华南褶皱系的碳酸盐岩沉积比较单一，主要沉积于泥盆纪至二叠纪，碳酸盐岩几乎是无间断地连续沉积，连续厚度可达数千米，特别是桂中及以西地区。岩性以纯灰岩为主体，局部夹不纯的碳酸盐岩及白云岩，个别层位以白云岩为主。由于泥盆纪时华南盆地自西向东逐渐扩展，碳酸盐岩沉积的起始层位越向东越高。泥盆纪碳酸盐岩沉积基本上限于湘赣边界以西。

泥盆纪碳酸盐岩主要出露在桂中、桂东等地；石炭纪–二叠纪碳酸盐岩在本区的西北小区出露，而在东南小区零星分布；下三叠统主要有湘南、粤北的大冶群灰岩，厚200 ~ 700 m；桂西南和桂中部分地区马脚岭组、北泗组为灰岩与白云岩，厚度达千米；中三叠统有湘南永兴地区的白云质灰岩。在桂中、桂西南（上林、天等、田东等地）马脚岭组、北泗组、板纳组常为碳酸盐岩沉积，与下统灰岩一起，厚度为600 ~ 1 300 m。

因此，扬子地台碳酸盐岩地层在整个古生代均有出现，华南褶皱系碳酸盐岩地层主要出现在早古生代（图1.7）。

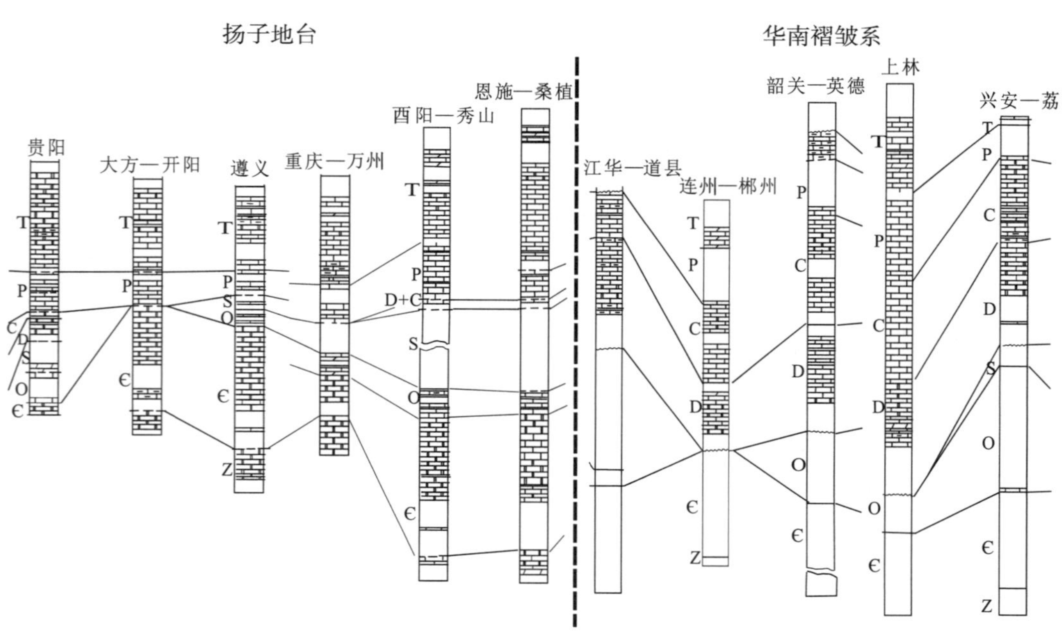

图1.7　扬子地台、华南褶皱系碳酸盐岩地层柱状对比

2. 碳酸盐岩地层的化学组成

碳酸盐岩类型的不同、纯度的高低、酸不溶物含量的多少，不仅影响岩溶形态的形成、发育和

演化，而且影响岩溶作用的强度和岩溶碳循环的发生。碳酸盐岩的化学组成主要为CaO、MgO和酸不溶物，这里主要以扬子地台、华南褶皱系典型剖面为例，论述其碳酸盐岩化学组成特征（中国科学院地质研究所岩溶研究组，1979）。

扬子地台碳酸盐岩沉积持续时间长，经历的地球环境多样，成分复杂，组合多样。不同层位的碳酸盐岩化学成分有较大的差异，其中CaO含量为24.09%～55.38%，MgO含量为0.18%～21.50%，酸不溶物的含量为0.12%～28.18%。扬子地台不同层位碳酸盐岩的酸不溶物含量变化较大，个别含量较高（表1.1）。

表1.1　扬子地台不同层位碳酸盐岩的酸不溶物含量

（中国科学院地质研究所岩溶研究组，1979）　　单位：%

地区	T	P	C	D_3或S	O	Є$_{2+3}$	Є$_1$	*Zb*
滇东	2.05	4.17	1.81	1.15	—	—	—	—
川南黔西	5.65	2.18	—	—	10.18	4.43	5.82	0.90
黔中	4.26	2.12	1.28	7.00	7.03	7.02	—	—
鄂西、黔东北	7.05	2.67	1.79	23.45	8.42	8.68	4.66	11.89
川东	5.65	2.06	—	—	—	5.50	—	—
川鄂	10.82	1.26	0.71	—	7.76	9.06	6.12	8.32
平均	5.91	—	—	—	8.35	6.94	5.53	7.04

注：T—三叠系，P—二叠系，C—石炭系，D_3—上泥盆统，S—志留系，O—奥陶系，Є$_{2+3}$—中、上寒武统，Є$_1$—下寒武统，*Zb*—震旦系蓬莱群豹山口组。

华南褶皱系碳酸盐岩的成分比较简单，酸不溶物含量普遍低于5%，酸不溶物含量较低的碳酸盐岩层位为上古生界泥盆系至二叠系，而三叠纪碳酸盐岩的酸不溶物含量相对较高（表1.2）。

表1.2　华南褶皱系不同层位碳酸盐岩的酸不溶物含量

（中国科学院地质研究所岩溶研究组，1979）　　单位：%

<table>
<tr><th rowspan="2">地区</th><th rowspan="2">T</th><th colspan="2">P</th><th colspan="2">C</th><th colspan="2">D</th></tr>
<tr><th>P_2</th><th>P_1</th><th>C_2</th><th>C_1</th><th>D_3</th><th>D_2</th></tr>
<tr><td>滇东南</td><td>1.13</td><td colspan="2">—</td><td colspan="2">—</td><td colspan="2">—</td></tr>
<tr><td>黔、桂</td><td>8.58</td><td colspan="2">1.45</td><td colspan="2">1.06</td><td colspan="2">1.42</td></tr>
<tr><td>桂中、桂东</td><td>3.39</td><td colspan="2">3.73</td><td colspan="2">2.32</td><td colspan="2">2.28</td></tr>
<tr><td>粤北</td><td>16.81</td><td colspan="2">—</td><td colspan="2">1.35</td><td colspan="2">0.3</td></tr>
<tr><td>湖南</td><td>3.00～16.00</td><td>—</td><td>0.30～15.00</td><td>0.10</td><td>0.20～6.00</td><td>1.50～2.00</td><td>1.00～2.00</td></tr>
<tr><td>平均</td><td>6.60</td><td colspan="2">2.59</td><td colspan="2">1.45</td><td colspan="2">1.36</td></tr>
</table>

注：T—三叠系，P—二叠系，C—石炭系，D—泥盆系。

随着地质年代变新，碳酸盐岩地层中的钙含量存在增加的趋势，而镁含量存在降低的趋势。以震旦纪晚期及寒武纪中、晚期镁含量最高，分布在滇东、黔中的泥盆系次之，三叠纪是镁含量的又一次峰值时期。从黔中南124块不同地质年代的碳酸盐岩化学成分的分析结果看（图1.8），碳酸盐岩中CaO和MgO的含量呈负相关性，相关系数$r=-0.94$（聂跃平，1994）。

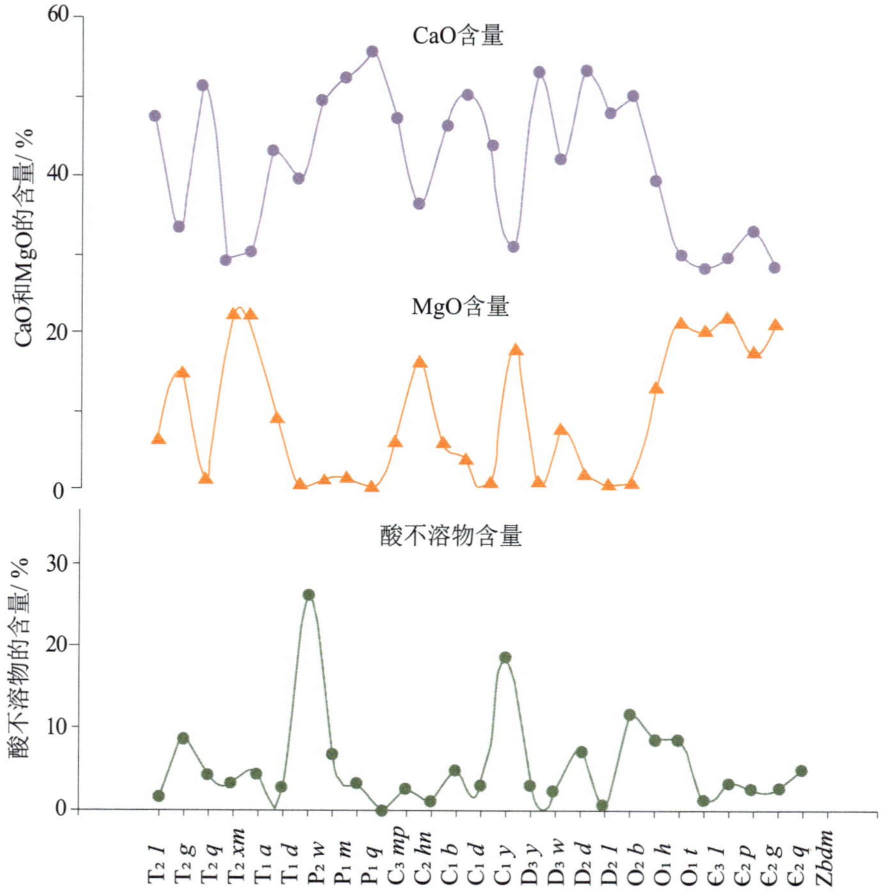

图1.8 黔中南岩溶区不同层位碳酸盐岩的化学成分对比

3. 碳酸盐岩地层出露的时空分布

以公开发表的1：50万地质图为来源，在数字地质图上，依据地层、岩性及厚度的描述，将其转换成碳酸盐岩岩石组合类型分布图。同时定义石灰岩类碳酸盐岩为连续性石灰岩、石灰岩夹碎屑岩、石灰岩与碎屑岩互层；白云岩类碳酸盐岩为连续性白云岩、白云岩夹碎屑岩、白云岩与碎屑岩互层；石灰岩与白云岩互层类碳酸盐岩为连续性石灰岩与白云岩互层。

在碳酸盐岩岩石组合类型分布图上叠加省级界线，以省级区划为单元，统计出露的碳酸盐岩地层及地质年代、空间展布和在不同省份的出露面积，统计结果见表1.3。

表1.3 西南各省份碳酸盐岩出露面积统计 面积单位：10^4 km^2

省份	各年代碳酸盐岩面积									碳酸盐岩总面积
	K—J	T	P	C	D	S	O	Є	Z	
湖北	—	1.340	0.710	0.040	0.220	—	0.450	1.410	1.010	5.180
湖南	—	0.340	0.600	1.500	2.360	—	0.420	0.950	0.190	6.360
四川	—	3.000	1.050	0.425	0.496	0.470	0.430	0.350	0.810	7.031
重庆	—	1.560	0.457	0.020	0.031	—	0.404	0.468	0.071	3.011
云南	0.052	3.311	2.700	1.453	1.389	0.192	0.371	0.914	0.447	10.829
贵州	0.031	3.177	2.574	1.536	0.584	0.047	1.098	2.515	0.050	11.612
广西	—	0.760	2.012	2.680	2.640	—	0.119	—	—	8.211
广东	—	0.031	0.066	0.686	0.226	—	0.016	—	—	1.025

续表

省份	各年代碳酸盐岩面积									碳酸盐岩总面积
	K—J	T	P	C	D	S	O	Є	Z	
合计	0.083	13.519	10.169	8.340	7.946	0.709	3.308	6.607	2.578	53.259
占比/%	0.16	25.38	19.09	15.66	14.92	1.33	6.21	12.41	4.84	—

（1）碳酸盐岩以三叠系分布的面积最大。西南碳酸盐岩出露面积为53.259×10^4 km²，以三叠系、二叠系、石炭系、泥盆系和寒武系为主，其出露面积分别为13.519×10^4 km²、10.169×10^4 km²、8.340×10^4 km²、7.946×10^4 km²和6.607×10^4 km²，分别占总面积的25.38%、19.09%、15.66%、14.92%、12.41%，合计达87.46%；奥陶系、震旦系为次，分别占总面积的6.21%和4.84%（图1.9）。

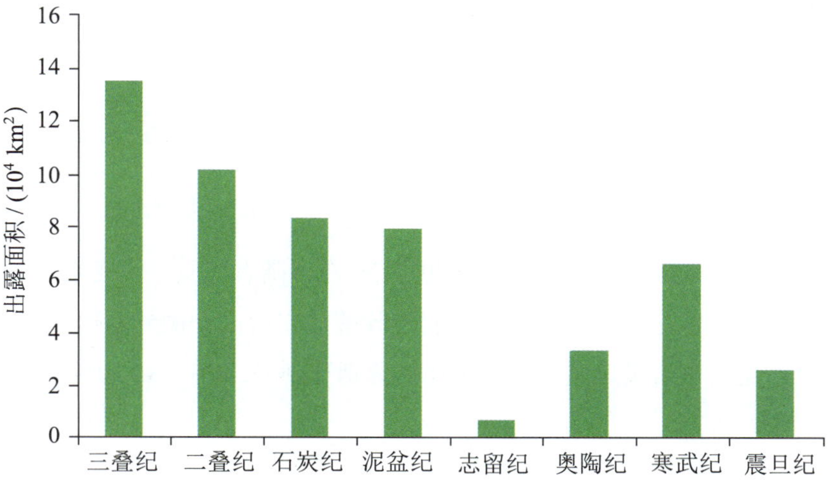

图1.9　西南地区不同地质年代碳酸盐岩出露面积对比

（2）碳酸盐岩以贵州省出露的面积最大。碳酸盐岩在西南8个省（自治区、直辖市）均有分布，按照分布面积（单位：10^4 km²）的多少依次为：贵州（11.61）、云南（10.83）、广西（8.21）、四川（7.03）、湖南（6.36）、湖北（5.18）、重庆（3.01）、广东（1.03）；按照碳酸盐岩出露面积占本省份陆域国土面积比例（简称“省内占比”）的大小依次为：贵州（61.2%）、重庆（36.8%）、广西（34.7%）、湖南（30.1%）、云南（28.2%）、湖北（27.9%）、四川（14.6%）、广东（5.8%）。本省份碳酸盐岩出露面积占西南8个省区市的岩溶分布总面积的比例（简称“各省占比”），见表1.4。

表1.4　西南各省碳酸盐岩出露面积及所占比例

省份	岩溶面积/（10^4 km²）	各省占比/%	陆域国土面积/（10^4 km²）	省内占比/%
贵州	11.61	21.80	18.98	61.2
云南	10.83	20.33	38.43	28.2
广西	8.21	15.41	23.64	34.7
四川	7.03	13.20	48.11	14.6
湖南	6.36	11.94	21.15	30.1
湖北	5.18	9.73	18.56	27.9
重庆	3.01	5.65	8.17	36.8
广东	1.03	1.93	17.65	5.8

（3）碳酸盐岩以石灰岩类碳酸盐岩为主体。西南地区出露的碳酸盐岩中，石灰岩类碳酸盐岩出露面积为27.512×10^4 km²，占总碳酸盐岩出露面积的51.66%；白云岩岩石组合类型所出露的面积为9.064×10^4 km²，占总碳酸盐岩出露面积的17.02%；连续性石灰岩与白云岩互层类出露面积为16.621×10^4 km²，占总碳酸盐岩出露面积的31.21%（图1.10）。

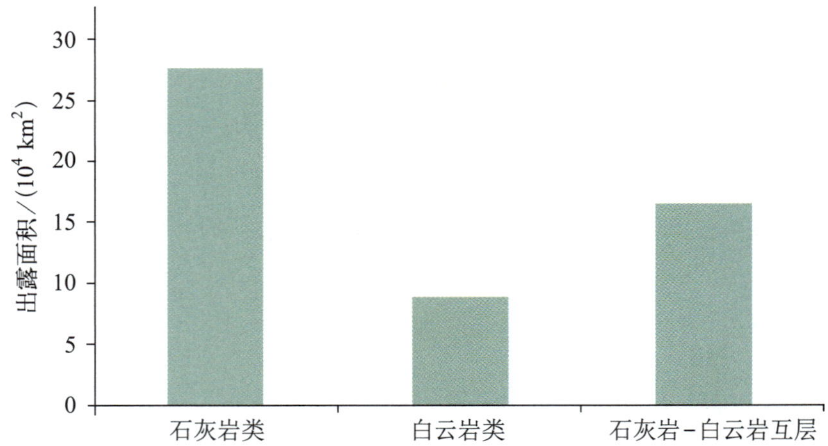

图1.10　西南地区不同碳酸盐岩组合类型出露面积对比

如果考虑到出露的碳酸盐岩岩石组合类型的时空分布，随着地质年代变老，白云岩类岩石所占比例增加，主要分布在寒武纪和震旦纪，白云岩类碳酸盐岩所占比例分别达到55.61%和89.58%；相反，三叠纪至奥陶纪石灰岩类碳酸盐岩所占比例分别达到57.03%、85.20%、65.73%、77.98%、92.32%和72.36%（图1.11）。

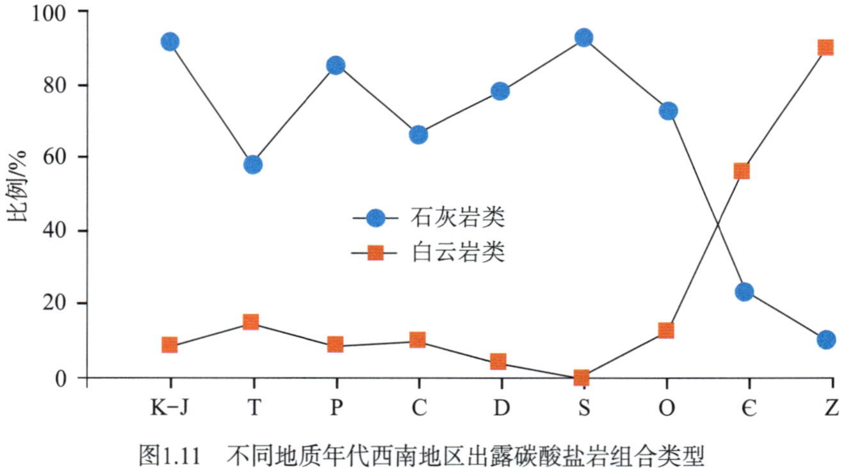

图1.11　不同地质年代西南地区出露碳酸盐岩组合类型

寒武纪、震旦纪、三叠纪碳酸盐岩主要分布在湖北、贵州和四川，石炭纪、泥盆纪碳酸盐岩主要分布在湖南、广西和广东；白云岩类碳酸盐岩主要出露在扬子地台的湖北、贵州、四川，所占比例分别达到36.88%、24.80%和22.83%；而石灰岩类碳酸盐岩主要出露在湖南、广西和广东，所占比例达到68.56%、71.64%和69.36%（图1.12）。

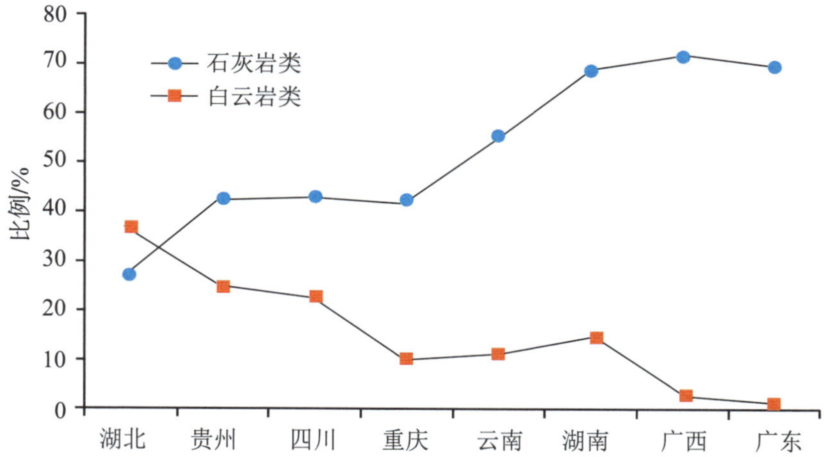

图1.12　西南地区各省份碳酸盐岩组合类型

§1.2　板块运动与中国西南岩溶类型

1.2.1　板块运动

1. 板块运动形成区域地质背景

1）燕山期

扬子–华南板块在燕山期受到北部、西部、东部板块运动的影响，尤其东部西太平洋板块运动的影响，主要证据有3个（董树文 等，2007；苏金宝 等，2014）：扬子–华南板块的褶皱变形程度和逆冲断层，具有显著的由东南向西北由强变弱的特征；从地震深反射剖面解析金佛山地质剖面看，构造应力在金佛山以东影响深度更深，以西影响深度变浅；褶皱类型由东到西以齐岳山断裂带（金佛山）为界，以东为厚皮的“隔槽式褶皱”，以西为薄皮的“隔挡式褶皱”（丁道桂 等，2007；胡召齐 等，2009；苏金宝 等，2014；颜丹平 等，2000）（图1.13）。

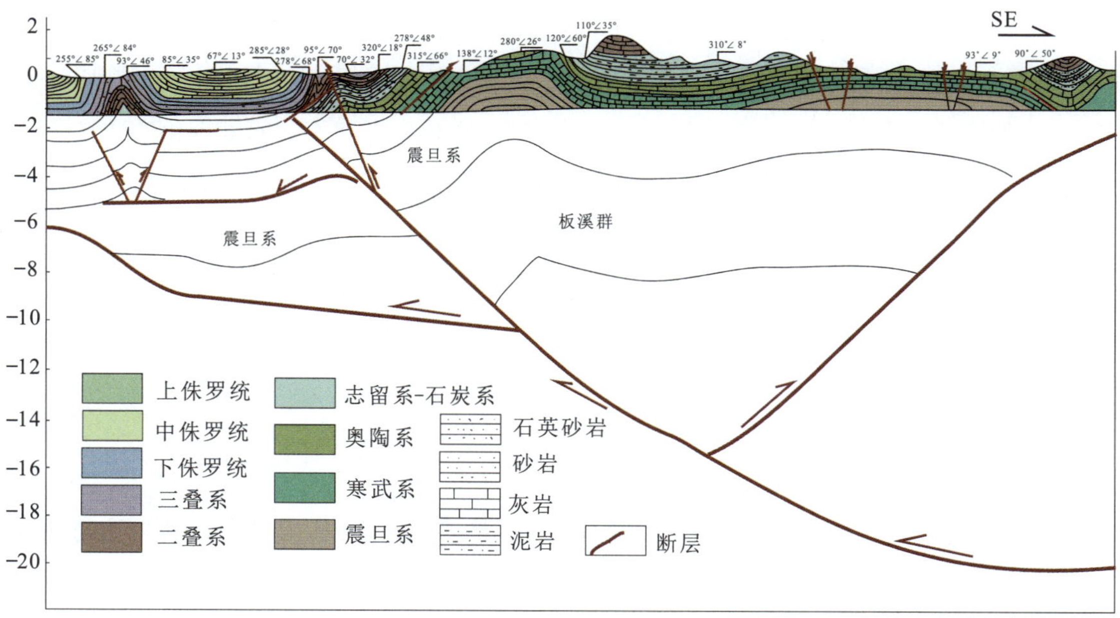

图1.13　金佛山地质剖面（川东薄皮褶皱带与川黔厚皮构造带空间分布）
（苏金宝 等，2014）

"隔挡式褶皱"带，其特点是向斜宽、背斜窄，向斜和背斜主要呈现为具有平底或平顶的箱状褶皱。一般向斜中心为侏罗系，而背斜核部大多数出露为下-中三叠统。

"隔槽式褶皱"带，呈现为背斜宽、向斜窄的特征，各个背斜与向斜也以箱状褶皱为主。背斜核部多出露震旦系-奥陶系，而向斜核部主要为中-下三叠统。

2）喜马拉雅期

喜马拉雅期，印度板块与欧亚板块的碰撞，导致青藏高原抬升，形成喜马拉雅世界屋脊，青藏高原抬升可分为3个大阶段（傅容珊 等，1999；马宗晋 等，1998；王二七 等，2001）。

（1）距今45 Ma左右，印度次大陆和欧亚大陆碰撞，进入青藏高原的演化时期；距今45 Ma ~ 33 Ma，板块表现为南北挤压缩短，缩短量大于1 500 km，同时，整体北移，推移总量为2 500 km，有数据显示当时的青藏高原海拔不超过1 000 m。

（2）距今35 Ma ~ 5.3 Ma，青藏高原缓慢抬升，伴有两次阶段性的快速抬升：第1次发生在距今25 Ma ~ 17 Ma，抬升速率大于2 mm/a；第2次发生在距今13 Ma ~ 8 Ma，上升速率小于1 mm/a，此时的海拔为1 000 ~ 1 500 m。

（3）距今5.3 Ma ~ 3.4 Ma至今，高原盆地沉积出现细砾-粗砾结构，标志快速抬升的开始，且抬升的速率不断加大：距今3 Ma时，速率为1 ~ 2 mm/a；2 Ma时，速率为2 ~ 7 mm/a；1 Ma时，速率则达到10 ~ 30 mm/a。

相对应的是青藏高原海拔变化：距今1.8 Ma ~ 1.6 Ma，青藏高原海拔为1 500 ~ 3 000 m，形成高原水系；距今1.1 Ma至0.8 Ma ~ 0.6 Ma，青藏高原海拔为3 000 ~ 5 000 m；距今0.15 Ma，开始出现新一轮的强烈隆升。

伴随着的气候变化特征表现（潘保田 等，1996）是：距今40 Ma前后印度板块与欧亚板块的碰撞事件之后紧跟着的是距今36 Ma前后的气候急剧变冷；距今20 Ma前后青藏高原强烈构造活动之后伴随的是距今15 Ma前后发生的全球第二次强烈变冷；紧随距今3.4 Ma和距今2.5 Ma青藏高原急剧整体抬升的是距今2.4 Ma的全球性第3次降温、北半球广泛的冰川作用和现代东亚季风环流的出现；距今1.3 Ma发生的元谋运动和距今1.1 Ma发生的黄河运动之后，第四纪气候由高频率小幅度变化向高频率大幅度变化发生变换，东亚季风环流增强；距今0.8 Ma和距今0.6 Ma的循化运动和S5运动恰好处于全球气候由高频率大幅度变化向低频率大幅度变化的转换阶段和东亚季风增强阶段与鼎盛阶段的过渡时期。距今2.48 Ma前后，高原效应导致季风形成和黄土沉积（刘东生 等，1998）。扬子-华南褶皱系抬升，海相碳酸盐岩沉积结束，就意味着碳酸盐岩地层开始经受陆地风化夷平作用，换言之，该地区的岩溶发育和地貌形成过程从此时开始，构造、气候的不同组合形成地区差异性的岩溶形态和类型。

2. 桂林岩溶发育历史

1）岩溶角砾岩（溶积钙砾岩）

揭示桂林地区不同地质历史时期岩溶发育继承性的地质体是溶积钙砾岩，又称岩溶角砾岩，是碳酸盐岩经溶解、崩塌、冲洪积的砾块、角砾、砾石构成的岩屑、砂屑、粉砂屑与其间的填隙物胶结形成的岩石，其矿物成分和化学成分主要来源于碳酸盐岩地层（张美良，2010）。

岩溶角砾岩（溶积钙砾岩）被认为是淡水湖盆沉积物，其中角砾来源于更古老的碳酸盐岩地层，胶结物则认为来源于后期岩石风化的残留物（刘功余 等，1992）。

2）岩溶角砾岩的分布

在桂林岩溶的调查研究中发现，主要有两种不同颜色的岩溶角砾岩与泥盆系、石炭系石灰岩、白云岩不整合接触，共381处，面积为17.09 km^2，主要集中分布在海拔250 ~ 350 m和400 ~ 500 m的区域，海拔150 m以下较少（图1.14）。根据同位素测年和孢子花粉鉴定，划分为两期，分别是印支期（三叠纪）与燕山期（白垩纪）。

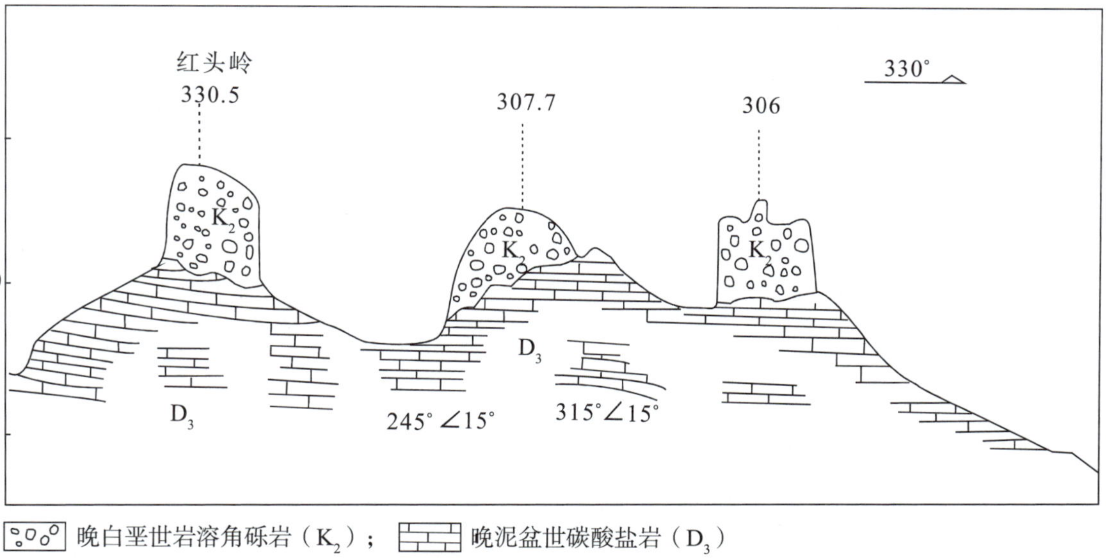

图1.14　桂林阳朔上白垩统岩溶角砾岩与上泥盆统间的接触关系示意
（张美良，2010）

（1）印支期（三叠纪灰绿色岩溶角砾岩）：印支运动主要发生在中–晚三叠世，发生的运动主要是地壳抬升，由海变陆；发生岩溶作用的主要地层是二叠纪的碳酸盐岩，当时的岩溶发育以溶沟、溶槽、溶洼、洼地和丘岗为特征，残留下来的岩溶角砾岩有20多处。

胶结物颜色以灰绿色为主，胶结物与砾岩间边界不清楚，取胶结物测定铷–锶年龄为距今（225 ± 18）Ma，形成于晚三叠世，经取样分析、鉴定，获得其中蕨类孢子11类、裸子花粉21类，其中含有晚三叠世典型的蕨类旋脊孢、合囊蕨孢，裸子植物开通粉、单沟粉。

（2）燕山期（白垩纪红色岩溶角砾岩）：对桂林发现的红色岩溶角砾岩共110处的白垩纪岩溶角砾岩的高程进行统计，集中分布在海拔300 m和200 m上下，分别占30.8% ~ 50.4%和27.3% ~ 40.5%。

取红色岩溶角砾岩中的红色泥岩和胶结物测定铷–锶年龄为（145 ± 5）Ma，形成于晚白垩世晚期，经取样分析、鉴定，获得轮藻化石18类、介形虫4类、蕨类植物孢子5类、裸子植物花粉8类、被子植物花粉5类，被确定为典型的水生环境（刘功余，1984）。

红色岩溶角砾岩的胶结物化学成分的分析结果显示，与岩溶区典型石灰土的化学组成十分相近，其被认为是古岩溶风化溶蚀残余成土产物后再固结形成的（刘功余，1984）（表1.5）。

表1.5　石灰土和晚白垩世红色岩溶角砾岩胶结物的化学成分的质量分数（ω_B）　　单位：%

类型	地点	SiO_2	Al_2O_3	Fe_2O_3	CaO	MgO	TiO_2	MnO	CO_2	H_2O	FeO
黑色石灰土	贵州梭草坪	36.13	13.95	4.17	13.88	—	0.08	0.04	—	—	—
棕色石灰土	广西桂林	48.91	28.77	13.97	3.19	2.04	1.33	0.13	—	—	—

续表

类型	地点	SiO_2	Al_2O_3	Fe_2O_3	CaO	MgO	TiO_2	MnO	CO_2	H_2O	FeO
红色石灰土	广东连州	47.07	25.01	10.26	0.49	1.73	0.62	0.34	—	—	—
胶结物	广西桂林	47.69	16.02	4.90	10.19	2.99	0.66	0.02	10.27	6.35	0.84

因此，桂林距今1亿年以来岩溶地貌形态发育与白垩纪古岩溶的关系可用图1.15的模式表示。

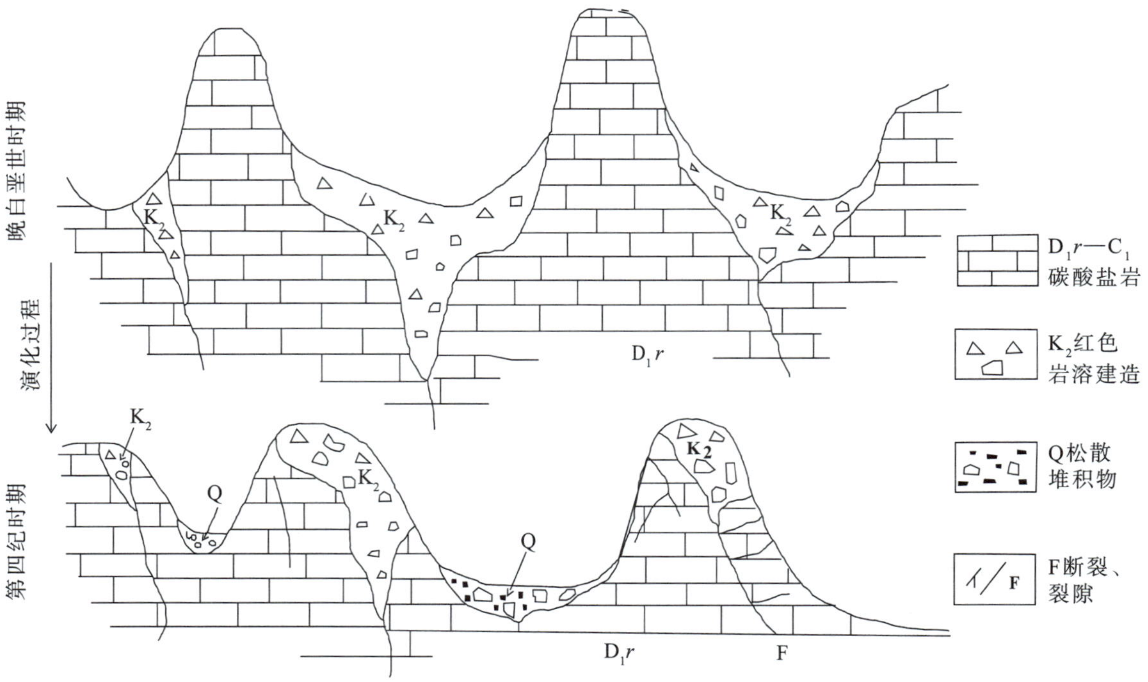

图1.15　白垩系红色岩溶角砾岩形成及地貌演化示意

（张美良，2010）

3. 中国西南地形特征

在印度板块与太平洋板块的夹击下，青藏高原整体抬升，就贵州而言，西部抬升幅度为2 000多米，中部抬升幅度为1 000多米，东部抬升幅度也可达数百米，最终形成现代的地形格局（洪业汤，2000）。

西南岩溶区地势总体格局呈现为西北高、东南低的特征，绝对高差大于4 000 m。以500 m、1 500 m、3 500 m为界线，可将西南地势分成4个阶梯：广东、广西大部分县市，以及湘东、鄂东大部分县市海拔小于500 m，构成第1级阶梯；广西北部和西部、湘西、鄂西、黔南、黔西和重庆、四川盆地，海拔为500 ~ 1 500 m，构成第2级阶梯；黔西、滇、川南构成第3级阶梯，海拔高度为1 500 ~ 3 500 m；川西北各县市的海拔高度为3 500 ~ 4 500 m，构成第4级阶梯。

1.2.2　中国西南典型岩溶地貌类型

内、外地质营力共同作用，塑造了中国西南岩溶区，岩溶地貌类型存在规律性的空间变化。

1. 四川黄龙钙华沉积地貌

1）基本特征

黄龙景区位于川西高原西北部，海拔约3400 m。黄龙气候属于高寒山区型，年均降水量759 mm，年均气温1.1 ℃。黄泥沟沟长约3 500 m，宽250 m。从断层带涌出的地下水水温比当地年均气温高5 ℃。巨厚的钙华沉积形成于沟内，最厚的钙华沉积坝高7.2 m，钙华池共3 400个，相对集中分布于8处。钙华南起流量达50 L/s的断层泉组，北至横切该沟的涪江，其颜色呈黄色，形状似蛟龙，黄龙由此得名。黄龙在1992年被联合国教科文组织确定为世界遗产地。

地质上，黄龙仍处于新构造运动活动区，周围出露地层由老至新为志留纪硅质板岩夹砂岩、泥盆纪板岩夹灰岩、石炭纪–二叠纪灰岩、三叠纪凝灰质砂岩、板岩和千枚岩、第四纪冰碛砂及碎块石（图1.16）。

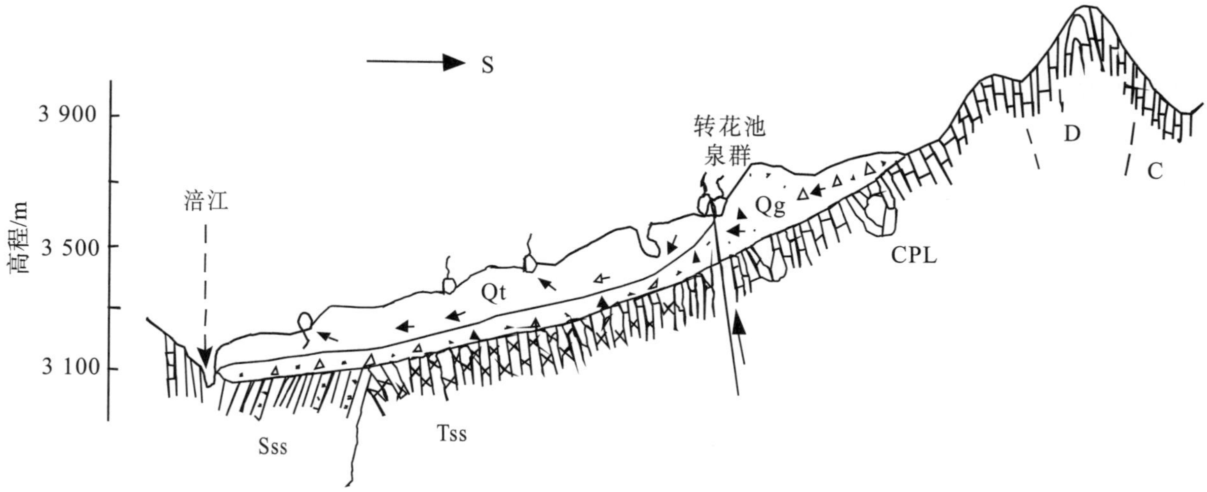

Qt/Qg. 第四系钙化/冰碛砂及砾石；Tss. 三叠系凝灰质砂岩、板岩和千枚岩；CPL. 石炭系–二叠系灰岩；C. 石炭系灰岩；D. 泥盆系板岩夹灰岩；Sss. 志留系硅质板岩夹砂岩

图1.16　黄龙沟地质剖面

（刘再华 等，2003）

2）成因分析

黄龙钙华的形成是地球深部高分压的CO_2与埋藏的碳酸盐岩相互作用的结果（刘再华 等，1993，2003，2009）：

（1）断层泉泉水中钙和碳酸氢根浓度分别高达5 mmol/L和12 mmol/L，相应的CO_2分压则高达21 000 Pa。这显然与分布在温暖湿润的热带和亚热带地区的岩溶泉水中土壤生物成因的CO_2分压（最高10 000 Pa）、钙含量（最高3 mmol/L）和碳酸氢根含量（最高5 mmol/L）存在差异。

（2）断层泉泉水中$\delta^{13}C_{DIC}$为−0.08%～−1.7%，而水体气泡中CO_2的碳稳定同位素值为−6.8%，钙华中碳稳定同位素值为2.0%～3.7%；而热带、亚热带岩溶泉水中溶解无机碳（dissolved inorgance carbon，DIC）的碳稳定同位素值为−10%～−13%，钙华中碳稳定同位素值为−8%～−8.5%。通过计算，供给黄龙钙华沉积的断层泉泉水中的碳有23%来源于深部灰岩的高温热解，其余77%来源于深部岩浆。

（3）钙华的沉积速率不仅与方解石饱和指数有关（即饱和指数高有利于方解石的沉积），同时，还与流速有关的扩散边界层的厚度密切相关。黄龙沟边石坝处的方解石沉积速率是其附近水池内的2～5倍，这是因为边石坝处的流速较快（扩散边界层厚度小，沉积快），水池内的流速较慢，尽管这两处整体的水化学组成浓度基本相同。

（4）黄龙钙华沉积的速率很快，据观测在钙华边石坝上每年都沉积较厚的钙华沉积物。例如，在公元1620年竖立在黄龙寺后的1.8～2.0 m高的石碑现已基本被钙华沉积物所覆盖。据推算，最高的沉积速率为5.0 ~ 5.4 mm/a，平均每年增厚速度约为2.55 mm。

（5）黄龙钙华的主色调是黄色、白色两种。黄色主要出现在湿热的雨季，这与雨水冲刷土壤向水中混入泥沙有关；白色主要出现在干冷的旱季，钙华主要形成于清亮干净的泉水，是纯净碳酸钙的本色。这也是黄龙洞钙华剖面年层中出现黄–白相间亚层的原因。微量元素含量分析发现，黄色亚层中的U、P、Mg含量是白色亚层的2 ~ 5倍，而Fe、Al含量更高，达10倍以上，进一步说明钙华的黄色形成可能与雨季土壤物质的带入有关。

（6）经美国明尼苏达大学高精度的铀–钍同位素测年确定，黄龙洞底部钙华年龄为距今6 110年，可见黄龙钙华主体是全新世以来形成的。

2. 滇东岩溶断陷盆地地貌

1）断陷盆地分布

断陷盆地主要集中分布于滇东–攀西地区。盆地中有数十米至数千米厚的新生界松散层和半固结岩层，仅滇东12.52×10^4 km^{2}的区域内，盆底平坝面积大于30 km^{2}的盆地就有69个（王宇 等，2003）。

2）断陷盆地成因分析

从板块运动看，该区处于东亚和南亚板块活动的交会区，其西部是向北漂移的印度板块，东部是向西运动的扬子板块，西北部是青藏板块，三大板块的碰撞挤压，使青藏板块受力变形，向东南方向挤压出一块流变断块，这就是康滇菱形断块。康滇菱形断块的边界由一系列的斜滑活动断层束组成，这些断层束可看成是大陆上的转换断层，断层带上发育的盆地一般具有斜滑拉张的性质，在盆地的周围往往有断块隆升的山地，而盆地则是受断层斜滑错动下掉的地堑。

新生代断陷盆地沿活动断裂呈串珠状分布，如普渡河断裂带上的昆明盆地、玉溪盆地；小江断裂上的金源盆地、嵩明–杨林盆地、阳宗海盆地、澄江盆地；石屏–建水断裂带上的石屏盆地、建水盆地、蒙自盆地；曲靖–昭通断裂带上陆良盆地、越州盆地、曲靖盆地和昭通–鲁甸盆地。

随着断陷盆地的形成演化，盆地中沉积了新近纪的冲积相、湖泊相的沉积物，沉积层的厚度达几十米、几百米，到上千米。通过对沉降物的调查研究，可以揭示出盆地的形成演化过程。

3）典型断陷盆地的形成演化

昆明断陷盆地的形成演化：上新世时期，受西藏高原隆升的影响，云南高原面开始解体，同时因为印度板块向北东推挤而导致康滇菱形地块向南东方向的移动，使北西–南东方向压应力活动增强，由普渡河–西山断裂和大春河-—朵云断裂所围限的昆明次级断块向北东方向移动，高原面陷落形成昆明盆地（姜朝松 等，2003；王宇 等，2003）（图1.17、图1.18）。现盆地面积约1 000 km^2，滇池位于其西南侧的低洼处，现湖盆面积约300 km^2，最大水深10.2 m，平均水深约4 m，盆地的西侧沉陷幅度较大（超过100 m），东侧较平缓，呈不对称的楔状。昆明盆地的形成演化过程，可以完整地反映滇东断陷盆地的形成和发育历史。通过对昆明盆地钻孔和典型钻孔样品的分析，可以看到昆明盆地的形成演化大致可分为5个阶段（肖永林 等，1986；姜朝松 等，2003）。

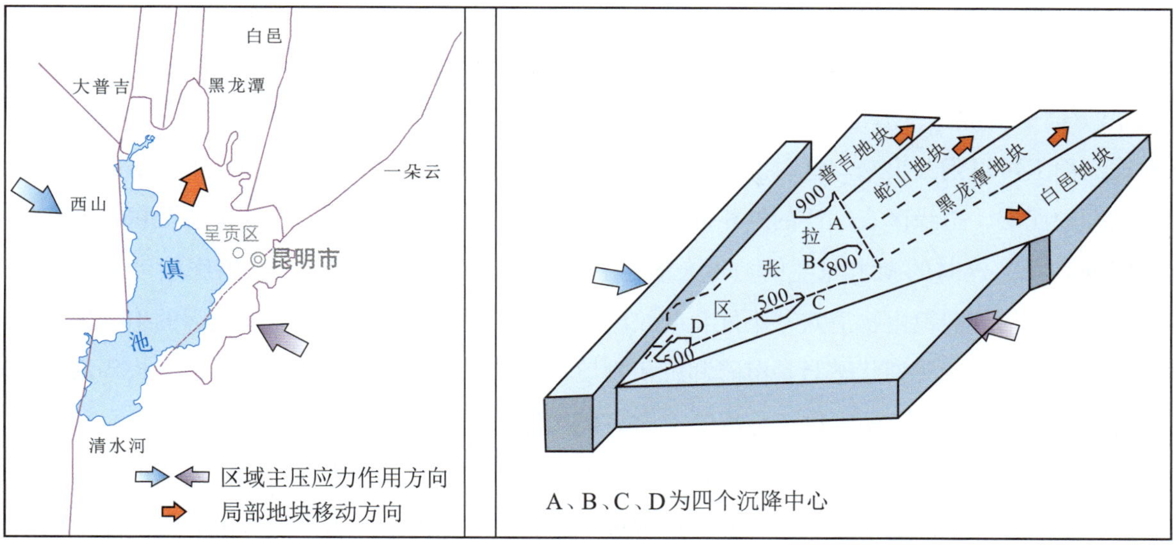

图1.17　昆明断陷盆地形成的地质构造示意
（姜朝松 等，2003）

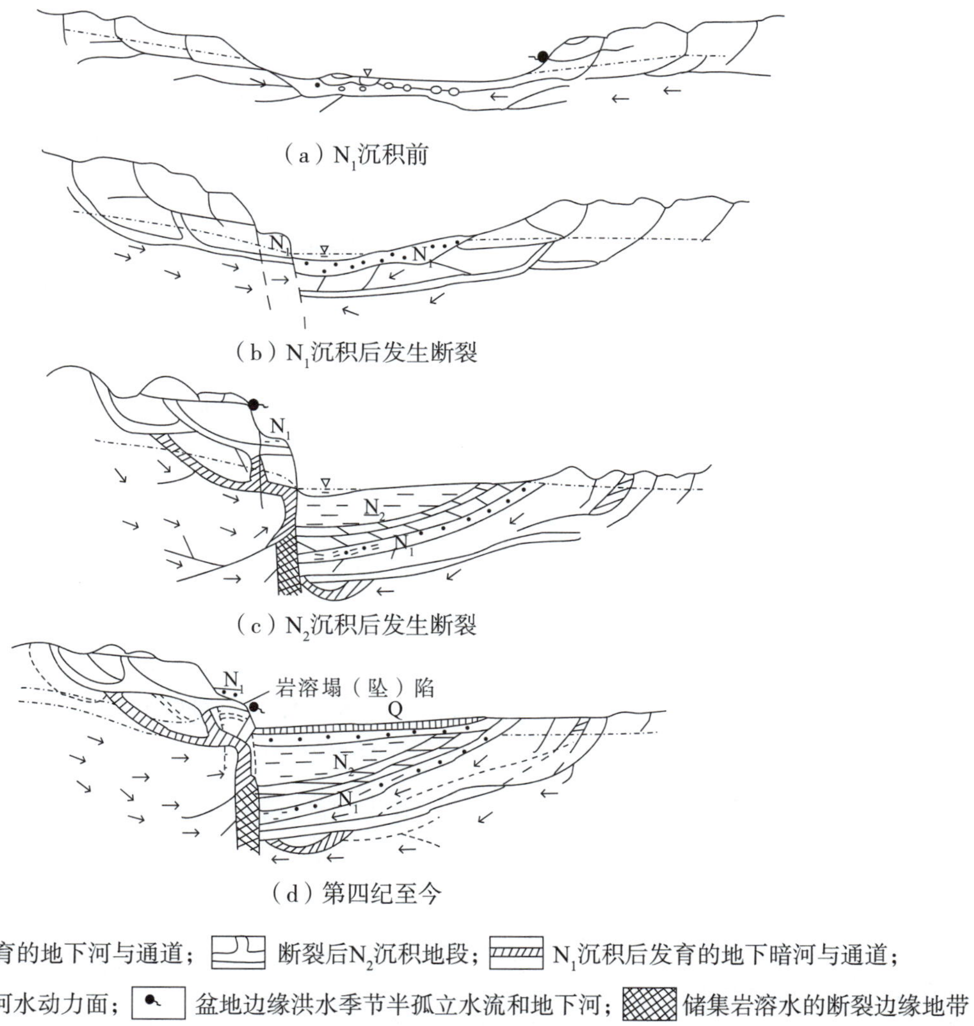

图1.18　典型断陷盆地形成演变模式示意
（王宇 等，2003）

（1）上新世：晚上新世时断陷盆地形成，这时在老地层的剥蚀夷平面上发育河流冲积沉积，低洼处有一些河沼，沉积物为冲积相含煤沉积。然后，在主要断陷中心（现在草海一带的西坝河拗陷）开始出现湖泊，这时的湖面积很小，随后即为冲积三角洲淤填。

（2）早更新世：古滇池最大扩张时期，早更新世可能是断裂活动最强和断陷形成的时期，这从地震剖面上可以判断出来。这时湖盆扩及昆明官渡至呈贡一带，在西坝河和九甲拗陷中心沉积了很厚的湖积泥层，边缘区有广泛的湖相砂、泥沉积。根据目前所掌握的湖积泥层的沉积特征和生物群的状况判断，这时的湖水深度仍是不大的，波浪可以影响湖底沉积物，并给底层带去足够的氧气，所以沉积物普遍被生物潜穴，不发育细纹层，呈褐色或褐灰色，常见风浪成因的生物聚集层和薄砂夹层。长期保持浅湖状态乃是沉降和沉积物填积速度接近均衡的结果。龙头街、松华坝一带冲积相沉积区的主要成煤时期大致应与滇池扩大期相吻合。

（3）中–晚更新世：中、晚更新世时，断陷的强度可能减弱，河流的淤填使古滇池有缩小的趋势。在早更新世湖积泥层的分布区，开始出现近岸的砂夹层，由下向上砂层厚度和在剖面中的比例逐渐增大。边缘区出现较多的滨湖和三角洲沼泽相褐煤层，局部还有硅藻层和滨岸藻团粒砂沉积。这一湖退的趋势在晚更新世时更明显。

（4）全新世以来：晚更新世以后，由于人类活动的影响，湖面退缩的过程更加迅速。晚更新世以来，滇池北部、东部诸河流的进积，在滨湖一带形成了广阔的三角洲平原。三角洲区多河汊和沼泽，有广泛的泥炭沉积。

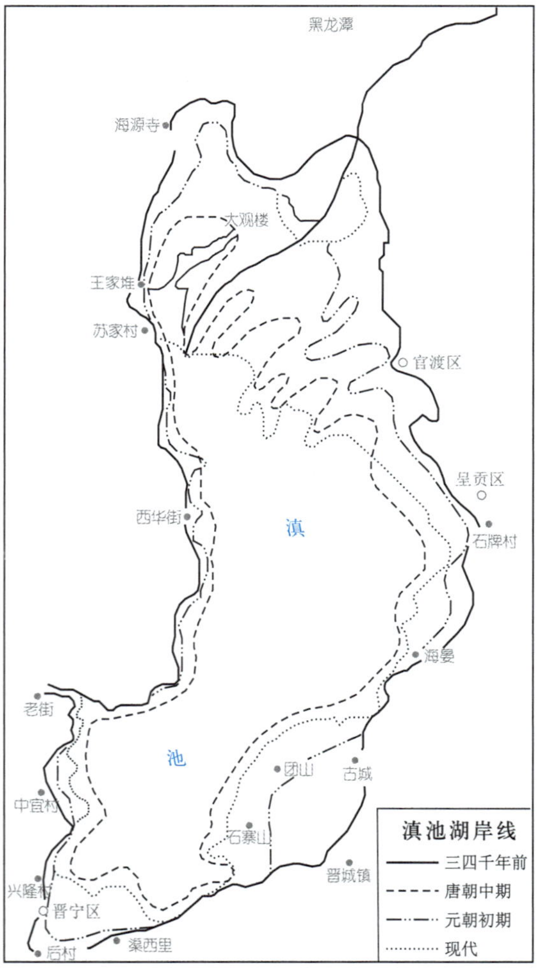

图1.19　昆明断陷盆地滇池近4 000年来湖面变化示意（姜朝松 等，2003）

（5）现今：滇池水域在三四千年前仍然是很大的，现今的昆明市城区大部分地区当时仍为水乡泽国。唐朝中期，湖岸线大约沿1882年等高线延伸，宋元时期滇池还有过一次相对扩张，后经清朝十多次较大的水利疏浚工程，湖面才迅速缩小；1958年开始围湖造田，加剧了湖面的缩小，湖面积缩小约1/4，说明滇池的缩小与人类的活动有着密切的关系（图1.19）。

3. 岩溶天坑地貌

1）概　述

天坑作为一种特殊的负地形岩溶地貌，曾归为“大型塌陷漏斗”，而且在不同的国家和地区，具有不同的称谓。在斯洛文尼亚被称为“kukave”或“kolisevye”；在墨西哥被称为“cenote”或“pit”。在中国不同地区，名称也有不同，在四川兴文被称为“岩湾”，在重庆奉节被称为“天坑”，在广西乐业被称为“石围”，在重庆武隆被称为“石院”。

为了统一命名和定义，中国岩溶学者朱学稳第一次提出，用“天坑”（tiankeng）作为这一岩溶负地形命名，并将其定义为：天坑是指发育于连续沉积厚度为200 ~ 300 m，且其含水层包气带厚度特别大（100 m以上，地下水位深埋）的近水平产状的碳酸盐岩地层中，从地下通向地面，周边岩壁陡峭，甚至反倾斜，深度与平面宽度从百米至数百米以上，并与有溶蚀、侵蚀作用力强大的地下河系统存在密切成因关系的大型塌坑状负地形（朱学稳，2003，2006）。同时根据天坑规模的大小划分为3个级别：小型、中型、大型（陈伟海 等，2006）（表1.6）。

表1.6　天坑规模级别划分

规模级别	最大深度/m	口部或坑底最大直径/m	容积/（10^6 m^3）	分布特征
大型	≥500	≥500	≥70	极其罕有
中型	300 ~ 500	300 ~ 500	10 ~ 70	稀有
小型	100 ~ 300	100 ~ 300	1 ~ 10	少见

根据这一定义，目前世界上发现的天坑共74个，其中中国占49个，大型天坑包括3个：中国重庆奉节小寨、中国广西乐业大石围、中国广西巴马号龙。中型天坑世界上共16个，中国9个。小型天坑世界上共55个，中国37个。

天坑有两种成因类型：塌陷型天坑和侵蚀型天坑（朱学稳，2001，2006；陈伟海 等，2006）（图1.20）。

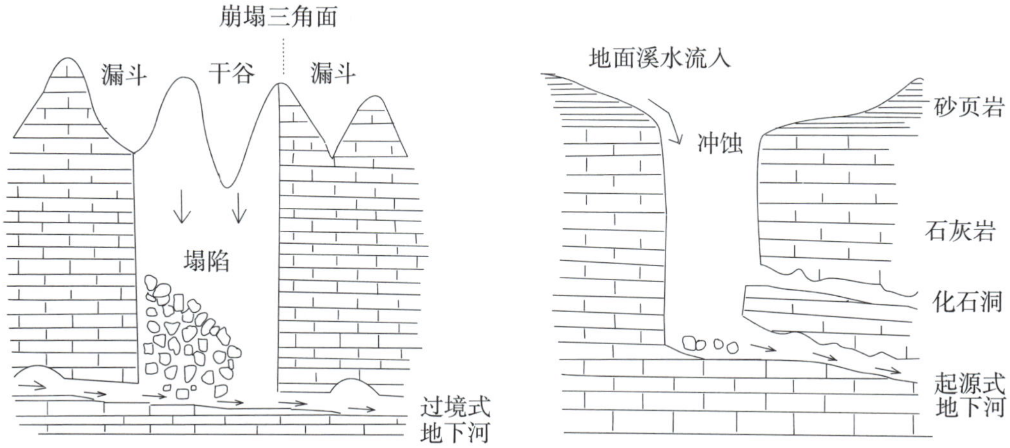

（a）塌陷型天坑　　（b）侵蚀型天坑

图1.20　塌陷型和侵蚀型天坑成因差异示意
（陈伟海 等，2006）

（1）塌陷型天坑的形成、发育是从地下开始的，其出露地面的部位和形态与地表的地形没有直接的联系；塌陷型天坑周边具有直立的峭壁；天坑的底部具有大量的崩积物；天坑底部有地下河通过，或曾经有地下河通过；随着天坑暴露地表后，其形态可遵循早期的倒漏斗状、中期的井筒状、后期的正漏斗状。

（2）侵蚀型天坑的形成与演化，是地表水流在巨厚的碳酸盐岩包气带中，从地表垂向集中侵蚀和溶蚀形成。侵蚀型天坑通常具有集中的地表外源水的流入，天坑的发育由地表向地下逐渐发展；其空间分布上，区域地形相对较低，位于可溶岩与非可溶岩出露的边界线附近；该类天坑周边的地形起伏较小，形态多呈直筒状。

2）典型天坑的形成演化

（1）塌陷型天坑的典型——小寨天坑（陈伟海　等，2004）。塌陷型天坑的形成可分为3个阶段：地下河阶段、地下崩塌大厅阶段、天坑阶段（图1.21）。

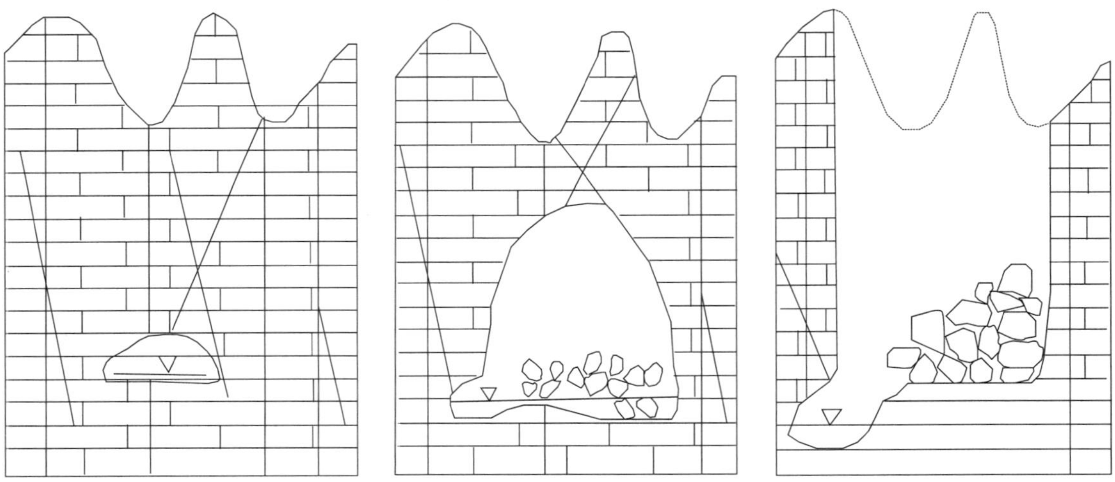

（a）地下河阶段　（b）地下崩塌大厅阶段　（c）天坑阶段

图1.21　天坑发育阶段示意

小寨天坑群位于重庆奉节县的兴隆镇，距奉节县城70 km，为长江一级支流大溪河的右岸，小寨天坑所在河段称为九盘河，是长江三峡深切割区的边缘地带，海拔高度为1 300 ~ 2 000 m。出露的地层为下三叠统嘉陵江组灰岩，地层产状平缓，发育深切峰丛谷地、洼地。

小寨天坑群位于茅草坝-迷宫河岩溶流域内，流域面积为280 km^2，水系由上游宽谷、中游箱状谷与地缝（嶂谷）及下游伏流与峡谷构成，地形落差达1 600 m。在小寨天坑群的水文地质流域内，除小寨天坑规模最大外，同时还发现冲天岩、箩筐岩、伍家寨、硝坑和大青坑等天坑，深度多为101 ~ 170 m，为中小型天坑。

小寨天坑口部海拔为1 331 ~ 1 180 m；坑口现状为椭圆形，直径为626 ~ 537 m，面积为27.4×10^4 m^2；天坑深度为511 ~ 662 m，总容积为119.35×10^6 m^3（图1.22）。该天坑为双层结构，上部呈椭圆形，深320 m；下部略呈矩形，深342 m，直径为357 ~ 268 m，层间有一环形平台，为一泥质灰岩夹层所在。

坑底有一条地下河，最大流量为174 m^3/s。该段为过境式伏流型地下河，从天井峡地缝流入，经小寨天坑从迷宫河峡谷的绝壁流出，全长8 500 m，水位落差为364 m，即平均水力坡度为42.8‰，具有强劲的水动力条件，成为小寨天坑物质输出的动力源。

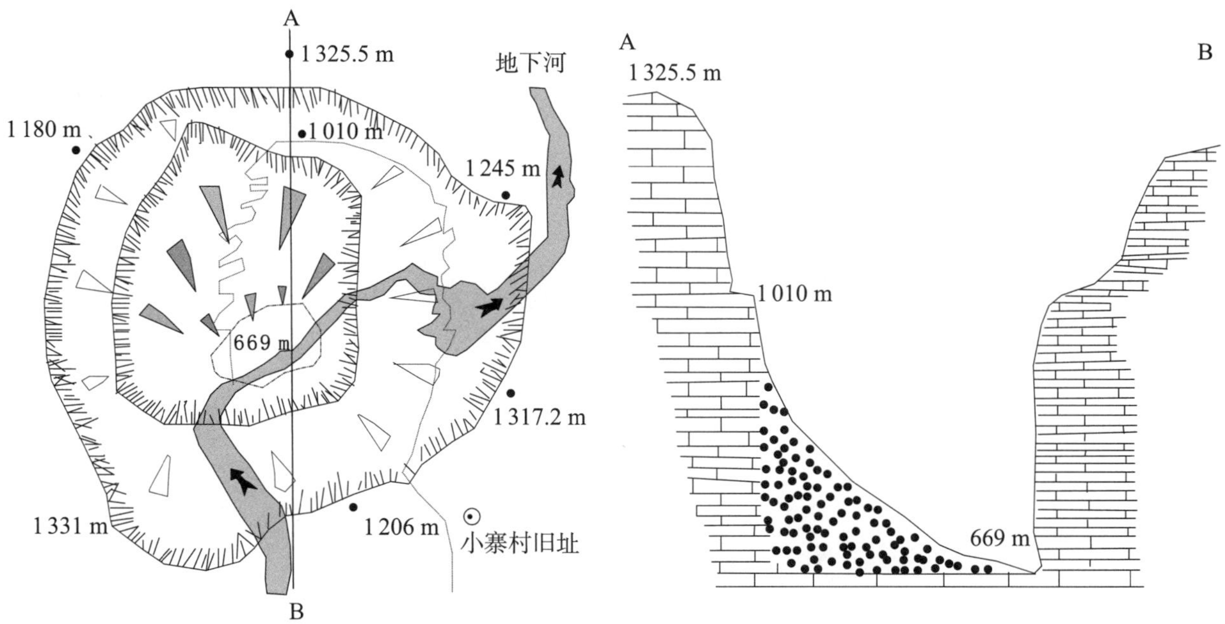

（a）平面图　　（b）剖面图

图1.22　重庆奉节小寨天坑平面图及剖面图
（陈伟海 等，2004）

（2）侵蚀型天坑的典型——箐口天坑（朱学稳，2006）。侵蚀型天坑是地表大量的外源水流，集中垂直流入碳酸盐岩含水层的包气带逐步开拓而成，侵蚀型天坑的峭壁上可有悬挂瀑布水流。

后坪侵蚀型天坑–洞穴岩溶系统位于重庆武隆东北部边陲（与丰都、彭水为邻）的长江、乌江分水岭上，也是乌江支流木宗河源头麻湾洞泉的水文流域，海拔为700 ~ 1 700 m。该岩溶系统补给面积为38 km^2，地表有大面积的非可溶岩出露，其下伏地层为巨厚的寒武系–奥陶系碳酸盐岩层，包气带厚度在200 ~ 400 m。

非岩溶区地表较为密集的沟溪从北、东、西三面向岩溶盆地中心汇流，消失于碳酸盐岩地层中，形成溪流均为“盲谷”的岩溶地貌现象。其“盲谷”规模大者则成为侵蚀型天坑，包括箐口、牛鼻子、石王洞、打锣凼、天平庙等5个天坑（图1.23）。

在后坪侵蚀型天坑群中，以箐口天坑的规模最大，宽250 m，深295 m，为近圆锥状或筒状的竖井。天坑口部地面地形较低，是周边地表水汇流的地方，故有数条小溪流入坑内。该天坑四壁无比陡峭。但在其南侧数千米处却有二王洞和三王洞通道与箐口天坑直接相通，从二王洞洞口（海拔878 m）往北可直通箐口天坑底部（海拔804.7 m）。值得注意的是，二王洞洞底的分布高度是向箐口天坑所在方向逐渐降低的。目前，二王洞洞口已高出箐口天坑底73.3 m。究其原因，是在天坑和洞穴的整体发育过程中，地壳不断抬升（或木宗河不断下切），在排水口被不断抬升的同时，冲蚀天坑的深度却不断加深（图1.24）。

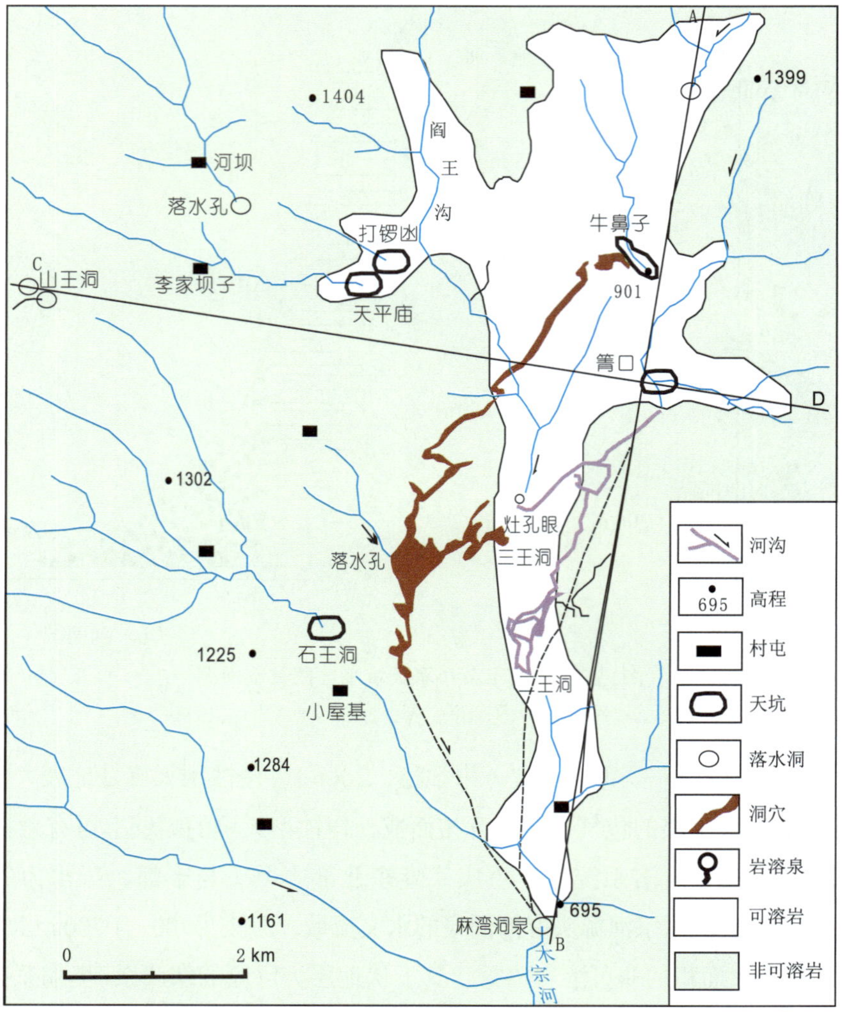

图1.23　“盲谷”地貌示意

（朱学稳，2006）

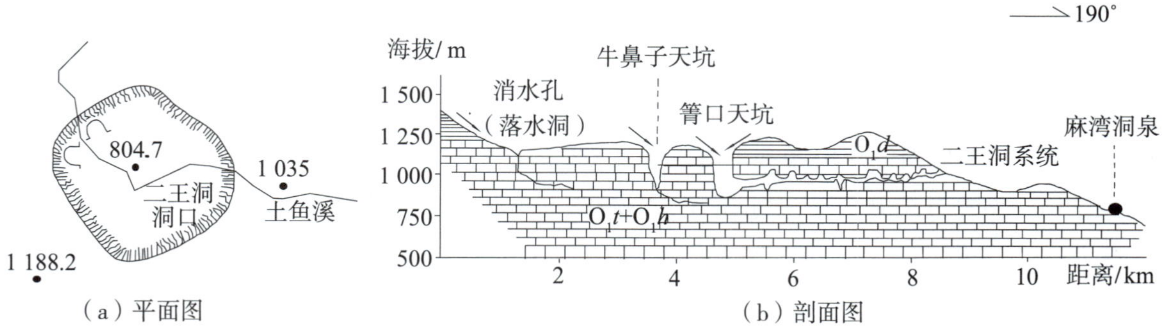

图1.24　武隆箐口天坑平面图及剖面图

（朱学稳，2006）

后坪侵蚀型天坑–洞穴岩溶系统的形成可分为4个阶段。

（1）前期阶段（上新世晚期）。该系统所在地的箱状背斜轴部覆盖的厚层志留系砂岩、页岩被剥蚀。乌江支流木宗河水系已基本形成，其源头已初现窗口式灰岩露头，但仍是完整的地表水系统，区域排泄基准大致在现今海拔1 100 m左右的剥蚀夷平面上，属“山原期”末期地貌。

（2）落水洞与竖井发育阶段（早更新世晚期至中更新世）。新一轮地壳抬升的影响已波及木宗河的源头，窗式灰岩露头的面积不断扩大，区域排泄基准间歇性从1 100 m左右降至850～950 m，使灰岩含水层中的包气带持续增厚。地面沟床的石灰岩段形成落水洞并逐步扩大为竖井。同时，地下水流在灰岩中循着裂隙（层理及节理等）向现今海拔800 ~ 900 m的排水基准点运动，逐步形成地下洞穴系统。

（3）天坑及地下洞穴系统形成阶段（中更新世早期至晚更新世晚期）。本阶段是地壳抬升的相对稳定期，竖井的侧向扩大作用大于垂向加深，向天坑规模发展。同时，地下裂隙水流在相互袭夺、遗弃和协同的系统化作用中形成成熟的洞穴系统。该阶段的早期，箐口天坑和牛鼻子天坑的排水洞穴系统基本上是独立的，即分别是二王洞（海拔878 m）和三王洞（海拔940 m）系统。地壳的几度上升和相对稳定，使天坑群不断加深，并形成洞穴系统的多层性（化石洞穴系统由3 ~ 4层构成）和各子系统的相互联结。随着木宗河峡谷的加深，排水基准面进一步下降100 ~ 200 m，岩溶地下水的运动与循环也从早期子系统的分散排泄，归并和系统化为在木宗河峡谷中的麻湾洞（海拔750 m）集中排泄。

（4）天坑加深和新落水洞与竖井发育阶段（晚更新世晚期至今）。本阶段木宗河峡谷深切，汇水区内地表沟谷的溯源侵蚀加深（甚至有阎王沟峡谷式盲谷生成），谷底石灰岩层逐步被剥露，灰岩含水层包气带厚度增大。这一系列由新一轮地壳抬升所引起的岩溶发育环境的变迁，导致了天坑的持续加深和新生落水洞沿谷底的溯源扩展，以及地下水流的向深适应和整个系统地下水集中排泄于木宗河峡谷中的麻湾洞泉。

4. 岩溶峡谷

1）概　述

岩溶峡谷是岩溶地区地貌结构形态中一种独特的深切河谷。它是由侵蚀作用、溶蚀作用和崩塌作用共同塑造的一种特殊的负地形岩溶地貌类型。岩溶峡谷的主要特点是两岸边坡陡立，坡度通常在45°以上，河谷深切而狭窄、河床纵向水力坡降大、水流湍急。此种河谷往往具有良好的水力条件，在水利水电工程建设中占有重要的地位。

按其形态可分为2类、5种亚型（杨明德，1994；肖鸿林 等，1997）（图1.25）。

- 岩溶峡谷
  - 单循环峡谷
    - 岩溶峡谷亚型（a）
    - 岩溶嶂谷亚型（b）
    - 岩溶箱形谷亚型（c）
  - 双循环峡谷
    - 岩溶峡谷与嶂谷叠置亚型（d）
    - 岩溶峡谷与箱形谷叠置亚型（e）

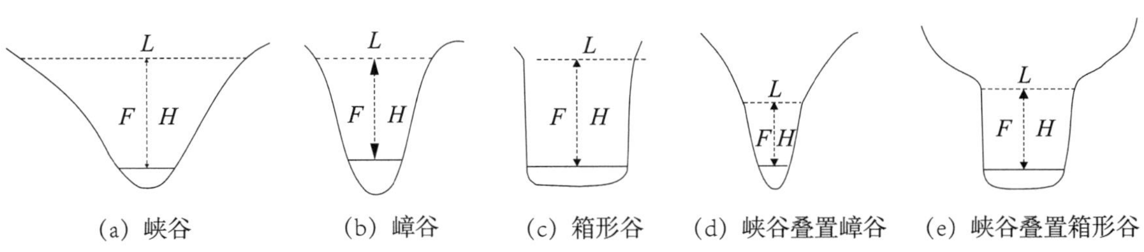

(a) 峡谷　(b) 嶂谷　(c) 箱形谷　(d) 峡谷叠置嶂谷　(e) 峡谷叠置箱形谷

图1.25　岩溶峡谷形态示意
（肖鸿林 等，1997）

峡谷的分布与形态，同河流纵剖面上的水力比降有密切的对应关系，下面以贵州省境内猫跳河和六冲河流域中岩溶峡谷的研究结果来说明（图1.26）。

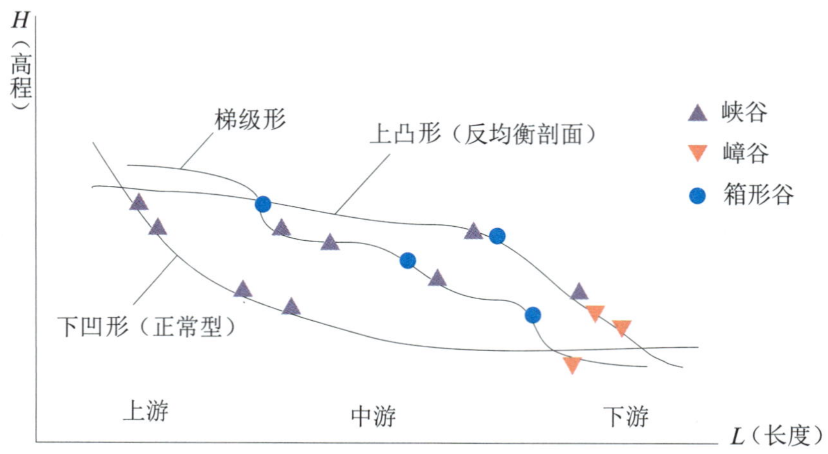

图1.26　峡谷的分布和形态与河流纵剖面形态关系示意

（1）单循环峡谷，其中包括宽箱形谷，多分布于下凹形纵剖面河流的中、上游和上凸形纵剖面河流的中、下游及支流汇入处。嶂谷、窄箱形谷多分布于上述两种河流纵剖面比降大的河段及主支流汇入深切峡谷的近汇流口河段。

（2）双循环峡谷，一般仅分布于上凸形纵剖面的河流及其河流的干流裂点附近，以及大河一二级支流下游汇口段及伏流裂点附近。双循环峡谷，通常是在已形成峡谷的河段，由于后期地壳急剧抬升、基准面下降而形成的。河流在原峡谷基础上加积下切等也可形成双循环峡谷。

峡谷形态与分布规律同岩层类型、岩石强度有密切的关系。根据统计，几乎所有的嶂谷、双循环峡谷都分布于岩层厚度大、岩石强度高的灰岩中；中等强度的灰岩、白云岩则对应发育宽箱形谷、宽V形峡谷；缓宽谷则均发育于软弱的岩层中。

岩溶峡谷是由流水的侵蚀作用、溶蚀作用和崩塌作用共同参与塑造的结果。这三种作用在岩溶的形成过程中所起的作用是不一样的，其不同组合及能量强度的对比差异，将导致岩溶峡谷的形态类型和规模发生变化。即岩溶峡谷的形态成因可以看成是这三种作用和时间的函数。

当流水以向下侵蚀作用为主时，呈现峡谷和嶂谷；当以崩塌作用为主时，则形成箱形谷；当溶蚀作用处于主导地位时，可形成裂缝状的峡谷（地缝），溶蚀作用则在峡谷形成全过程中始终起到重要的先导作用。

双循环峡谷的上半部，是适应以前水文地貌物理场的产物。下半部与目前的水文地貌物理场相适应，它们或是已形成的岩溶峡谷与后发生的伏流塌陷两者合并而成，或是由于地壳间歇后再次抬升，在已形成的峡谷基础上急剧向下切割而成。

河流在纵剖面上的水力学特点，是在不断降低自己的势能，而要得以实现，其最好的方式就是向下切割，以最佳的水力通道、最高的效率将能量转化，也就是要以大比降注入更低一级的排水基准面。岩溶峡谷正是顺应这一能量转化的结果。

如将峡谷顶部两岸距离L定义为宽，由顶部到河流水面距离H定义为高，则峡谷的高宽比Y（$Y=H/L$）不但可将峡谷形态区分开来，而且可反映出生成峡谷时水动力的强弱。通过测量猫跳河上25个峡谷和六冲河上34个峡谷的高、宽及这些峡谷所在河段的水力比降I，将高宽比Y与水力比降I的关系在坐标轴上表示出来，可得到一条直线。它表明两流域中的峡谷高宽比Y与水力比降I之间存在直线函数关系。也就是说Y越大，I也越大；Y越小，则I也越小。这就从实践证明了峡谷的形态类型及形成机理确实与水力比降I有密切关系（肖鸿林 等，1997）（表1.7、图1.27）。

表1.7　贵州猫跳河和六冲河岩溶峡谷高宽比Y（H/L）与河水水流水力比降I的关系

河名	回归方程式	相关系数	F检验
猫跳河	Y=0.007+0.112I	0.984	701.5
六冲河	Y=0.120+0.101I	0.923	176.3
两河综合	Y=0.100+0.102I	0.983	1 633.8

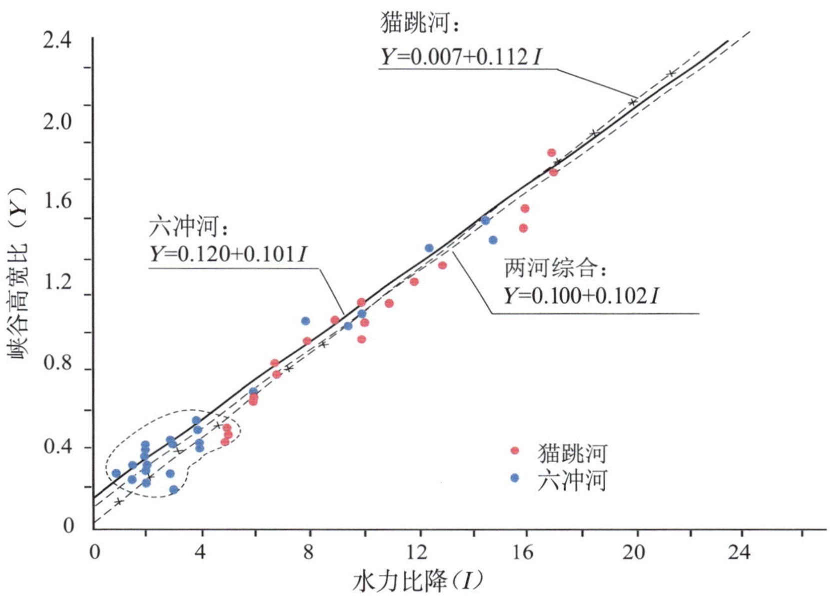

图1.27　贵州猫跳河和六冲河发育的岩溶峡谷高宽比Y（H/L）与河水水流水力比降I的关系

2）典型岩溶峡谷的形成演化

地缝式岩溶峡谷的典型——武隆天井峡（陈伟海　等，2004）：天井峡地缝式岩溶峡谷位于重庆奉节小寨天坑之南约3 km，其南部与下撒谷溪峡谷相接，北部与迟谷槽峡谷相接，由上部较开阔的U形峡谷和下部的地缝式岩溶峡谷组成。峡谷近南北走向，起点位于地缝南端入口，终点位于北部的上迟谷槽村之南，全长6 162 m。谷底高程从1 172 m降至854 m，谷底宽1～15 m，垂直深80～229 m。由南往北，从峡谷底部行走，但见峡谷弯弯曲曲、忽宽忽窄，谷底忽明忽暗、忽高忽低。狭窄处峡谷宽仅1～2 m，地缝末端是整个峡谷中最深的地段，达229 m（图1.28）。

天井峡地缝式峡谷现在是干谷，早期的地表水经过其上部开阔峡谷排泄入九盘河。后来由于峡谷的下切，地表水流从天井峡北端流入地下，迟谷槽变为干峡谷。而随着地壳的进一步抬升，天井峡地缝底部又发育了多处落水洞，特别是天井峡南端黑眼洞的形成，使地表水流从黑眼洞往位置更低的地下排水道排泄，因此天井峡成为干谷，只在洪水时谷底才有水流流动。

黑眼洞位于天井峡南端入口附近、地缝底部东侧，为典型的流入型洞穴，本区地表水主要通过黑眼洞及附近的落水洞流入地下。洞穴以竖井式洞道为主（图1.29），从洞口向下为一个深26 m的竖井，竖井下为一个倾斜的大厅，大厅内有水流冲刷过的崩塌岩块。从大厅的东北角向前为一个较陡的峡谷式斜坡，尽头为一个深54 m的竖井。从该竖井底部往前为近水平溶洞，横剖面呈峡谷状，洞壁光滑，洞底有多个深水潭。在水平溶洞末端附近有一个竖井，越过竖井后可进入高度大于20 m的峡谷式现代地下河洞道，此处与洞口的垂直深度为142 m。

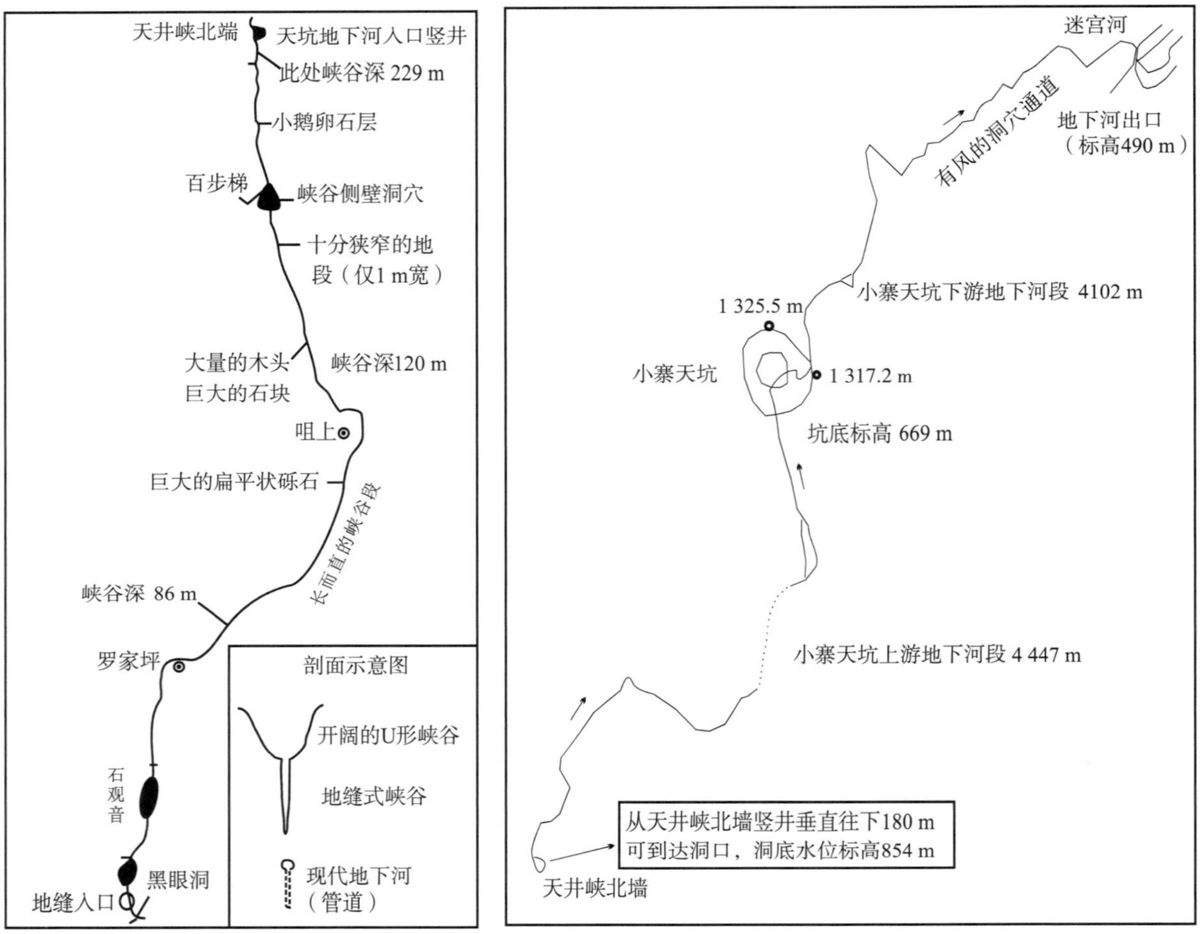

（a）天井峡　　（b）小寨天坑

图1.28　天井峡岩溶峡谷与小寨天坑平面分布

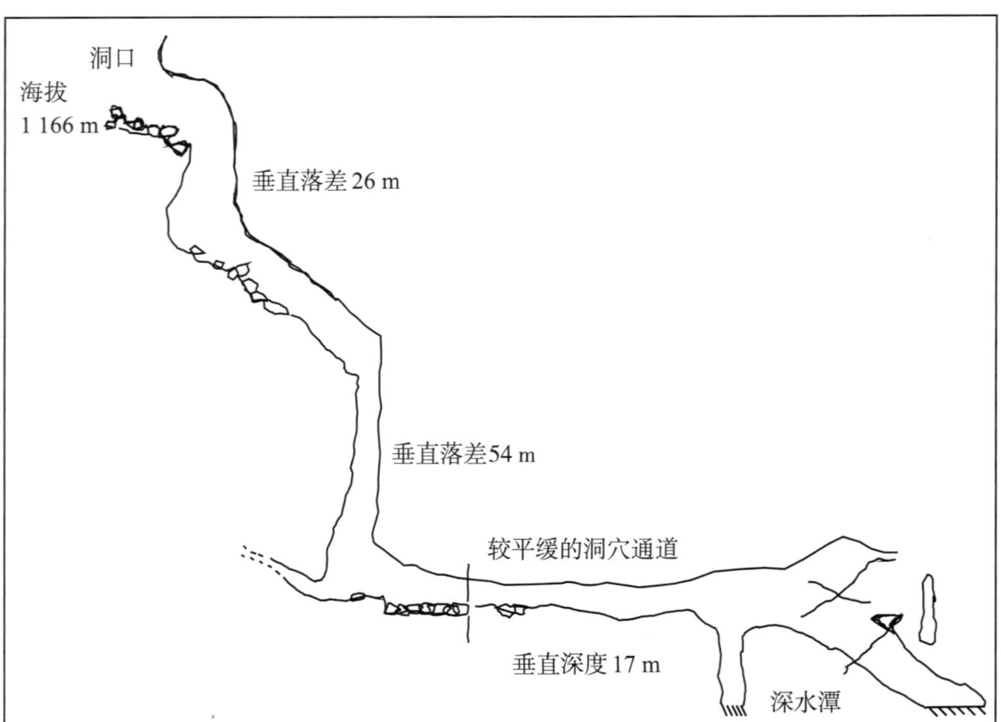

图1.29　黑眼洞发育剖面

地缝岩溶水文系统水头落差达1 600 m，地表切割深度大于1 000 m，天井峡地缝式岩溶峡谷延续长度为6 162 m，峡谷底部落差为318 m，坡降为51.6‰。根据该地区岩溶发育程度，岩溶形态发育可分为三个阶段（图1.30）。

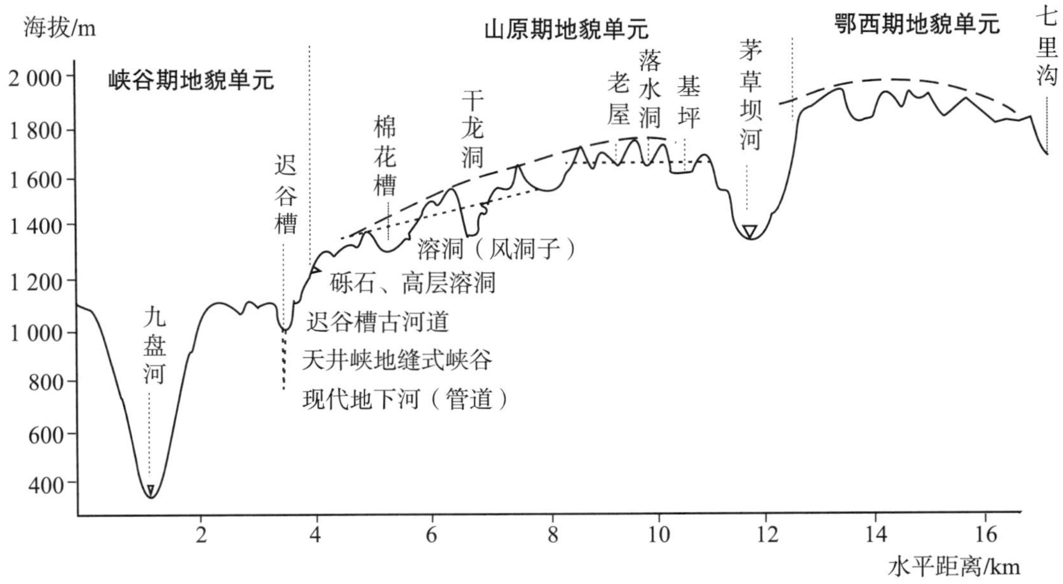

图1.30　天井峡地缝式岩溶峡谷综合地貌剖面及演变期划分

第一阶段：宽缓河谷阶段（早更新世至中更新世中期）。本区在山原期末形成的几条雏形河流得以进一步扩大，形成了茅草坝–陈家河–天井峡–迟谷槽–九盘河地表水系和小寨天坑–迷宫河地下水系及其下游的迷宫河–椅子淌–下溪沟地表河这两大水系。由于这一时期地壳处于相对较为缓慢的抬升阶段，地表水以侧向侵蚀作用为主，形成的河谷地貌形态以宽缓谷地为主，保留有现今的天井峡上部U形宽谷、迟谷槽干河谷等地貌形态。

第二阶段：峡谷及天坑、地缝形成阶段（更新世中晚期）。地壳抬升速度加快，长江三峡河谷下切，区域排水基准面发生大幅度下降。在这一阶段，小寨天坑–迷宫河地下河通过溯源侵蚀作用向天井峡一带延伸，最终袭夺了天井峡–迟谷槽地表河，致使该地表河在天井峡北端汇入小寨天坑地下河中，迟谷槽成为干谷。天井峡–小寨天坑–迷宫河地下河通过对天井峡–迟谷槽地表河及其上游几个支流的袭夺，使整个水文系统的河流纵剖面坡降普遍加大，流量增加，从而增强了水对岩石的侵蚀、溶蚀和搬运能力。正是由于上述地貌、水文、水动力条件的变化，地表水、地下水快速持续下切，并与区域排泄基准面下降速度达到协调，从而天井峡地缝式峡谷得以形成。小寨天坑地下河也不断下切，形成高度大于150 m的峡谷式地下通道，洞穴大厅也不断扩大其规模，最后经过顶部的不断崩塌和侧壁的平行后退，在横向不断扩大，在纵向则向地下和地表发展，最后形成今日所见到的小寨天坑。

第三阶段：现代河谷持续深切阶段（晚更新世以来）。由于地壳抬升的速度持续加快，作为本区排泄基准面的九盘河下切速度加快，造成区域地下水位下降，天井峡地缝式峡谷底部水流的侵蚀和溶蚀下切速度低于区域地下水位的下降速度，地下河通道已经下潜到它的底部100 ~ 150 m深处，天井峡峡谷被遗弃成为干谷。峡谷底部地表水流入地下河的位置则从天井峡北端的地缝洞入口逐渐后退到地缝南端的黑眼洞。地下河洞穴系统中普遍出现跌水和瀑布，也表明地下河下切和溯源侵蚀作用仍在进行，小寨天坑也在不断加深和扩大规模。

5. 岩溶槽谷地貌

1）概　述

在重庆市、湘西、鄂西和黔东北，分布着以北东向、北北东向平行分布的一系列、单个延展10 ~ 110 km的所谓山顶“岩溶槽谷”地貌。

据基础地质调查结果显示，该地区自西而东分布着万县复向斜带、方斗山高陡背斜带、石柱复向斜带、齐岳山高陡背斜带、利川复向斜带、中央背斜带、花果坪复向斜带、宜都–鹤峰背斜带、桑植–石门复向斜带9个构造单元；以齐岳山断裂带为界，西东两边形成所谓的“隔挡式褶皱”和“隔槽式褶皱”（张岳桥　等，2010；颜丹平　等，2000）。

齐岳山断裂带（金佛山）以西形成“隔挡式褶皱”，其特点是向斜宽、背斜窄，向斜和背斜主要呈现为具有平底或平顶的箱状褶皱。一般向斜中心为侏罗系地层，而背斜核部大多数出露下–中三叠统地层。背斜宽3 ~ 5 km，向斜宽10 ~ 30 km。碳酸盐岩出露在背斜轴部附近，碳酸盐岩的地层主要为三叠系嘉陵江组的中厚层、薄层灰岩和白云岩，局部含石膏层，厚度为500 ~ 700 m；其次是雷口坡组的薄层泥晶灰岩、灰岩和白云岩，以及少量的灰质页岩和薄层石膏，厚度变化在97 ~ 470 m。背斜为中低山地貌（500 ~ 1 000 m），向斜为丘陵地貌（300 ~ 500 m）。

齐岳山断裂带（金佛山）以东的“隔槽式褶皱带”，呈现为背斜宽、向斜窄的特征，各个背斜与向斜也以箱状褶皱为主。背斜核部多出露震旦系–奥陶系地层，而向斜核部主要为中–下三叠统。该褶皱带以碳酸盐岩夹碎屑岩为特征。

2）岩溶槽谷形成的机制

通过地层岩性分析发现，东带和西带沉积地层序列和岩性总体上基本一致，都发育了志留纪较厚、软弱的泥岩层。但是，受华蓥山断裂的影响，东带缺失了晚三叠世至侏罗纪含多套泥岩的陆相碎屑岩，西带含有这套陆相沉积层。另外，西带下三叠统嘉陵江组还含有一套较厚的非常软的膏盐层，东带基本不含这套软膏盐层（张必龙　等，2009）。因此，西带地层含有多套可作为滑脱层的软弱层；东带除志留系为软弱层外，其余地层主要为坚硬的灰岩、白云岩。

岩溶槽谷的形成、演化与区域构造运动关系密切。一般可以分为两个阶段。

（1）构造运动与变形阶段。

该地区的构造变形主要受到印支期特提斯构造运动和燕山期太平洋板块俯冲的双重影响，地壳受到北西–南东向的挤压，根据地球物理资料与地震深反射剖面解析显示，挤压的结果导致本区的构造变形（苏金宝　等，2014）。

雪峰山下部为花状隆升结构，揭示了在中生代挤压过程中，雪峰山下地壳岩石圈密度要比其下部地幔密度大，存在向下对冲过程，发生轻微的弯曲褶皱，而上地壳相应地隆升，隆升的最高位置位于凤凰与怀化，出现板内造山事件；为了平衡地幔和地壳，以及上地壳和下地壳之间的平衡，必然会出现滑脱褶皱和逆冲断层（图1.31、图1.32）。

该区的褶皱变形程度以及逆冲断层，具有显著的由东南向西北由强变弱、由早到晚的递进特征，这意味着来自东南的燕山期太平洋板块俯冲影响更大；逆冲断层和褶皱的发生，使地层缩短，缩短量达78 ~ 88 km，加之雪峰山构造带的缩短量，总缩短量约为100 km，占总长度的20%左右。

组成地壳的沉积盖层厚度、软岩层数量、南东–北西向挤压应力有差异，导致“隔挡式褶皱”

和“隔槽式褶皱”的形成。以齐岳山断裂带（金佛山）为界，以东为“隔槽式褶皱”，以西为“隔挡式褶皱”（冯常茂 等，2008）（图1.33）。

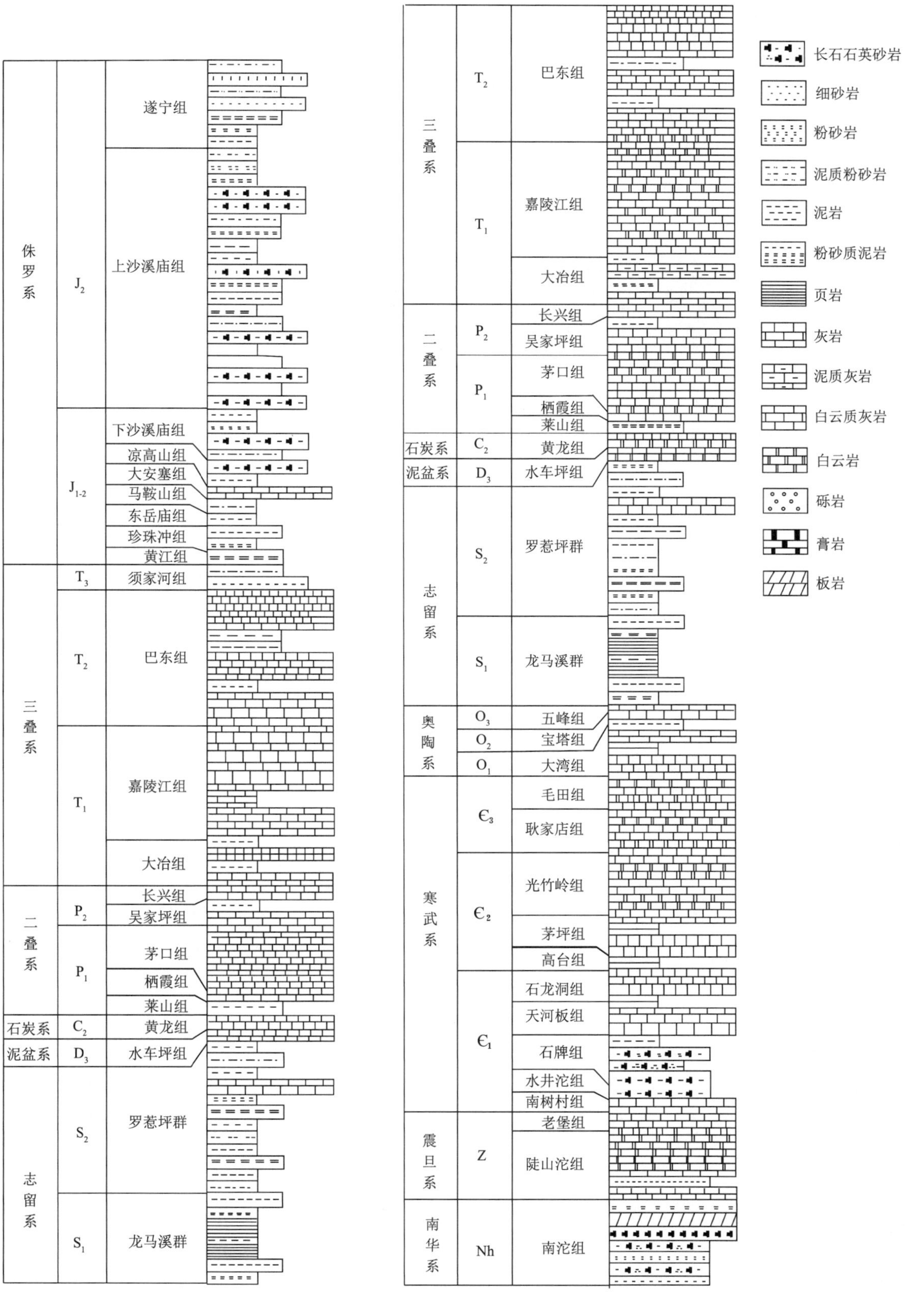

（a）西带　　　　（b）东带

图1.31　川东“隔挡式褶皱”和“隔槽式褶皱”地层柱状图
（张必龙 等，2009）

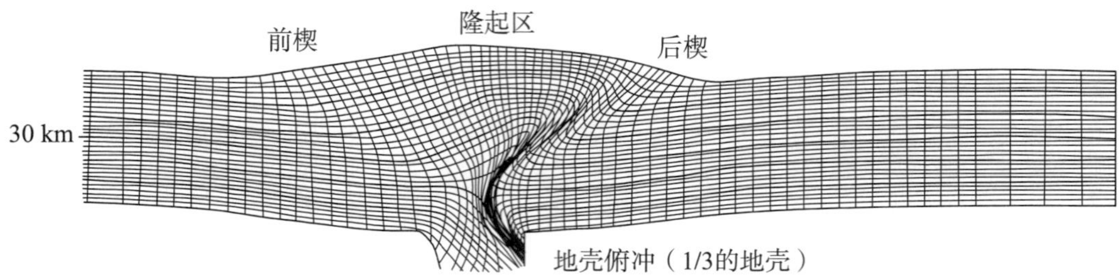

(a) 拉格朗日网格显示来自挤压造山的二维平面有限元模型中的地壳变形

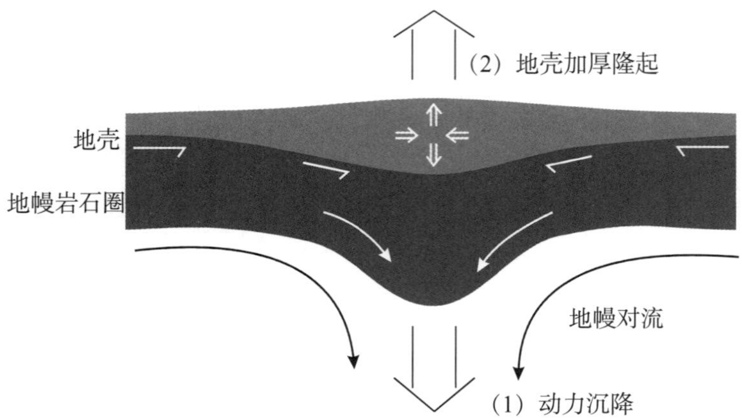

(b) 挤压造山模型

图1.32　雪峰山下部花状隆升构造运动示意
（苏金宝 等，2014）

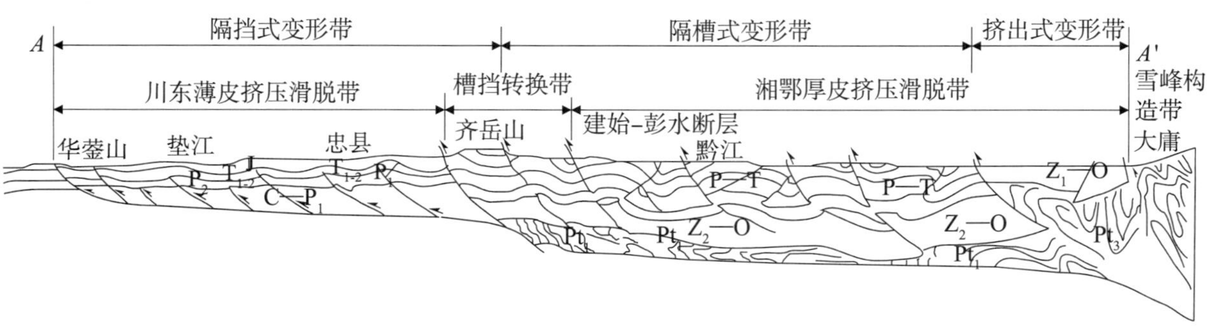

图1.33　川东-雪峰构造褶皱及冲断层地质剖面示意
（冯常茂 等，2008）

从地震深反射剖面解析金佛山地质剖面看，构造应力在金佛山以东影响深度更大，以西影响深度变浅。

金佛山以西地区，多层硬层与软层地层相间，且软硬层间的黏聚力比值相差较大，因而存在多层滑脱层，主滑脱层寒武系–奥陶系，发生在约5 km地面以下，上覆压力较小，属于所谓的“薄片构造”；金佛山以东地区，仅存在一层志留纪砂页岩，被卷入的滑脱褶皱地层涉及新元古界板溪群和震旦系，影响的深度大于7 km，上覆压力大，属于所谓的“厚皮构造”。

模拟的试验结果显示：当硬软层间黏聚力比值大于25：4、上方压力小于130 MPa时，就出现了明显的“隔挡式褶皱”；当硬软层间黏聚力比值小于5：2、上方压力大于130 MPa（相当于地面以下5～6 km深度的压力）时，就出现了明显的“隔槽式褶皱”。

（2）风化剥蚀与岩溶槽谷形成阶段（杨世燊，1989）。

“隔挡式褶皱”和“隔槽式褶皱”大致形成于中生代晚期（白垩纪），因此，现代的岩溶槽谷的形态是接受了新生代的地壳抬升和岩石风化的结果。这里以铜锣峡背斜低山的南段——统景区的岩溶槽谷的形成为例简要说明其形成过程。

侵蚀夷平面的形成。"隔挡式褶皱"和"隔槽式褶皱"形成之后，经过长期的外营力作用，背斜受到侵蚀、剥蚀，至早更新世早期形成了侵蚀夷平面。在此期间，背斜山上的非碳酸盐岩因剥蚀而出露可溶性的嘉陵江组和雷口坡组碳酸盐岩。此后，地貌发育的外营力，由以流水作用为主逐渐向以岩溶作用为主转化，地面发育溶沟、石芽、漏斗和洼地等幼年期的岩溶地貌。

早期岩溶槽谷的形成。受早更新世的地壳间歇抬升运动和湿热气候的影响，夷平面逐渐瓦解，地下水的垂向循环和水平循环交替频繁，岩溶化进程加快，出现地下岩溶。随着长江干流逐渐深切，御临河的侵蚀基准面下降，引起了御临河支流温塘河的溯源侵蚀，横切背斜，形成相对高差约50 m的早期峡谷，促使背斜碳酸盐岩区沿岩层走向和纵裂隙方向发育溶蚀洼地和地下河，进入旺盛阶段；随着地壳又一次间歇性抬升，地下河演化为溶洞以致发生垮塌，串珠状的溶蚀洼地拓宽并连成一体，形成顺着背斜走向发育的岩溶槽谷。现今天坪山（海拔541 m）和大堡坡（海拔490 m）等岩溶丘陵之顶所连成的向温塘河峡谷缓倾的平面，即为早期岩溶槽谷的谷底。至此，高位岩溶槽谷形成。

现代岩溶槽谷的形成。中更新世，随着地壳不断抬升，岩溶水的纵向运动比降大，峡谷两岸岩溶化区地下水垂直渗透带增厚，加之背斜轴部附近的碳酸盐岩因被挤压而破碎，提供了有利的透水条件，使岩溶水的垂直循环强度增大；至晚更新世，温塘河从现今相对高度为130 ~ 150 m的峡谷谷肩下蚀，深切出陡峭的峡谷，在峡谷内的深切河曲凸岸形成了一级阶地（如温泉坝阶地、上码头阶地和大土地阶地），其相对高度为7 ~ 10 m，与区内峡谷两岸第一层溶洞的高程相当。下感应洞喇叭状洞口左侧堆积的细沙、亚黏土，与附近竹子坝一级阶地的堆积物相同，表明在第一层溶洞的发育阶段，本区地壳相对稳定的时间较长。

典型背斜岩溶槽谷地质剖面如图1.34所示。

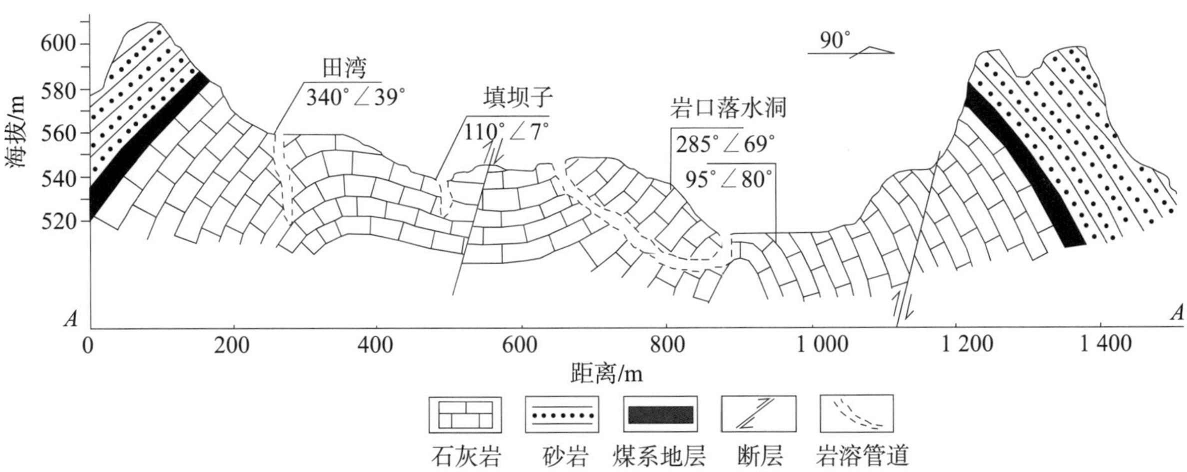

图1.34　重庆青木关岩溶槽谷地质剖面
（扈志勇 等，2009）

6. 岩溶峰林 – 峰丛地貌

1）概　述

广义的峰林岩溶地貌包括峰林、峰丛两类，被认为是在湿热的热带、亚热带地区发育的最为典型的地表岩溶地貌。峰林：系指高耸林立的石灰岩山峰，分散或成群出现在平地上，远望如林，在国外称锥状岩溶和塔状岩溶。峰丛：连座的峰林，峰与峰之间常形成“U”形的马鞍形地，国外称麻窝状岩溶，峰丛之间，岩溶洼地、漏斗、落水洞很发育，常形成峰丛洼地或峰丛漏斗的组合形态（朱德浩 等，2013；朱学稳 等，1988）。

2）分　布

中国西南峰林岩溶地貌形态，集中分布在热带、亚热带，主要分布在湿热的广西、贵州南部和云南东部，零星见于鄂西、湘西、广东和川南等地，总面积为12.5×10^4 km^2，峰林和峰丛两类地形的分布比例为1∶8.3。广西境内峰林岩溶地貌区面积有5.8×10^4 km^2，其中峰林和峰丛两类地形的分布比例为1∶3.8，峰丛地形占优势；桂林地区峰林、峰丛分布的面积分别为1 123.6 km^2和1 216.4 km^2，两者的分布比例相近。

根据峰与洼间的高差，按峰洼高差大于或小于150 m为分界，可进一步分为峰丛浅洼地、峰丛深洼地。我国的峰丛浅洼地形主要分布在贵州中部、北部，湖北和湖南的西部，四川南部，云南东部，与河流切割深度相对较小和岩性特性（不纯、薄层、有夹层等）有一定的关系。我国的峰丛深洼地形主要分布在云贵高原南边缘斜坡区，峰洼高差为300 ~ 500 m，高耸的尖峰与深邃的封闭洼地相间，构成千峰万壑之景观。如广西大化的七百弄，南丹、凤山、东兰、大新等县境内的大片峰丛，贵州独山县南部，罗甸摆郎河及格必河下游也有大量的峰丛深洼分布（蒋忠诚 等，2007；朱德浩，1982；朱学稳 等，1988）。

3）峰林–峰丛的形成演化

（1）峰林–峰丛形成的基本条件。根据峰林岩溶分布来看，峰丛洼地的形成和发育是在三大主控因素耦合下的强溶蚀动力过程：①物理强度高（高硬度、高抗压强度和低孔隙度）、厚度大的碳酸盐岩，这是保证支撑峰丛地貌形态耸峙的岩石构架基础；②被抬升幅度超过水动态变幅（气候变化引起的海平面垂直变化幅度，如冰期与间冰期的海平面变化幅度）的碳酸盐岩地块，这是保证在一定时间尺度内，内源水有足够作用的垂直渗流带厚度空间；③湿、热的气候带（年均气温>16℃，年降水量>1 200 mm，地下径流模数>4.01 L/（s·km^2），生物CO_2份额>72%），这是保证强溶蚀动力和速率以及生物圈碳循环强度能持续进行的水、热环境因子。在这三个条件相互配合下，产生高浓度的CO_2，与碳循环密切相关的CO_2–H_2O–HCO_3^-三相不平衡开放系统下的快速反应和高强度溶蚀过程。

（2）峰林–峰丛的形成演化：溶洼→峰丛→峰林→孤峰，存在时间先后的演化关系。一个被抬升的碳酸盐岩地块，由于溶隙到地下管道的发育，便很难再形成和维持完整的地表水系。当地表水系退化为干谷、盲谷，被多个洼地代替，每一洼地又逐渐形成为一个独立的集水、闭流单元。这就意味着地表水网被破坏，地下水网开始形成，同时形成特有的产汇流过程。

洼地边坡和底部形成地表流、壤中流、岩溶表层带水流、垂直渗透流和竖井流，洼地底部主排水裂隙逐渐被扩大。各洼地排水系统之间又以管道相连，形成孔隙–裂隙流、溶隙流和管道流的有机联系。在雨季，当降水强度大，管隙排水不畅时，又会造成短期洼地滞水，甚至会形成暂时性（季节性）的岩溶湖，从而产生洪水的面状溶蚀作用和水文扩散效应对洼地的侧向拓展，同时叠加大型的张裂隙（节理或断层），地面也会因此形成洼地（漏斗），漏斗一旦形成，正反馈响应又会加强洼地的发育。由于各个渗流聚集中心的水动力强度及其吸引范围不同，随着其向下垂直发育过程中，水动力势能强的聚流中心会袭夺周围势能弱的聚流中心。由漏斗发育为洼地时，就在地貌形态结构上出现一个明显的地貌坡折，这就是垭口的所在位置。垭口相连也就构成了水文地貌动力界面。界面之上，溶蚀作用相对均一缓慢；界面之下，是一个水流汇集强的溶蚀、侵蚀作用区，是岩溶形态快速变化的动力演化层。洼地在二维空间上追求向最优化六边形结构演化。因为六边形是自然界中，形态最能填满空间，同时又是最能节省物质、能量的一种空间均衡结构组织形式。

石峰的空间变化（峰的圆化、高度蚀低、坡地后退）与洼地的平坦底面积扩大互为依存。洼地底部面积的扩大必然使石峰体面积缩小、石峰个数减少，并伴随界面动力层的降低，即洼地动力演化层垂直厚度的不断减薄，最后到达区域岩溶发育的控制基准面（如岩溶潜水面），造成垭口界面、洼地底面、潜水面三者叠合。此时，就意味着峰丛洼地演化阶段的结束，取而代之的将是峰林盆地（平原）、孤峰平原（朱学稳，1991a，1991b，1991c）。

4）桂林岩溶峰林–峰丛发育同时代的空间演变

桂林是岩溶峰林地貌最为典型的地区，桂林岩溶峰林区位于一个以下古生界非碳酸盐岩系为基底的复向斜中，岩溶地层为泥盆、石炭系巨厚的灰岩，总厚度可达4 000 m，该区域的北、东、西三面分别是猫儿山、海洋山和架桥岭等非碳酸盐岩出露的山区，海拔1 000 ~ 2 142 m，高出岩溶峰林区800 ~ 1 900 m。发源于猫儿山的漓江穿过岩溶峰林区，影响着桂林岩溶峰林发育的、大致封闭的流域面积为7 420 km^2，其中岩溶面积为2 340 km^2，占32%，峰林面积为1 123.6 km^2，峰丛面积为1 216.4 km^2（图1.35）。

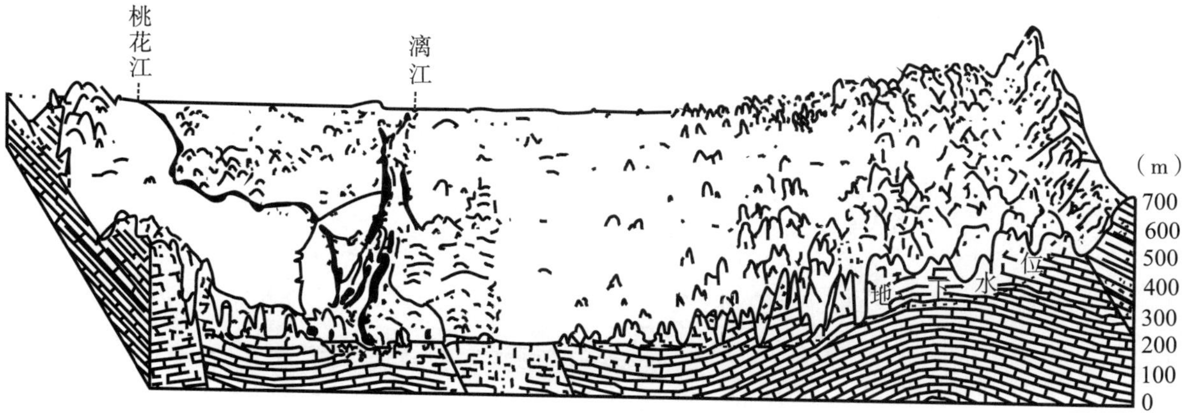

图1.35　桂林附近峰丛、峰林岩溶地貌配套的空间分布
（朱学稳，1991c）

桂林岩溶发育符合峰林地貌发育的“内在条件”和“外部环境”两个方面。“内在条件”：厚层块状、质地坚硬、厚度足够大并且很少或没有隔水夹层的碳酸盐岩有较大面积分布，燕山运动形成的复向斜（背斜）导致地势上的差异，新构造运动的间歇式抬升不断赋予岩溶发育的能量。“外部环境”：潮湿（或湿热）的季风气候，水热配套，生物碳循环强烈；有足够大的水力坡度和外源水的补给和流入。

桂林岩溶峰林–峰丛发育是同时代演变的（图1.36）。地势较高的向斜边缘、背斜核部，山体相对较高，侵蚀基准面较低，而构造裂隙丰富，岩溶作用主要来源于垂向的雨水渗流。而间歇式的抬升和巨厚的碳酸盐岩地层，保障峰丛洼地地貌持续发育、日渐完善（地形起伏增加、峰洼高差加大）。地势较低的向斜中心部位，侵蚀基准面较高、接近地表，碳酸盐岩溶解作用强，除了接受降雨外，还要加上大量外源水的输入，外源水是具有较低的碳酸盐饱和度、侵蚀能力强的水源，因此，岩溶发育的能量主要来源于地表的"高能"径流。碳酸盐岩溶解以侧向侵蚀为特征，随着地壳的抬升、地下水位的下降，被分隔的石块不断圆化、边坡平行后退，逐渐形成峰林和孤峰。

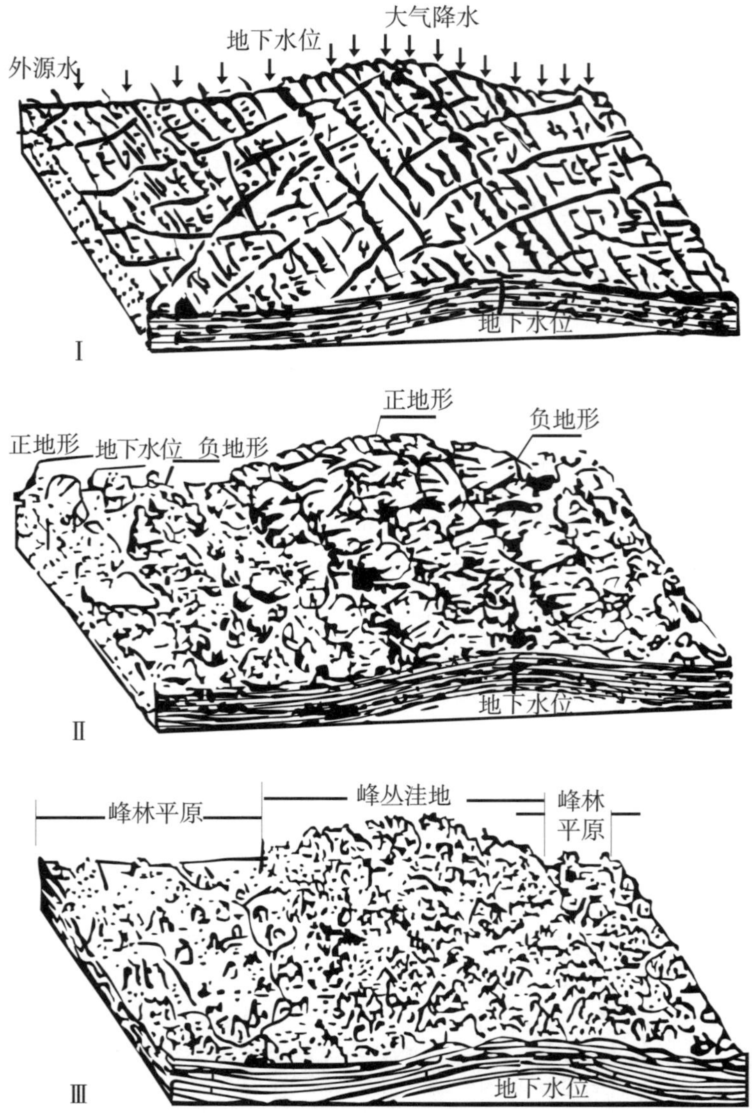

图1.36　桂林峰林岩溶地貌同时代演化模式
（朱学稳，1991c）

小　结

碳酸盐岩是地球历史时期全球碳循环、碳汇效应的重要环节，也是现代岩溶碳循环的物质基础；中国西南碳酸盐岩面积达到5.4×10^5 km^2，主要隶属扬子地台和华南褶皱系，其中三叠纪、二叠纪碳酸盐岩出露面积占44.47%。现代岩溶地貌形态的发育受碳酸盐岩地层属性、组合特征及构造单元制约，中国西南岩溶地表-地下地貌形态类型多样，代表性地貌形态主要有钙华池、天坑、断陷盆地、槽谷、峡谷、峰林、峰丛等不同的地貌地质单元；具有不同的水动力场、水化学场、水温度场，制约着岩溶碳循环过程和碳汇的产生。

第❷章 中国西南岩溶碳循环的影响条件

岩溶碳循环的发生、碳汇效应的形成、碳形态的转化及其稳定性，主要受到气候条件（温度、降水和光照）、水文条件（水动力、水化学）、植被与土壤覆盖以及水生生态系统状况的影响。

§2.1 气候和水文条件

2.1.1 气候条件

1. 季风气候

中国西南主要隶属亚热带季风气候。冬季风与夏季风的振荡变化和华南（南岭）、云贵准静止峰的综合影响，导致了西南岩溶区的降水与温度配置方式和强度的变化，影响了岩溶碳循环的发生（图2.1）。

1）夏季风

夏季风是受湿热的太平洋东南季风、印度洋西南季风影响，由于海陆热力性质差异而形成的。此时，大陆辐射增温强烈，温度高，空气密度小，形成低气压；而海洋吸热散热慢，辐射增温缓和，相对而言，温度较低，气压较高。气压梯度自海洋指向陆地，因而气团由海洋吹向陆地（郑度 等，2015；张美良 等，2017）。

（1）太平洋季风：亚洲大陆位于太平洋的西北边缘，亚洲的太平洋季风多为东南风。夏季，陆地上形成低压（亚洲低压），海洋上是高压（夏威夷高压），因此海洋上的风吹向陆地，形成了暖湿气流；亚洲夏季风区受到60 ~ 80年年际和2年与4 ~ 7年年际的振荡影响（丁一汇 等，2013）。

（2）印度洋季风：夏季行星风带北移，赤道低压移到北半球，再加上大陆热力因子的作用，低压中心出现在印度半岛。而此时正是南半球的冬季，澳大利亚是一个低温高压区，气压梯度由南向北，南部气流跨越赤道后，受北半球地转偏向力的作用，形成西南风，这就是南亚的夏季风（郝青振 等，2016）。

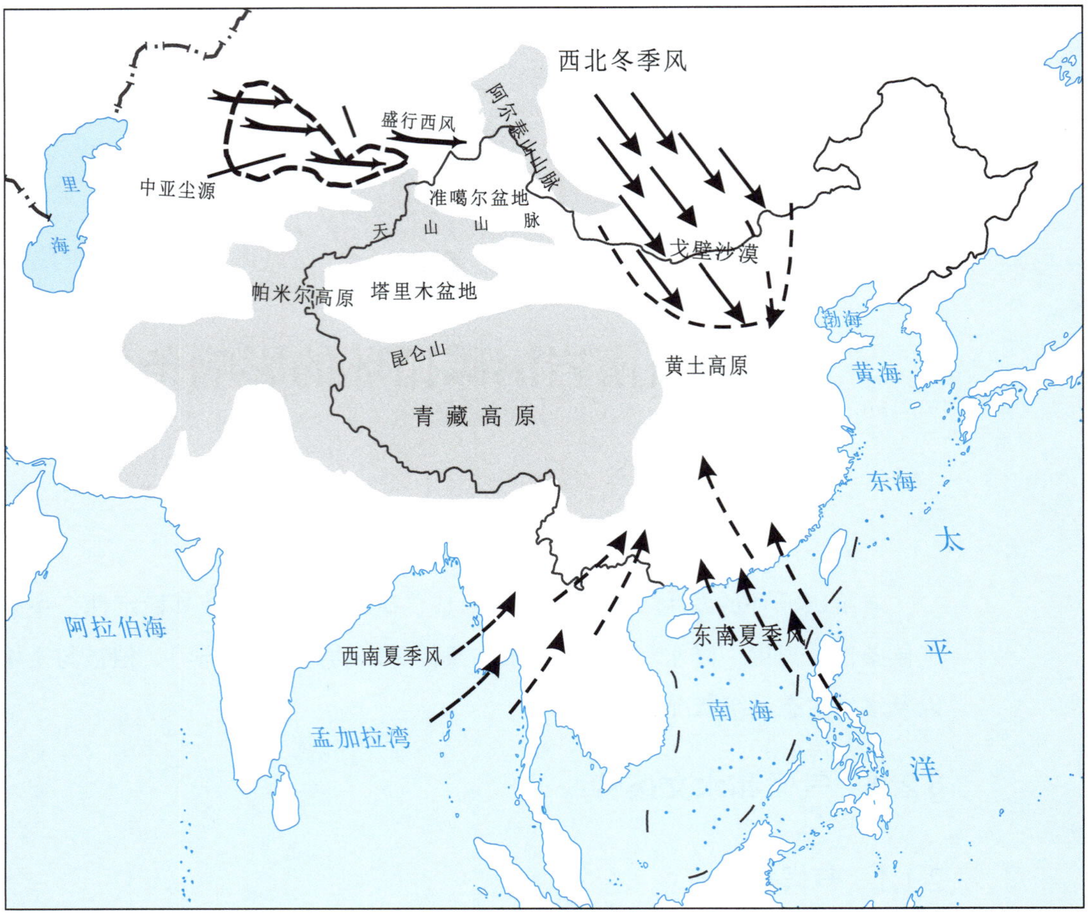

图2.1 亚洲季风运移路线示意
（张美良 等，2017）

贵州、滇东地区同时受到太平洋东南季风、印度洋西南季风的影响。

2）冬季风

冬季风从亚欧大陆内部纬度较高的俄罗斯西伯利亚地区和蒙古高原一带，吹向低纬的太平洋面、印度洋面的季风，主要是由于北半球冬季大陆内部气温较低、气压较高，而热带洋面气温较高、气压较低，于是寒冷干燥的气流由大陆吹向海洋，从纬度较高的地方吹向纬度较低的地方，使沿途所经地区普遍降温，形成了干冷的偏北风（丁一汇 等，2014）。

2. 降水和温度变化特征

由中国科学院地理科学与资源研究所（北京中科永生数据科技有限公司）提供的西南分省行政区划图、西南分省年平均气温栅格图（1993—2000年平均）、西南分省年平均降水栅格图（1993—2000年平均），以及1：25万数字高程模型（digital elevation model，DEM）栅格图（1995年）可以看出，中国西南岩溶地区从东南到西北的降水和温度总体呈规律性的变化（曹建华 等，2005）。具体分析过程如下：

（1）将西南区行政区划图与DEM栅格图叠加，通过ArcView3.2中的Spatial analysis功能模块，可获得西南区各县的平均海拔。

（2）西南区将各县平均海拔分成10级：0～200 m、200～500 m、500～1 000 m、1 000～1 500 m、1 500～2 000 m、2 000～2 500 m、2 500～3 000 m、3 000～3 500 m、3 500～4 000 m、4 000～4 500 m。

（3）按不同的海拔等级绘制西南区地势图（图2.2），西南岩溶地势总体格局呈现为西北高、东南低，绝对高差大于4 000 m。以500 m、1 500 m、3 500 m为界线，可将西南地势分成4个阶梯：广东、广西的大部分县，湘东、鄂东的大部分县海拔小于500 m，构成第一级阶梯；广西的北部和西部、湘西、鄂西、黔南、黔西、重庆、四川盆地，海拔为500～1 500 m，构成第二级阶梯；滇、川南海拔为1 500～3 500 m，构成第三级阶梯；川西北各县的海拔高度为3 500～4 500 m，构成第四级阶梯。

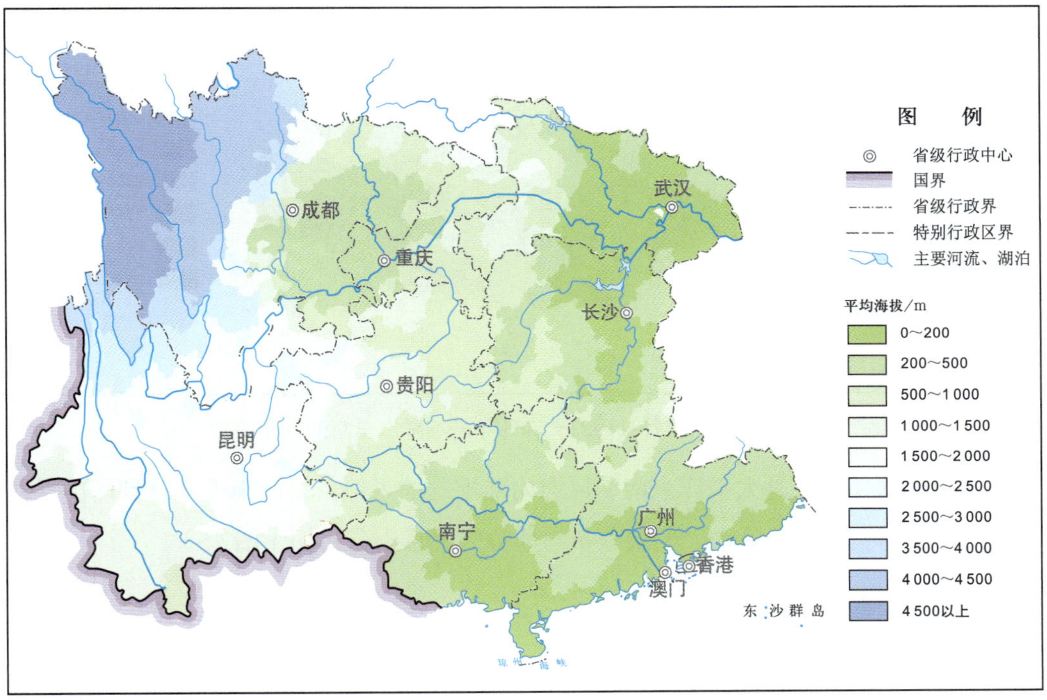

图2.2　中国西南区由各县平均海拔生成的地势图

用同样的方法可获得西南各县的年平均气温和年平均降水量（图2.3、图2.4）。

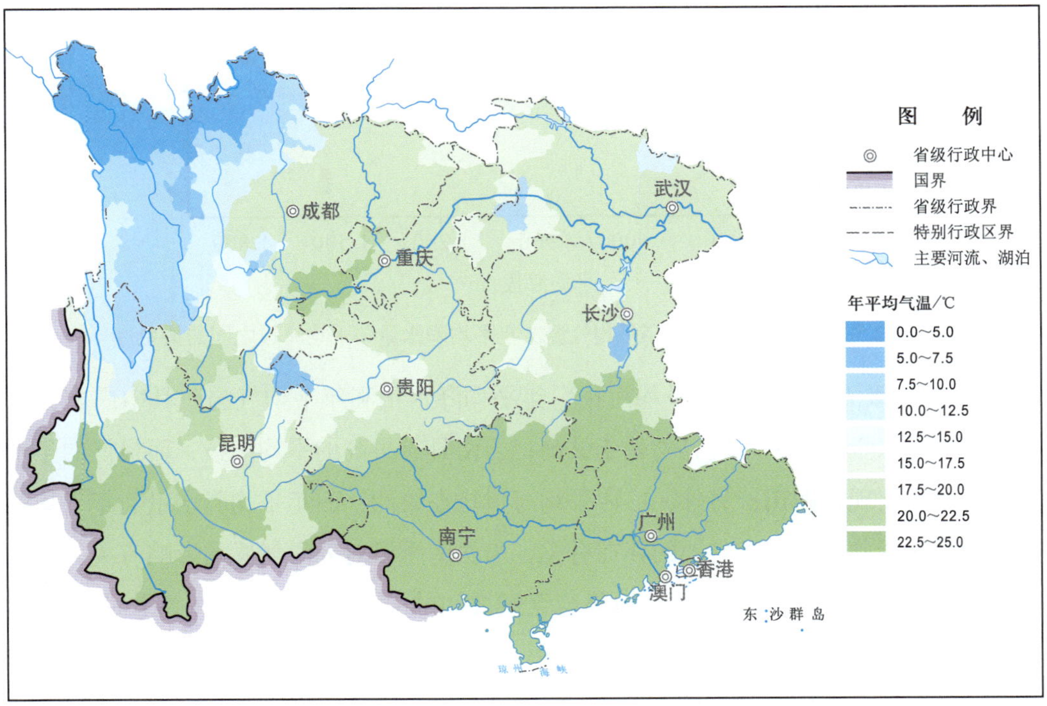

图2.3　中国西南各县1993—2000年平均气温空间分布趋势

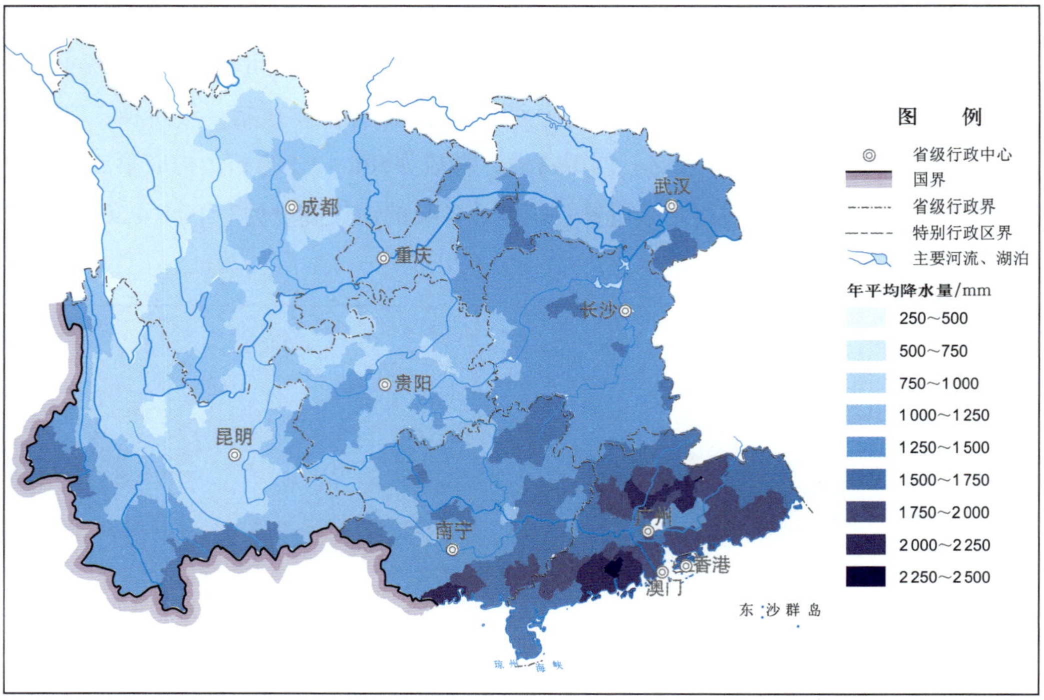

图2.4　中国西南各县1993—2000年平均降水量空间分布趋势

西南地区东南部邻海，是太平洋东南季风向内陆推进的入口；云南南部还受到印度洋西南季风的影响。因此，西南岩溶区的降水、气温分布与地势的关系十分密切（图2.5）。

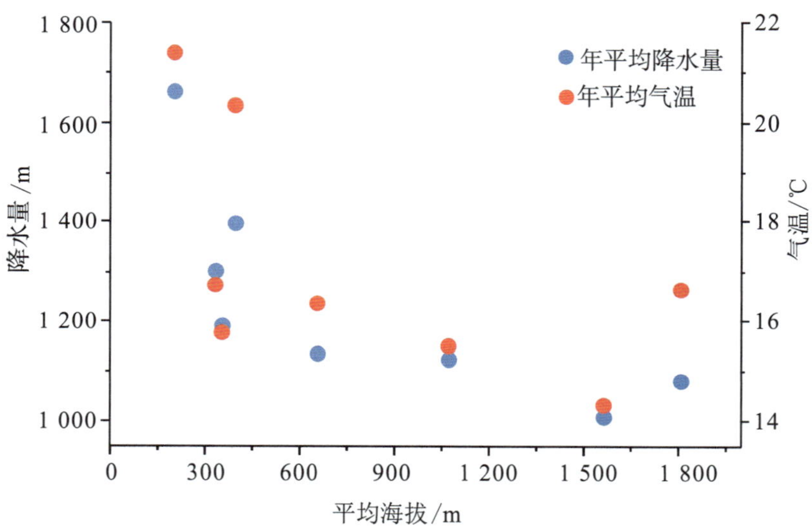

图2.5　中国西南各省份年平均气温、年平均降水量与平均海拔之间的关系

表2.1为以省一级为信息单元的平均海拔、年平均降水量和年平均气温。其中广东具有最低的海拔，而年平均降水量、年平均气温均处于最高；云南具有最高的平均海拔，而最低的年平均降水量、年平均气温均出现在四川；另外，广西平均海拔排在第四，而年平均降水量、年平均气温排在第二，这可能与四川盆地、广西盆地的存在有关，与西南季风对云南气候的影响有关。总之，以省一级作为信息单元，并不能很好地反映地势与气候之间的关系。如果以县一级作为基本的信息单元，则平均海拔与气候之间存在较好的对应关系，其年平均降水量、年平均气温与平均海拔之间存在较好的负相关，其相关系数r为−0.61和−0.69（图2.6）。

表2.1 中国西南各省份平均地势与年平均降水量、年平均气温对比

省份	广东	湖南	湖北	广西	重庆	贵州	四川	云南
平均海拔/m	202.03	332.71	353.73	394.66	655.78	1 071.52	1 563.7	1 807.84
年平均降水量/mm	1 761.08	1 351.46	1 223.61	1 457.16	1 159.19	1 146.31	1 014.99	1 097.83
年平均气温/ °C	21.38	16.73	15.76	20.34	16.35	15.49	14.31	16.63

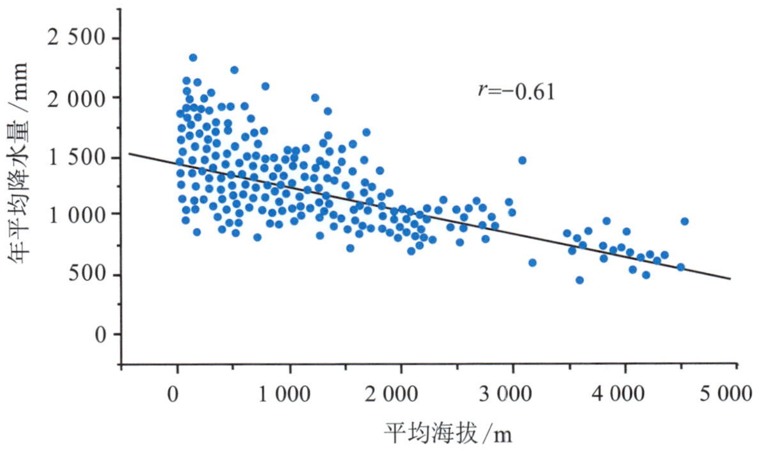

（a）年平均降水量与平均海拔的相关分析

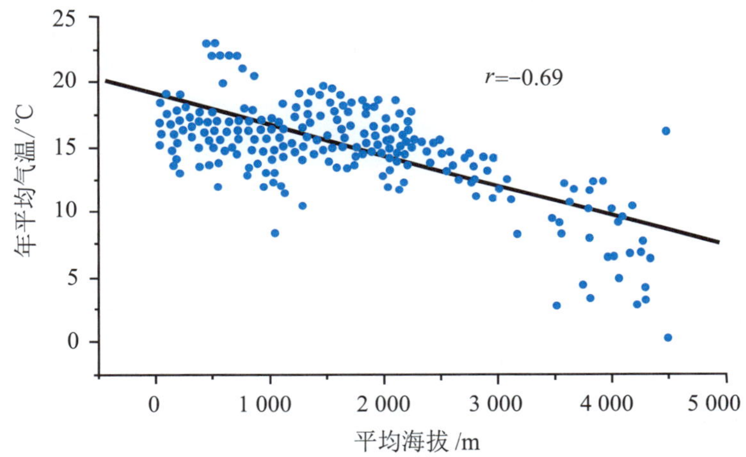

（b）年平均气温与平均海拔的相关分析

图2.6 中国西南各县年平均降水量、年平均气温与平均海拔之间的相关分析

3. 气温和降雨的季节－年内－年际间变化特征

中国西南岩溶地区为热带、亚热带季风气候，雨量充沛，水热同期，温暖湿润，年内降水量时间分布十分不均，气温和降雨的季节–年内–年际间变化比较大。如滇东岩溶区，5—10月为雨季，其总降水量占全年的80%以上；贵州5—10月的雨季总降水量占全年的75%以上；广西的降水量集中分布在3—7月，占全年降水量的60%～75%。代表性站点蒙自的旱季、雨季更为明显，桂林出现的降水高峰月最早；而气温虽然存在相似的变化趋势，但蒙自的年温差最小，桂林的最大（表2.2、表2.3）。

表2.2 代表性观察站点多年平均月降水量 单位：mm

	1月	2月	3月	4月	5月	6月	7月	8月	9月	10月	11月	12月
桂林	57.9	81.6	129.6	280.6	352.5	319.5	222.2	171.9	70.2	97.6	79.4	52.2
水城	17.5	19.8	20.0	67.3	134.6	243.5	219.4	193.8	149.5	102.5	37.8	18.0
蒙自	4.9	13.0	16.5	45.7	83.9	112.8	168.9	128.4	120.5	54.3	48.2	9.3

表2.3　代表性观察站点多年平均月气温　　单位：℃

	1月	2月	3月	4月	5月	6月	7月	8月	9月	10月	11月	12月
水城	9.5	13.9	18.9	22.7	25.3	26.5	26.2	23.6	19.5	15.0	9.9	8.5
蒙自	12.4	14.3	18.0	21.0	22.5	23.1	22.7	22.2	21.0	18.6	15.3	12.8
桂林	8.7	10.5	15.1	18.1	23.6	26.1	28.3	27.6	26.5	22.2	16.1	8.4

中国西南岩溶区一年中的暴雨频率非常高，在雨季经常出现日降水量超过100 mm的天气状况，以桂林1997—1999年日降水量为例，每日降水量超过50 mm的就有20天（图2.7）。2000—2012年，每日降水量超过40 mm的达18天（张美良 等，2017）。

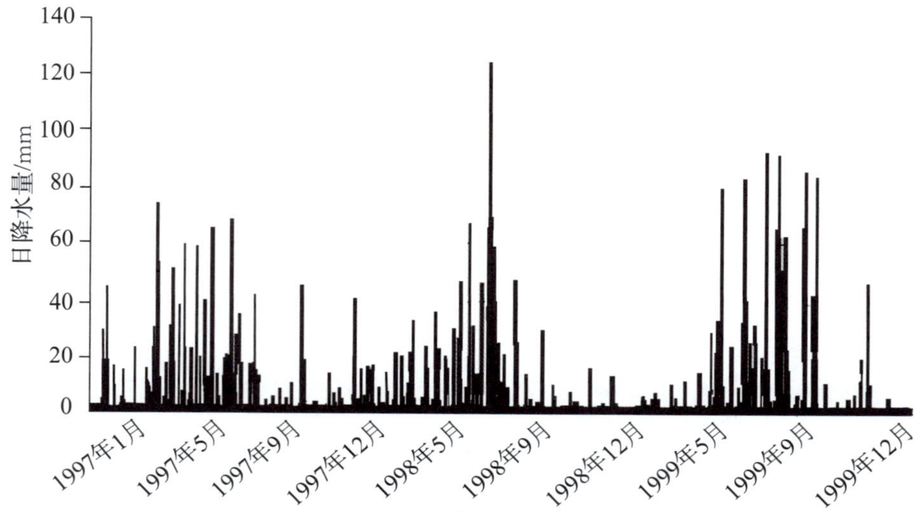

图2.7　桂林地区1997—1999年日降水量

（蒋忠诚 等，2010）

季风气候条件下，其降水量变化还受到地球环境周期变化（太阳黑子活动周期）的影响，存在着年际间的变化。根据广西地质环境监测总站长期的监测数据显示，1981—1994年，年际间降水量存在着周期性的变化：在1976—1983年丰水期，年平均降水量达2 034 mm；而1984—1991年共8年的枯水期年，年平均降水量为1 634 mm；1992—1999年的8年间为丰水年，年平均降水量为2 019 mm（刘金荣，2004；黎玉芳 等，2013；蒋忠诚 等，2010）（图2.8）。

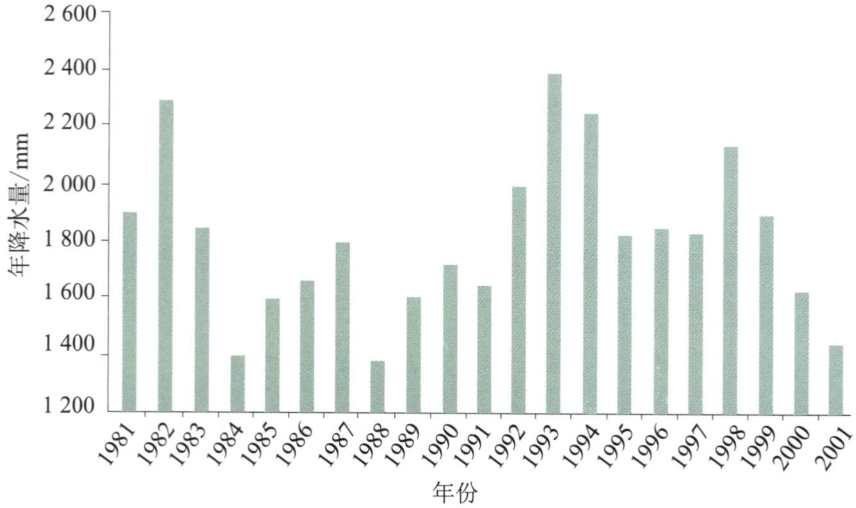

图2.8　桂林地区1981—2001年年降水量变化

（蒋忠诚 等，2010）

1960—2010年桂林年平均气温为19℃，50年间的气温增温显著。1960—1970年没有升温，1970—1980年年平均气温降低了0.1℃，1980—1990年年平均气温升高了0.4℃，1990—2000年年平均气温升高了0.5℃，2000—2010年年平均气温升高了0.6℃（陈超 等，2013）（图2.9）。

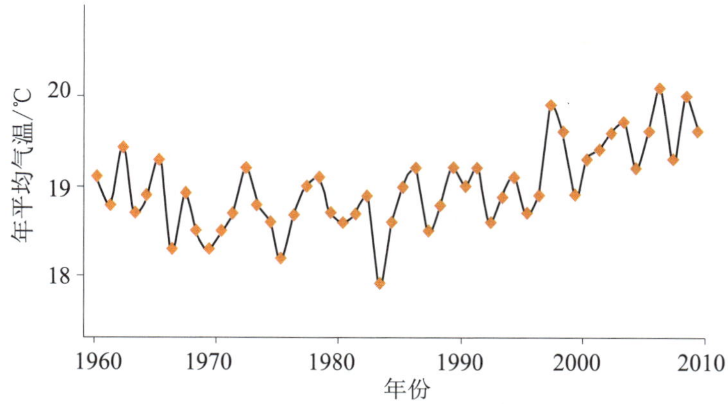

图2.9　桂林地区1960—2010年年平均气温变化

4. 山地垂直气候特征

中国西南岩溶地区以山地为特征，小范围内山地垂直气候明显，而且不同地区、不同地貌类型的表现特征有所不同。

云南蒙自断陷盆地（海拔1 280～1 340 m）与周边中高山区（海拔大于2 000 m）总的气候特征表现为四季不明显，干湿季明显。但盆地与山区相比，气候具有显著的差异：盆地气温高、降水量小、蒸发量大；山区气温低、降水量大、蒸发量小（图2.10）。

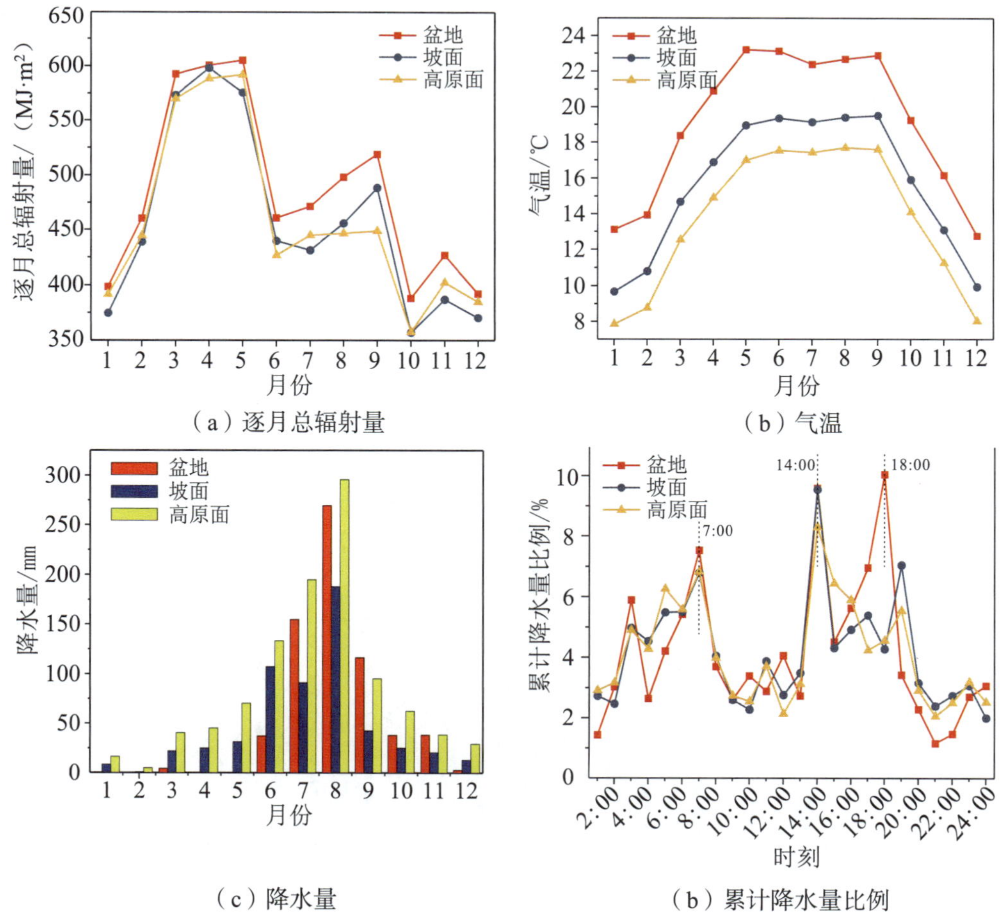

图2.10　蒙自断陷盆地不同地貌部位气象参数

由图2.10可以看出：

（1）盆地的降水量为719.3～887.3 mm，平均为794.3 mm；山区的降水量为820.4～1 608.6 mm，平均为1 148.5 mm，盆地的降水量仅为山区的69.2%。

（2）盆地的年平均蒸发量为2 273.0 mm，山区的年平均蒸发量为1 509.6 mm，盆地的蒸发量是降水量的2.9倍，是山区蒸发量的1.5倍。

（3）盆地的年气温为17.8℃～18.5℃，平均为18.2℃；山区的年气温为11.5℃～15.9℃，平均为13.7℃，盆地的年平均气温高出山区年平均气温4.5℃。

这或许就是导致滇东断陷盆地大多是缺水干旱盆地的气候原因。

类似的案例还有黔北的仁怀市峰丛洼地山区，根据市内5个不同海拔的气候观测站太阳、长岗、堰头、井坝、云安的资料显示，降水量随着海拔的升高而增加，而气温则随之而降低（表2.4、表2.5、图2.11）。

表2.4　黔北的仁怀市各地月、年降水量对比

地点	海拔/m	月降水量/mm												年降水量/mm
		1月	2月	3月	4月	5月	6月	7月	8月	9月	10月	11月	12月	
太阳	1 260	24	27	37	98	174	200	152	150	148	91	65	34	1 200
长岗	1 180	20	24	36	92	162	190	150	137	145	86	58	32	1 132
堰头	940	15	18	27	84	148	182	142	125	135	85	53	30	1 044
井坝	910	12	18	29	90	148	185	147	126	132	88	40	30	1 045
云安	875	20	14	24	62	134	162	135	120	130	80	45	26	952

表2.5　黔北的仁怀市各地月、年平均气温对比

地点	海拔/m	月平均气温/℃												年平均气温/℃
		1月	2月	3月	4月	5月	6月	7月	8月	9月	10月	11月	12月	
太阳	1 260	2.6	4.3	9.6	14.3	17.7	20.4	23.7	22.8	19.3	14.1	9.4	4.9	13.6
长岗	1 180	3.0	4.7	10.0	14.7	18.1	20.7	24.2	23.3	19.8	14.5	9.7	4.9	14.0
堰头	940	4.3	6.0	11.3	16.0	19.4	22.1	25.5	24.5	21.1	15.8	11.0	6.2	15.3
井坝	910	4.3	6.0	11.3	16.0	19.4	22.1	25.5	24.5	20.1	15.8	11.0	6.2	15.2
云安	875	5.7	7.4	12.7	17.5	20.8	23.2	26.9	26.0	22.5	17.2	12.4	7.6	16.7

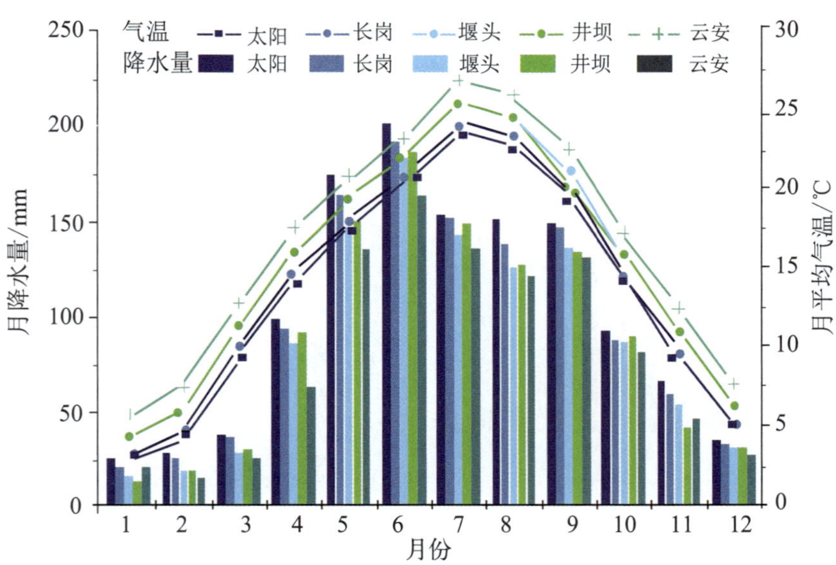

图2.11　贵州仁怀市峰丛洼地山区太阳、长岗、堰头、井坝、云安观测站的月平均气温和月降水量

5. 同地带岩溶峰丛山区与砂页岩山区小气候对比特征

同地带岩溶峰丛山区小气候变化比砂页岩山区更强烈。周游游等人于1994年6—7月，在贵州省仁怀市合马镇对岩溶峰丛山区和砂页岩山区的小气候进行了对比观测研究，其结果显示（表2.6）：

（1）平均昼夜相对湿度差在峰丛山区为26.7%，比砂页岩山区的19.7%高出7.0%。

（2）岩溶峰丛山区日温差为7.2℃（晴）和1.0℃（雨），分别比砂页岩山区的6.7℃（晴）和0.7℃（雨）高出0.5℃和0.3℃。

（3）无论是裸地、草地，还是林地，其对应的小气候变化幅度均为岩溶峰丛山区的高于砂页岩山区的。

表2.6　贵州岩溶峰丛山区和砂页岩山区的小气候对比

地貌条件	土地利用方式	平均温度/℃（晴/雨）	昼夜温差/℃（晴/雨）	平均相对湿度/%	昼夜相对湿度差/%
峰丛谷地斜坡	石灰岩裸地	28.3/23.3	8.1/1.2	63.1	36.0
	草地	28.0/23.4	7.3/1.0	71.4	31.0
	疏林灌丛	27.0/24.1	6.2/0.7	81.9	13.0
	平均值	27.8/23.6	7.2/1.0	72.1	26.7
砂页岩单斜山斜坡	砂页岩裸地	28.0/23.0	7.8/1.0	70.8	28.0
	草地	28.0/23.6	7.0/0.8	74.6	24.0
	灌木疏林	27.5/24.3	5.2/0.4	80.7	7.0
	平均值	27.8/23.6	6.7/0.7	75.4	19.7

2.1.2　水文条件

水是岩溶碳循环发生的重要驱动力之一，岩溶碳循环的强度——碳酸盐岩的风化溶解速度，主要取决于两个要素：一是水体中含有的侵蚀性CO_2量；二是水流的速度。因此，影响岩溶碳循环的水文条件最重要的是岩溶含水介质的不均匀性与流域结构（含水介质特征制约水流的状态），同时，表层岩溶带、洞穴和地下河（地下水位波动带）也是岩溶碳循环发生的关键环节。

1. 不均一含水介质与流域结构

在中国的热带、亚热带地区的岩溶流域与常态的流域相比具有明显的差异性。

1）可溶性、不均一含水介质

导致不均一含水介质的原因主要是碳酸盐岩的可溶性和差异溶蚀的存在。石灰岩与白云岩在H_2O+CO_2体系中溶解的差异性，或许就是不均一含水介质产生的原因。

碳酸盐岩主要分为两大类：石灰岩$CaCO_3$和白云岩$CaMg(CO_3)_2$。石灰岩的主要矿物是方解石，硬度为3、密度为2.6～2.9；白云岩的主要矿物是白云石，硬度为3.5～4、密度为2.85（陈平，2006）。

在显微镜下观察白云石、方解石自形晶体，多呈菱面体，但在多数情况下方解石很难见到其自形轮廓，大多呈粒状，而白云石则相反，在自然条件下多呈自形菱面体（王德滋，1975）（图2.12）。由白云石构成的白云岩就存在大量的晶间孔隙，有较高的孔隙度和较好的透水性。据桂林泥盆系碳酸盐岩的研究，白云岩的孔隙度为0.01%～11.03%，平均孔隙度为1.79%，而亮晶颗粒灰岩的孔隙度为0.12%～3.29%，平均孔隙度为0.67%，岩石的吸水率与孔隙度呈明显正相关关系。白云岩的渗透率平均为7.7×10^{-6} mm^2，而亮晶颗粒灰岩的渗透率平均为7.09×10^{-7} mm^2（翁金桃，1987）。这表明在相同的外界条件下，水分更容易渗透于白云岩的晶间孔隙中，使白云岩的孔隙度、渗透率迅速增加，岩石的力学强度降低，物理破坏作用更加剧烈。在溶蚀试验过程中，白云岩试片常常有晶体脱落的现象。

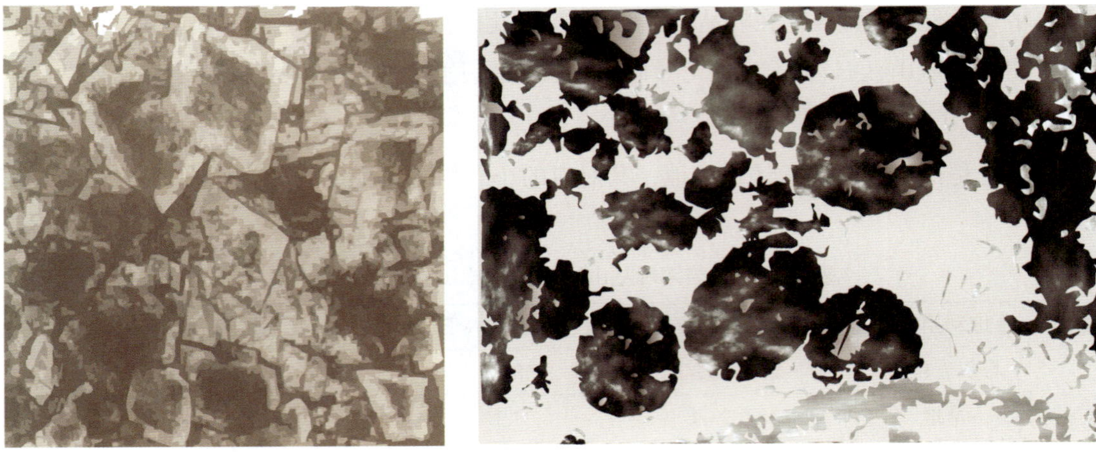

（a）白云岩（33倍）　　（b）砂屑石灰岩（35倍）

图2.12　碳酸盐岩岩石薄片偏光显微照片

2）*石灰岩与白云岩间的差异溶蚀*

石灰岩与白云岩溶蚀速率存在显著的差异。室内控制溶蚀试验结果表明，白云岩的初始溶解速率比石灰岩显著偏低，前者仅为后者的1/8至1/3，且CO_2分压越低，两者差异越大。

对于石灰岩，能催化溶液中CO_2转换的碳酸酐酶（CA）对于溶解速率的控制主要发生在高CO_2分压条件时，如在P_{CO_2}=1 atm①条件下，加入碳酸酐酶后溶解速率可增加10倍。而对于白云岩，碳酸酐酶对溶解速率的控制则主要发生在低CO_2分压条件下，且速率增加的程度明显降低，仅3倍左右（刘再华，2001）（图2.13）。石灰岩的溶解对水动力条件变化的响应比白云岩的更敏感。

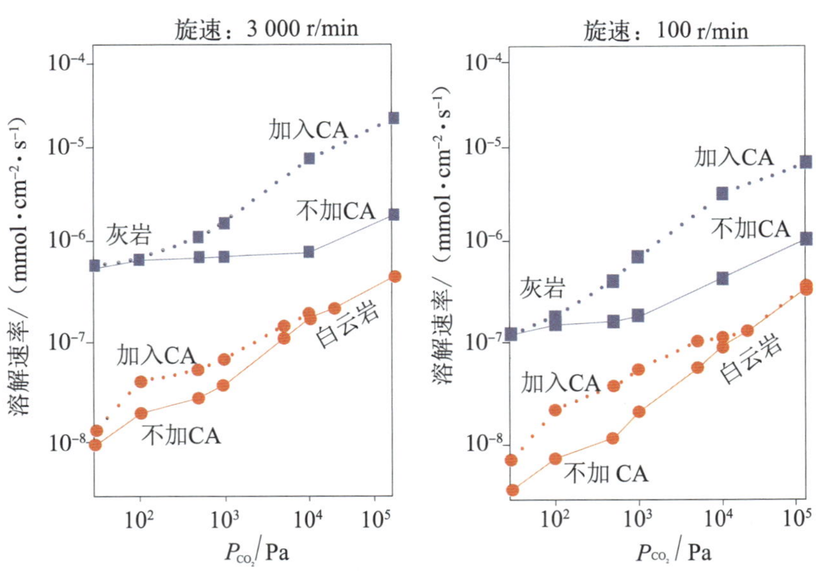

实验条件：20 ℃，开放系统，远离平衡

图2.13　CO_2分压和碳酸酐酶共同作用下石灰岩与白云岩溶解速率对比

① 1个标准大气压的值，记为1 atm，1 atm=101 325 Pa。

3）不同碳酸盐岩类型间的差异溶蚀

自然条件下，碳酸盐岩中随着Ca、Mg比例的不同及其他成分的存在，碳酸盐岩的类型呈现多样化。不同碳酸盐岩的类型存在着溶解速率的差异，产生差异性。

黔中南出露震旦纪、寒武纪、奥陶纪、泥盆纪、二叠纪、三叠纪等不同地质时代的广泛的碳酸盐岩层位。124块碳酸盐岩溶蚀试验结果显示（聂跃平，1993）（表2.7、图2.14）：

（1）在纯碳酸盐岩类中，岩石的比溶解度随岩石中Mg含量的增加而降低，由纯石灰岩的0.96降低至纯白云岩的0.50。

（2）在不纯碳酸盐岩类中，岩石的比溶解度随酸不溶物含量的增加而降低，石灰岩类由0.96降低至0.52，白云岩类由0.50降低到0.26。

表2.7　碳酸盐岩CaO/MgO与比溶解度之间的关系

岩石类型	样品件数	CaO/MgO比值			酸不溶物/%			比溶解度		
		最大值	最小值	平均值	最大值	最小值	平均值	最大值	最小值	平均值
石灰岩	36	311.65	81.04	120.86	8.69	0.19	2.60	1.17	0.75	0.96
含硅质灰岩	3	123.13	77.70	107.12	18.82	13.07	15.09	0.93	0.82	0.86
硅质灰岩	2	98.11	81.04	89.57	36.20	35.81	36.00	0.80	0.24	0.52
含白云质灰岩	7	39.98	11.24	23.39	6.65	0.67	3.83	1.09	0.74	0.96
含灰质白云岩	4	1.75	1.60	1.67	8.33	2.39	4.77	0.72	0.51	0.68
灰质白云岩	2	3.86	2.75	3.31	3.86	0.62	2.24	0.92	0.44	0.61
白云岩	27	1.50	1.02	1.42	8.07	0.36	2.75	0.89	0.26	0.50

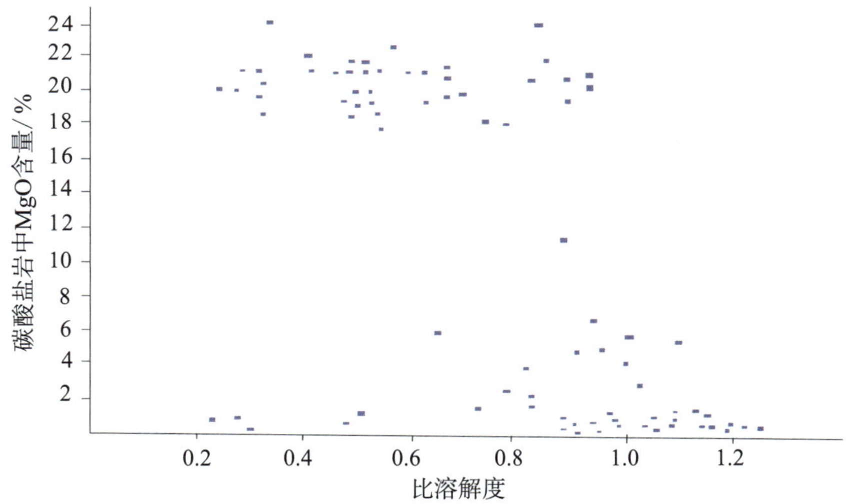

图2.14　贵州黔中南碳酸盐岩MgO含量与比溶解度的关系

桂林地区碳酸盐岩出露的主要地层为石炭系-泥盆系的质纯层厚的石灰岩，103个不同层位碳酸盐岩的溶蚀试验结果显示（翁金桃，1987）（图2.15）：

（1）在纯碳酸盐岩中，溶蚀速率随岩石中方解石（CaO）含量的增加而增大，随白云石（MgO）含量的增加而降低。

（2）在不纯的碳酸盐岩中，由于酸不溶物（非碳酸盐矿物）的加入，物理破坏量增大，岩石的溶蚀速率与方解石（CaO）、白云石（MgO）之间的线性相关程度降低。

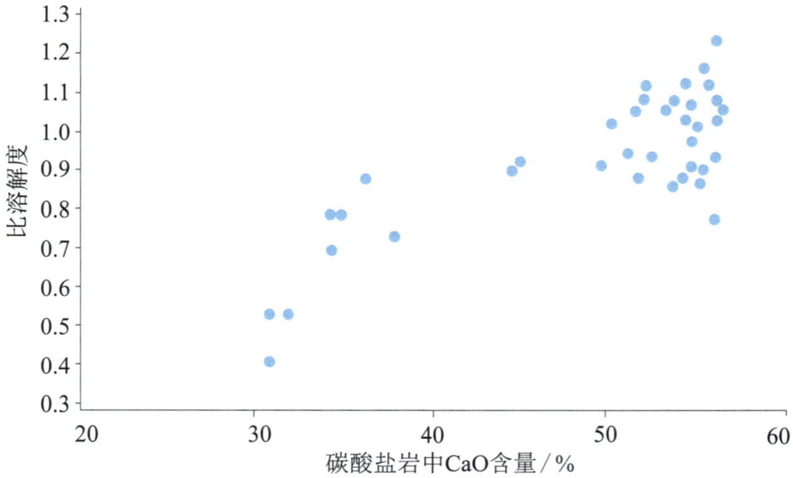

图2.15 桂林地区碳酸盐岩比溶解度与碳酸盐岩CaO含量的关系

4）不同碳酸盐岩地层组合间的差异溶蚀

碳酸盐岩沉积形成的环境是清洁、光照好的浅海，其成分受到陆源物质、全球气候变化的影响，因此现代碳酸盐岩地层中不同碳酸盐岩地层、碳酸盐岩–非碳酸盐岩地层间的组合存在差异。

根据碳酸盐岩地层与非碳酸盐岩地层的厚度比例及其组合形式，可按同一岩层（组或段为单元）碳酸盐岩厚度所占的比例分为连续型、夹层型、互层型和间层型（李大通，1985）（表2.8、图2.16）。

表2.8 碳酸盐岩岩层层组类型分类

比例	类型			
	连续型	夹层型	互层型	间层型
碳酸盐岩层厚度比例/％	>90	90～60	60～40	<40
非碳酸盐岩层厚度比例/％	<10	10～40	40～60	>60

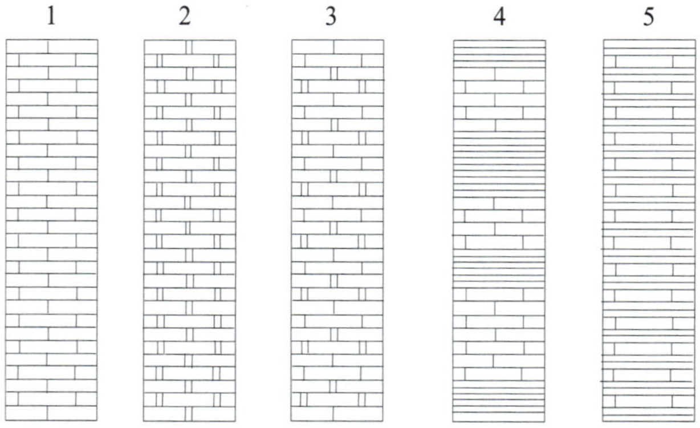

1～3.碳酸盐岩连续型；4.夹层型，碳酸盐岩厚度占60%以上；5.互层型，碳酸盐岩厚度占40%～60%

图2.16 碳酸盐岩地层组合类型

根据岩溶水文地球化学的基本原理，不同碳酸盐岩类型及岩层层组类型在发生溶解时存在差异（沈照理，1993）。在不同碳酸盐岩地层组合条件下，会产生不全等的溶解过程，从以上石灰岩、白云岩溶解的差异性，以及方解石、白云石在常温常压下的溶解平衡常数（溶度积）、溶解度（表2.9、表2.10）可以看出，在不同水文条件下，不同碳酸盐岩地层组间存在以下水–岩相互过程，导致碳循环发生的差异性。

表2.9　方解石、白云石在1 bar①和0℃～30℃下的溶解平衡常数（溶度积②）

溶度积	温度/℃						
	0	5	10	15	20	25	30
方解石溶度积（K_c）	$10^{-8.340}$	$10^{-8.345}$	$10^{-8.355}$	$10^{-8.370}$	$10^{-8.385}$	$10^{-8.400}$	$10^{-8.510}$
白云石溶度积（K_d）	$10^{-16.560}$	$10^{-16.630}$	$10^{-16.710}$	$10^{-16.790}$	$10^{-16.890}$	$10^{-17.000}$	$10^{-17.900}$
开平方根	$10^{-8.280}$	$10^{-8.315}$	$10^{-8.355}$	$10^{-8.395}$	$10^{-8.445}$	$10^{-8.500}$	$10^{-8.950}$

注：①1 bar=100 kPa。

②溶度积：难溶解质溶于水达到饱和溶液时，溶液中沉淀、溶解处于平衡状态，此时各离子浓度保持不变，其离子浓度幂的乘积为一个常数，这个常数称为溶度积常数，简称溶度积。溶度积的大小反映难溶解质的溶解能力，它会受温度的变化以及其他电解质的溶解影响而改变。

表2.10　不同P_{CO_2}与不同温度条件下方解石、白云石在纯水中的溶解度③

（沈照理，1993）　　单位：mg/L

温度/℃	P_{CO_2}/bar①									
	0		10^{-4}		$10^{-3.5}$		10^{-2}		10^{-1}	
	S_c②	S_d②	S_c	S_d	S_c	S_d	S_c	S_d	S_c	S_d
0	10.43	15.75	50.39	67.81	74.38	99.99	252.03	343.37	590.73	821.36
5	10.74	15.16	46.39	59.62	68.36	87.71	231.11	299.48	541.59	713.67
10	11.09	14.74	42.79	52.76	62.92	77.43	212.09	263.15	496.75	624.23
15	11.46	14.48	39.52	46.99	57.97	68.78	194.88	232.54	455.91	549.54
20	11.86	14.35	36.55	42.10	53.48	61.46	179.06	206.72	418.48	486.84
25	12.28	14.32	33.86	37.97	49.38	55.23	164.75	184.78	384.25	433.73
30	12.73	14.41	31.42	34.43	45.64	49.90	151.54	166.02	352.92	388.37
35	13.19	14.58	29.21	31.42	42.24	45.33	139.53	149.94	324.09	349.64
40	13.66	14.85	27.21	28.86	39.13	41.40	128.52	136.09	297.77	316.45
45	14.14	15.19	25.41	26.68	36.28	38.01	118.41	124.11	273.65	287.68
50	14.63	15.60	23.82	24.88	33.70	35.09	109.10	113.67	251.43	262.78
55	15.11	16.09	22.41	23.36	31.35	32.59	100.49	104.56	231.11	241.21
60	15.57	16.65	21.19	22.17	29.22	30.45	92.69	96.59	212.49	222.21
65	16.02	17.27	20.16	21.26	27.29	28.64	85.48	89.59	195.38	205.62
70	16.45	17.96	19.31	20.65	25.57	27.15	78.82	83.41	179.66	190.86
75	16.85	18.72	18.66	20.34	24.04	25.93	72.70	77.97	165.25	177.99
80	17.20	19.55	18.20	20.36	22.70	25.01	67.05	73.14	151.94	166.54
85	17.50	20.45	17.93	20.69	21.54	24.36	61.83	68.88	139.73	156.36
90	17.76	21.41	17.85	21.41	20.56	24.03	57.01	65.10	128.42	147.29
95	17.96	22.46	17.96	22.53	19.75	23.99	52.56	61.74	118.01	139.21
100	18.10	23.60	18.25	24.41	19.12	24.31	48.46	58.79	108.50	132.02

注：①1 bar=100 kPa。

②表中S_c、S_d分别表示方解石、白云石的溶解度。

③溶解度：在给定的温度、压力下，某难溶解质在100 g溶剂中溶液达到饱和状态时所溶解的溶质的质量。

（1）水流从白云岩地层区流向石灰岩地层区。当水流先遇到白云岩，并达到溶解平衡（饱和），然后再遇到方解石，会出现两种情况：第一，当水温低于10℃时，水与白云石达到溶解平衡后，因$K_d > K_c$，即白云石达到溶解平衡时的溶液相对方解石而言，已经达到过饱和，所以，水溶解白云石达到平衡后，再流到方解石地层区后，会产生$CaCO_3$沉淀，不再具有继续溶解方解石的能力；第二，当水温高于10℃时，水与白云石溶解平衡后，因$K_d < K_c$，即在此温度下，白云石饱和的溶液，流到方解石地层区，方解石可以继续发生溶解。

（2）水流从石灰岩地层区流向白云岩地层区。当水流溶解方解石地层时，溶液中仅产生Ca^{2+}、CO_3^{2-}，达到饱和平衡后，流到白云石地层区，因白云石的溶解度大于方解石，继续发生溶解，产生更多的Ca^{2+}、CO_3^{2-}离子，导致方解石过饱和，从而发生$CaCO_3$沉淀，而白云石继续溶解，相对Ca^{2+}而言，溶液中的Mg^{2+}不断富集。

（3）水流流经的地层顺序为方解石→石膏层。水流溶解方解石后，消耗水体中H^+，水流的pH值接近中性。进入石膏层，由于石膏的溶解平衡常数比方解石要高得多，石膏溶解，Ca^{2+}离子浓度上升，同离子效应，方解石过饱和，所以发生沉淀。

（4）水流流经的地层顺序为砂岩→方解石→石膏层。水流溶解石英、长石后，反应后溶液中出现少量的K^+、SiO_3^{2-}、Al^{3+}和HCO_3^-。进入方解石地层后，方解石溶解，溶液中H^+和CO_2被消耗，溶液pH值升高。进入石膏层，石膏溶解，Ca^{2+}离子浓度上升，同离子效应，方解石过饱和，发生沉淀。

不同的碳酸盐岩地层组合在复杂的沉积体系中，由于不同的地球化学背景，产生差异溶蚀，形成不均匀的岩溶含水介质，也是岩溶碳循环发生的空间介质。

2. 岩溶水系统结构

岩溶地下水系统在岩溶系统中最具特色，由赋水空间和水循环两部分组成，是地球表层水圈的一部分。它具有相对固定的边界、汇流范围、蓄积空间和排泄途径，具统一补给、径流、蓄积、排泄的水力联系的水动力场、水化学场和水温度场，具时间、空间四维特征。碳酸盐岩区不均一的岩溶含水介质与砂岩区的含水介质具有明显的差异性，从水系看，碳酸盐岩地表水系不发育，而地下水系发育。广西岩溶区地表河总长度约为2.3×10^4 km，密度为0.23 km/km^2；而非岩溶区总长度达4.7×10^4 km，密度为0.35 km/km^2。1：20万水文地质调查结果显示，广西长度大于2 km并独立存在的地下河有435条，总长度超过1×10^4 km，密度为0.1 km/km^2（莫日生 等，2006）（图2.17）。

1）岩溶水系统水的补给

岩溶水文系统以地表–地下双层结构为特征，贵州碳酸盐岩分布面积为12.96×10^4 km^2，枯季流量大于20L/s的地下河有1 130条，其中806条分布在纯石灰岩分布区。岩溶地下水多年平均天然补给量为316.67×10^8 m^3/a，占全省地下水的72.00%；允许开采量为127.68×10^8 m^3/a，占全省地下水的91.90%（王明章，2006）。以地理信息系统为技术平台，在1：5万地表水系图上叠加岩性图，计算了不同岩性区地表河网密度，结果显示：非碳酸盐岩地区河网密度（1 000.43 m/km^2）要远远高于碳酸盐岩地区；白云岩地区河网密度（779.41 m/km^2）高于石灰岩地区（597.16 m/km^2）（陈伟燕 等，2013）（表2.11）。岩溶地下水的补给主要有两种方式：雨水的补给和地表水的补给。雨水的补给包括：渗入式——降水沿地表碳酸盐岩原生、次生裂隙和空隙下渗补给；渗透式——降水通过第四纪沉积物（土壤覆盖层）下渗补给；注入式——降水通过漏斗、竖井、落水洞直接补给地下管道。地表雨水、地表河水和非岩溶区地下水对岩溶水系统的补给，尤其是非岩溶区外源水的补给，可加强岩溶碳循环的发生。

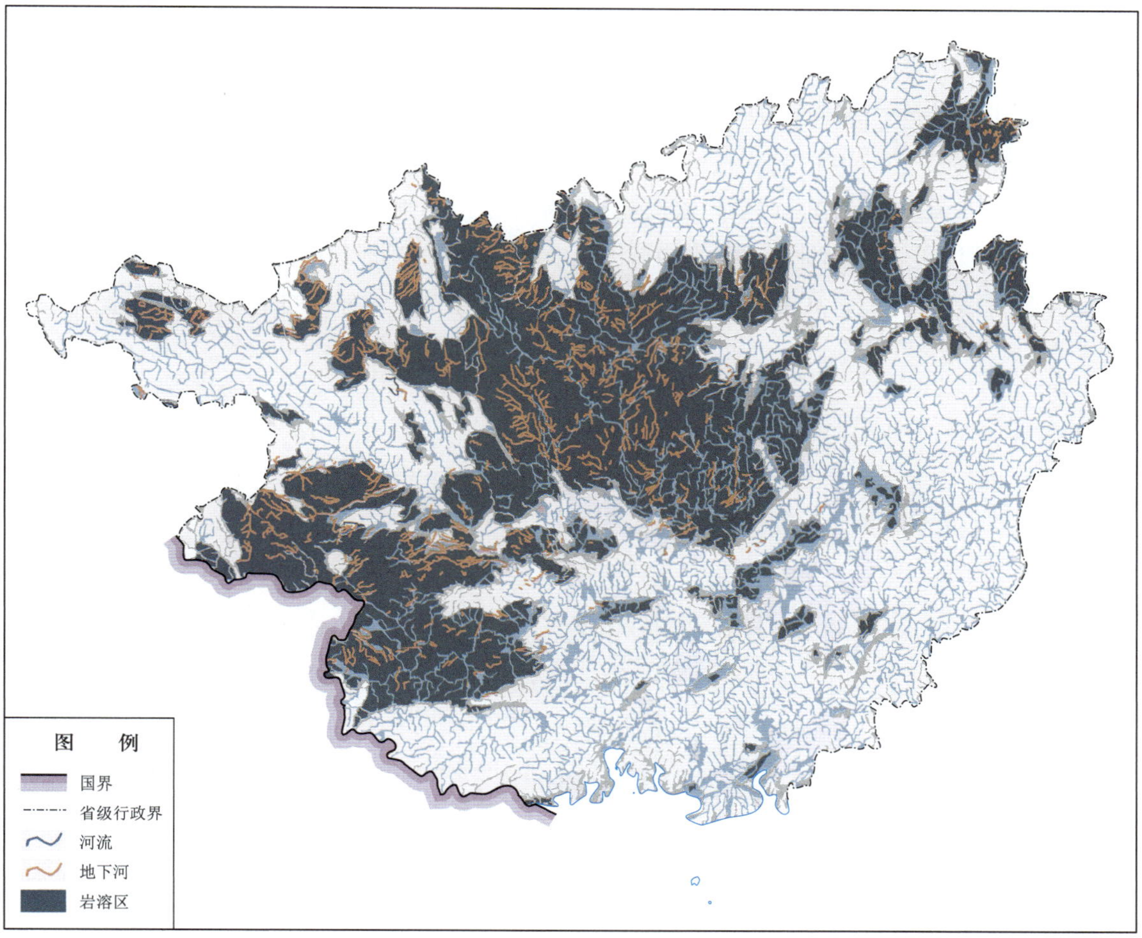

图2.17　广西岩溶区、非岩溶区地表河与地下河的空间分布

表2.11　贵州省不同岩性区地表水系特征统计

岩石类型	河网长度/km	区域面积/km^2	河网密度/（m・km^{-2}）
连续性石灰岩组合	13 502.16	30 676.34	440.15
石灰岩夹碎屑岩组合	14 631.95	19 339.41	756.59
石灰岩与碎屑岩互层	16 799.96	25 230.51	665.86
连续性白云岩组合	17 627.62	22 990.48	766.74
白云岩夹碎屑岩组合	5 886.58	7 209.95	816.45
白云岩与碎屑岩互层	238.27	275.85	863.77
石灰岩、白云岩混合组合	2 281.12	3 689.78	618.23
硅质岩、变质岩等	66 710.28	66 681.61	1 000.43

2）*岩溶水系统水的径流*

径流是指水在岩溶含水介质中的运移过程，径流过程包括垂直的分层性和水平的分异性。垂直的分层性主要是指降水通过岩溶表层带、包气带垂向运移至饱水带和地下河，同时也包括其中部分降水直接通过漏斗、落水洞、竖井，以管道流的方式进入地下河（袁道先 等，1988）。水平的分异性主要受控于岩溶含水介质的不均匀性和分异性，尤其受控于水流管道的发育和分布特征，如

在高位峰丛洼地岩溶水系统中，地下水埋深大，为100～200 m，水力坡度为8‰～50‰，水流速度快；而在峰林平原、谷地，地下水埋深浅，几米至几十米，水力坡度平均为1‰～3‰，水流速度较慢（朱学稳 等，1988；袁道先，1994）；地下管道发育、空间分布与地形地貌的反差，会导致地表水、地下水的互换交替、承压和非承压；而流域范围内存在的阻水构造、隔水层、管道发育的粗细，会导致地下水位在一次强降雨过程中发生巨大的水位波动（韩行瑞，2015）。

3）*岩溶水系统水的排泄*

当岩溶地下水流动过程中，遇到阻水构造、阻水地层或当地排泄基准面，岩溶地下水就会以岩溶泉或岩溶地下河的形式出露地表。阻水构造、阻水地层形成的排泄口的海拔位置可远远高于当地排泄基准面（韩行瑞，2015）。从水循环的角度看，岩溶水系统的水循环可归纳如图2.18所示。

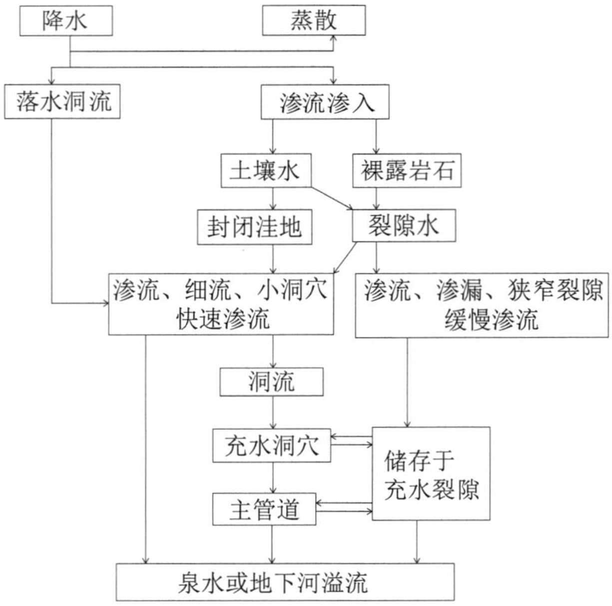

图2.18　岩溶水系统的水循环示意
（任美锷 等，1983）

岩溶地下水的动态具有暴起暴落的特征，与降雨具有很好的响应关系。一个完整的岩溶水系统水动态过程可分为两个部分：补给期水动态——大气降水有效渗入补给，流量、水位回升；衰减期水动态——一段时间内，无大气降水补给，但排泄端流量连续不断衰减，这表明以前的输入量对流量起到滞缓释放作用，滞缓释放的时间长短决定岩溶水系统对水调蓄能力的强弱（Xia，2016）。

在同一个岩溶系统中，可以有一个主管道、多个支管道即子系统，有些子系统水动态是长流式，有些是间歇式，且间歇的时间有长短，即子系统的补给、径流、排泄条件存在差异性。换言之，在岩溶水系统中主管道中的水流可以由多个不同性质的水流汇聚而成，这就有可能产生上述混合溶蚀现象的发生，既造成了洞穴（地下河）空间的增加，同时也导致了岩溶碳汇的增加。

3. 典型西南岩溶水系统含水介质及对水量调蓄能力

劳文科等（2009）对位于湘南–桂北岩溶丘陵区石期河岩溶水流域进行了调查，对水动态过程进行监测，分析了水流量衰减过程和系统对水流量的调蓄能力。

石期河岩溶水流域地处亚热带季风气候区，多年平均气温为17.7℃，多年平均无霜期共316天，多年平均年降水量为1 420.4 mm，雨量充沛，但在年内不同季节的分配极不均匀，每年4、5、6月三个月为丰水期，降水量占全年总降水量的46.5%；3、7、8月三个月为平水期，降水量占全年总降水量的25.3%；9、10、11、12月及次年的1、2月六个月为枯水期，降水量占全年总降水量的28.2%。

石期河岩溶水流域在地貌上以溶丘洼（谷）地和残丘宽谷地貌类型为主。流域面积为959 km^2，其中碳酸盐岩分布面积为886 km^2，占流域总面积的92.4%。岩溶含水介质空间按其有效直径大小可划分为有效直径以米计（大多在3 ~ 20 m）的大型溶洞或管道、有效直径以分米计（大多在3 ~ 8 dm）的小型管道或强岩溶化裂隙，以及有效直径以毫米或厘米计（大多在5 mm ~ 10 cm）的细小溶蚀裂隙。3种不同有效直径的岩溶含水介质空间类型，相应地可将赋存其间的岩溶地下水划分为溶洞–管道水、管道–裂隙水和溶隙水3种不同性质的岩溶水类型。

选用2005年丰水期最后一个流量洪峰（2005年6月7日）数据，按流量衰减曲线作图方法得到石期河流域岩溶水系统总排泄口流量衰减过程曲线（图2.19）。

由图2.19可以看到，其流量衰减过程具有4个亚动态的特征，它们分别表征相应时段的流域坡面产流，以及赋存于流域内大型溶洞或管道中的溶洞–管道水、小型管道或强岩溶化裂隙中的管道–裂隙水、细小溶蚀裂隙中的溶隙水的释放（或排泄）过程。各亚动态完全消耗（排泄）的水量即为当时洪峰状态下，流域内地表产流及赋存于流域内各类不同级别有效直径岩溶含水介质空间（通道）中地下水可自然排泄的资源量，共同构成当时状态下石期河流域岩溶水资源总量（表2.12），且它们各自在流域岩溶水资源总量中所占的比重和可作为有效利用水资源的时效很不一致。

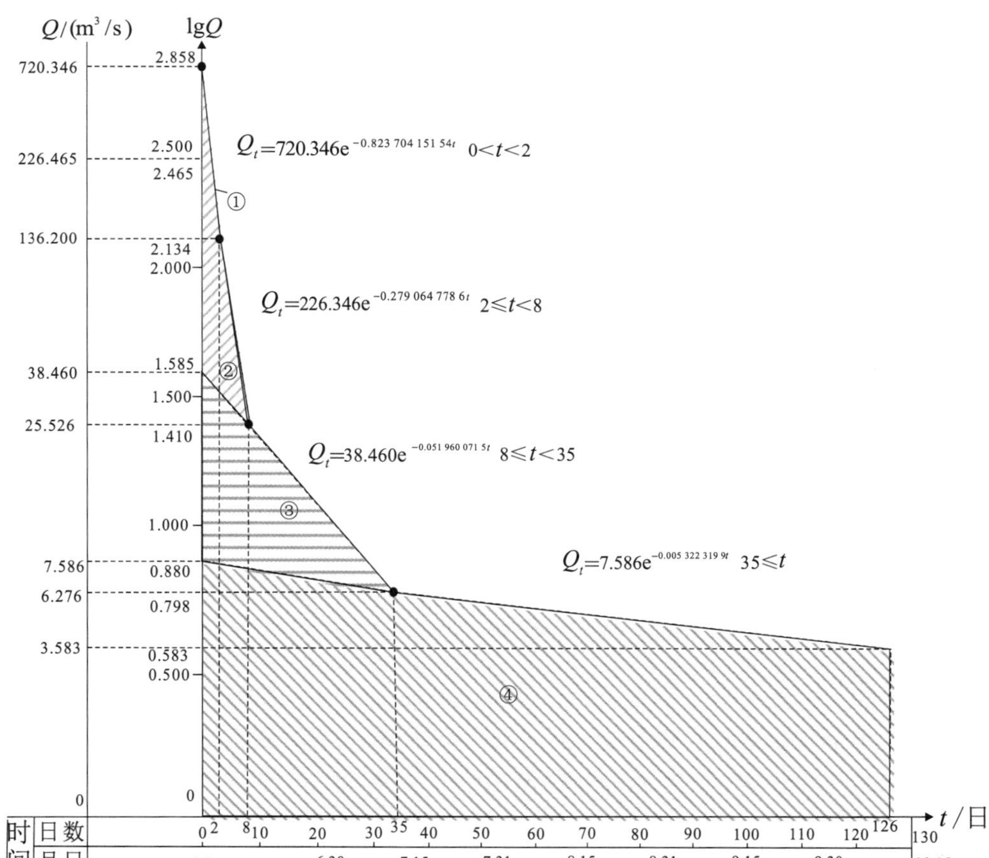

图2.19　石期河流域岩溶水系统流量（Q）衰减曲线
（劳文科 等，2009）

表2.12　石期河流域岩溶水系统在2005年最大洪峰状态下各类岩溶水资源量及占总量的比例
（劳文科 等，2009）

水资源类型（亚动态）	亚动态初始流量/（$m^3 \cdot s^{-1}$）	衰减系数	消耗时长/日	水资源量/（10^4 m^3）	占水资源总量比例/%
流域坡面产流（第一亚动态）	730.316	0.833	2	2 530.08	3.64
溶洞–管道水（第二亚动态）	226.156	0.279	8	3 147.26	4.53
管道–裂隙水（第三亚动态）	38.160	0.052	35	51 477.84	74.10
溶隙水（第四亚动态）	7.586	0.005	126以上	12 314.75	17.73
合计				69 469.93	100.00

石期河流域岩溶水系统在2005年最大洪峰状态下可自然排泄的岩溶水资源总量为69 469.93 × 10^4 m^3，由流域坡面产流和赋存于大型溶洞或管道中的溶洞–管道水、赋存于小型管道或强岩溶化裂隙中的管道–裂隙水及赋存于细小溶蚀裂隙中的溶隙水等4种不同性质的岩溶水类型共同构成，它们各自分别占当时状态下石期河流域岩溶水系统可自然排泄的岩溶水资源总量的3.64%、4.53%、74.10%和17.73%，且它们各自从衰减期的初始时刻起，可供消耗（可作为有效利用岩溶水资源）的时效分别为2日、8日、35日和126日以上。

4. 岩溶地下水中无机碳含量及水 – 岩循环作用产生的碳汇效应

根据最新的岩溶地下水类型的划分标准，西南岩溶区地下河系统有1 179个，岩溶泉系统有1 152个，集中排泄带系统有562个，分散排泄系统有727个（表2.13），尤以黔、桂、滇东发育最多（韩行瑞，2015；裴建国 等，2008；杨立铮，1985）。

（1）云贵高原向广西盆地过渡的地貌斜坡地带，包括滇东南、黔东南、桂西部分地区，碳酸盐岩大面积出露，褶皱平缓，地形切割强烈。地下河表现为：①流程长，汇水面积大，主流长达数十千米，汇水面积达数百平方千米者几乎全都分布在这些地区，如著名的广西地苏地下河长达45 km，汇水面积近1 000 km^2，贵州罗甸大小井地下河长65 km；②地下河的埋深大，地下水垂直循环带厚，一般都在数十米至百米以上，水力坡度陡，大者可达20%；③结构形态复杂，树枝形地下河分布普遍，主流、支流清晰，管道明显，规模壮观；④集中排泄量大，地下河岩溶水资源丰富，常为地表河的源头。

（2）长江和珠江分水岭地带，包括贵州中部都匀到贵阳至安顺一带，短轴背斜、向斜发育，地形切割不强烈，地势平坦。地下河表现为：①径流短，规模不大，主流长度一般为数千米，少数超过十千米，汇水面积一般为数十平方千米，地下河流量小，枯季流量大多为每秒几百升；②埋藏浅，水力坡度小，地下水垂直循环带厚度薄，一般小于20 m，埋藏浅者只有数米，仅在大河谷坡地带埋深可超过百米；③地下河与地表河交替出现，形态多样。

（3）川黔线状褶皱带，包括川东南、黔北、滇东北、鄂西和湘西部分地区，北东向华夏系构造发育，可溶岩与非可溶岩相间呈带状分布，地形上为条形谷地，地下河基本上沿构造线延伸，以单管型地下河为主，长度短小，一般在数千米范围之内。

（4）广西岩溶峰林平原，地下河埋藏浅、分支多，水力坡度平缓，出现虹吸承压管道，地下河发育深度不受当地侵蚀基准面控制。

表2.13　西南岩溶地下水系统划分及分布

（裴建国　等，2008）

地区	地下河系统	岩溶泉系统	集中排泄系统	分散排泄系统	合计	备注
贵州	219	109	248		576	
广西	347	208		332	887	
云南	96	285	163	203	747	滇东
四川	94	226	2	87	409	川南、攀西
重庆	85	44			129	渝东南
湖南	206	51	137		394	湘西、湘南
湖北	48	145			193	鄂西
广东	84	84	12	105	285	粤北
合计	1 179	1 152	562	727	3 620	

根据不完全统计，广西岩溶区445条地下河资料中地下河出口位于灰岩地层的占总数的80%，出露密度为5.33 个/10^3 km^2；枯季流量为162 513 L/s，占总枯季流量的82.6%；地下河出口分布在白云岩地区的最低，占0.67%，密度为1.95 个/10^3 km^2（覃小群　等，2007）。

西南岩溶区绝大部分的水赋存在地下，水在地下流动，其水、岩相互作用，导致地下水富含HCO_3^-，根据碳酸盐岩溶解反应方程，当其溶解达到平衡条件下，1 L水中有2 mol的HCO_3^-存在时，与之相应地有1 mol的CO_2来自大气和土壤，或者说岩溶水吸收了1 mol的大气和土壤CO_2，如果加上地下水的径流量，则可估算出岩溶水吸收CO_2的强度和通量。

杨立铮等（1997）对中国南方岩溶区近2 000个岩溶地下水水化学资料进行统计后得出，云南、贵州、四川（含重庆，研究时重庆还属于四川省）、广西、湖南、湖北6个省（自治区）岩溶水吸收的CO_2含量平均值分别为88.00 mg/L、91.73 mg/L、81.12 mg/L、82.66 mg/L、82.13 mg/L和6.68 mg/L，云贵高原岩溶水中CO_2的含量高于低山丘陵区。考虑地下水径流模数与径流量，就可获得单位时间岩溶地下水吸收CO_2的强度，可用吸收模数表示，单位为mg /（s · km^2）。西南岩溶地下水CO_2吸收模数在100 ~ 500 mg /（s · km^2）这一区间最多，占50%；其次为500 ~ 1 000 mg /（s · km^2）的，占38%；大于1 500 mg /（s · km^2）的占少数。

岩溶地下水CO_2吸收模数与CO_2含量间既有对应关系，也有不对应关系。今重庆、贵州南部和云南东南地区CO_2吸收模数有3个高值圈闭区与岩溶水中CO_2的含量高值区相对应；今重庆沿长江两岸，特别是长江三峡地区，岩溶水CO_2含量并不高，但地下径流强烈、径流模数大，使CO_2吸收模数达到最大值（图2.20、图2.21）。由此说明对于岩溶系统吸收CO_2的多少，地下径流条件是一关键因素。当地下径流条件良好时，溶蚀后的物质很快离开岩石界面，界面附近的溶液浓度迅速降低，溶解加快，CO_2的补充加速，吸碳能力加强。因此，岩溶系统吸碳能力不但受到水化学条件的影响，而且也受到水动力条件的控制，后者常常起着主导作用。

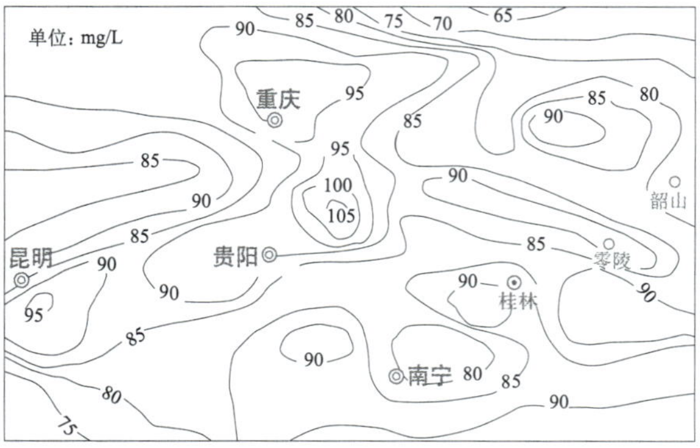

图2.20　西南岩溶水CO_2含量等值线图

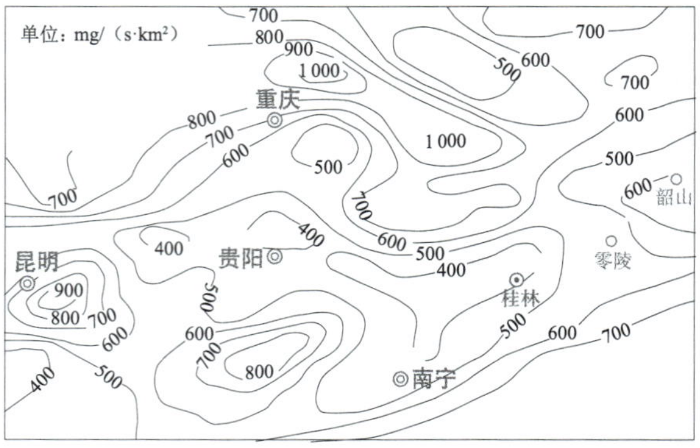

图2.21　西南岩溶水CO_2吸收模数等值线图
（杨立铮 等，1997）

通过岩溶地下水中无机碳含量来计算岩溶系统吸碳能力，实际是对岩溶碳循环第一阶段的结果进行评价。第一阶段实际上是水-岩相互作用的过程，而岩溶碳循环的初始阶段，即水-岩相互作用主要发生在碳酸盐岩浅表层溶蚀裂隙十分发育的岩溶表层带。

5. 典型西南岩溶水系统岩溶表层带

岩溶碳循环初始阶段的发生地及主要碳汇效应的贡献部位是岩溶表层带，岩溶表层带发育的程度意味着岩溶碳循环发生的强度。岩溶表层带是指地表或土壤层与深层块状可溶岩间的一个过渡带，厚度一般为数米，它的形成主要是受地球表层风化作用的影响，其主要特征表现为岩石裂隙化程度高，岩溶发育强烈，透水性与下部包气带有显著的不同，而形成一个独特的上部包气带内含水层。含水层的水既可以通过表层岩溶泉排泄，也可补给下部包气带的大裂隙（曹建华 等，1999a；章程 等，2004；Bakalowicz，2012）（图2.22）。

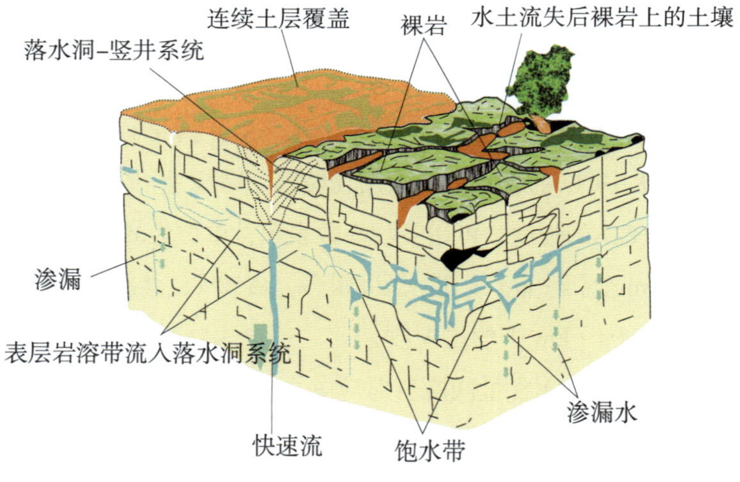

图2.22　岩溶表层带结构示意
（Bakalowicz，2012）

岩溶表层带的发育程度和发育深度与岩性、构造、气候、水文、土壤和植被条件关系密切（覃小群 等，2005）。产状平缓的岩层比产状陡峭的岩层岩溶表层带发育程度高、厚度大，断裂构造附近及构造应力集中部位的岩溶表层带的发育程度较高（劳文科 等，2003）。在南亚热带湿热多雨的广西桂林，表层岩溶带的厚度可达10 m以上；在中亚热带的贵州高原，岩溶表层带的厚度一般在2 m左右；在北亚热带与温带交界的秦岭山区，岩溶表层带已不明显（蒋忠诚，1998）。

干燥石灰岩的相对介电常数为7，空气的相对介电常数为1，土壤的相对介电常数为2.4（胡本清，2012；刘天财，2016），岩气界面、土岩界面两侧的相对介电常数差异较大，在这些界面上反射强烈，因此，使用探地雷达开展岩溶表层带的探测具有较好的效果。刘天财（2016）利用探地雷达（GPR）在贵州黔西县（今黔西市）金兰镇的东北部双庆村夜郎组、嘉陵江组石灰岩为主发育的峰林、峰丛地貌区，进行了岩溶表层带发育深度的探测。通过对35条剖面线的探测，获得35组探地雷达数据及剖面，根据岩溶表层带与底部相对完整的碳酸盐岩对电磁波反射的差异性，进行层位追踪，得到岩溶表层带发育深度（图2.23）。

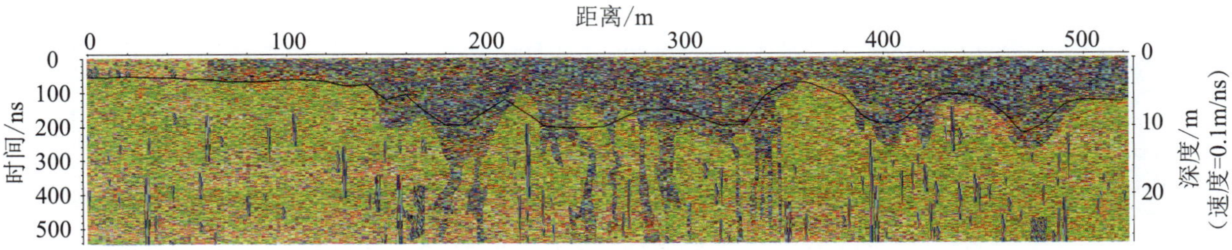

图2.23　贵州黔西县（今黔西市）金兰镇的东北部双庆村表层岩溶带发育厚度剖面
（刘天财，2016）

岩溶表层带的发育厚度范围为1.524～17.204 m，其发育特征表现为凹形坡的发育厚度大于凸形坡，其原因有3个方面：第一，凹形坡是雨洪径流的汇集区域，增加了水流的侵蚀和溶蚀作用，垂向水流作用增强，侵蚀增强，促进了岩溶表层带往深部发育；第二，地势低洼处有利于土壤堆积，植物生长得比较好，土壤–植被系统生物活跃，产生大量CO_2和有机酸，增加岩溶动力作用；第三，植物的根系沿岩溶表层带的裂隙进行生长，使裂隙加大加深，并使岩溶带表层更加破碎，促进了岩溶表层带的发育。

周宁等（2009）收集了“沪蓉西”高速公路勘察（榔坪–高坪段长60 km、箐口–鱼泉口段长19 km）钻孔中175个钻孔岩芯资料，对鄂西南岩溶地区岩溶表层带的发育进行研究。首先，根据钻孔岩芯的岩溶发育程度划分为3级：①发育，岩芯上多见有溶孔、溶穴，沿裂隙多出现缝状溶蚀现象或见有浅小溶洞；②弱发育，岩芯上无溶孔、溶穴，仅少部分裂隙有溶蚀现象；③不发育，岩芯上有裂隙发育，但无溶蚀现象。

将岩溶表层带发育深度定义为钻孔岩芯岩溶发育与岩溶弱发育的分界，得到岩溶表层带发育的特征如下。

（1）负地形岩溶地貌区，岩溶表层带发育深度大。在槽谷、洼地、盲谷，除地表常见的石牙、溶沟、溶槽、溶隙外，地下同时配套落水洞、漏斗、天窗、地下河等，该地区岩溶表层带发育深度最大值为56.54 m，最小值为14.70 m，平均值达30.97 m，远远高于其他地貌部位（表2.14）。

表2.14　鄂西南岩溶地区不同地貌部位岩溶表层带发育深度统计
（周宁 等，2009）

	地貌部位	钻孔数量/个	深度/m	平均深度/m
正地形	山顶、山脊地带	23	5.70～23.20	11.75
	陡坡地带	42	6.80～31.30	14.23
负地形	槽谷、洼地	24	14.70～56.54	30.97
其他地形	缓坡地带	26	7.20～38.90	18.02
	槽谷洼地边侧斜坡地带	30	4.60～33.50	18.63

（2）纯碳酸盐岩分布区，岩溶表层带发育深度大。区内下三叠统嘉陵江组（T_1j）、大冶组（T_1d）和寒武系（∈）纯碳酸盐岩地层中发育的岩溶洼地平均密度分别为2.55 个/km^2、2.35 个/km^2、2.34 个/km^2；下二叠统（P_1）不纯碳酸盐岩地层中发育的岩溶洼地平均密度仅有1.12 个/km^2，数量上后者少于前者一半。钻孔数据揭示在纯碳酸盐岩分布区的岩溶表层带平均发育深度为21.50 ~ 23.60 m，最大达56.54 m；不纯碳酸盐岩分布区的岩溶表层带发育深度最大为27.40 m，最小为4.60 m，平均深度仅有10.80 ~ 17.08 m（表2.15）。

表2.15　鄂西南岩溶地区不同碳酸盐岩分布区岩溶表层带发育深度统计

（周宁 等，2009）

分区名称	地层代号	钻孔数量/个	岩溶表层带深度/m	平均深度/m
纯碳酸盐岩区	T_1	112	4.50 ~ 56.54	21.50
	P_1	18	5.11 ~ 43.00	22.30
	C_{1+2}	1	23.60	23.60
不纯碳酸盐岩区	T_2b	28	4.60 ~ 21.10	10.80
	P_2	16	9.80 ~ 27.40	17.08

（3）构造密集地带，岩溶表层带发育深度大。区内三叠纪（T）、奥陶纪（O）中厚层灰岩构造断裂发育区带，石牙高度或溶沟、溶槽深度多为2.00 ~ 5.00 m；远离断裂带形成的石牙高度或溶沟、溶槽深度多为1.50 ~ 3.00 m。构造断裂带穿越三叠系大冶组灰岩时，岩溶表层带发育深度与平面上的发育程度也表现出相同的规律（表2.16）。

表2.16　鄂西南岩溶地区不同构造密集区带岩溶表层带发育深度典型特征

钻孔编号	地层代号	所处构造部位	岩溶表层带深度/m
ZK16	T_1	断层带侧缘	16.70
ZK17	T_1	断层带侧缘	12.40
ZK18	T_1	断层带上	29.70

岩溶表层带发育的厚度，实际上是雨水、外源水在与碳酸盐岩发生水–岩相互作用持续的时间段形成的，换言之就是具有侵蚀性、运动着的水流，在失去侵蚀力（达到饱和）前流过的路径。有资料显示，碳酸盐岩的水–岩相互作用60% ~ 80%发生在岩溶表层带（Ford et al，2006）（表2.17）。

表2.17　碳酸盐岩的水–岩相互作用与深度的关系

地区	总速率/（m^3·km^{-2}·a^{-1}）	溶蚀分布
Fergus River，爱尔兰	55	60%在表面，80%以上在上面8 m
Derbyshire，英国	83	大部分在表面
Northwest Yorkshire，英国	83	50%在表面
Jura Mountains，法国和瑞士交界	98	33%在裸岩，58%在土壤下面，37%在渗滤带，5%在管道
Cooleman Plain，NSW，澳大利亚	24	75%来自表面和渗滤带，20%来自管道和河流，5%来自覆盖型岩溶
Somerset Island，NWT，加拿大	2	100%在永冻层
Riwaka South Branch，新西兰	100	80%在上部10 ~ 30 m，18%在主要是外源水的管道
Waitomo，新西兰	69	37%在土壤剖面，其余大部分在基岩5 ~ 10 m范围内
Caves Branch，伯利兹	90	地表和渗滤区60%，导管40%（大型外源水河道）
Svartisen，挪威	32.5	42% ~ 72%在表面

当饱和状态的岩溶水运移至包气带的洞穴中，因水流条件、水文条件的改变，动态平衡状态会被打破，溶液出现过饱和，即碳酸盐岩发生沉积，洞穴化学沉积物形成。同时，过饱和岩溶水也变成饱和岩溶水、不饱和岩溶水，不饱和岩溶水重新获得侵蚀力。

地下河汇聚了从上游–中游–下游大大小小的裂隙流与管道流，但水流从充满水的裂隙–管道中流出，进入管道–地下河系统中，由于不同状态水流、介质类型、系统结构的改变，可重新获得侵蚀力。

由于外源水具有很强的侵蚀力，因此，超大型洞穴的形成往往与外源水的输入关系密切。

§2.2 土壤和植被条件

2.2.1 土壤条件

1. 碳酸盐岩的风化成土特征

碳酸盐岩的风化成土过程首先是碳酸盐岩的化学溶蚀过程，通过对典型碳酸盐岩酸不溶物及上覆土壤的矿物学和微量元素地球化学的研究表明，发育于我国西南地区的土壤与下伏基岩具有继承性的演化关系（王世杰 等，1999）。即碳酸盐岩风化成土过程的快慢除与碳酸盐岩溶蚀速率成正比之外，还与碳酸盐岩酸不溶物含量的高低成正比。要形成1 m厚的土层，在广西岩溶区需要25万～85万年（袁道先 等，1988；王世杰 等，1999），在贵州岩溶区需要63万～788万年。

由于碳酸盐岩（母岩）中的矿质元素是Ca、Mg，在母岩风化溶解、土壤形成过程中，土壤可以不断获得含钙物质的补充，延缓土壤的脱硅富铝化速度，形成盐基饱和、岩性特征明显的土壤。碳酸盐岩风化形成的石灰土在分类上被划为初育土，其发生系列为：黑色石灰土，剖面特征为A–R或A–C型，有机质含量高，颜色为黑色、深棕色；当土层增厚，B层发育，土体颜色呈棕色到棕黄色时，即发育为棕色石灰土、黄色石灰土；如土体进一步受到淋溶，并有弱的富铝化作用，土体呈红色，则演化成红色石灰土（韦启璠 等，1983；贵州省土壤普查办公室，1993）。

石灰土的空间分布特征如下：黑色石灰土多分布于较高山峰上部的溶裂隙、溶洼、溶盆及凹洼处，土被斑块小，零星分布，土层很薄，常为10～30 cm；棕色石灰土、黄色石灰土分布区域位于黑色石灰土的下方，常出露在坡脚、洼地、平缓的山间谷地中，多为农用地，在土壤剖面中常见铁锰胶膜；红色石灰土多分布于峰林平原区、谷地及剥蚀阶地面上，受人为活动影响强烈，土壤剖面中常见铁锰结核，土层连续性好（曹建华 等，2003，2004）。

西南碳酸盐岩风化成土环境高温、多湿，年平均气温为14℃～21℃，年平均降水量为1 000～2 000 mm，与地带性土壤红壤、赤红壤和黄壤具有相同的气候条件，但由于碳酸盐岩中的成土物质（酸不溶物）大都含量小于10%，因此，成土速度十分缓慢。带来的生态环境问题就是土层薄、覆盖率低且离散。相比较而言，石灰土在西南各省份占土地面积的比例偏低（表2.18）。

表2.18 西南各省份石灰土分布面积占土地面积的比例对比

省（自治区）	土地面积/（10^4 km^2）	岩溶面积/（10^4 km^2）	岩溶面积占比/%	石灰土面积/（10^4 km^2）	石灰土面积占比/%
贵州	18.98	11.61	61.17	2.79	14.70
云南	38.43	10.83	28.18	1.09	2.84

续表

省（自治区）	土地面积/（10^4 km^2）	岩溶面积/（10^4 km^2）	岩溶面积/占比/%	石灰土面积/（10^4 km^2）	石灰土面积/占比/%
广西	23.64	8.21	34.73	0.82	3.47
湖南	21.15	6.36	30.07	1.14	5.39
湖北	18.56	5.18	27.91	1.30	7.00
广东	17.65	1.03	5.84	0.42	2.38
四川（含重庆）	56.28	10.04	17.84	1.82	3.23

注：石灰土面积数据来自第二次土壤普查报告（全国土壤普查办公室，1998）。今重庆市当时还属于四川省。

周运超等（2010）在贵州西南部贞丰县北盘江峡谷岩溶区，选择两个样地17个样方进行调查统计，每个样方的面积为（10 ~ 20）m × 10 m，结果显示：

（1）第1个样地，共8个样方，土壤面积占样地面积的5.4% ~ 20.1%，岩石裸露率为94.6% ~ 79.9%。其中5个样地土壤面积占样地面积的比例不到10%，2个样地占10% ~ 20%，1个样地达到20.1%；样地内共52个小生境，土壤厚度≥80 cm的有2个，40 ~ 80 cm的有1个，20 ~ 40 cm的有9个，10 ~ 20 cm的有16个，不足10 cm的有24个。

（2）第2个样地，共9个样方，土壤面积占样地面积的11.1% ~ 48.5%，岩石裸露率为89.9% ~ 51.5%。土壤面积占样地面积比例小于20%的样地有4个，20% ~ 30%的样地有3个，大于40%的样地有2个；样地中，76个小生境中土壤厚度≥80 cm的有5个，60 ~ 80 cm的有5个，40 ~ 60 cm的有12个，20 ~ 40 cm的有24个，10 ~ 20 cm的有17个，不足10 cm的有13个。

可见，碳酸盐岩风化具有风化成土速率慢、土壤覆盖率低、土层薄的特征。

2. 土壤环境

土壤是陆地生物生存、物质循环最为活跃的场所（潘根兴 等，2000；赵其国，1997），也是岩溶作用最为活跃的部位（何师意 等，2000；潘根兴 等，1999）。在土壤环境中活跃的生物作用下，土壤中产生比大气高出几十倍、几百倍浓度的CO_2和大量的生物衍生物（尤其是有机酸、螯合物）对碳酸盐岩产生侵蚀，在碳酸盐岩侵蚀过程中消耗土壤空气中的CO_2，最终减少土壤CO_2向大气的排放。

1）碳酸盐岩溶蚀速度

我国西南岩溶区13个观测点的资料表明，除了柳州、广州和贵阳，其他站点土下碳酸盐岩的风化速率均大于地面碳酸盐岩的风化速率，碳酸盐岩的风化速率平均提高4.35倍（图2.24）。这是因为土壤生物的活动使土壤环境中产生比大气高出几十倍、几百倍浓度的CO_2和具有侵蚀性的有机酸、螯合物（朱明秋 等，2007）。

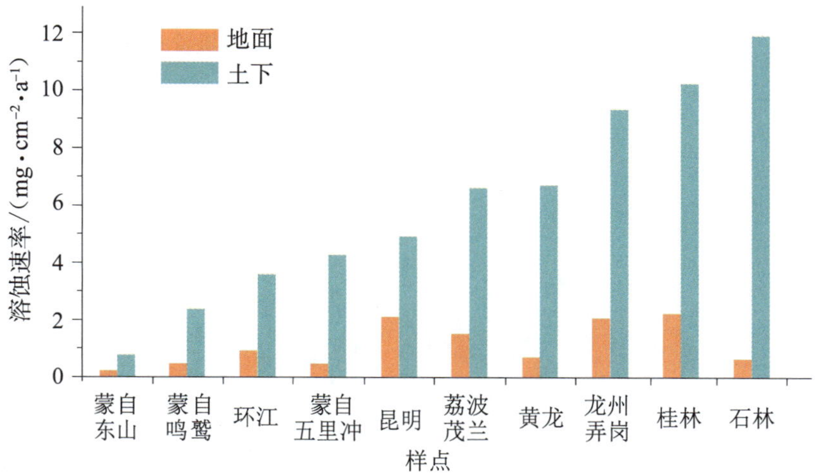

图2.24　我国西南岩溶区土下与地面碳酸盐岩溶蚀速率的对比
（朱明秋 等，2007）

而控制边界的模拟试验，设计树箱（乔木–土壤–碳酸盐岩）、草箱（草–土壤–碳酸盐岩）、土箱（土壤–碳酸盐岩）3种体系进行对比，其结果显示，树箱体系中因乔木强烈的光合作用带动土壤碳循环强度的增加，同时茂盛的树冠可获得更多降雨，使得土下碳酸盐岩侵蚀能力加强，其产生的岩溶碳汇通量分别是草箱、土箱体系的1.36倍、2.84倍（曹建华 等，2004）（图2.25）。随着植被正向演替，地表生态系统增汇过程发生的同时，地下同步发生类似的岩溶增汇过程。

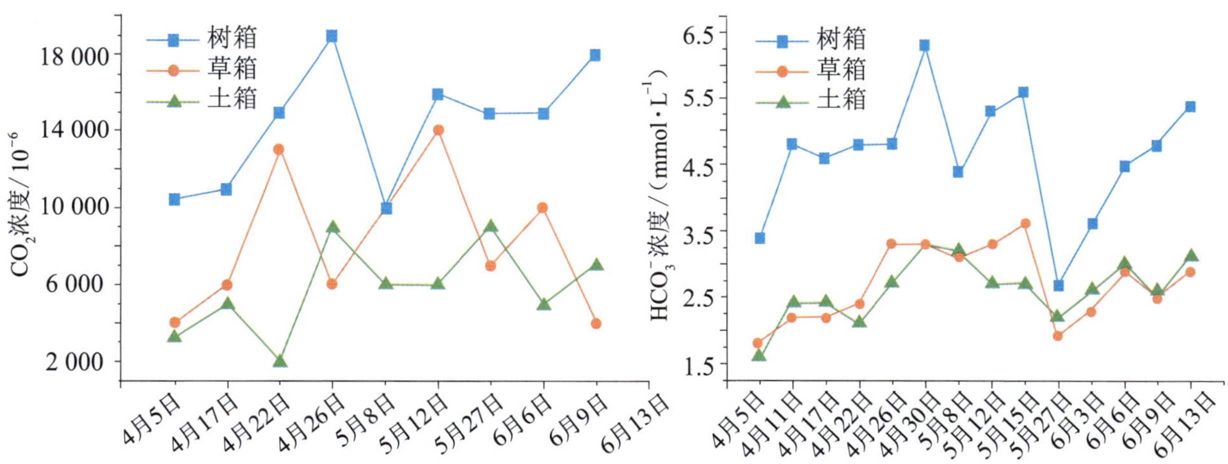

（a）CO_2浓度　　（b）HCO_3^-浓度

图2.25　树箱、草箱和土箱排出水中土下20cm处CO_2和HCO_3^-浓度对比
（曹建华 等，2004）

2）土壤CO_2循环

桂林毛村岩溶区野外试验场，其地下河流域补给区面积为11.2 km^2，其中岩溶面积为7.6 km^2，非岩溶区面积为3.6 km^2，同时具有碳酸盐岩风化形成的石灰土和砂岩风化形成的红壤，选择相距1 km 厚1 m的土壤剖面，开展土壤剖面不同层位CO_2浓度和土壤呼吸长期监测，结果如下（曹建华 等，2011b）。

（1）岩溶区石灰土的土壤呼吸排放CO_2速率明显低于碎屑岩区红壤，岩溶区土壤呼吸排碳速率的变化幅度为23.12 ~ 271.26 mg C/（m^2 · h）；碎屑岩土壤呼吸排碳速率的变化幅度为51.60 ~ 326.28 mg C/（m^2 · h），如以年平均值计算，则岩溶区土壤呼吸排放CO_2的量要比碎屑岩区红壤少25.12%（图2.26）。

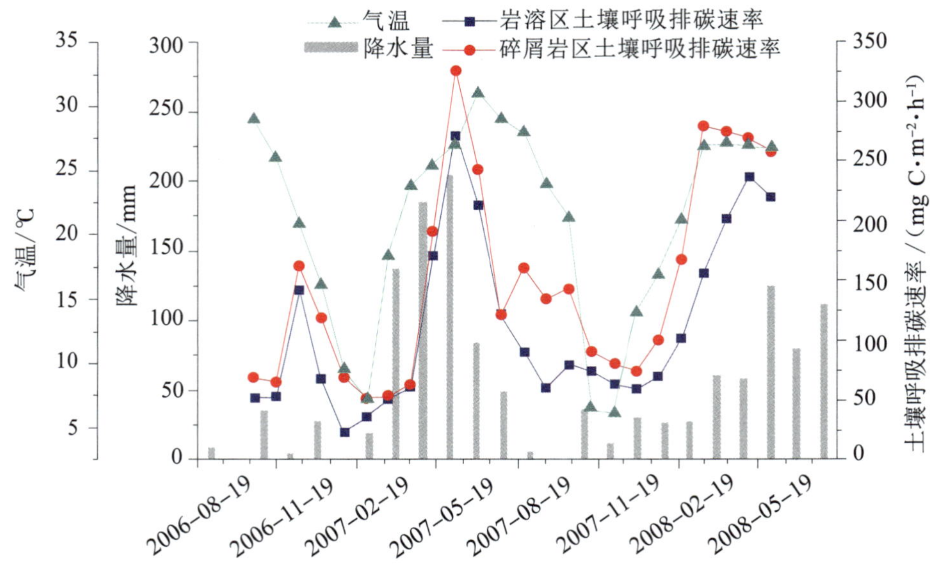

图2.26　桂林毛村岩溶区石灰土与碎屑岩区红壤的土壤呼吸排碳动态对比
（曹建华 等，2011b）

（2）岩溶区石灰土剖面中CO_2浓度出现双向梯度，且水热条件良好的季节双向梯度表现更明显；而碎屑岩区红壤剖面中CO_2浓度出现随土壤层深部的增加而增加的单向梯度，揭示了土下碳酸盐岩溶解需要大量消耗土壤空气中的CO_2。

桂林丫吉岩溶试验场3 m深的土壤剖面，同样得出土壤不同层位的CO_2浓度呈现双向梯度（图2.27），且不同层位的石灰岩溶蚀试片的溶蚀速率与试片附近的CO_2的活动性有关，而与绝对浓度关系不大（徐胜友 等，1996）。

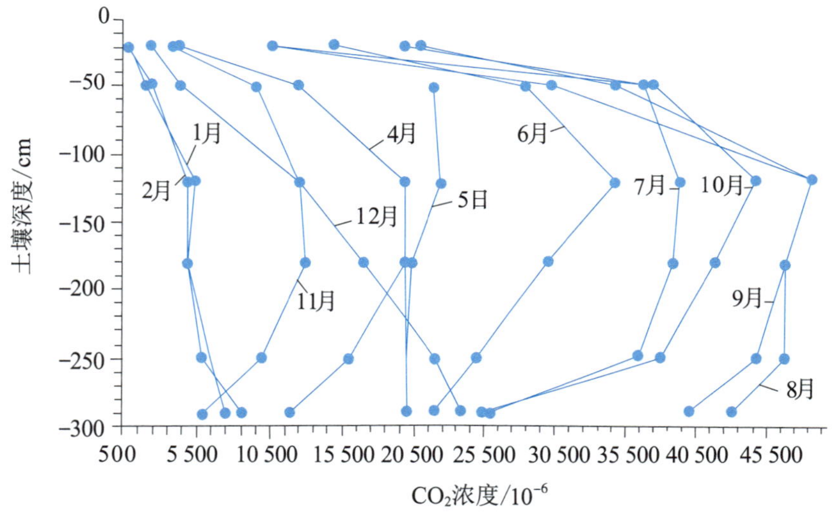

图2.27　桂林丫吉岩溶试验场土壤剖面中CO_2浓度动态变化（1994年）
（徐胜友 等，1996）

岩溶区石灰土土壤呼吸排放CO_2的$\delta^{13}C$值比碎屑岩区红壤的偏重，岩溶区土壤呼吸排放CO_2的$\delta^{13}C$值为−29.35‰ ~ −18.26‰，平均为−22.68‰；碎屑岩区为−29.21‰ ~ −22.60‰，平均为−26.21‰，表明石灰土中CO_2具有来自碳酸盐岩的重碳组分。如果碎屑岩区的$\delta^{13}C$值作为生态来源的初始值，取来自石灰岩的$\delta^{13}C$值为0.5‰，则土壤呼吸排放中的CO_2有13.22%来自岩石（图2.28）。

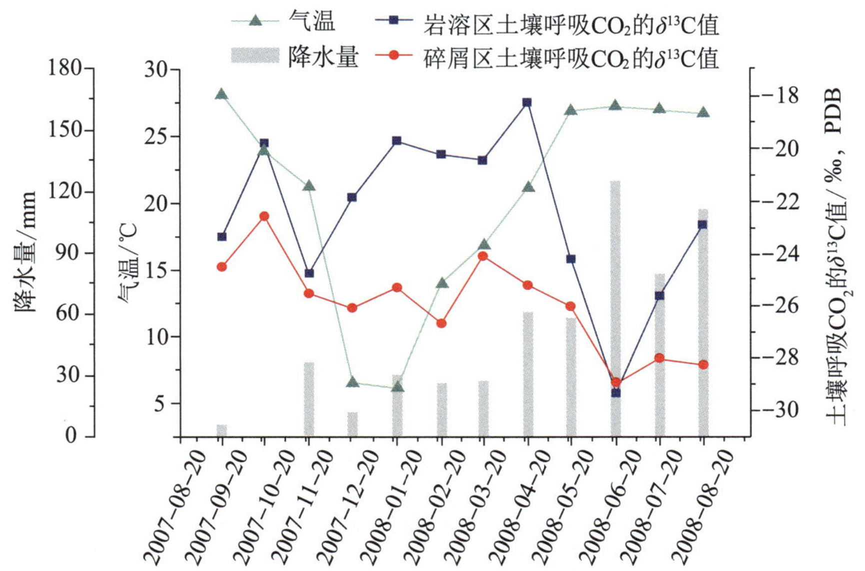

图2.28　桂林毛村岩溶区石灰土与碎屑岩区红壤的土壤呼吸排放CO_2的$\delta^{13}C$值动态

（曹建华 等，2011b）

3. 土壤呼吸的空间分布特征

为了便于统计分析，以县级行政区划为信息单元（以下简称为县），分别在中国地质大学（武汉）提供的1980年的1：50万西南分省地质图上叠加具县界的行政图，并将地质图转化为岩溶分布图（图2.29），统计各县岩溶分布比例；在中国科学院地理科学与资源研究所（北京中科永生数据科技有限公司）提供的中国西南岩溶区土壤呼吸分省栅格图（2000）上计算各县土壤呼吸平均值，形成土壤呼吸分布图（图2.30）。

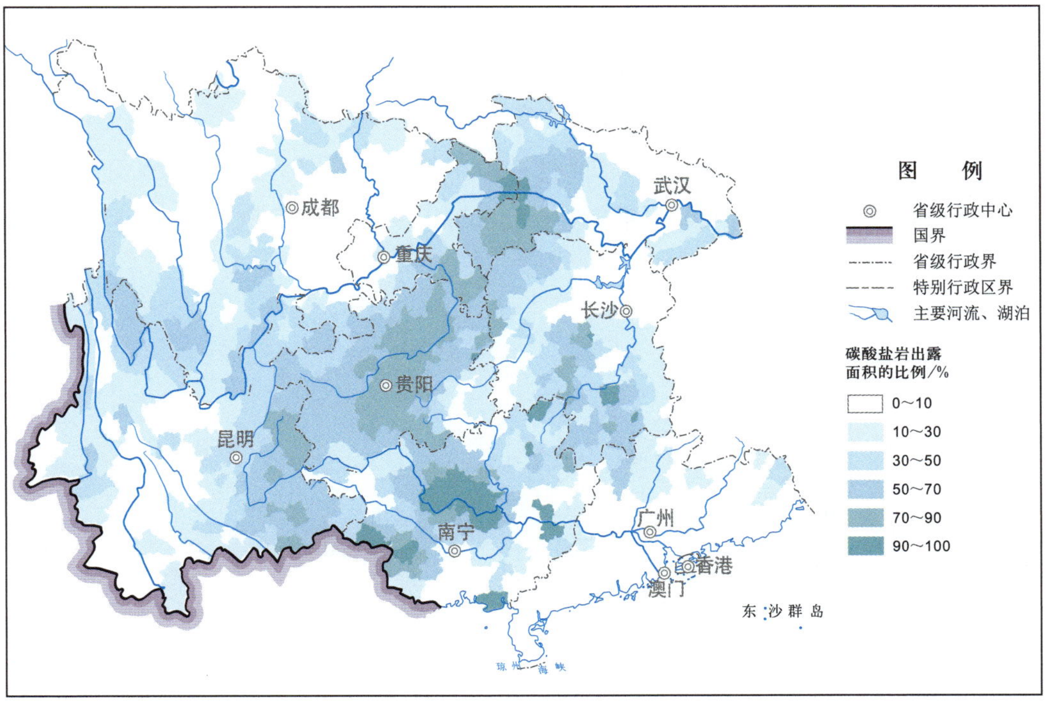

图2.29　西南各县岩溶分布比例

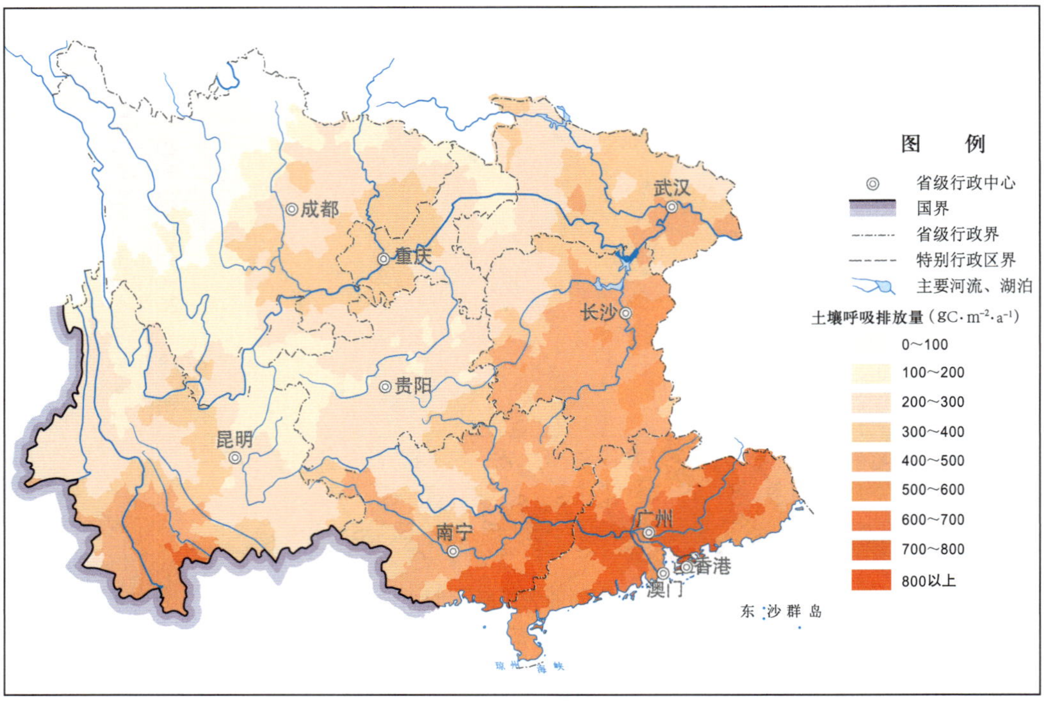

图2.30　西南各县土壤呼吸分布

土壤呼吸是一个复杂的生物和化学过程，包含根系的自养呼吸和土壤的异养呼吸，后者包括土壤微生物、土壤动物呼吸及土壤有机质氧化分解（常建国 等，2007；展小云 等，2012）。土壤呼吸过程受到土壤温度、土壤含水量、降水、凋落物，以及土壤C、N含量、植被类型、叶面积指数（leaf area index，LAI）、根系生物量等综合因素的影响（张东秋 等，2005）。从所获得的各县土壤呼吸平均分布图看，随着地势的升高，水热条件的减弱，土壤呼吸渐渐减弱，但在第一、第二阶梯之间存在明显的分界线，土壤呼吸量为300 g C・m^{-2}・a^{-1}，在海拔800 ~ 1 200 m处出现一个拐点，即土壤呼吸量由快速下降的变化状态转换成相对平稳（或缓慢降低状态），当海拔大于3 500 m（第四阶梯）时，则土壤呼吸变化又转化成快速降低状态（图2.31）。

换言之，土壤呼吸的变化趋势可划分为3个区：800 ~ 1 200 m以下为土壤呼吸快速下降区；800 ~ 1 200 m至3 000 ~ 3 500 m为土壤呼吸相对平稳区；3 500 m以上为土壤呼吸快速下降区。

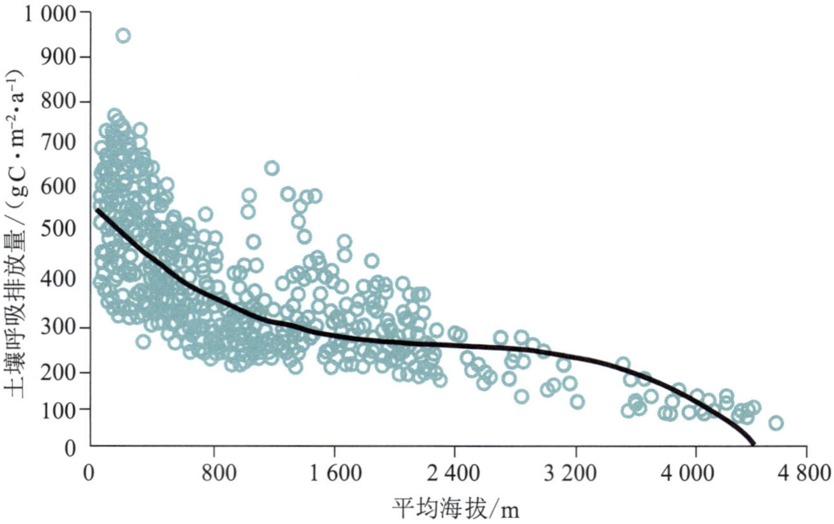

图2.31　西南各县土壤呼吸排放量与平均海拔之间的关系对比

2.2.2　植被条件

1. 植被演替过程

限于严酷的岩溶山地条件，树木胸径、树高的生长具有速率慢、绝对生长量小，但生长量稳定、波动较小，以及种间、个体间生长过程差异较大的特点。荔波的对比研究显示，岩溶景观的乔木高度与非岩溶景观的相差5倍，胸径相差10倍。茂兰岩溶森林的研究显示，圆果化香、青冈栎林的乔木层地上部分总生物量为164.076 t/hm^2，山脊针阔叶混交林乔木层地上部分生物量为102.08 t/hm^2，土层较厚的岩溶漏斗森林仅为147.74 t/hm^2（杨汉奎 等，1991；周运超 等，2001；朱守谦，1993）。

杨胜天等（2000）应用遥感和地面观测方法研究贵州紫云县麻山典型岩溶环境退化与自然恢复时得出，在自然恢复过程中，随着恢复年龄的增长，生物多样性增加。从草坡到灌丛的恢复看，草本植物由单一种植物上升到12种植物，基本上是呈倍数增长；对于灌木来说，其生物多样性恢复在前4年较慢，而在第4年到第8年恢复很快，基本每年以3倍速度增长。在自然恢复过程中，随着恢复年龄的增长，植被覆盖率加速增加，从草坡到灌丛，再到灌木林，平均每年增长2.5%；同时植被生产量加速增加，在从草坡到灌丛的恢复过程中，生物生产量增加并不大，而在从灌丛恢复到灌木林的过程中，生物生产量基本呈翻倍增长。喻理飞等（2002）在茂兰研究岩溶群落从草本群落阶段恢复至灌丛、灌木阶段需要近20年，至乔木林阶段约需47年，至顶级群落阶段约需80年。并且，在自然恢复过程中，因生境变化速度、组成物种生长发育规律和树种替代变化等差异，退化群落恢复并非均匀提高，群落盖度、组成结构、高度和实生株数的显著恢复时间分别需要23年、60年、68年和71年，生物量的恢复需要76年，说明群落结构恢复快于功能恢复。

从广西现存植被的分布状况和特征反映出岩溶石山区植被恢复的难度。广西在20世纪60—80年代森林遭受几次大规模的砍伐，在80年代中后期实施封山育林，恢复至今，岩溶石山区与非岩溶区有较大的差异：岩溶区灌丛平均覆盖率为14.81%，森林平均覆盖率为12.13%；而非岩溶区的灌丛平均覆盖率仅为1.92%，森林平均覆盖率为31.32%。而且它们的空间分布与碳酸盐岩的分布有较好的对应关系，即灌丛覆盖率与碳酸盐岩分布面积的比例成正比（r=0.69），而森林覆盖率与碳酸盐岩分布面积比例成反比（r=−0.75）（图2.32）。

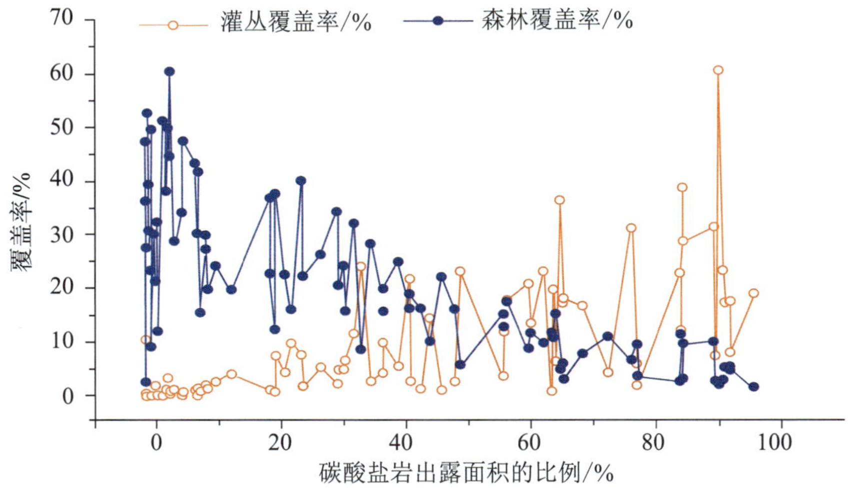

图2.32　广西灌丛覆盖率、森林覆盖率与县域碳酸盐岩出露面积比例之间的关系对比

2. 植被发育对岩溶碳循环的促进

1）低等植物

低等植物在碳酸盐岩表面殖居促进岩溶碳循环，并为高等植物萌发提供养分和水分。石生生物，尤其是低等植物在碳酸盐岩上的殖居，以及产生的特征性微形态研究和机理探索是生物岩溶研究关注的科学问题。20世纪90年代以来，我国一些学者在此领域进行了较系统的研究（王福星 等，1993，1995；张捷，1993），对生物岩溶微形态的研究意义有以下4点。

（1）有助于对石生生物生理、生态特征的认识及其分类（张捷 等，1995）。如球状藻体在碳酸盐岩浅表层殖居，对碳酸盐岩改造至少有3种不同的形式：①表居——生物体不断“蚕食”岩石，同时分泌有机物质，故在其后生成富含营养的岩石碎屑；②内生的球状藻体，使岩石浅表层支离破碎；③通过生物化学钻蚀形成管状钻孔，改变岩石浅表层的结构。

（2）生物岩溶微形态与环境之间存在着一定的内在联系。生物岩溶微形态形成的主体是生物，而生物物种的发生、生物活性则受到环境条件的影响，因此生物岩溶微形态可成为其环境的指示标志，如文字衣（*Graphid* sp.）形成的星状、蠕虫状微溶孔为热带森林区所特有，而亚热带森林区以地图衣（*Rhizocarpon* sp.）、茶渍衣（*Lecanora* sp.）形成的丰富球状微溶孔及集中分布于山顶部位的藻类溶孔、微石牙为特征（曹建华 等，1998）。

（3）石灰岩文物石刻的保护。古老坚硬的石灰岩常常成为文物石刻的材料，而生物一旦殖居，就对其产生强烈的侵蚀破坏作用，如Danin等（1983）对耶路撒冷石灰岩城墙上藻类侵蚀作用的研究，揭示其藻类的风化速率可达5 μm/a；南京东郊六朝石灰岩石刻上发育大量的深0.2 ~ 0.5 cm的藻类钻孔（张捷，1993；张捷 等，1995）。

（4）为岩溶石生植被的演化及恢复提供科学依据。藻类、地衣的钻孔溶蚀作用使岩石浅表层（0 ~ 2 mm）疏松，降低岩石表面硬度；使岩石更具保水性；使有机营养元素富集。刮取壳状内生地衣生物岩溶样品（0 ~ 2 mm内的样品）化验，结果表明有机碳含量为9.4%，N含量为0.3%，K_2O含量为1.0%，P_2O_5含量为0.064%；而岩石中有机碳含量为0.100%，K_2O含量为0.045%，P_2O_5含量为0.009%。在适宜的条件下，苔藓继藻类、地衣之后在岩表大量繁衍，并覆盖岩面，显微镜下可见苔藓假根钻入下伏壳状地衣的子实体内部汲取营养和水分，或有大量的表生、内生藻体共生。苔藓殖居后，进一步提高了岩石的持水量，随着苔藓的发育，苔藓假根常黏结大量的棕黑色的细粒土，其中有机碳含量为29.100%，N含量为0.980%，K_2O含量为0.530%，P_2O_5含量为0.586%，缓解了岩面生境的恶劣条件。同时，生物循环过程的加入，富集了营养元素，为高等植物种子直接在岩面萌发、生长提供了物质基础（曹建华 等，2001）。

石生藻类、地衣和苔藓在碳酸盐岩浅表层殖居使岩石浅表层形成一层疏松多孔层（0 ~ 2 mm）。室内的持水性试验结果表明（曹建华 等，1999b）：藻类、地衣和苔藓通过自身的新陈代谢过程影响着岩面的水文动态，与相应岩石比，有藻类生物覆盖的岩石表面失水量、吸水量分别提高15.3、1.6倍，持水量提高16.6倍；有地衣生物覆盖的岩石表面失水量、吸水量分别提高2.9、19.1倍，持水量提高2.9倍；有苔藓生物覆盖的岩石表面失水量、吸水量分别提高81.2、8.1倍，蒸发失水的时间延长6.2倍，主动吸水时间均等，持水量提高57.2倍。因此，藻体、地衣体和苔藓生物体在降雨后可使岩石表面保持一层水膜，在相对干旱时又可直接从空气中吸收一定的水分，使岩石持水量大为提高，并延长了水–岩相互作用的时间；水分条件的改善，同时也刺激石生生物的新陈代谢活力，促进生物酸的分泌和加速岩面与大气间CO_2的交换速率及交换量，使得生物体的代谢产物——生物酸及CO_2与水化合生成的碳酸侵蚀下伏碳酸盐岩。

Crowther（1983）在马来西亚半岛对一个碳酸盐岩丘陵区的溶蚀速率测定的研究中揭示，有地衣或土壤覆盖处比无生物覆盖处岩溶溶蚀速率提高76.36%。藻类在坚硬的石灰岩雕像上620年可形成1.1 cm深的藻类溶孔，其钻孔溶蚀速率达到综合化学溶蚀速率的20%（曹建华　等，1993）。壳状内生地衣生物岩溶样品与相应岩石样品的对比溶蚀试验结果表明，因地衣殖居可使碳酸盐岩溶蚀速率提高26%～64%（Cao et al，2015）。

2）高等植物

因岩溶地区的立地条件恶劣，面临季节性的水分短缺和养分的不足，在岩溶石山地区许多植物直接扎根在碳酸盐岩裂隙中，从岩石中获得生存必需的营养，这就势必提高地下生物量的比例。罗东辉等（2010）首次对贵州茂兰自然保护区岩溶植被的根系生物量进行了实地样方的调查和分析，结果显示：地上生物量比同纬度的非岩溶区森林区低，仅相当于温带森林区；但地下生物量则不仅比同纬度非岩溶区森林区的高，而且比温带、热带非岩溶区森林区的都高，达57.49～58.15 mg/hm^2，绝对量是温带、热带非岩溶区森林区的近两倍。

Crowther（1987）曾对马来西亚半岛热带雨林植物吸收消耗的Ca、Mg量进行估算，其数量超过400 kg /（hm^2 · a），这相当于40 mm/ka的溶蚀速率，而综合化学溶蚀速率为57.5～73.4 mm/ka。而Berner（1997）对泥盆纪微管束植物登陆成功，增强陆地岩石的生物风化，大量消耗大气CO_2的贡献给予了肯定。

本书根据一些零星数据对贵州茂兰岩溶森林区植物生长过程中，其根产生的岩溶作用进行粗略估算。茂兰岩溶森林区，绝大部分的植物都直接扎根在岩石上。其森林区的地上生物量取89.2 t/hm^2（杨汉奎　等，1991），森林自萌发、生长至成熟的时间取60年（杜道林　等，1996），每年地上与地下净生物量的比例取12.2 / 2.13=5.73（曲仲湘　等，1983），植物根的容重取0.7 g/cm^3，碳酸盐岩的容重取2.7 g / cm^3。

据李彬等（1996）估算，贵州高原因岩溶作用每年消耗大气CO_2的量为4.75 × 10^4～10.69 × 10^4 kg / km^2，即植物根在生长发育过程中对碳酸盐岩溶蚀消耗大气CO_2的量与区域综合化学溶蚀消耗大气CO_2的量处于同一数量级。

3. 植被覆盖与净初级生产力（NPP）分布

1）西南岩溶区地表水资源量短缺，人类活动受到制约

中国西南岩溶区地处热带、亚热带湿润地区，是中国水热条件最好的区域。但根据中国科学院地理科学与资源研究所（北京中科永生数据科技有限公司）提供的西南分省1∶10万土地利用现状图（2000年）统计的结果（表2.19），西南岩溶区与全国相比，存在以下基本特征：西南八省（区、市）土地面积占全国陆地总面积的20.28%；草地、水域面积仅分别占全国草地、水域总面积的11.25%和10.42%，尤其是水域，尽管以省级区域为信息单元，也可以看出水域面积与岩溶面积间呈现反比例关系（图2.33），显示出西南岩溶区地表水资源明显短缺。

表2.19 西南各省主要土地类型及面积统计 面积单位：$10^4 km^2$

省份	裸露岩溶面积	耕地面积	有林地面积	灌丛面积	其他林地面积	草地面积	水域面积	土地面积
重庆	3.01	3.68	0.95	1.08	1.02	1.18	0.09	8.17
广东	1.03	4.39	10.43	0.06	1.21	0.72	0.75	17.65
云南	10.83	6.88	8.39	8.79	4.67	8.87	0.27	38.43
贵州	11.61	4.98	2.36	4.32	2.66	3.19	0.04	18.98
四川	7.03	12.12	7.15	6.28	3.08	17.27	0.38	48.11
湖南	6.36	6.13	8.88	0.90	3.44	0.76	0.72	21.15
湖北	5.18	6.97	4.14	2.14	3.01	0.71	1.08	18.56
广西	8.21	5.18	8.65	3.67	3.24	2.09	0.35	23.64
合计	53.26	50.33	50.95	27.24	22.33	34.79	3.68	194.69
全国	91.00	138.05	145.96	40.39	55.12	309.11	35.33	960.00
占比/%	58.53	36.46	34.91	67.44	40.51	11.25	10.42	20.28

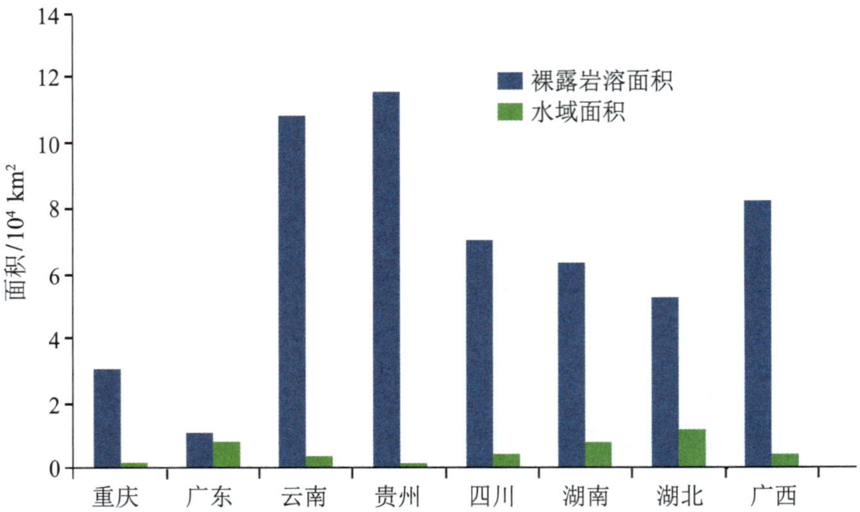

图2.33 中国西南各省（区、市）水域面积与岩溶分布面积间的关系对比

西南八省（区、市）耕地、有林地、灌丛面积分别占全国的36.46%、34.91%和67.44%，灌丛占比最大，灌丛具有生长发育快的优势，因此，在石漠化综合治理中，灌丛品种的筛选就显得十分重要。

岩溶分布对人口分布也存在某种制约关系，如广西高密度人口分布在桂南，湖南高密度人口分布在湘东、湘中、湘南，湖北高密度人口分布在鄂中、鄂东，重庆高密度人口分布于渝西北、渝西南。将此四省（区、市）岩溶县的人口密度与非岩溶县的人口密度做对比，广西、湖南、湖北、重庆岩溶县的人口密度分别为非岩溶县的85.18%、83.03%、46.76%、54.43%（表2.20），其岩溶县的农民收入也不及非岩溶县的。

表2.20 广西、湖南、湖北、重庆岩溶县人口密度、农民收入与非岩溶县对比

指标	广西		湖南		湖北		重庆	
	岩溶县	非岩溶县	岩溶县	非岩溶县	岩溶县	非岩溶县	岩溶县	非岩溶县
每平方千米人口数量/人	182.8	214.6	378.7	456.1	194.2	415.3	274.2	503.8
2005年农民收入/元	2 257.3	2 365.1	1 958.8	2 123.6	1 723.4	2 372.4	1 493.7	2 092.1

2）西南岩溶区与非岩溶区森林生物量及生产力的对比

于维莲等（2010）利用1989—1993年（当时重庆市还属于四川省）中国西南六省（区、市）（广西、贵州、云南、四川、重庆、湖南）森林清查资料，估算和分析了1 968个样点（岩溶区443样点、非岩溶区1 525样点）森林的生物量和净第一性生产力特征与空间分布格局，比较岩溶森林与非岩溶森林生物量与生产力的差异（图2.34、表2.21）。结果表明：中国西南地区森林平均总生物量为148.66 t · hm^{-2}，植被净初级生产力（net primary production，NPP）达到9.64 t · hm^{-2} · a^{-1}；岩溶森林的生物量（124.33 t · hm^{-2}）小于非岩溶森林（163.48 t · hm^{-2}），而岩溶森林的生产力（8.67 t · hm^{-2} · a^{-1}）总体上也小于非岩溶森林（9.56 t · hm^{-2} · a^{-1}），但在不同的省份中存在差异；作为西南山地的主要森林类型，亚热带和热带的针叶林与山地针叶林、亚热带常绿阔叶林和常绿落叶阔叶混交林中，岩溶森林的平均生物量（122.95 t · hm^{-2}）和生产力（8.77 t · hm^{-2} · a^{-1}）也均低于非岩溶森林（分别为152.88 t · hm^{-2}和9.92 t · hm^{-2} · a^{-1}）；天然林和人工林中的生物量和生产力同样表现出岩溶森林低于非岩溶森林。

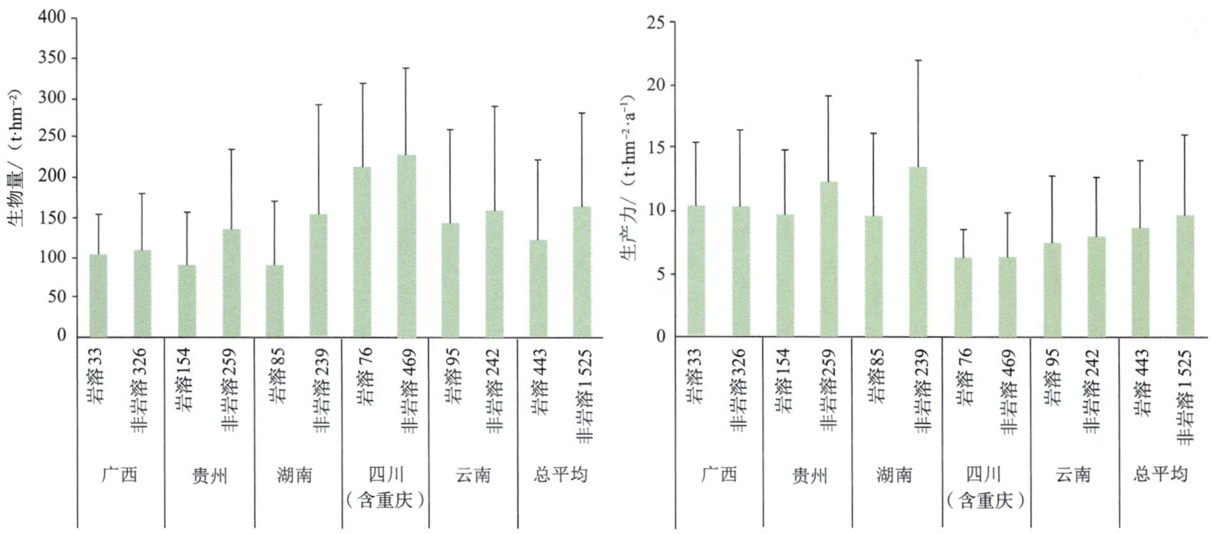

（a）生物量　　　　（b）生产力

横坐标数字为岩溶与非岩溶采样地的数量

图2.34　西南六省（区、市）岩溶区和非岩溶区森林生物量与生产力对比
（于维莲 等，2010）

董丹等（2011）基于SPOT NDVI遥感数据并结合数字高程模型、气象数据和植被参数，利用实测植被生产力计算和修正最大光能利用率，通过改进CASA过程模型，估算了中国西南岩溶区1999—2003年的植被净初级生产力（NPP），结果显示，岩溶区年NPP的变化范围是381.7 ~ 439.9 g C · m^{-2}，年平均值为402.34 g C · m^{-2}，逐年NPP波动中呈现总体增长趋势，年平均增加值为9.93 g C · m^{-2}，年平均值和增加值均低于非岩溶区（图2.35）；热带森林、亚热带森林、灌丛和草地的逐年NPP也均小于非岩溶区。

表2.21 西南六省（区、市）不同森林类型的生物量与生产力对比

（于维莲 等，2010）

植被类型	地貌类型	样点	林龄/a	胸径/cm	高度/m	叶面积指数/（$m^2 \cdot m^{-2}$）	生物量/（$t \cdot hm^{-2}$）					生产力/（$t \cdot hm^{-2} \cdot a^{-1}$）				
							茎	枝	叶	根	总计	茎	枝	叶	根	总计
热带季雨林	非岩溶	8	19.0	11.5	10.4	6.84	53.12	16.06	8.91	22.38	100.46	6.33	1.92	5.94	2.66	16.85
热带针叶林	岩溶	39	47.6	15.63	10.6	3.77	55.06	12.80	5.07	10.30	83.23	2.48	0.64	2.54	0.58	6.25
	非岩溶	139	44.7	19.5	13.9	4.83	67.92	14.47	5.84	10.09	98.32	2.59	0.59	2.92	0.48	6.58
亚高山灌丛	非岩溶	2	151.0	11.8	7.3	7.76	102.62	27.37	5.75	39.96	175.69	1.36	0.36	5.75	0.49	7.96
亚热带、热带山地针阔叶混交林	非岩溶	2	161.5	25.5	15.7	5.01	182.99	44.42	10.25	68.14	305.79	3.69	1.05	7.76	1.49	13.99
亚热带、热带山地针叶林	岩溶	111	128.4	28.3	19.8	6.19	140.13	16.40	8.33	35.26	200.12	2.65	0.46	2.47	0.72	6.30
	非岩溶	493	148.8	30.4	20.4	6.32	152.20	17.33	8.96	42.57	221.07	2.59	0.39	2.26	0.79	6.03
亚热带常绿阔叶林	岩溶	62	39.9	14.8	11.4	6.11	72.82	21.70	5.50	23.07	123.09	4.92	1.42	3.64	1.45	11.42
	非岩溶	177	51.1	18.2	12.6	7.41	100.80	35.08	7.46	34.73	178.07	5.44	1.78	4.99	1.77	13.98
亚热带常绿落叶阔叶混交林	岩溶	87	58.3	18.4	12.1	4.32	81.10	26.54	5.81	29.37	142.82	4.59	1.40	4.09	1.73	11.80
	非岩溶	300	47.6	20.9	12.7	6.25	85.74	29.81	6.47	32.89	154.91	4.65	1.62	4.43	1.72	12.42
亚热带山地落叶阔叶林	岩溶	4	37.7	9.3	9.3	3.06	56.56	12.83	3.92	24.10	97.41	3.28	0.73	2.54	1.43	7.98
	非岩溶	12	54.8	15.7	11.9	3.82	99.53	29.02	5.91	46.81	181.26	4.66	1.33	5.12	2.27	13.38
亚热带山地针阔叶混交林	非岩溶	6	135.0	29.6	20.9	2.06	153.79	30.62	9.63	52.13	246.18	3.61	0.80	5.51	1.32	11.23
亚热带针叶林	岩溶	140	21.7	13.4	13.4	3.33	43.44	7.74	4.52	9.81	65.51	3.98	0.72	2.47	0.90	8.07
	非岩溶	386	28.3	17.4	17.4	4.21	73.10	14.07	5.98	18.89	112.04	5.03	1.00	3.32	1.25	10.59

注：由于原始数据的小数位数较多，本表只展示了小数点后的两位，因此总计结果会有些许误差。

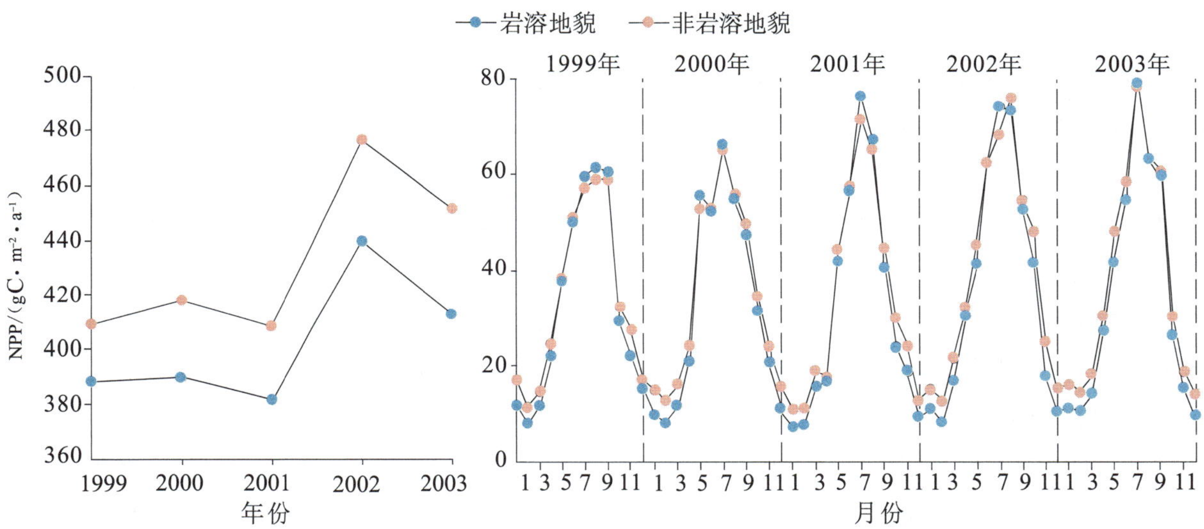

（a）NPP逐年变化　　（b）NPP逐月变化

图2.35　西南岩溶区与非岩溶区植被净初级生产力（NPP）逐年、逐月的变化对比（董丹 等，2011）

§2.3　水生生态系统状况

淡水水生生态系统在岩溶碳循环中占据重要的地位，与陆地生态系统以空气、陆地或土壤作为其环境介质不同的是，水生生态系统以水作为其环境介质，因此，结构和功能上存在着许多明显的差异。如生态系统的生产者植物，驱动陆地生态系统运行的驱动力是CO_2和水，驱动过程就是植物的光合作用。在陆地生态系统中，植物的光合作用主要受到水分的影响，为了保持水分、防止水分过度蒸发，陆地植物就会发育气孔、角质层乃至蜡质层。而水生植物生活在水分易得的水环境，水环境光照弱、通气不充分，水生植物就会形成一套通气组织。通气组织有两类：一类是开放型的挺水植物、浮叶植物，因其光合组织暴露在空气中，通气组织就将叶片的气孔、叶柄、茎、地下茎、须根连成完整的通气组织；另一类就是沉水植物，因其不与空气接触，其气孔功能丧失，进而退化、消失，但通气组织十分发达，茎内气室发育，通气组织可将光合作用释放的O_2储存供呼吸作用需要，将呼吸作用释放的CO_2储存供光合作用需要（吴振斌，2011），更有大量的沉水生物演化出直接将水体中的HCO_3^-作为优势碳源，进行光合作用（张彦辉 等，2009；Kroth，2015；Maberly et al，1983），大约50%的水生被子植物可以利用HCO_3^-和CO_2作为碳源进行光合作用（Prins et al，1989）。因此，具有高HCO_3^-的岩溶水，能够促进、刺激水生植物的生长和发育（王培 等，2013），换言之，淡水水生生态系统是岩溶碳循环过程中的主要环节。

2.3.1　河　流

由于岩溶区具有特殊的双重含水介质所组成的地表、地下独特水文地质结构，且水资源量以地下水资源量为主，因此，岩溶区的水系发育表现出与非岩溶区的巨大差异。

贵州岩溶分布面积占土地面积的63%，全省常年有水、长度大于2 km的地下河共1 130条，平均密度为0.062 km/km²，总长度为6 246 km。其中，长度大于50 km的有3条，30 ~ 50 km的有8条，10 ~ 30 km的有118条，5 ~ 10 km的有303条，2 ~ 5 km的有698条。最长的地下河为罗甸大井地下河，总长度为85 km。

广西岩溶分布面积占土地面积的41%，岩溶区发育地下河445条，80%的地下河出口位于纯灰岩区。地表河流不发育，地表河网密度为0.28 km/km^2。全区地下河管道长7 112 km，平均分布密度为0.18 km/km^2。非岩溶区地表河网密度为0.64 km/km^2。在峰丛洼地的地下河补给区，几乎没有地表河，密布的地下河代替了地表水系，在有些地区与地表河呈明暗交替，频繁转换，有的成为地表河的支流或源头，如龙江上游约70 km的河道两侧分布了21条地下河，平均3.3 km间隔1条，与地表河一起构成了完整的水文网。

广西都安县地苏地下河是西南岩溶区发育最大的地下河之一，是岩溶地下河系统发育最完善的地下河之一。地苏地下河位于都安县的中西部，为云贵高原向广西盆地过渡的典型斜坡地带，地势由西北向东南逐渐降低：西北部为峰丛洼地，峰顶高程为800 ~ 1 000 m，洼地高程为600 ~ 900 m；东南部为峰丛谷地，峰顶高程为400 ~ 600 m，谷地高程为110 ~ 170 m。经过综合水文地质调查和地球物理勘探、钻探查明（陈文俊，1988；广西壮族自治区地质矿产局，1989），地苏地层发育在中泥盆统至上二叠统厚4 000 m的碳酸盐岩中，主要以层厚、质纯的石灰岩为主。地苏地下河是由1个主干流、12个支流组成的巨型羽状地下河系统（图2.36），具明显的上、中、下特征：上游为单一管道，水力坡度为11‰ ~ 13‰，管道呈裂隙状；中游为羽脉状管道；下游为网络状管道，水力坡度在1‰左右，形状呈拱状、圆筒状。支流常常以跌水形式汇入主流干道，地苏地下河总长度为241.1 km。主干流长57.4 km，流域面积为10 004 km^2，平均流量为38 m^3/s，最大流量为544.9 m^3/s，出口于青水，集中排入红水河。

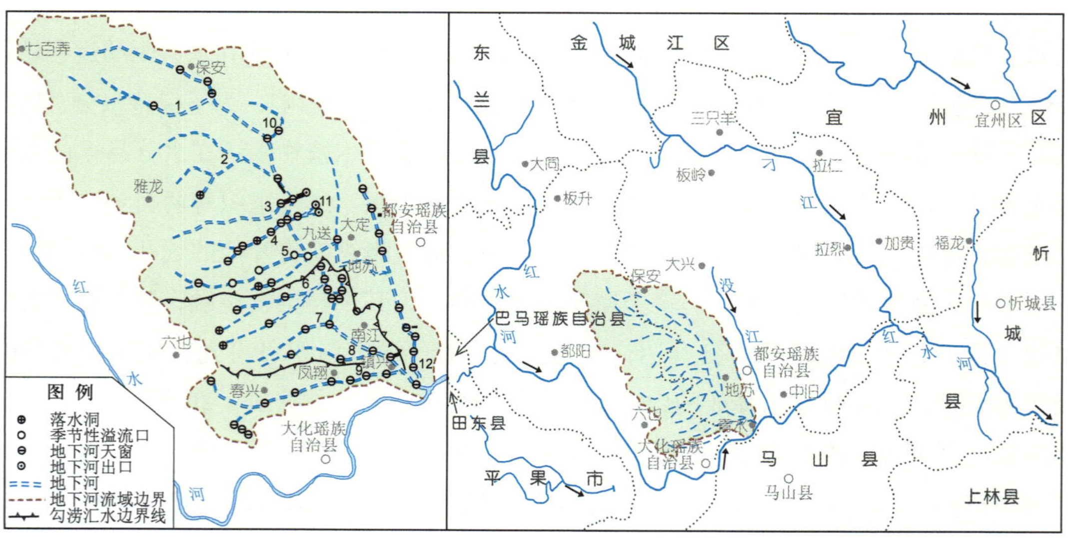

图2.36　地苏地下河系分布

（广西壮族自治区地质矿产局，1989）

地苏地下河的发育经过了4个阶段（图2.37）。

（1）“都安湖”时期。区内形成以都安谷地（南江谷地、地苏谷地）为中心的汇流盆地。在都安谷地四周，发现大量形成于早更新世以前海拔为400 ~ 450 m的干谷，干谷发育的方向和降低的方向，表明当时汇流的水文系统。

（2）地下河发育前期。中更新世早期红水河形成，并成为地表水和地下水的排泄基准。都安湖被红水河切穿并被疏干，都安谷地附近的地表水和地下水大部分都就近排入红水河。随着地壳的抬升，由北向南，同时，由南而北，沿断裂带溯源水流截夺的过程，逐渐形成具有主流和支流结构的地苏地下河系雏形。

（3）地下河主干道定型期。晚更新世，由于区域构造运动和气候的变化，地壳抬升，降水量减少，新形成的地下河管道规模变小；靠近东部的洞穴管道由于排水量逐渐减少而被废弃；主流河道主要接受来自上游以及其西部支流的水量。西面的洞穴管道最易接受来自西部支流的水量，最终造成了主流河道的西迁，并形成了现今地下河主流河道。同时，众多小型的地下河逐渐融合形成两个较大的地下河河系：北面的老地苏地下河系和南面的楞谷–青水地下河系。

（4）现代地苏地下河系。全新世以来形成的楞谷–青水地下河，不断向源侵蚀，切穿了桐枯、大怀分水岭，并与北面规模巨大的老地苏地下河系连接起来，逐渐构成今日的地苏地下河系。

西南岩溶区分布的长度超过80 km的地下河已发现10条（表2.22），大量的水流运移于地下，保障了水–岩相互作用足够的时间；同时岩溶地下河转化为地表河后，地表河得到了偏碱、富钙、富碳的岩溶水补给。

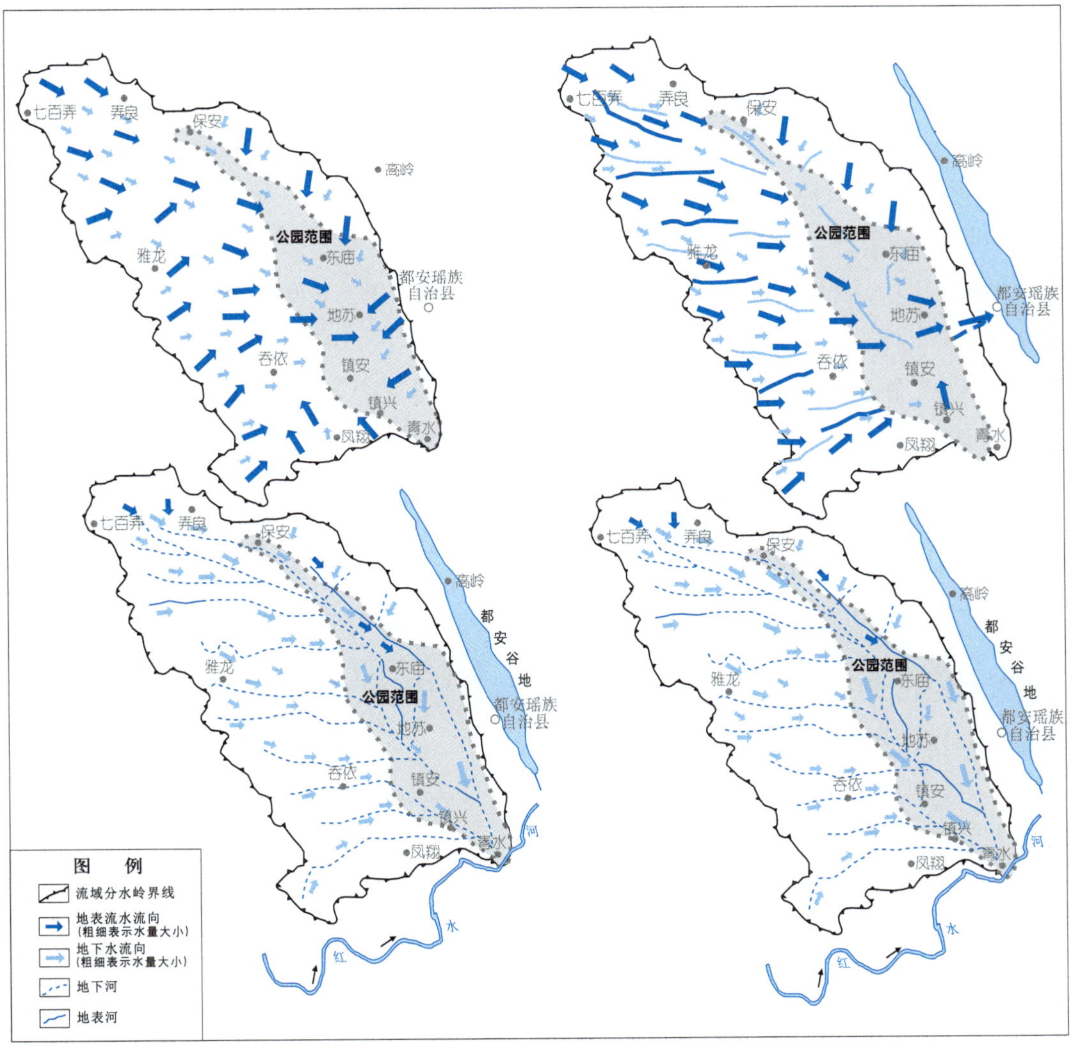

图2.37　地苏地下河系形成的4个阶段示意
（韦跃龙 等，2018）

表2.22　中国西南岩溶区长度超过80 km的地下河统计
（截至2015年12月）（韦跃龙 等，2018）

序号	总长度/km	地下河系统	地理位置	发育地层	流域面积/km²	枯季流量/（L·s⁻¹）	海拔/m	所属水系
1	241.1	地苏	广西都安	D_2–P_2	1 004.0	4 860.0	110～350	红水河
2	159.0	百朗	广西乐业	D_3–P_1	835.5	3 182.0	375～1050	红水河

续表

序号	总长度/km	地下河系统	地理位置	发育地层	流域面积/km²	枯季流量/（L·s⁻¹）	海拔/m	所属水系
3	142.0	布泉	广西隆安	D_3–P_1	913.0	2 346.0	170～550	右江
4	110.0	六郎洞	云南邱北	D_2–T_2	2064.0	10 600.0	1400～2300	南盘江
5	102.9	作登	广西德保	D_2–T_1	783.0	2 679.7	120～780	右江
6	88.0	洛帆	贵州册亨	T_2	1240.0	8 400.0	450～1380	北盘江
7	85.0	大小井	贵州罗甸	D_3–T_2	1560.0	6 600.0	1100～1500	红水河
8	81.5	谷㖞	广西田阳	D_3–T_2	873.1	5 633.4	470～900	右江
9	81.5	坡月	广西巴马	C_2–P_1	1484.5	5 797.0	350～650	红水河
10	80.1	水源洞	广西凌云	D_3–P_1	291.2	1 620.5	650～1200	右江

资料来源：1985年、1989年广西壮族自治区地质矿产局数据，1981年云南省地质局数据，2002年贵州省地质环境监测总站数据。

2.3.2 湖　泊

我国的湖泊数量众多、类型多样，据马荣华等（2011）调查统计结果显示，中国境内（包括香港、澳门和台湾）共有1.0 km²以上的自然湖泊2 693个，总面积为81 414.6 km²，约占全国国土面积的0.9%。面积在1～10 km²、10～50 km²、50～100 km²、100～500 km²和500～1 000 km²的湖泊分别有2 000个（平均3.2 km²/个）、456个（平均22.6 km²/个）、101个（平均71.7 km²/个）、109个（平均210.9 km²/个）和17个（平均694.6 km²/个）（表2.23）。全国湖泊分布广泛，但相对集中。分布在西南岩溶区的湖泊密度低且分散，共有湖泊371个，仅占全国的13.8%；分布面积为7 127.9 km²，占全国湖泊面积的8.8%。

表2.23　西南八省（区、市）湖泊面积大于1 km²的湖泊数量和面积统计
（马荣华 等，2011）

省（区、市）	湖泊数量/个						合计/个	湖泊面积/km²
	>1 000 km²	500～1 000 km²	100～500 km²	50～100 km²	10～50 km²	1～10 km²		
广东	—	—	—	—	—	1	1	5.5
广西	—	—	—	—	—	—	—	—
贵州	—	—	—	—	1	—	1	24.3
湖北	—	—	4	2	39	143	188	2527.2
湖南	1	—	—	2	14	100	117	3355.0
四川	—	—	—	—	1	32	33	100.7
重庆	—	—	—	—	—	—	—	—
云南	—	—	3	2	6	20	31	1115.2
合计	1	0	7	6	61	296	371	7127.9
全国	10	17	109	101	456	2000	2693	81414.6
占比/%	10.0	0	6.4	5.9	13.4	14.8	13.8	8.8

2.3.3 水　库

我国是多水库国家，岩溶地貌广泛分布的南方八省（区、市）又是我国重要的水库分布区

域。第一次全国水利普查公报数据显示（刘文，2015），截至2011年底，库容大于1亿m^3的大型水库有756座，其中357座分布在岩溶地貌广泛发育的南方八省（区、市），占总数的47.22%。如果将所有小型水库计算在内，这一比例可达54.20%（表2.24），而这8个省份土地面积约为193.67×10^4 km^2，约占全国土地面积的20%。

据国际大坝委员会统计，截至2015年，全球高度大于15 m的在册大坝37 641座，其中我国共有5 191座，占13.79%，为我国占全球陆地面积比6.50%的两倍。

表2.24 西南岩溶区水库分布统计

（刘文，2015） 水库数量单位：座

省区市	大型			中型	小型			合计
	≥10×10^8m^3	1×10^8 ~10×10^8m^3	小计	0.1×10^8 ~1×10^8m^3	0.01×10^8 ~0.1×10^8m^3	0.001×10^8 ~0.01×10^8m^3	小计	
广东	7	32	39	343	1 563	6 463	8 026	8 408
广西	9	52	61	231	1 172	3 092	4 264	4 556
贵州	9	17	26	114	551	1 688	2 239	2 379
湖北	10	67	77	282	1 235	4 865	6 100	6 459
湖南	8	39	47	372	1 990	11 712	13 702	14 121
四川	11	40	51	219	1 228	6 650	7 878	8 148
云南	7	33	40	249	1 032	4 730	5 762	6 051
重庆	3	13	16	97	481	2 402	2 883	2 996
合计	64	293	357	1 907	9 252	41 602	50 854	53 118
全国	127	629	756	3938	17 949	75 359	93 308	98 002
占比/%	50.39	46.58	47.22	48.43	51.55	55.21	54.50	54.20

2.3.4 淡水水域对岩溶碳循环的影响

陆地水域在岩溶碳循环过程中发挥重要的作用，主要体现在两个方面。

（1）占地球陆地面积3%左右的淡水水体在全球碳循环过程占据重要的地位。全球淡水水体有3亿多个，占陆地面积的2.8%（Downing et al，2006）；Mulholland等（2010）第一次估计了全球湖泊和水库每年沉积物中保存的碳分别为0.02 Pg C和0.2Pg C，Dean等（1998）估算全球湖泊和水库埋藏的碳分别为0.042 Pg C和0.16 Gt C。水库比湖泊埋藏碳能力更强的原因可能有两个方面：①水库通常是对河流的拦蓄，水库面积虽小，但其物质来源补给的流域面积很大，其流域面积与库区面积的比值远高于湖泊面积与库区面积的比值；②水库是对河流水量、水动力条件的调节，而不是改变，水文条件处于变化河流、湖泊之间。湖泊的水文变化主要与气候变化关系密切，相对稳定；而水库除了对气候变化有更大的响应外，还与水库的蓄洪、泄洪、发电等相关。

（2）碳酸盐岩溶解过程使岩溶水富含HCO_3^-，其含量为3~4 mmol/L，是地带性外源水中的十多倍，为水环境中水生植物提供丰富的碳源。在空气和水环境中，光合作用所需的无机碳存在较大的差异，虽然CO_2是陆生植物和水生植物光合作用最容易利用的无机碳形式，但是由于水体环境中CO_2在水生植物叶片周围形成了扩散界面，在此界面中，CO_2的扩散速度仅为空气环境中的万分之一，光合作用受阻，因此，水生植物在进行光合作用时，演化出具有利用重碳酸根的适应机制。而在水体环境中，当水体的pH值处于7.0~8.5时，水体中无机碳HCO_3^-和CO_2的比值从4倍增加至140

倍。通常在白天，沉水植物光合作用消耗水体中的CO_2，释放O_2，导致水体pH值升高。作为光合碳源，水体中可用CO_2更少，甚至会导致水体表面的CO_2浓度为零，迫使沉水植物进行光呼吸。为了确保无机碳的供应，以及光合作用顺利进行，沉水植物利用水体中的HCO_3^-作为无机碳源，是沉水植物适应水体中低CO_2环境的重要机制。大约有50%的水生被子植物除了可以利用CO_2外，还可以利用HCO_3^-；有效利用HCO_3^-，可以大大降低水生植物光合作用时受CO_2的制约，HCO_3^-利用效率越高，最大光合速率也越快。

换言之，岩溶水环境极大地提高了水生生态系统的生产力。

据Downing等（1993）研究估算，全球范围内滞留在湖泊中的有机碳和无机碳为0.077 Gt C/a，其中对大气CO_2的汇达0.0532 Gt C/a：有机碳（total organic carbon，TOC）方面，则约为0.051 Gt C/a，其中以颗粒有机碳（particulate organic carbon，POC）方式储存在湖泊中的大约为0.036 Gt C/a，以溶解有机碳（dissolved organic carbon，DOC）方式存储到湖泊中的为0.015 Gt C/a。无机碳方面，全世界范围内碳酸盐型湖泊总面积约为$0.18\times10^6\ km^2$，其对溶解无机碳（dissolved inorganic carbon，DIC）的平均滞留率为100 g C/（m^2·a）；而非碳酸盐型湖泊面积约为$1.6\times10^6\ km^2$，其对DIC的平均滞留率只有5 g C/（m^2·a）左右。则全世界湖泊对DIC的总汇估计可达到0.026 Gt C/a，其中至少70%来源于大气CO_2，约为0.018 2 Gt C/a。

小　结

岩溶碳循环的基本过程是碳酸盐岩在雨水作用下溶解，并将大气、土壤中的CO_2转移到水体中，其驱动力是H_2O和CO_2；中国西南隶属季风气候区，从东南到西北温度、降水渐次减少，水文地质条件影响岩溶碳循环的方向和强度；土壤、植被等生物活动，主要影响岩溶碳循环的驱动力CO_2，具有明显的生物地质过程；岩溶水体是富DIC的环境，刺激水生生态系统植物光合作用，影响岩溶碳循环过程中碳的形态和稳定性。

第❸章

中国西南典型岩溶流域碳循环过程与碳汇效应

§3.1　典型岩溶流域碳循环与碳汇效应调查研究方法

典型岩溶流域的调查研究，首先要在岩溶水文地质图上选择完整的流域，了解其补、径、排及地表水、地下水循环关系；然后针对岩溶碳循环影响因素、碳迁移过程和岩溶碳汇发生条件，开展野外和室内的调查研究。鉴于岩溶碳循环的发生涉及固、液、气三相，以及地球表层系统的4个圈层（岩石圈、大气圈、水圈、生物圈），乃至包括人类活动，因此，岩溶碳循环发生的地质背景、产生的环境条件和碳汇通量估算方法可分为两个大的部分：背景条件的调查研究和计算方法。

3.1.1　背景条件的调查研究

1. 岩石圈

在每个流域选择1～2条典型地层剖面，以1：5万地质图图面反映的最小岩石地层单位为单元系统采集岩样。重点关注碳酸盐岩的类型和空间分布（洞穴发育及规模、表层岩溶带发育程度）。同时，关注流域所处的地质构造单元、地形地貌，以及构造活动对水文条件和岩溶发育的影响特征。测试指标主要包括岩石结构组分（矿物组成、有效孔隙度、渗透率等）和化学成分（CaO、MgO、K_2O、Na_2O、Al_2O_3、TFe_2O_3、S、N、Cl、Sr、SiO_2、酸不溶物等）。

2. 大气圈

重点关注调查区所属气候类型，以及气温、降水和光照等特征，可以安装小型气象站或收集附近国家和地方气象站资料。主要监测指标包括日气温、日降水（降雨、降雪）、光照（日照时数、太阳总辐射量），以及降水化学成分等。

3. 水　圈

根据水文地质结构，选择流域内补给区、径流区、排泄区的水点，主要包括：地下水的泉水点和地下河的水点；地表水的溪流、河流的分支和干流，湖泊和水库上游、中游、下游不同水深处（深度和点数根据具体情况确定）。根据需要可以通过示踪技术，厘定和确认流域的边界，在泉水、地下河出口修建堰坝和安装自动监测仪器设备。

现场监测指标主要包括：水温、电导率、溶解氧、pH值，以及Ca^{2+}和HCO_3^-浓度；水的流速、流量与水力梯度。自动监测指标包括：水温、电导率、pH值和水位。采样测试指标包括：Mg^{2+}、K^+、Na^+、Cl^-、SO_4^{2-}、NO_3^-、CO_2、Sr、悬浮固体、水溶解有机碳、水溶解无机碳。

4. 生物圈

1）陆生生态系统

陆生生态系统的调查包括植被和土壤两个方面。

植被方面，主要调查植被覆盖类型包括乔木、灌木、草地、耕地（旱地、水田），以及植被群落结构组成，通过样方进行调查。植被样品采集通常选择春季和秋季的典型植被样品（枝、叶），分析植被样品的养分含量、C/N比值和$\delta^{13}C$值。可通过现代遥感技术，了解植被新陈代谢（光合、呼吸作用）过程，以及枯枝落叶分解过程。关注植被对岩溶生态环境适应机制和新陈代谢等生态碳循环过程，以及植被对岩溶碳循环的影响。

土壤调查方面包括：一是土壤类型，碳酸盐岩风化残留形成的石灰土，是富钙的偏碱性石灰土，对碳酸盐岩风化溶解能力弱，而温暖湿润的热带、亚热带地带性的砖红壤、红壤、黄壤则偏酸性，对碳酸盐岩风化溶解能力强；二是土壤厚度，不同的土壤是地球表层系统CO_2重要的库，土壤CO_2的浓度通常比大气的高1 ~ 2个数量级，因此，温暖湿润的热带、亚热带土壤覆盖下的碳酸盐岩的风化溶解速度是大气中的几倍至十几倍。土壤样品的采集通常包括以下几个方面。

（1）采样点：选择不同植被类型覆盖、不同土地利用方式下的土壤剖面，土壤采样点应尽量与岩石采样点、地下水采样点相配合。根据土壤厚度的不同，记录土壤厚度、土层分层、根系分布和数量，按0 ~ 20 cm、20 ~ 50 cm、50 cm以上三个层位采集土样。

（2）监测指标：土壤温度、土壤水分、土壤pH值、土壤呼吸、土壤不同层位CO_2。

（3）采样测试指标：矿物元素，包括SiO_2、Al_2O_3、TFe_2O_3、CaO、MgO、K_2O、Na_2O、MnO_2、全氮、全磷、全钾；土壤无机碳、土壤有机碳；土壤有机碳组分分析，包括活性有机碳（颗粒有机碳、易氧化性有机碳）和惰性有机碳。

2）水生生态系统

在典型陆地水体（河流、湖泊、水库）中，设置水生植物采集样方，描述水生生物类型（沉水植物、浮水植物、挺水植物和浮游植物），取样来鉴定植物品种，通过样方统计生物量。

取样测试水生植物的C/N比值、$\delta^{13}C$值，同时相应监测水体的水化学指标。水体表层沉积物采样，通过测试C/N比值和同位素特征，来分析河流内源有机碳对河流沉积物碳的贡献。

3.1.2 计算方法

岩溶碳循环的过程，重点关注岩溶作用过程中碳元素的迁移和动态，基本过程可概化为

$$CaCO_{3\,(固相)} + CO_{2\,(气相)} + H_2O_{(液相)} \longrightarrow Ca^{2+}_{(液相)} + 2HCO^-_{3\,(液相)} \qquad (3.1)$$

$$\longrightarrow CaCO_3\downarrow + x\,(CO_2\uparrow + H_2O) + (1-x)\,(CH_2O\downarrow + O_2)$$

1. 碳酸盐岩的溶解风化过程

大气和土壤中的CO_2与水反应产生碳酸，与碳酸盐岩发生水–岩相互作用，碳酸盐岩溶解，生成岩溶水体中的Ca^{2+}和HCO_3^-。从反应式看，水体中的无机碳50%来源于碳酸盐岩，50%来源于大气和土壤。

岩溶碳循环发生强度（水–岩相互作用强度或碳酸盐岩饱和度）的计算方法是：方解石饱和指数（SI_c）和CO_2分压（P_{CO_2}）的计算通常利用WATSPEC软件进行。此软件至少要求9个参数：现场测定的水温、pH值，以及水中的Ca^{2+}、K^+、Na^+、Mg^{2+}、HCO_3^-、Cl^-和SO_4^{2-}的摩尔浓度（下面公式中用［·］表示）。

二氧化碳分压（P_{CO_2}）的计算公式（Wigley et al，1977）为

$$P_{CO_2}=\frac{[HCO_3^-][H^+]}{K_1K_{CO_2}} \tag{3.2}$$

式中，K_1和K_{CO_2}分别是H_2CO_3和CO_2的平衡常数。

方解石饱和指数（SI_c）计算公式如下

$$SI_c=\log\left(\frac{[Ca^{2+}][CO_3^{2-}]}{K_C}\right)$$

式中，K_C为方解石平衡常数。当SI_c=0时，表示溶液中的方解石呈平衡状态；当SI_c>0时，表示溶液中的方解石过饱和，可能沉淀碳酸钙；当SI_c<0时，表示溶液中的碳酸钙尚未饱和，可以溶解更多的碳酸钙。

有两种方法可以计算岩溶水体中无机碳的来源。

（1）离子计量方法。根据碳酸盐岩溶解的方程式

$$(Ca_{(1-x)}Mg_x)\ CO_3+CO_2+H_2O\rightarrow 2HCO_3^-+(1-x)\ Ca^{2+}+xMg^{2+} \tag{3.3}$$

式中，50%的C（即HCO_3^-的总摩尔数的一半）来源于碳酸盐岩，即碳酸盐岩溶蚀释放的HCO_3^-等于溶蚀过程中（Ca^{2+}+Mg^{2+}）释放的摩尔和（韩贵琳 等，2005），那么

$$[HCO_3^-]_{CO_2}=[HCO_3^-]_{总量}-[Ca^{2+}+Mg^{2+}]_{CaCO_3} \tag{3.4}$$

（2）稳定碳同位素端源计算方法。碳酸盐岩及土壤和大气对地下水$\delta^{13}C$值的贡献比可以用如下的两端元混合模型来计算

$$\delta^{13}C_F=(1-x)\ \delta^{13}C_A+x\delta^{13}C_B \tag{3.5}$$

式中，$\delta^{13}C_F$代表地下水中^{13}C的标准偏差值，$\delta^{13}C_A$代表土壤碳库的^{13}C的标准偏差值，$\delta^{13}C_B$代表碳酸盐岩碳库的^{13}C的标准偏差值，x代表碳酸盐岩碳库对地下水^{13}C的标准偏差值的贡献比。

2. 无机碳 – 有机碳转化过程

在水生植物光合作用下，水体中的无机碳转化为有机碳，即岩溶地质过程产生的碳与生物生态过程产生的碳有机融合，水体中检测到的溶解有机碳（DOC）、颗粒有机碳（POC）均存在两个来源：陆地生态系统（植物、土壤）和水生植物光合生产。其各自贡献率的计算方法如下。

1）用$\delta^{13}C_{POC}$计算颗粒有机碳来源

河流输送的颗粒有机碳（POC）可以看作水生生物的生物量（内源碳）与外源土壤颗粒有机碳的两端元混合。考虑内源、外源端元组分的$\delta^{13}C_{POC}$，可以定量估算河水颗粒有机碳中内源碳与外源碳的比例，其同位素质量平衡方程如下

$$\left.\begin{aligned}&\delta^{13}C_{POC}=f_{au/POC}\times\varepsilon_{au}+f_{al/POC}\times\varepsilon_{al}\\&f_{au/POC}+f_{al/POC}=1\end{aligned}\right\} \tag{3.6}$$

式中，$\delta^{13}C_{POC}$为样品的碳同位素标准偏差值，ε_{au}、ε_{al}分别为内源碳与外源碳端元组分的碳同位素标准偏差值，$f_{au/POC}$、$f_{al/POC}$分别表示颗粒有机碳中内源碳与外源碳所占的比例（陶澍 等，1997）。

2）C/N计算总有机碳（TOC）来源

相对于水生生态系统，陆地来源（外源）有机碳C/N值大于15；根据典型水生藻类光合作用形成产物为$C_{5.7}H_{9.8}O_{2.3}N$，其C/N应为6左右，真菌（$C_{10}H_{17}O+N$）的C/N为10，细菌（$C_5H_7O_2N$）的C/N为5，因此，内源有机碳的C/N介于5～10。以C/N值6.6为内源端元，20.69为外源端元，可以利用端元混合模型计算内源有机碳占总有机碳的比例，方程如下

$$C/N=f_{au}\times f_B+f_{al}\times(1-f_B) \tag{3.7}$$

式中，C/N为样品的C/N值；f_{au}为C/N值的内源端元，取6.6；f_{al}为C/N值的外源端元，取20.69；f_B为内源有机碳在总有机碳中的比例。

结合流域总有机碳（TOC=POC+DOC）浓度值，可计算出总有机碳中内源碳的摩尔浓度$c(TOC_{au})$，方程如下

$$c(TOC_{au})=c(TOC)\times f_B \tag{3.8}$$

式中，c（TOC）为样品的总有机碳摩尔浓度，f_B为内源有机碳在总有机碳中的比例，$c(TOC_{au})$为总有机碳中内源碳的浓度。

结合总有机碳中内源碳的摩尔浓度、颗粒有机碳中内源碳的摩尔浓度、溶解有机碳摩尔浓度，可以计算出DOC中内源碳的摩尔浓度$c(DOC_{au})$及DOC中内源碳所占比例（$f_{au/DOC}$），计算公式如下

$$\left.\begin{aligned}c(DOC_{au})&=c(TOC_{au})-c(POC_{au})\\ f_{au/DOC}&=c(DOC_{au})/c(DOC)\end{aligned}\right\} \tag{3.9}$$

式中，$c(DOC_{au})$为DOC中内源碳的摩尔浓度，$c(TOC_{au})$为总有机碳中内源碳的摩尔浓度，$c(POC_{au})$为POC中内源碳的摩尔浓度，c（DOC）为样品的溶解有机碳摩尔浓度，$f_{au/DOC}$为DOC中内源碳所占比例（Zhang et al，1992）。

3. 碳酸盐岩溶解风化速率计算方法

用标准溶蚀试片检测不同土地覆盖条件下碳酸盐岩溶解风化速率，试片埋放于地上空气中（距地面100～150 cm）、地表、土下20 cm，以及土下50 cm，各埋放一组，每组3片。埋放时，应挖与试片大小相符的小槽，把试片插进槽内。溶蚀试片埋放周期为一年，一年后回收试片，利用万分之一电子分析天平称重，计算溶蚀量。计算公式及方法如下（袁道先 等，1988）

$$F=E\times S\times R\times M_{CO_2}/M_{CaCO_3} \tag{3.10}$$

式中，F为CO_2的回收量（g/a）；E为试片溶蚀量（$g\cdot m^{-2}\cdot a^{-1}$）；$S$为岩溶区面积（$m^2$）；$R$为岩石的纯度（%），标准试片以97%进行计算；$M_{CO_2}$、$M_{CaCO_3}$分别为$CO_2$和$CaCO_3$的分子量。

4. 流域岩溶碳汇通量计算方法

通过不同尺度的典型岩溶流域调查研究，针对不同的调查精度和方法，利用不同的碳汇估算模型和方法进行岩石风化消耗的CO_2汇估算。岩溶碳汇量估算采用的主要方法有水化学平衡法、加利（Galy）方法、水-岩-气-生相互作用模式。

1）水化学平衡法

根据岩溶水的HCO_3^-，有一半碳来源于气相CO_2。在溶液中CO_2有3种状态：游离CO_2、HCO_3^-和CO_3^{2-}。与$CaCO_3$结合的固定CO_2，维持$CaCO_3$溶解所需的平衡CO_2（液），当水中的CO_2大于平衡CO_2时，超过的CO_2（液）为侵蚀CO_2，继续溶解碳酸盐。反之，碳酸盐析出、沉淀。

碳循环强度的计算过程如下。首先，利用从水化学资料中获取的HCO_3^-含量，求得CO_2含量

$$Ch=\rho(CO_2)=\frac{c(HCO_3^-)\times 44}{2\times 61} \tag{3.11}$$

式中，$c(HCO_3^-)$的单位为$mol\cdot L^{-1}$，Ch、$\rho(CO_2)$的单位为$mg\cdot L^{-1}$。

其次，利用某一地区或流域岩溶水径流量Q与流域面积F，计算碳循环的强度

$$Cm=31.536\times\frac{Q}{F}\times Ch \tag{3.12}$$

或

$$Cm=31.536\times M\times Ch \tag{3.13}$$

式中，M为地下水径流模数（$L\cdot s^{-1}\cdot km^{-2}$），$Q$为岩溶地下水径流量（$L\cdot s^{-1}$），$F$为流域面积（$km^2$），$Ch$为岩溶水$CO_2$含量（$mg\cdot L^{-1}$），$Cm$为碳循环强度（$kg\cdot km^{-2}\cdot a^{-1}$）（袁道先 等，2002）。

2）加利（Galy）方法

通过估算不同风化端元对河水溶质的贡献，来估算流域的侵蚀速率及岩石风化消耗大气和土壤CO_2量。水中元素X的通量方程可以表示如下

$$[X]_{河水}=[X]_{白云岩}+[X]_{石灰岩}+[X]_{硅酸盐岩}+[X]_{硫化物}+[X]_{大气输入}+[X]_{循环} \tag{3.14}$$

人为活动产生的Ca^{2+}、Mg^{2+}、Na^+和K^+离子对河水溶质的贡献很小，可以忽略这些阳离子对河水的贡献。Cl是保守元素，基本上没有分馏，流域的Cl主要来源于钠盐水解，此处来源于大气循环或人为活动。基于以上分析，上述方程可以简化为

$$\begin{aligned}
&[Cl]_{河水}=[Cl]_{循环}+[Cl]_{人为活动}+[Cl]_{NaCl}\\
&[Na]_{河水}=[Cl]_{循环}+[Na]_{硅酸盐岩}\\
&[SO_4]_{河水}=[SO_4]_{硫化物}+[SO_4]_{大气}\\
&[K]_{河水}=[K]_{硅酸盐岩}\\
&[Ca]_{河水}=[Ca]_{碳酸盐岩}+[Ca]_{硅酸盐岩}\\
&[Mg]_{河水}=[Mg]_{碳酸盐岩}+[Mg]_{硅酸盐岩}
\end{aligned} \tag{3.15}$$

根据加利（Galy et al，1999）提出的硅酸盐岩风化的$Mg^{2+}/K^+=0.5$，$Ca^{2+}/Na^+=0.2$来估算不同岩石风化对河水的相对贡献

$$\begin{aligned}
&[Ca]_{河水}=[Ca]_{碳酸盐岩}+[Na]_{硅酸盐岩}\times 0.2\\
&[Mg]_{河水}=[Mg]_{碳酸盐岩}+[K]_{硅酸盐岩}\times 0.5
\end{aligned} \tag{3.16}$$

与碳酸盐相比，硅酸盐与硫化物氧化生成的氢离子反应活性很低，在计算时仅考虑碳酸溶蚀硅酸盐岩以及碳酸和硫酸溶解碳酸盐岩的过程。在计算中，假设硅酸盐岩的阳离子是平衡的，则硅酸盐岩的碳汇通量为

$$[CO_2]_{硅酸盐岩}=1.4\times[Na]_{硅酸盐岩}+2\times[K]_{硅酸盐岩} \tag{3.17}$$

碳酸风化碳酸盐岩吸收大气CO_2的计算公式为

$$[CO_2]_{大气}=[CO_2]_{碳酸盐岩}-0.5\times 2[SO_4]_{河水} \tag{3.18}$$

对于水体中的总溶解性固体（TDS）来源，碳酸溶解硅酸盐岩的方程为

$$(\mathrm{TDS})_{\text{硅酸盐岩}} = 1.4 \times [\mathrm{Na}]_{\text{硅酸盐岩}} + 2 \times [\mathrm{K}]_{\text{硅酸盐岩}} + [\mathrm{SiO_2}]_{\text{硅酸盐岩}} \tag{3.19}$$

碳酸和硫酸溶解碳酸盐岩的方程为

$$(\mathrm{TDS})_{\text{碳酸盐岩}} = [\mathrm{Ca}]_{\text{碳酸盐岩}} + [\mathrm{Mg}]_{\text{碳酸盐岩}} + \frac{1}{4}[\mathrm{HCO_3}]_{\text{碳酸}} + [\mathrm{HCO_3}]_{\text{硫酸}} \tag{3.20}$$

根据以上的反应方程，可以分别计算碳酸溶蚀硅酸盐岩、硫酸和碳酸溶蚀碳酸盐岩的碳汇强度（Galy et al，1999）。

3）水–岩–气–生相互作用模式

水化学平衡法、加利（Galy）方法基本上是从流域的排泄端，计算岩石风化的碳汇通量，而水–岩–气–生相互作用模式则是考虑了整个流域范围内，考虑到岩溶碳循环的3个过程：碳酸盐岩溶解，生成水体中的无机碳；无机碳伴随水流的迁移与转化；水生植物与无机碳–有机碳之间的转化（刘再华 等，2007）。这一部分内容将在第4章中详细论述。

§3.2　武水河上游岩溶碳循环与碳汇效应
——不同岩性风化溶解的碳汇效应对比

3.2.1　碳循环的背景条件

1. 地质背景

武水河上游地处湖南，地理坐标为东经112°30′～112°45′，北纬25°19′～26°30′。流域面积为390 km^2，最高海拔为1 902.3 m，最低海拔为155 m。地势南北两端高、中间低，地面坡度基本上由南北西3个方向向中部和东部倾斜。

流域内以南北向、北东向构造最为发育（图3.1），受其影响，岩溶地下河发育主要呈南北向分布特征，且南北向的地下河规模大、管道发育长，为10～12 km，而东西向展布的地下河规模较小，管道长度短。

区内岩石地层除缺失志留系外，从新元古界震旦系至新生界第四系均有分布。新元古界及下古生界主要为一套浅变质的海相碎屑沉积及泥质沉积，厚7 169～7 849 m。上古生界以浅海相碳酸盐类沉积为主，其次为陆相及滨海相碎屑沉积并夹有煤层，分布广泛，厚1 737～5 397 m，其中泥盆系相变较大，石炭系发育良好。中生界均为零星分布，下三叠统为浅海相碳酸盐类沉积；侏罗系仅见下统，为陆相碎屑沉积，含劣煤及油页岩；白垩系属陆相红色碎屑沉积。新生界新近系中新统亦属陆相红色碎屑沉积，仅在该区中部有小面积出露；第四系以残、坡积物为主，分布广而厚度薄，其次为冲积物，零星分布于河谷沿岸。流域内岩石以碳酸盐岩为主。

岩溶地层主要集中于中部，呈连续带状或块状展布，由石炭系至二叠系组成。其构造形态以过渡型紧凑的长条状褶曲为主，发育规模较大的走向断层，主要构造线方向为南北走向。可溶岩与非可溶岩相间出露，形成4组自成系统的岩溶组合，即C_1y^1、C_1d^1、C_1d^3—P_1、P_2c—T_1。各含水岩组之间都有较稳定的相对隔水层位，岩溶发育受到边界条件及构造控制，各种不同类型的岩溶组合，其分布和发育强度均与构造线方向一致。

根据地层岩性、水文地质结构、地表及地下河分布，流域内可分为3个区、5个系统和40个单元，其中碳酸盐岩23个块段、碎屑岩区8个块段、变质岩区4个块段、花岗岩区2个块段、第四系松散层3个块段（图3.2、表3.1）。

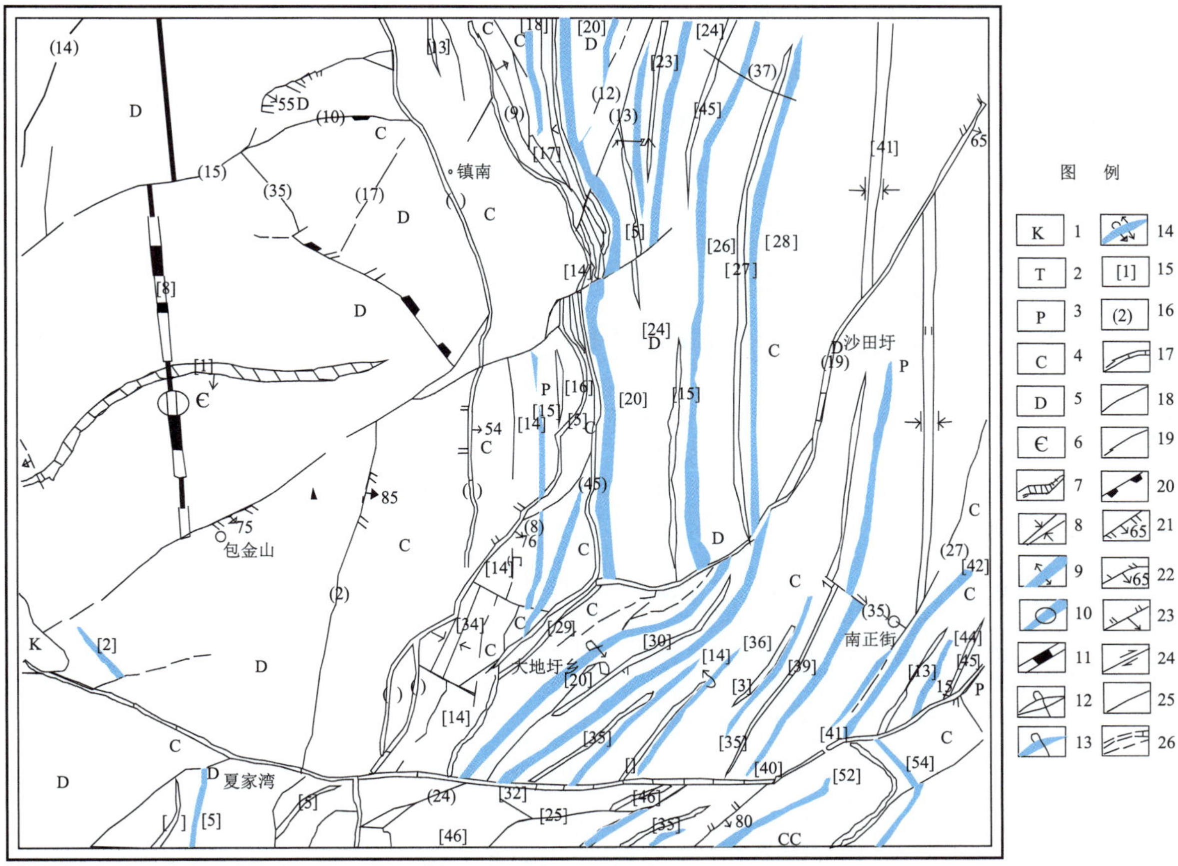

1.白垩系地层；2.三叠系地层；3.二叠系地层；4.石炭系地层；5.泥盆系地层；6.寒武系地层；7.大理岩化；8.复式向斜迹；9.复式背斜迹
10.短轴背斜轴迹；11.推测背斜轴迹；12.倒转向斜轴迹；13.倒转背斜轴迹；14.局部倒转背斜；15.褶皱编号；16.断层编号；17.一级断层
18.二级断层；19.三级断层；20.控岩控矿断层；21.平移正断层（锐角指示本盘运动方向，下同）；22.平移逆断层；23.逆断层；24.平移断层
25.实测断层；26.推测断层

图3.1　武水河上游地质构造

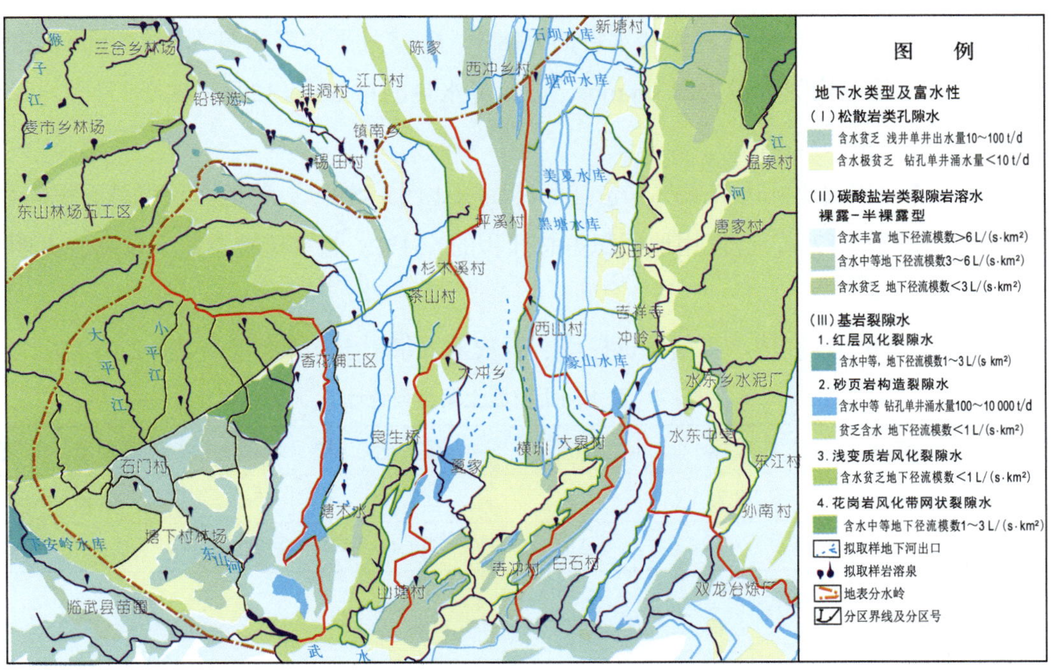

图3.2　武水河上游3个区、5个系统和40个单元的划分

3个区：东部碎屑岩区，碎屑岩出露比例达37.61%，碎屑岩中夹有少量煤层；中部岩溶区，主要以碳酸盐岩为主，碎屑岩比例小于10%；西部浅变质岩区，变质岩的比例为31.18%，碎屑岩的比

例为14.03%，花岗岩的比例为5.17%。

5个系统：由西向东依次为东山河地表水系统（Ⅰ）、腊水河地表水系统（Ⅱ）、土地河地表水系统（Ⅲ）、白石河地表水系统（Ⅳ）及金江河水系统（Ⅴ）。

表3.1 武水河上游3个区、5个系统的岩性统计

岩性分类	西部浅变质岩				中部碳酸盐岩				东部碎屑岩	
	东山河		腊水河		土地河		白石河		金江河	
	面积 /km²	比例 /%	面积/km²	比例 /%	面积/km²	比例 /%	面积/km²	比例 /%	面积/km²	比例 /%
灰岩	4.25	5.44	15.68	20.57	22.15	39.57	8.67	41.80	20.49	16.40
灰岩夹白云岩	4.60	5.89	4.04	5.30	8.61	15.38	4.42	21.31	18.30	14.64
白云岩夹灰岩	11.84	15.17	4.70	6.17	7.29	13.02	3.16	15.24	9.99	7.99
白云岩	4.35	5.57	6.01	7.89	11.81	21.10	0.89	4.29	11.68	9.35
碳酸盐岩夹碎屑岩	13.70	17.55	4.02	5.27	5.04	9.00	1.54	7.43	12.23	9.79
碎屑岩	10.95	14.03	20.33	26.67	1.08	1.93	2.06	9.93	47.00	37.61
变质岩	24.35	31.18	21.44	28.13	0.00	0.00	0.00	0.00	0.00	0.00
花岗岩	4.04	5.17	0.00	0.00	0.00	0.00	0.00	0.00	5.28	4.22
合计	78.08	100.00	76.22	100.00	55.98	100.00	20.74	100.00	124.97	100.00

2. 影响条件

武水河上游属亚热带季风性湿润气候区，年均气温为18℃，年均降水量为1 438.7 mm。其中3—5月平均降水量为530.5 mm，占年降水量的36.8%；6—8月平均降水量为488.1 mm，占年降水量的34.8%；9—11月平均降水量为213.6 mm，占年降水量的14.8%；12月—次年2月平均降水量为195.5 mm，占年降水量的13.6%。

林地面积占总面积的比例达77.46%（包括灌丛面积比例5.78%），草地面积占总面积的4.07%，农田面积占总面积的17.12%，建设用地面积占总面积的1.31%。流域植被覆盖率较高，无明显的石漠化现象，生态条件较好。

土壤类型共包括6类：红壤、黄壤、黄棕壤、石灰土、水稻土、草甸土（表3.2）。

表3.2 武水河上游区土壤类型统计

土壤类型	红壤	黄壤	黄棕壤	石灰土	水稻土	草甸土	合计
面积 /km²	130.83	28.73	7.82	157.10	45.52	0.45	370.45
占比 /%	35.32	7.75	2.11	42.41	12.29	0.12	100.00

3.2.2 主要结果

碳酸盐岩风化对水体中无机碳的贡献率占据绝对优势，全区岩石风化消耗大气和土壤CO_2的平均碳汇强度为25.50 $t \cdot km^{-2} \cdot a^{-1}$。其中，岩溶区的平均碳汇强度为43.03 $t \cdot km^{-2} \cdot a^{-1}$，碎屑岩区为1.70 $t \cdot km^{-2} \cdot a^{-1}$，变质岩区为0.82 $t \cdot km^{-2} \cdot a^{-1}$，第四系为3.98 $t \cdot km^{-2} \cdot a^{-1}$，花岗岩层

为2.08 t · km^{-2} · a^{-1}。岩溶区的碳汇强度分别是变质岩区的52倍、碎屑岩区的25倍、花岗岩区的21倍、第四系的11倍。4条典型岩溶地下河流域，碳酸盐岩溶解消耗大气和土壤CO_2量的贡献率分别达96.64%、99.59%、99.67%、97.78%。

1. 地表水、地下水水化学成分

（1）不同单元区岩性与水化学成分组成空间差异明显（图3.3）。

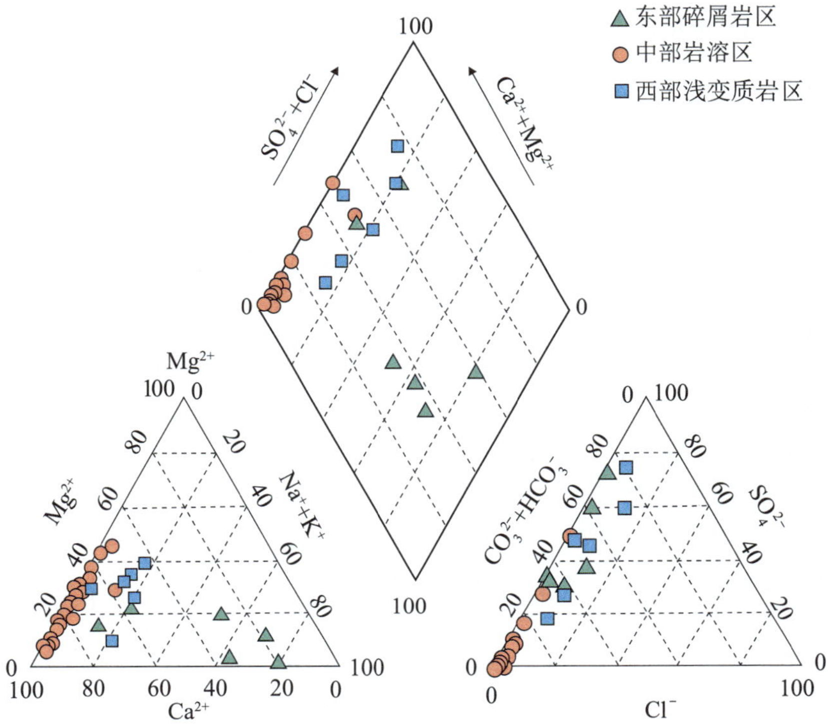

图3.3　武水河上游三区主要离子Piper图

东部碎屑岩区：不同位置地表水水化学成分组成变化较大，水化学类型差异大。其中，pH值范围为4.4 ~ 8.6，平均值为7.8；电导率变化范围为19.7 ~ 1 223.0 μS/cm，平均值为502.6 μS/cm；Ca^{2+}变化范围为4.9 ~ 204.7 mg/L，平均值为52.0 mg/L；Na^+变化范围为0.9 ~ 134.1 mg/L，平均值为37.6 mg/L；K^+变化范围为0.4 ~ 35.7 mg/L，平均值为3.9 mg/L；HCO_3^-变化范围为7.1 ~ 340.9 mg/L，平均值为130.9 mg/L；SO_4^{2-}变化范围为6.2 ~ 731.5 mg/L，平均值为158.5 mg/L。东侧支流D03、D04、D27由于受到煤矿水的影响，水中SO_4^{2-}含量升高，水化学类型有Na–HCO_3 · SO_4、Ca–HCO_3 · SO_4。

中部岩溶区：中部岩溶区主要分布二叠系、石炭系、泥盆系的石灰岩、白云岩。pH值范围为6.99 ~ 7.91，平均值为7.43；电导率变化范围为234.0 ~ 761.0 μS/cm，平均值为435.5 μS/cm。支流和武水河主河道的离子组成具有较大的一致性，HCO_3^-为优势离子，分别占全部阴离子的54.56% ~ 73.65%、62.08% ~ 70.99%；SO_4^{2-}含量次之，分别占全部阴离子的16.36% ~ 28.30%、21.96% ~ 28.05%，两者占总阴离子的85%以上；其余为Cl^-和NO_3^-，其含量大多低于0.50 mmol/L。优势阳离子均为Ca^{2+}、Mg^{2+}，占全部阳离子的82.08% ~ 92.39%。由于受流域碳酸盐岩地层的控制，4条河流大部分地表水样水化学类型为HCO_3–Ca型，但有少部分样点为HCO_3 · SO_4–Ca型，反映出部分样点可能受到人类源的SO_4^{2-}影响。

西部浅变质岩区：地表河流水温变化范围为20.60℃～22.90℃，平均值为21.52℃；pH值变化范围为5.54～6.83，平均值为6.18；电导率变化范围为31.20～81.40 μS/cm，平均值为53.36 μS/cm；溶解固体总量（total dissolved solid，TDS）变化范围为18.78～44.99 mg/L，平均值为31.75 mg/L；NO_3^-变化范围为4.33～7.92 mg/L，平均值为5.76 mg/L；SO_4^{2-}变化范围为4.47～24.17 mg/L，平均值为12.79 mg/L。

（2）水体HCO_3^-、Ca^{2+}浓度的高值区与岩溶分布区相吻合。根据现场测得的HCO_3^-浓度，通过Suffer软件插值生成流域的HCO_3^-等值线图（图3.4）。

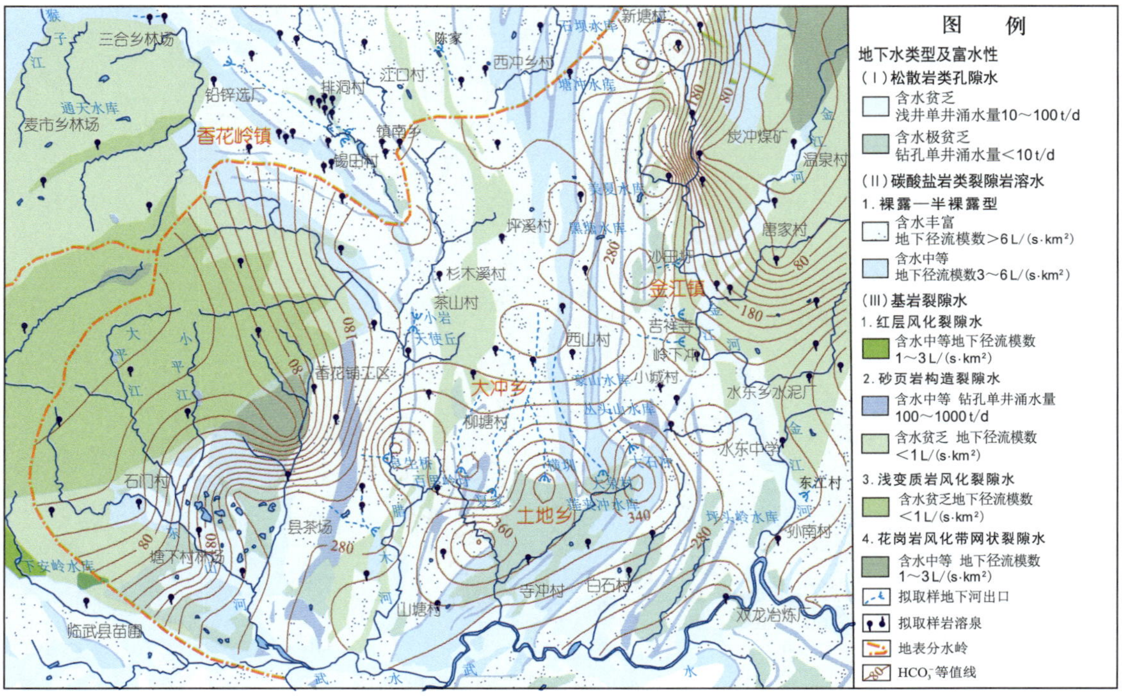

图3.4　武水河上游地表水、地下水HCO_3^-空间分布特征

东部和西部非岩溶区的HCO_3^-浓度低，HCO_3^-等值线稀，HCO_3^-浓度为0～40 mg/L；由东部碎屑岩区过渡到中部岩溶区，地下水中HCO_3^-浓度显著增加，HCO_3^-等值线逐渐密集，由60 mg/L增加至280 mg/L左右变得稳定；西部浅变质岩区过渡到中部岩溶区，地下水中HCO_3^-浓度显著增加，由40 mg/L增加至200 mg/L左右变得稳定；中部岩溶区北侧补给区的HCO_3^-等值线稀疏，HCO_3^-浓度稳定在220～260 mg/L，岩溶地下水向南和东排泄，地下水中HCO_3^-浓度显著增加，HCO_3^-等值线变得密集，形成了两个浓度高值区，浓度达到360～380 mg/L、300～320 mg/L。

根据现场测得的Ca^{2+}浓度，通过Suffer软件插值生成流域的Ca^{2+}等值线图（图3.5）。

东部和西部非岩溶区Ca^{2+}浓度低，特别是西部浅变质岩区地下水中Ca^{2+}含量小于10 mg/L，东部碎屑岩区Ca^{2+}含量为10～25 mg/L；东部碎屑岩区过渡到中部岩溶区，地下水中Ca^{2+}浓度显著增加，Ca^{2+}等值线密集，由25 mg/L增加至75 mg/L左右变得稳定；西部浅变质岩区过渡到中部岩溶区，地下水中Ca^{2+}浓度显著增加，Ca^{2+}等值线密集，由25 mg/L增加至50 mg/L左右变得稳定；中部岩溶区北侧补给区的Ca^{2+}等值线稀疏，浓度稳定在50～75 mg/L，岩溶地下水向南和东排泄，地下水中Ca^{2+}浓度显著增加，Ca^{2+}等值线变得密集，形成了两个Ca^{2+}浓度高值区，浓度达到100～120 mg/L、75～80 mg/L。

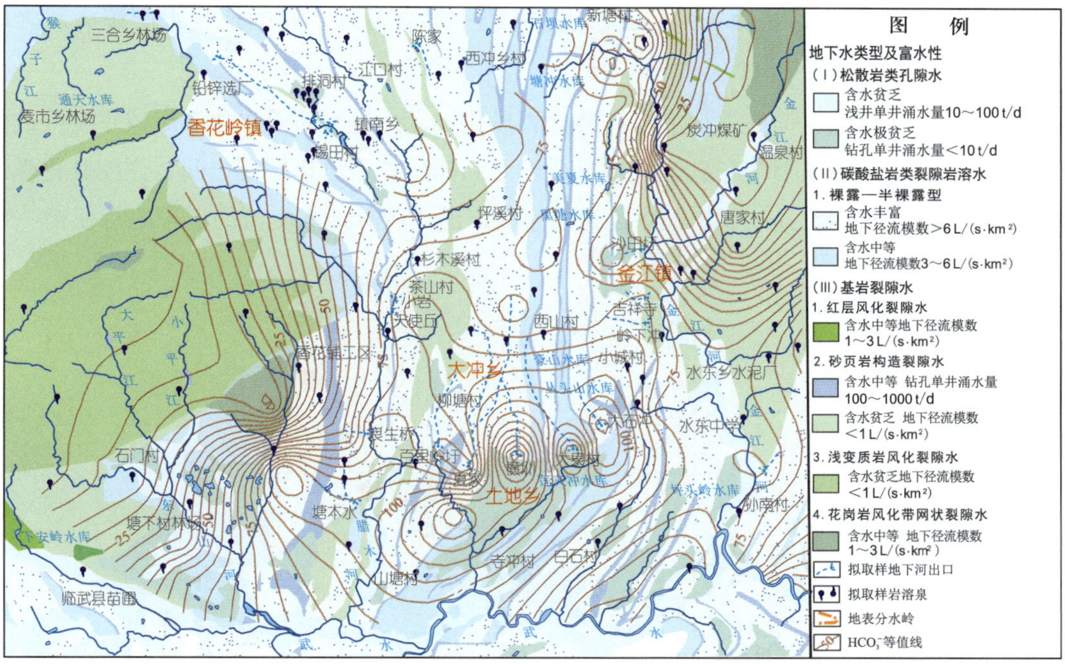

图3.5　武水河上游地表水、地下水Ca^{2+}空间分布特征

2. 河流水体中离子来源

河流中HCO_3^-离子含量及主要离子的摩尔比与流域的岩性密切相关，可根据河水中离子比值来判断河水的来源。已有研究表明，来自碳酸盐岩流域的Ca^{2+}/Na^+摩尔比约为50，Mg^{2+}/Na^+摩尔比约为10，HCO_3^-/Na^+摩尔比约为120；来自硅酸盐岩流域的Ca^{2+}/Na^+摩尔比为0.35 ± 0.15，Mg^{2+}/Na^+摩尔比为0.24 ± 0.12，HCO_3^-/Na^+摩尔比为2 ± 1。

根据研究区7月份的地表水、地下水水化学组成，得到地表水的Ca^{2+}/Na^+与HCO_3^-/Na^+的摩尔比（图3.6）和Ca^{2+}/Na^+与Mg^{2+}/Na^+的摩尔比（图3.7）。

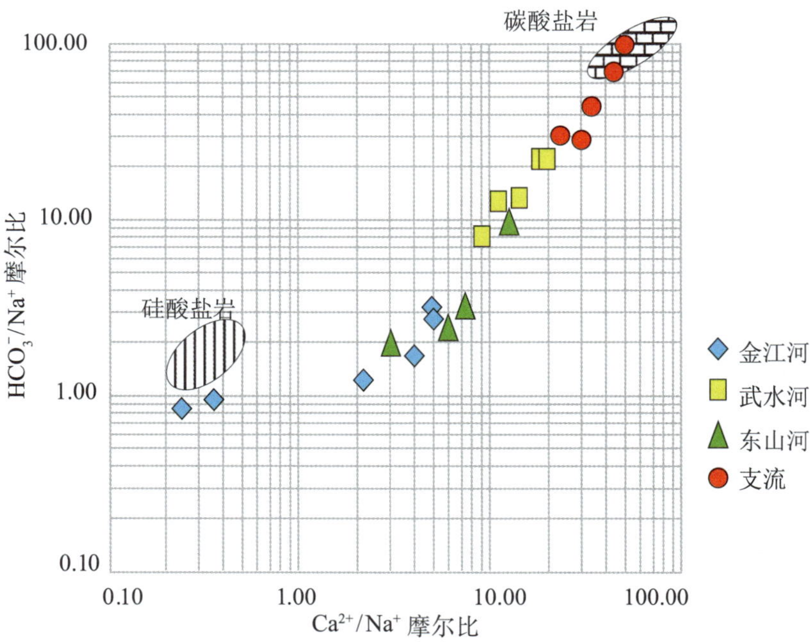

图3.6　地表水的Ca^{2+}/Na^+与HCO_3^-/Na^+的摩尔比

支流的水样主要靠近碳酸盐岩风化端元，离硅酸盐岩风化端元距离远，说明其水化学组成主

要受碳酸盐岩风化控制。这是因为5条支流均是流经中部岩溶区，有的地表水的源头即为地下河出口。

东部金江河及西部山区河流主要靠近硅酸盐岩风化端元，说明河流水化学组成主要受硅酸盐岩风化控制。武水河主河道主要位于碳酸盐岩风化端元和硅酸盐岩风化端元之间，说明其化学组成来源于两个端元的混合作用，这与武水河主河道水主要来源于各种地表支流的汇合的特征相一致。

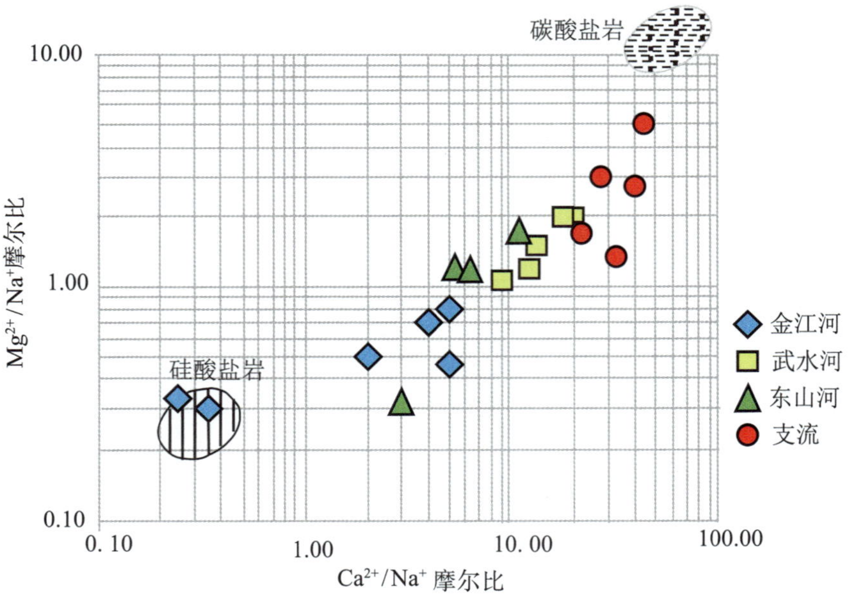

图3.7　地表水的Ca^{2+}/Na^{+}与Mg^{2+}/Na^{+}的摩尔比

3. 水体中无机碳（DIC）同位素特征

东部碎屑岩区地表水$\delta^{13}C_{DIC}$变化范围为−4.73‰ ~ −12.17‰，平均值为−8.39‰。流经煤系地层的地表水$\delta^{13}C_{DIC}$偏正（范围为−3.83‰ ~ −10.12‰，平均为−6.87‰），并且与SO_4^{2-}含量呈正相关（图3.8），这表明煤系地层硫化物氧化生成硫酸参与溶蚀作用，带入了更多岩石中的重碳，造成地表水中的SO_4^{2-}含量和$\delta^{13}C_{DIC}$同时升高。

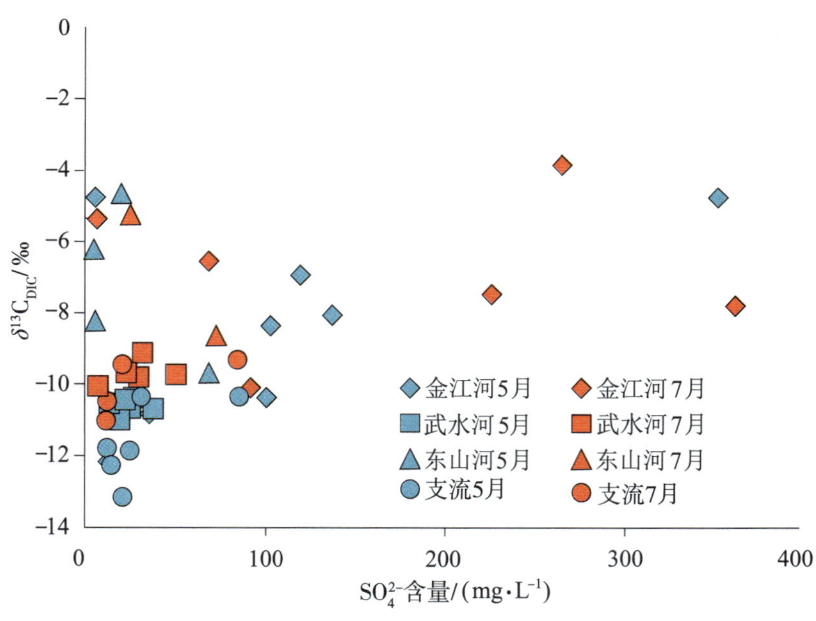

图3.8　东部碎屑岩区5月和7月SO_4^{2-}含量和$\delta^{13}C_{DIC}$变化

西部东山河流主要来源于浅变质岩区水的补给，浅变质岩地层为石英砂岩、板岩等难风化的岩性，其地表水矿化度低，水中各种离子含量低，其偏正的$\delta^{13}C_{DIC}$可能是地表水在流动过程中存在脱气，脱气作用使偏负的CO_2更容易进入大气，造成地表水中$\delta^{13}C_{DIC}$值升高。

中部岩溶区地下水（支流）$\delta^{13}C_{DIC}$变化范围为−10.37‰～−13.17‰，平均值为−11.57‰；而地下水的$\delta^{13}C_{DIC}$值基本介于−11.5‰～−14‰，表明大部分地下水中DIC均来源于碳酸溶蚀作用，3个月中岩溶地下水中DIC与$\delta^{13}C_{DIC}$均具有良好的负相关性可以很好地印证这一点，但7月有部分地下水的$\delta^{13}C_{DIC}$与−11.5‰相比明显偏重（图3.9）。

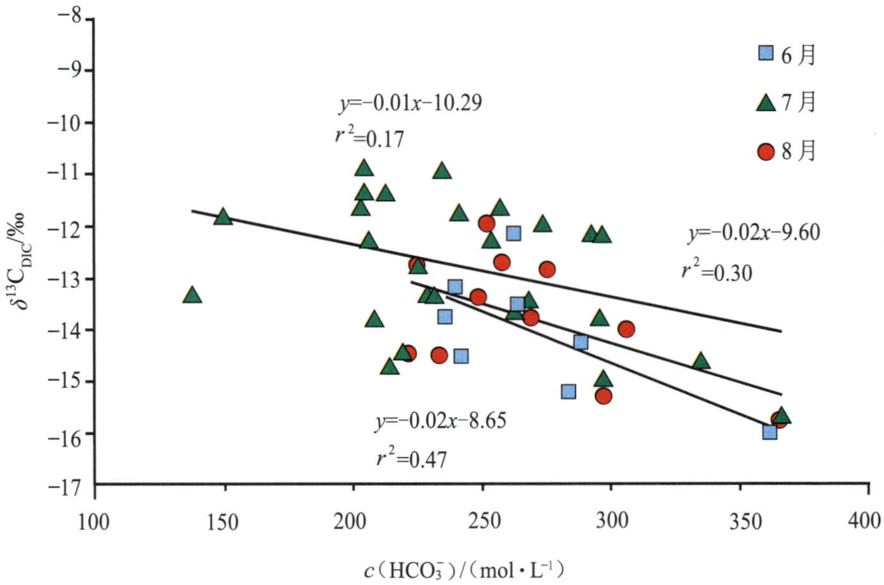

图3.9　中部岩溶区地下水中HCO_3^-摩尔浓度与$\delta^{13}C_{DIC}$变化关系

西部浅变质岩区地表水$\delta^{13}C_{DIC}$变化范围为−4.67‰ ~ −9.72‰，平均值为−7.20‰；武水河主河道地表水$\delta^{13}C_{DIC}$变化范围为−10.38‰ ~ −11.04‰，平均值为−10.67‰。

4. 中部岩溶区 4 条地下河流域岩溶碳汇效应估算

选取中部岩溶区L01邓家地下河、L02百里地下河、L03大泉村地下河、L04夏家地下河建造观测站，来计算典型岩溶地下河的碳汇通量。4条地下河的流域面积为野外实际调查圈定，径流量为建观测站后的实测流量，观测期为2015年5月—2016年6月。4条地下河的特征如表3.3、表3.4所示（黄奇波 等，2017）。

地下水中方解石饱和指数（SI_c）和水体P_{CO_2}具有负相关关系。从季节动态看，4条地下河的SI_c的平均值和水体P_{CO_2}平均值也具有显著负相关关系（图3.10）。

表3.3　中部岩溶区4条地下河的径流量和岩性特征对比

站名	径流量/（$10^5 m^3$）					流域面积/km^2	碳酸盐岩面积 /km^2	碳酸盐岩比例 /%
	1—3月	4—6月	7—9月	10—12月	合计			
L01邓家地下河	4.58	14.81	2.26	8.10	29.75	8.31	1.44	17.33
L02百里地下河	5.10	9.45	1.39	3.00	18.94	5.23	0.68	13.00
L03大泉村地下河	7.83	8.63	5.31	8.09	29.86	5.04	0.00	0.00
L04夏家地下河	27.57	34.51	16.05	30.30	108.43	22.15	0.00	0.00

表3.4 中部岩溶区4条地下河不同月份主要离子组成及含量对比

站名	时间	温度	pH值	Ca^{2+}	Mg^{2+}	Na^+	K^+	HCO_3^-	Cl^-	SO_4^{2-}	NO_3^-	SiO_2	TDS	SI_c	P_{CO_2}	Ca^{2+}比例	Mg^{2+}比例	HCO_3^-比例	SO_4^{2-}比例
		℃		mmol·L⁻¹								mg·L⁻¹			Pa	%			
L01邓家地下河	3月	17.5	7.63	1.823	0.731	0.070	0.027	4.844	0.079	0.146	0.091	5.40	257.72	0.39	6 026	68.8	27.6	93.9	2.8
	6月	17.8	7.43	1.778	0.910	0.090	0.039	4.876	0.080	0.115	0.114	5.31	259.21	0.18	9 661	63.1	32.3	94.0	2.2
	8月	18.0	7.15	1.718	0.864	0.085	0.052	4.530	0.104	0.132	0.130	5.64	247.99	−0.14	17 258	63.2	31.8	92.5	2.7
	11月	17.6	7.21	1.566	0.876	0.062	0.027	4.386	0.054	0.095	0.092	5.74	230.97	−0.13	14 488	61.8	34.6	94.8	2.1
	平均值	17.7	7.36	1.721	0.845	0.077	0.037	4.659	0.079	0.122	0.107	5.52	248.97	0.08	11 858	64.2	31.6	93.8	2.5
L02百里地下河	3月	17.2	7.65	1.783	0.485	0.074	0.012	4.290	0.050	0.118	0.055	5.21	229.14	0.35	5 105	75.7	20.6	95.1	2.6
	6月	17.5	7.24	1.768	0.534	0.037	0.022	4.342	0.041	0.073	0.057	6.16	226.11	0.05	6 486	74.9	22.6	96.2	1.6
	8月	17.7	7.32	1.798	0.306	0.052	0.039	3.838	0.078	0.140	0.085	6.07	215.30	−0.05	13 428	81.9	13.9	92.7	3.4
	11月	17.2	7.47	1.571	0.353	0.044	0.019	3.553	0.041	0.106	0.065	5.29	193.00	−0.01	9 931	79.1	17.8	94.4	2.8
	平均值	17.4	7.42	1.730	0.420	0.052	0.023	4.006	0.052	0.109	0.065	5.68	215.89	0.09	8 738	77.9	18.7	94.6	2.6
L03大泉村地下河	3月	18.0	7.73	2.049	0.177	0.023	0.010	4.114	0.056	0.133	0.099	4.74	227.39	0.49	4 111	90.7	7.8	93.5	3.0
	6月	18.1	7.57	2.033	0.167	0.025	0.019	3.975	0.046	0.128	0.104	5.23	221.74	0.31	5 768	90.6	7.4	93.5	3.0
	8月	18.5	6.99	1.912	0.173	0.051	0.024	3.618	0.066	0.123	0.112	5.46	207.30	−0.32	20 277	88.5	8.0	92.3	3.1
	11月	18.0	7.14	2.089	0.184	0.038	0.014	4.108	0.041	0.111	0.076	5.30	226.81	−0.09	16 106	89.8	7.9	94.7	2.6
	平均值	18.2	7.36	2.021	0.175	0.034	0.017	3.954	0.052	0.124	0.098	5.18	220.81	0.10	11 566	89.9	7.8	93.5	2.9
L04夏家地下河	3月	17.7	7.87	1.702	0.399	0.023	0.011	3.648	0.052	0.208	0.111	4.12	211.68	0.49	2 630	79.7	18.7	90.8	5.2
	6月	18.0	7.73	1.785	0.398	0.026	0.019	3.875	0.042	0.181	0.108	5.48	219.30	0.40	3 873	80.1	17.8	92.1	4.3
	8月	18.1	7.65	1.867	0.446	0.038	0.019	4.090	0.073	0.201	0.132	5.08	233.60	0.36	4 920	78.7	18.8	91.0	4.5
	11月	17.8	7.60	1.806	0.409	0.036	0.013	3.942	0.037	0.148	0.087	5.14	219.06	0.28	5 321	79.8	18.1	93.6	3.5
	平均值	17.9	7.71	1.790	0.413	0.031	0.016	3.888	0.051	0.184	0.109	4.96	220.91	0.38	4 186	79.6	18.4	91.9	4.4

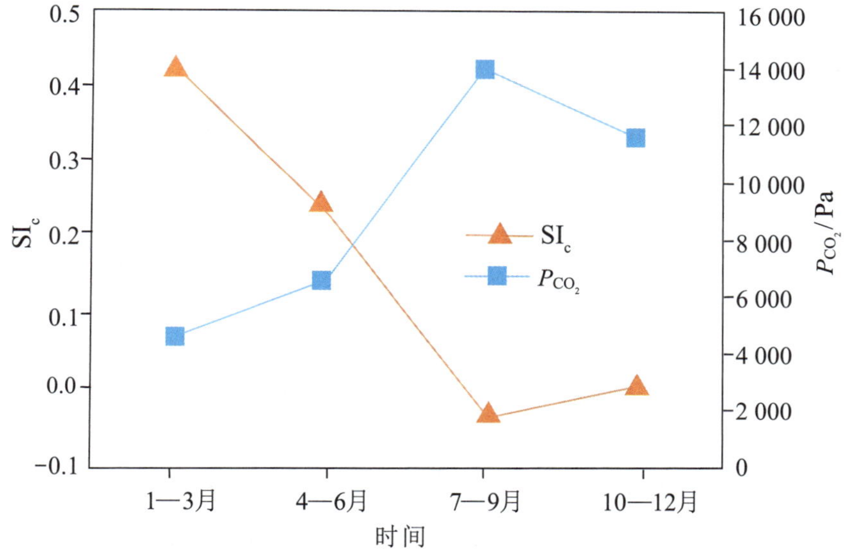

图3.10　中部岩溶区地下水SI_c、P_{CO_2}季节动态特征

3月气温低，降雨稀少，土壤覆被的生产力和生物量相对较小，土壤有机质含量较低，土壤微生物含量较少，土壤有机质分解产生的CO_2浓度低，造成降雨下渗吸收的CO_2含量少，地下水的P_{CO_2}低，水的侵蚀性低，SI_c高。

6月随着气温回升，降雨量增大，土壤微生物活跃，土壤覆被的生产力和生物量增加，土壤有机质含量增高，土壤CO_2浓度升高，地下水下渗能够吸收较多的土壤CO_2，水体P_{CO_2}增加，对碳酸盐岩的溶蚀能力增加，SI_c减小。

8月气温最高，生物活动最强，地下水中P_{CO_2}达到最大，SI_c最低。

11月随着气温回落，生物活动减弱，地下水中P_{CO_2}减小，SI_c增加。

采用加利（Galy）方法计算4条地下河因岩石风化产生的碳酸盐岩风化、硅酸盐岩风化及硫酸参与下各自产生的碳汇通量，结果如表3.5所示。

表3.5　中部岩溶区地下河岩石风化溶解产生的碳汇通量及岩溶作用的贡献

站名	流量	流域面积	岩石风化速率	碳酸风化硅酸盐岩消耗CO_2量	碳酸和硫酸风化碳酸盐岩消耗CO_2量	岩石的碳酸和硫酸风化消耗CO_2量	硅酸盐岩风化消耗比例
	10^5 m³·a⁻¹	km²	mm·ka⁻¹	10^3 mol·km⁻²·a⁻¹			%
L01 邓家地下河	29.75	8.31	48.20	27.39	788.32	815.71	3.36
L02 百里地下河	18.94	5.23	73.44	16.13	711.65	727.78	2.22
L03 大泉村地下河	29.86	5.04	59.41	4.55	1 104.54	1 109.09	0.41
L04 夏家地下河	108.43	22.15	43.68	2.81	856.46	859.27	0.33

L01邓家地下河岩石风化速率为48.20 mm·ka^{-1}，由岩石风化引起的CO_2消耗量为815.71×10^3 mol·km^{-2}·a^{-1}（35.89 t·km^{-2}·a^{-1}），其中硅酸盐岩风化消耗的贡献比率为3.36%，碳酸盐岩风化消耗的贡献比率为96.64%；L02百里地下河岩石风化速率为73.44 mm·ka^{-1}，由岩石风化引起的CO_2消耗量为727.78×10^3 mol·km^{-2}·a^{-1}（32.02 t·km^{-2}·a^{-1}），其中硅酸盐岩风化消耗的贡献比

率为2.22%，碳酸盐岩风化消耗贡献比率为97.78%；L03大泉村地下河岩石风化速率和由岩石风化引起的CO_2消耗量分别为59.41 mm·ka^{-1}和1 109.09×10^3 mol·km^{-2}·a^{-1}（48.80 t·km^{-2}·a^{-1}），其中硅酸岩风化消耗的贡献比率为0.41%，碳酸盐岩风化消耗贡献比率为99.59%；L04夏家地下河岩石风化速率和由岩石风化引起的CO_2消耗量分别为43.68 mm·ka^{-1}和859.27×10^3 mol·km^{-2}·a^{-1}（37.81 t·km^{-2}·a^{-1}），其中硅酸岩风化消耗的贡献比率为0.33%，碳酸盐岩风化消耗贡献比率为99.67%。

5. 武水河上游岩石风化产生碳汇效应的估算

对武水河流域进行地下水系统划分和水资源量计算，在此基础上，利用水化学平衡-径流法进行流域的碳汇量估算，结果表明流域以碳酸盐岩溶蚀消耗大气和土壤CO_2为主，占总消耗量的97%。全区平均碳汇强度为25.50 t·km^{-2}·a^{-1}，其中岩溶区的平均值为43.03 t·km^{-2}·a^{-1}（范围为24.32～65.85 t·km^{-2}·a^{-1}），碎屑岩区碳汇强度为1.70 t·km^{-2}·a^{-1}，变质岩区碳汇强度为0.82 t·km^{-2}·a^{-1}，第四系碳汇强度为3.98 t·km^{-2}·a^{-1}，花岗岩区碳汇强度为2.08 t·km^{-2}·a^{-1}。因此，岩溶区的碳汇强度是碎屑岩区的25倍，是变质岩区的52倍，是第四系的11倍，是花岗岩区的21倍，这证实地质碳汇主要来源于岩溶碳汇的贡献（图3.11）。

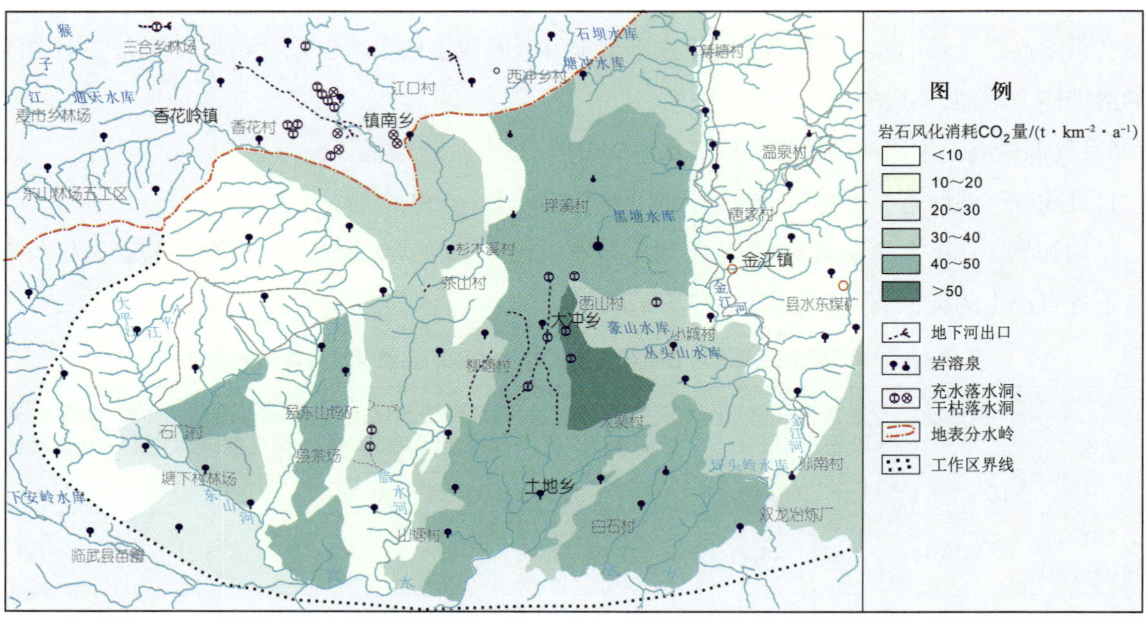

图3.11　武水河上游岩石风化产生的碳汇通量强度空间分布

§3.3　香溪河流域岩溶碳循环与碳汇效应
——不同水循环过程的岩溶碳汇效应对比

3.3.1　碳循环的背景条件

1. 地质背景

香溪河流域位于鄂西山区，地跨东经110°25′～111°06′、北纬30°57′～31°34′，地处我国二级阶梯向三级阶梯的过渡带，总体地势北高南低，地形高低悬殊，是三峡大坝上游长江北岸的第一条大支流，河流全长94 km，流域总面积为3 204.91 km^2，拥有南阳河、古夫河、高岚河3条主要支流。

香溪河流域干、支流坡降大。上游地势高峻，海拔在2 500 m以上，局部达3 000 m，河道流经峡谷，坡陡水急，天然落差达1 000 m：海拔1 200 m以上的高山缓坡区，约占流域总面积的28.9%；海拔800 ~ 1 200 m的中山岩溶剥蚀区，占流域总面积的33.6%；海拔800 m以下的低山切割河谷区，约占流域总面积的37.5%。

香溪河流域内地层出露较齐全，自太古界水月寺群变质岩至第四系松散岩类，除缺失石炭系、白垩系地层外，其他地层均有出露。

流域内非碳酸盐岩主要包括碎屑岩和岩浆岩。

根据《1：20万神农架幅区域水文地质普查报告》和《1：20万巴东幅区域水文地质普查报告》，碳酸盐岩地层分为8个亚类，分别为中元古界神农架群石槽河组（Pt_2s）、下震旦统陡山沱组（Z_1d）、上震旦统–下寒武统灯影组（Z_2–$Є_1d$）、下寒武统（$Є_1$）、中寒武统–下奥陶统（$Є_2$–O_1）、中–上奥陶统（O_{2-3}）、二叠系（P）、三叠系（T）。其中，中元古界、震旦系岩性以白云岩为主，寒武系岩性为白云岩、灰岩，奥陶系、二叠系–三叠系岩性以灰岩为主。

香溪河流域碳酸盐岩分布面积为2 135.11 km^2，占全流域面积的66.62%，3个子流域碳酸盐岩分布面积比例均高于60%，古夫河、南阳河、高岚河子流域碳酸盐岩分布面积比例分别达79.82%、77.91%、61.99%（表3.6）。

表3.6　香溪河流域及各子流域碳酸盐岩分布特征对比

流域	面积/km^2	碳酸盐岩面积/km^2	非碳酸盐岩面积/km^2	碳酸盐岩出露面积比例/%
南阳河	676.84	527.35	149.49	77.91
古夫河	1 183.89	944.97	238.92	79.82
高岚河	922.45	571.87	350.58	61.99
香溪河流域	3 204.91	2 135.11	1 069.80	66.62

南阳河子流域碳酸盐岩以Pt_2s为主，比例为43.73%；其次为$Є_1$，比例为18.58%；其余碳酸盐岩类比例不足40%。古夫河子流域碳酸盐岩以Z_1d为主，比例为30.73%；其次为$Є_2$–O_1，比例为27.15%；其余碳酸盐岩类比例为42.12%。高岚河子流域碳酸盐岩以Z_2–$Є_1$为主，比例为34.95%；其次为$Є_2$–O_1，比例为30.28%；其余碳酸盐岩类比例不足35%（表3.7、图3.12）。

表3.7　香溪河流域及各子流域碳酸盐岩地层分布比例对比　单位：km^2

流域	碳酸盐岩总面积	$Є_2$–O_1	$Є_1$	Z_2–$Є_1$	Z_1d	T	O	Pt_2s	P
南阳河	527.35	50.36	97.99	38.34	69.36	14.16	20.64	230.61	5.87
古夫河	944.97	256.56	115.95	124.78	290.40	5.88	77.07	67.90	6.43
高岚河	571.87	173.19	94.18	199.88	66.34	8.88	19.01	—	10.38
香溪河流域	2 135.11	495.75	314.33	370.31	431.71	58.87	130.76	298.51	34.86

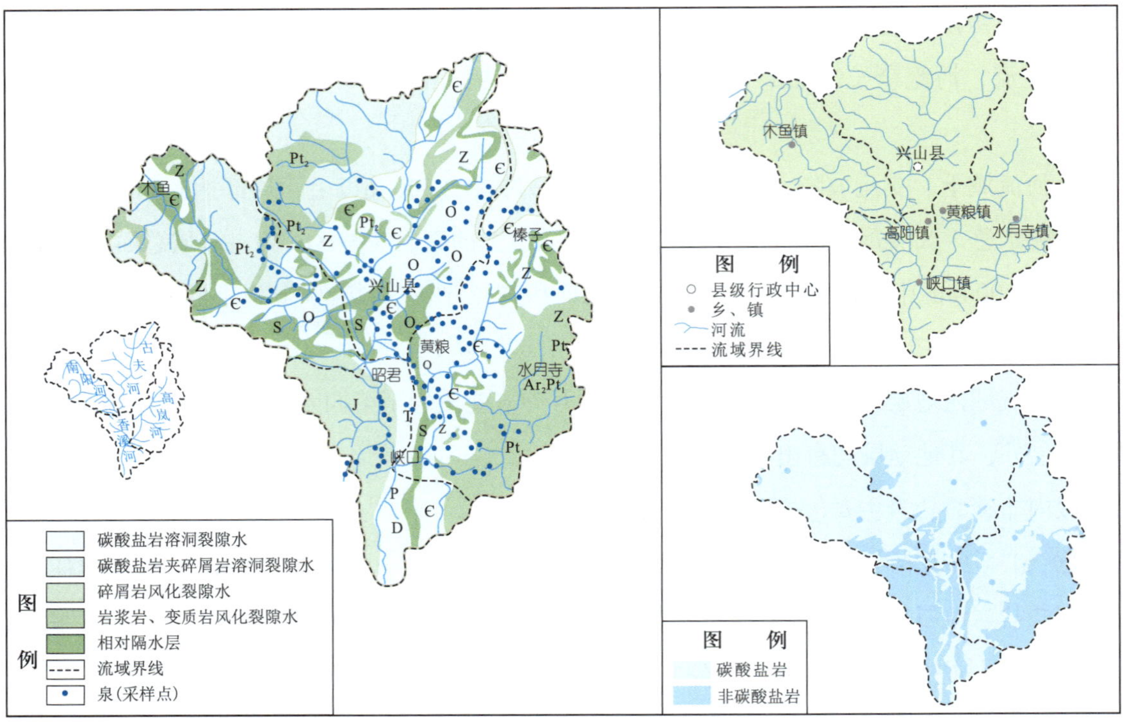

图3.12　香溪河流域岩溶分布及水文地质示意

流域内，发育两条典型的岩溶地下河——响水洞和响龙洞：响水洞位于古夫河流域，补给区岩性分布主要有寒武系和奥陶系白云岩、灰质白云岩、灰岩，并有碎屑岩出露；响龙洞位于高岚河流域，补给区岩性分布主要有泥盆系、二叠系、三叠系灰岩。

2. 环境条件

香溪河流域属亚热带季风性湿润气候区，年均降水量为900～1 200 mm，年平均气温为15.3℃。夏季雨水丰沛，汛期降水量占全年68%左右，受季风和高山屏障的影响，降水量年际变化与季节分布差异较大，区内气候垂直变化明显，表现出显著的小气候特征。

巨大的地形反差影响小气候，是水温条件的主控因子。采用ArcGIS的Slope分析功能完成香溪河各子流域坡度分布数据的提取，其结果显示：香溪河流域地形坡度分布以坡度15°以上的区域为主，比例高达86.14%；坡度小于8°的区域，比例仅为4.30%（表3.8）。南阳河子流域坡度分布以15°以上的区域为主，比例高达92.67%；8°以下的区域比例仅2.16%。其中，25°～35°区域比例最高为37.53%，35°以上区域面积为239.41 km^2，比例为35.37%；15°～25° 区域面积较小，比例低于20%。古夫河子流域坡度分布与南阳河子流域相似，同样以15°以上的区域为主，比例为86.70%；25°～35° 和35°以上的面积比例均超过30%，分别为30.88%和31.80%；15°～25°的面积比例为24.02%。高岚河子流域坡度最为平缓，15°以下区域面积高达187.86 km^2，比例达20.37%；15°以上坡度区域，比例达79.65%；25°以下的区域比例为30.24%；35°以上区域比例仅为21.13%。

表3.8　香溪河流域及各子流域坡度分布面积对比　　单位：km^2

流域	流域面积	坡度分布面积					
		<5°	5°～8°	8°～15°	15°～25°	25°～35°	>35°
南阳河	676.74	7.22	7.36	34.95	133.79	254.01	239.41
古夫河	1 184.03	22.02	20.77	114.62	284.34	365.60	376.48

续表

流域	流域面积	坡度分布面积					
		<5°	5° ~ 8°	8° ~ 15°	15° ~ 25°	25° ~ 35°	>35°
高岚河	922.63	39.73	26.90	121.23	278.94	260.96	194.87
香溪河流域	3 204.89	76.99	60.88	306.39	832.43	1 031.74	896.46

选用香溪河流域2011年Landsat遥感数据，对流域内植被覆盖度、土地利用方式进行解译，结果显示，香溪河流域及各子流域均以林地为主，林地所占比例均超过70%。其中，南阳河子流域和古夫河子流域部分区域位于神农架原始林区，其林地比例达78.02%和77.46%；高岚河子流域，林地比例为70.82%；农田比例均为10%左右（表3.9）。

表3.9 香溪河流域及各子流域土地利用类型面积对比 单位：km^2

流域	流域面积	土地利用类型分布面积					
		林地	农田	水体	灌丛	草地	居民地
南阳河	676.98	528.05	65.84	0.16	24.65	49.45	8.83
古夫河	1 184.07	917.10	122.77	4.24	46.75	89.22	3.99
高岚河	922.68	653.27	130.12	2.23	57.59	78.61	0.86
香溪河流域	3 205.57	2 402.86	370.33	24.98	154.87	235.42	17.11

根据湖北省第二次土壤调查和兴山县土壤志中的数据，香溪河流域以暗黄棕壤和棕色石灰土为主，占全区比例超过70%。南阳河子流域以暗棕壤、暗黄棕壤和棕色石灰土为主，面积分别为99.181 4 km^2、259.102 6 km^2和183.259 0 km^2，占南阳河子流域面积比例分别为14.65%、38.28%和27.08%；古夫河子流域以暗黄棕壤、黄棕壤性土和棕色石灰土为主，面积分别为248.6305 km^2、129.493 5 km^2和625.850 7 km^2，占古夫河子流域面积比例分别为21.00%、10.94%和52.86%；高岚河子流域以暗黄棕壤、黄棕壤性土和棕色石灰土为主，面积比例分别为349.726 9 km^2、81.840 3 km^2和380.456 7 km^2，占高岚河子流域面积比例分别为37.91%、8.87%和41.24%。

3.3.2 主要结果

地形坡度制约了岩溶地表水、地下水的水动力条件，而水–岩相互作用产生溶解无机碳（DIC）。坡度在小于15°时，随坡度的增加，DIC浓度增加；大于15°时，随坡度的增加，DIC浓度减少。不同碳酸盐岩的类型及岩溶介质发育的差异，导致径流量和岩溶碳循环强度的差异。对岩溶水体中DIC的贡献率，碳酸盐岩中的碳占据主导地位。良好的植被、土壤覆盖提供了丰富的CO_2来源，巨大的地形反差提供了强大的水动力条件，导致该地区岩溶碳汇强度大于同纬度其他地区（史婷婷，2012）。

1. 水中溶质主要来源

香溪河流域现场测定的温度在夏季介于11.1℃ ~ 27.5℃；电导率变化范围为144.3 ~ 479.7 μS/cm；阳离子以Ca^{2+}和Mg^{2+}为主，占总阳离子的90%以上，Na^+、K^+含量较低；阴离子以HCO_3^-为主，SO_4^{2-}和Cl^-次之，NO_3^-含量最低。

根据水中锶同位素含量可以判断水体中化学组分的两个端元来源：一个端元源于碳酸盐岩的风

化作用，具有较高的锶含量和较低的锶同位素比值；另一个端元源于硅酸盐岩的风化，具有较低的锶含量和较高的锶同位素比值。水中的锶含量及其同位素组成主要受流域内区域岩性所控制，硅酸盐岩风化来源的$^{87}Sr/^{86}Sr$比值一般为0.716～0.720，而碳酸盐岩风化来源的$^{87}Sr/^{86}Sr$比值一般为0.708。

香溪河流域绝大部分水样点分布在石灰岩和白云岩端元的混合线附近，但有少数水样点靠近硅酸盐岩端元，反映了香溪河流域水中的溶质主要来源于碳酸盐岩的风化或溶解，并受到硅酸盐矿物溶解或风化的影响（图3.13）。

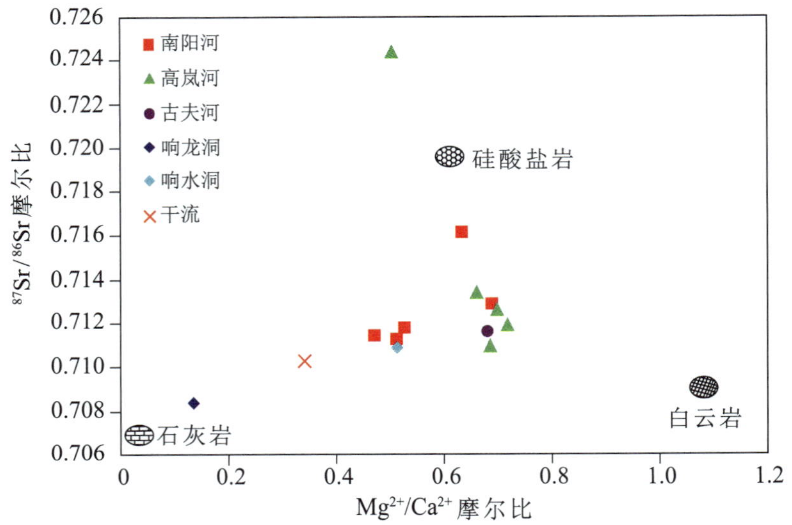

图3.13　河水中$^{87}Sr/^{86}Sr$与Mg^{2+}/Ca^{2+}之间的变化关系

香溪河流域水中方解石的饱和度指数（SI_c）和白云石的饱和度指数（SI_d）显示，大部分地区都处于饱和与过饱和状态，SI_c和SI_d呈良好的正相关关系，$SI_d=2.2156SI_c-0.2716$，$r^2=0.9405$（图3.14）。

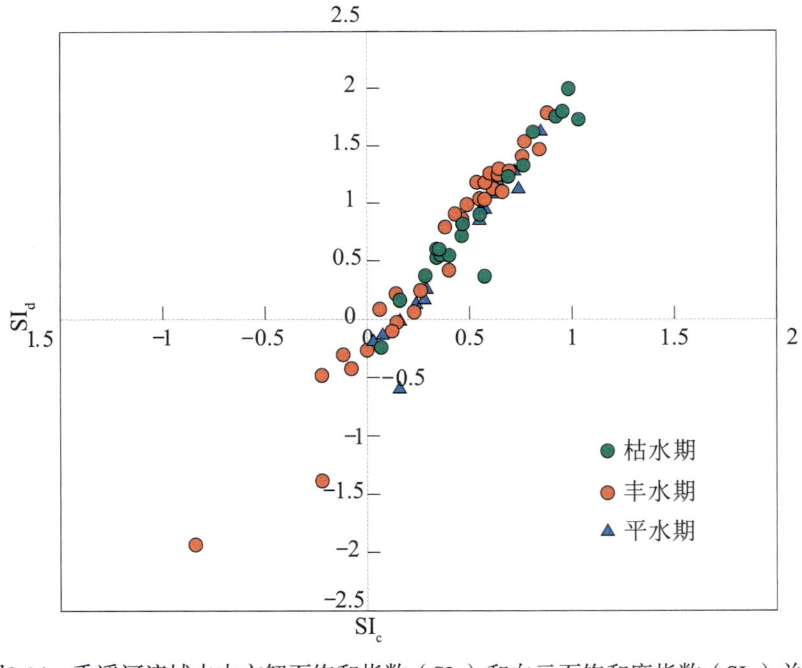

图3.14　香溪河流域水中方解石饱和指数（SI_c）和白云石饱和度指数（SI_d）关系

2. 水体中溶解无机碳（DIC）浓度分布

香溪河流域内，海拔变化幅度较大，范围在80～3 100 m。根据23个水样点控制的23个小流域，在数字高程模型上提取其地形坡度，结合控制点的水化学数据，完成地形坡度与DIC的相关性分析（表3.10、图3.15）。

坡度小于5°、5°～8°和8°～15°的区域，水体中DIC与坡度呈正相关关系，即坡度越大，DIC的含量越大；坡度15°～25°的区域，DIC与坡度相关性减弱，相关系数减小，接近0；坡度25°～35°的区域，DIC与坡度呈现显著负相关关系，即相关系数均小于0；坡度大于35°的区域，DIC与坡度的负相关关系减弱。

表3.10　香溪河流域地形坡度与水体中DIC浓度相关性分析结果对比

时间	参数	<5°	5°～8°	8°～15°	15°～25°	25°～35°	>35°
2010年9月	相关系数	0.458	0.627*	0.567*	0.331	−0.543*	−0.154
	单方检测	0.067	0.014	0.027	0.147	0.034	0.317
2010年12月	相关系数	0.635*	0.649*	0.634*	0.364	−0.850**	−0.155
	单方检测	0.013	0.011	0.013	0.123	0.000	0.315
2011年3月	相关系数	0.533*	0.591*	0.533*	0.206	−0.635**	−0.122
	单方检测	0.030	0.017	0.030	0.250	0.010	0.346
2011年6月	相关系数	0.568*	0.570*	0.573*	0.559*	−0.696**	−0.371
	单方检测	0.027	0.027	0.026	0.029	0.006	0.117
2011年8月	相关系数	0.368*	0.391*	0.395*	0.198	−0.562**	−0.076
	单方检测	0.042	0.033	0.031	0.183	0.003	0.365
2011年10月	相关系数	0.383	0.382	0.407	0.128	−0.602*	0.026
	单方检测	0.088	0.089	0.074	0.332	0.011	0.465
2011年12月	相关系数	0.435	0.578*	0.671**	0.372	−0.729**	−0.245
	单方检测	0.053	0.012	0.003	0.086	0.001	0.189

注：*相关系数显著性水平为0.05；**相关系数显著性水平为0.01。

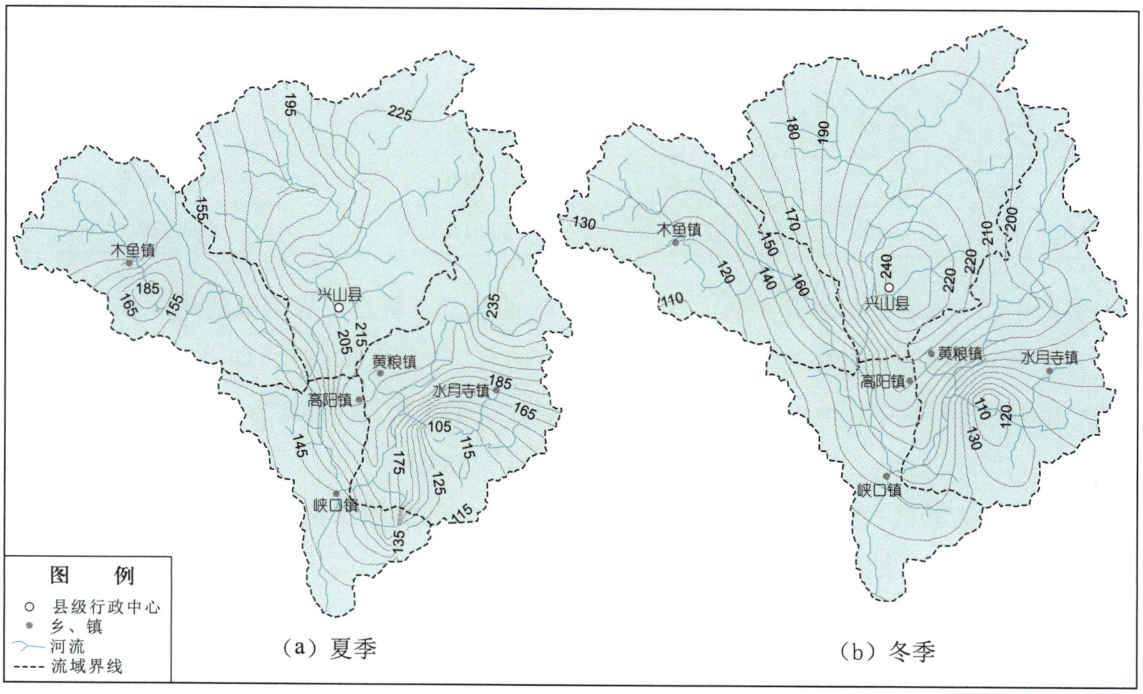

图3.15　香溪河流域水体DIC含量空间分布

在香溪河流域上游，尽管土壤、植被覆盖好，CO_2循环强烈，碳酸盐岩的水–岩相互作用快速，但坡度大，水动力条件强，水体中CO_2易逸出。随着坡度的降低，水–岩相互作用时间的延长，水体中石灰岩、白云岩溶解与CO_2达到平衡，方解石和白云石处于饱和与过饱和状态，其水体中DIC浓度达到最大。随着坡度的进一步降低，水流速度变缓，水生植物滋生、繁育，消耗水体中的DIC；同时鉴于水体中CO_2分压大都比大气高，水–气界面以向大气释放CO_2为特征，加上外源水的不断输入，从而导致水体中DIC浓度的降低。

3. 岩溶水 CO_2 吸收模数

岩溶水CO_2吸收模数是指在某一流域内，单位时间单位面积上溶解的CO_2随地下径流迁移的数量。计算式为

$$M_c=(Q/F)\times C_n/1\,000 \quad \text{或} \quad M_c=M_i\times C_n/1\,000 \tag{3.21}$$

式中，M_c为吸收模数，单位是g/（s·km^2）；Q为计算区岩溶水流量，单位是L/s；F为计算区面积，单位是km^2；M_i为计算区岩溶水的径流模数，单位是L/（s·km^2）；C_n为CO_2含量，单位是mg/L。

各地层岩溶水的径流模数参考《1：20万神农架幅区域水文地质普查报告》，从小到大顺序为上震旦统–下寒武统灯影组（Z_2–$\epsilon_1 d$）、中寒武统–下奥陶统（ϵ_2–O_1）、中元古界神农架群石槽河组（$Pt_2 s$）、二叠系–三叠系（P–T）、中–上奥陶统宝塔组（$O_{2-3}b$）、下寒武统牛蹄塘组（$\epsilon_1 n$）、下震旦统陡山沱组（$Z_1 d$）（表3.11）。

表3.11　香溪河流域各地层岩溶水的径流模数　　单位：L/（s·km^2）

地层	$M_{丰平}$	$M_{多枯}$	$M_{多平}$	出露面积/km^2
$Pt_2 s$	24.438	11.790	18.870	298.511 7
$Z_1 d$	0.814	0.641	0.651	431.714 3
Z_2–$\epsilon_1 d$	49.892	18.705	37.897	370.313 3
$\epsilon_1 n$	1.250	0.275	0.976	314.332 5
ϵ_2–O_1	30.279	5.063	21.790	495.748 0
$O_{2-3}b$	16.517	3.632	12.280	130.760 7
$T_2 b$	16.940	7.274	13.100	93.729 5

岩溶水中CO_2含量是指每升水从大气中吸收CO_2的数量。从石灰岩溶解的化学方程式可知，每当一升水中有两个当量的HCO_3^-存在时，与之相应的有一个当量的CO_2，即以2：1的当量浓度共存，从水化学分析资料中获得HCO_3^-含量后，即可求得CO_2的含量，计算式为

$$c(CO_2)=c(HCO_3^-)\times 44/(2\times 61) \tag{3.22}$$

选取分布于碳酸盐岩相同地层且距离相近的采样点，采用7次水化学分析数据（2010年9月—2011年12月），计算出水体中CO_2含量（表3.12）。

表3.12　香溪河流域不同时间各地层岩溶水CO_2平均含量对比　　单位：mg/L

地层	2010年9月	2010年12月	2011年3月	2011年6月	2011年8月	2011年10月	2011年12月
Pt_2s	40.05	41.81	50.62	44.01	39.61	39.61	48.42
Z_1d	64.05	58.32	64.93	55.57	59.42	58.87	61.62
Z_2-$∈_1d$	55.24	64.55	63.82	52.64	59.42	63.82	63.82
$∈_1n$	40.49	48.42	46.22	45.11	46.22	55.02	44.01
$∈_2$-O_1	—	74.83	88.03	66.02	71.53	80.33	88.03
$O_{2-3}b$	61.18	74.82	77.03	58.32	62.72	53.92	59.42
T_2b	51.50	60.15	60.15	52.08	55.02	58.69	64.56

根据径流模数和水体CO_2含量，可计算出岩溶水CO_2吸收模数（表3.13）。根据CO_2吸收模数和各地层碳酸盐岩的出露面积，即可算出一年内岩溶系统从大气中吸收CO_2的数量。在计算过程中，由于二叠系出露面积小且缺乏数据，将其并入三叠系进行计算。估算结果显示，2011年香溪河流域岩溶水CO_2吸收量为65 885.20 t，岩溶分布面积为2 135.11 km^2，岩溶碳汇强度为30.86 t/（a・km^2）（表3.14、图3.16）。

表3.13　香溪河流域各地层岩溶水CO_2吸收模数　　单位：g/（s·km^2）

地层	2010年9月	2010年12月	2011年3月	2011年6月	2011年8月	2011年10月	2011年12月
Pt_2s	0.979	0.493	0.955	1.076	0.968	0.747	0.571
Z_1d	0.052	0.037	0.042	0.045	0.048	0.038	0.039
Z_2-$∈_1d$	2.756	1.207	2.419	2.626	2.965	2.419	1.194
$∈_1n$	0.051	0.013	0.045	0.056	0.058	0.054	0.012
$∈_2$-O_1	0.000	0.379	1.918	1.999	2.166	1.750	0.446
$O_{2-3}b$	1.011	0.272	0.946	0.963	1.036	0.662	0.216
T_2b	0.872	0.438	0.788	0.882	0.932	0.769	0.470

表3.14　香溪河流域各地层岩溶水CO_2吸收量　　单位：g/s

地层	出露面积/km^2	2010年9月	2010年12月	2011年3月	2011年6月	2011年8月	2011年10月	2011年12月
Pt_2s	298.511 7	292.24	147.15	285.14	321.05	288.96	223.12	170.41
Z_1d	431.714 3	22.45	16.14	18.25	19.53	20.88	16.55	17.05
Z_2-$∈_1d$	370.313 3	1 020.58	447.12	895.63	972.56	1 097.82	895.63	442.06
$∈_1n$	314.332 5	16.03	4.19	14.18	17.72	18.16	16.88	3.80
$∈_2$-O_1	495.748 0	0.00	187.82	950.93	991.01	1 073.72	867.75	220.95
$O_{2-3}b$	130.760 7	132.20	35.53	123.69	125.96	135.46	86.58	28.22
T_2b	93.729 5	81.73	41.01	73.86	82.69	87.36	72.06	44.02
总计	2 135.11	1 565.24	878.96	2 361.68	2 530.52	2 722.36	2 178.57	926.51

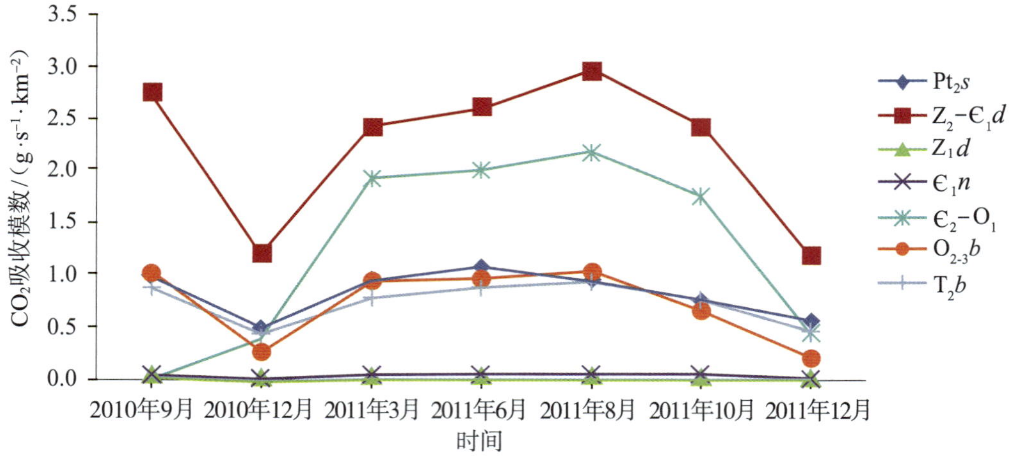

图3.16　香溪河流域各地层岩溶水CO_2吸收模数随时间的变化

香溪河流域各时代地层岩溶水CO_2含量相差并不大，但各地层岩溶水CO_2吸收模数却有较大差异，反映了地下径流条件是一个关键因素，说明岩溶系统吸碳能力不但受水化学条件的影响，而且受地下水动力条件的严格控制。

4. 水体中无机碳主要来源

由于不同碳库的$\delta^{13}C_{DIC}$差别较大，碳同位素可以应用于示踪水中碳的来源和演化。大气CO_2的$\delta^{13}C_{DIC}$值一般为-7‰，经计算香溪河流域水样中P_{CO_2}在30.08 ~ 436.48 Pa范围内，大于大气中CO_2的分压（大气CO_2分压为32 Pa）。雨水pH值低，几乎没有溶解CO_2，可以不考虑大气的影响。研究区植被主要是C3植物，植物根呼吸生成的CO_2的$\delta^{13}C_{DIC}$和土壤有机质氧化分解生成的CO_2的$\delta^{13}C_{DIC}$值基本一致，在-23‰左右。研究区沉积的碳酸盐岩皆为海相碳酸盐岩，一般认为其$\delta^{13}C_{DIC}$值为0。

基于上述分析，地下水中无机碳的同位素组成变化可用以下方程式表示

$$\delta^{13}C_{DIC}=\left[\sum_{0}^{i}(mC_i)(\delta^{13}C_i)\right]\Big/\left[\sum_{0}^{i}(mC_i)\right] \qquad (3.23)$$

式中，$\delta^{13}C_{DIC}$为测定值，mC_i为某种来源的无机碳含量，$\delta^{13}C_i$为对应的端元$\delta^{13}C$值。据式（3.23）计算香溪河流域在枯水期和丰水期，各个水样点溶解无机碳来源于土壤和碳酸盐岩各自的贡献比，计算结果见表3.15。

表3.15　$\delta^{13}C$质量平衡法计算各种无机碳来源的贡献比

流域	采样地点	夏季			冬季		
		$\delta^{13}C$/‰	土壤/%	碳酸盐岩/%	$\delta^{13}C$/‰	土壤/%	碳酸盐岩/%
南阳河	木鱼	−8.15	35.43	64.57	−8.98	39.04	60.96
	小当阳	−6.53	28.39	71.61	−8.49	36.91	63.09
	红花坪	−6.46	28.09	71.91	−8.10	35.22	64.78
	潮水河	−7.25	31.52	68.48	—	—	—
	三堆河电站	−6.81	29.61	70.39	−8.40	36.52	63.48
	苍平河	−6.68	29.04	70.96	−8.29	36.04	63.96
	白沙河	−7.32	31.83	68.17	−8.10	35.22	64.78
	南阳河河口	−6.72	29.22	70.78	—	—	—
	平均值	−6.99	30.39	69.61	−8.39	36.49	63.51

续表

流域	采样地点	夏季			冬季		
		$\delta^{13}C$/‰	土壤/%	碳酸盐岩/%	$\delta^{13}C$/‰	土壤/%	碳酸盐岩/%
高岚河	安桥河右	−7.18	31.22	68.78	—	—	—
	安桥河左	−6.95	30.22	69.78	—	—	—
	门家河左	—	—	—	−7.71	33.52	66.48
	门家河旁泉	−7.47	32.48	67.52	—	—	—
	门家河电站右	−7.91	34.39	65.61	−8.30	36.09	63.91
	门家河电站	−7.96	34.61	65.39	−8.02	34.87	65.13
	桃园电站	−6.86	29.83	70.17	—	—	—
	白鸡河电站	−6.60	28.70	71.30	—	—	—
	孔子峡电站	−7.80	33.91	66.09	−7.95	34.57	65.43
	漂流	—	—	—	−8.95	38.91	61.09
	石家坝电站	−8.25	35.87	64.13	−9.04	39.30	60.70
	水月寺九孔桥	−6.82	29.65	70.35	−5.11	22.22	77.78
	学堂坪下游	−8.25	35.87	64.13	−7.29	31.70	68.30
	平均值	−7.46	32.43	67.57	−7.79	33.90	66.10
古夫河	新华乡北	−7.86	34.17	65.83	—	—	—
	农家河右	−8.67	37.70	62.30	—	—	—
	农家河左	−8.08	35.13	64.87	—	—	—
	观音河左	−7.83	34.04	65.96	—	—	—
	观音河右	−8.66	37.65	62.35	—	—	—
	毛家河南水堰	−6.69	29.09	70.91	—	—	—
	马家河电站	−7.65	33.26	66.74	—	—	—
	平水河电站	−7.08	30.78	69.22	—	—	—
	东佳电力电站	−7.67	33.35	66.65	−8.06	35.04	64.96
	咸水河	−6.87	29.87	70.13	—	—	—
	古洞口水库	−7.80	33.91	66.09	—	—	—
	响水洞	−10.57	45.96	54.04	−8.65	37.61	62.39
	平均值	−7.95	34.58	65.42	—	—	—

根据^{13}C质量平衡，利用土壤和碳酸盐岩CO_2的^{13}C特征值，表3.15为香溪河流域各支流的溶解无机碳的来源比例。枯水期水中无机碳有60.70%～68.30%来源于碳酸盐岩的风化，而丰水期来源于碳酸盐岩的无机碳为54.04%～71.91%。

而从理论上看，岩溶水体中的无机碳一半来源于大气和土壤，另一半来源于碳酸盐岩溶解。香溪河流域岩溶水体中65%左右的无机碳来源于碳酸盐岩溶解，也反映出强烈的水动力条件导致岩溶水体中轻碳的逸出。

§3.4 漓江流域岩溶碳循环与碳汇效应

——外源水对岩溶碳循环及碳汇效应影响

3.4.1 碳循环的背景条件

1. 地质背景

漓江流域位于广西壮族自治区东北部，属珠江水系的桂江中上游河段。漓江流域发源于华南第一高峰猫儿山（最高峰2 142.5 m）的南麓，流经兴安、灵川、桂林、阳朔，至平乐县恭城河口止，全长164 km，流域总面积为5 039.7 km^2（阳朔县城以上）（图3.17）。整个漓江流域以漓江为轴线，呈南北向狭长带状分布。

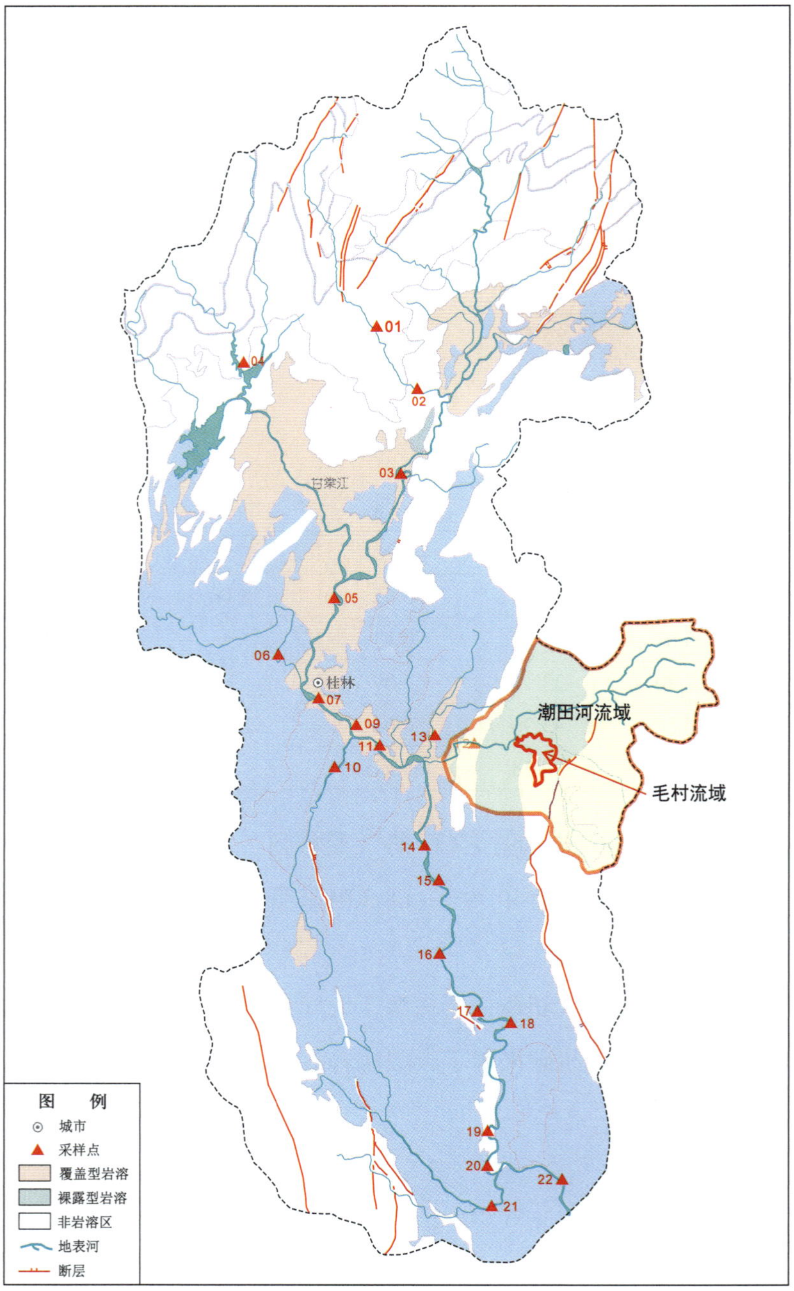

图3.17 漓江流域水文地质

区内地层从寒武系到第四系，缺失二叠系、侏罗系地层。按岩性大致可以划分为6个层组。

（1）早古生代浅变质碎屑岩系，厚度大于2 000 m，主要分布于越城岭、海洋山、架桥岭等中低山地。

（2）早泥盆世至中泥盆世早期红色碎屑岩系，厚900 m，主要分布于越城岭、海洋山、架桥岭的山麓及其他低山丘陵地带。

（3）碳酸盐岩，包括中泥盆统东岗岭阶、上泥盆统融县组、下石炭统岩关阶和大塘阶，总厚度约3 000 m。东岗岭阶以白云岩、白云质灰岩为主，融县组为厚层至块状纯灰岩，两者地貌上反映为峰林、峰丛，其中又以融县组灰岩岩溶最为发育，下石炭统岩关阶和大塘阶灰岩层薄，泥质硅质成分增高，地貌转变为丘陵或岗。

（4）三叠纪、白垩纪红色碎屑岩系，零星分布在桂林盆地、雁山盆地等处。

（5）第四纪松散堆积层，分布于基岩面上的残积型黏土。

（6）除沉积岩外，研究区最北部出露加里东期中粒斑状花岗岩。

据岩溶分布类型，将漓江流域划分为裸露型岩溶区、覆盖型岩溶区和非岩溶区三大类。以桂林水文站为界，其以上流域以覆盖型岩溶区、非岩溶区为主，其以下流域以裸露型岩溶区为主，且漓江流域的岩溶区与非岩溶区分布面积相当（表3.16）。

表3.16　漓江流域不同岩性分布情况统计

区域	全区		裸露型岩溶区		覆盖型岩溶区		非岩溶区	
	面积/km²	比例/%	面积/km²	比例/%	面积/km²	比例/%	面积/km²	比例/%
桂林水文站以上	2 744.8	54	740.7	27	274.9	10	1 729.2	63
桂林水文站以下	2 294.9	46	1 394.6	61	91.2	4	809.1	35
漓江全流域	5 039.7	100	2 135.3	42	366.1	7	2 538.3	51

2. 岩溶碳循环发生条件

漓江流域属于中亚热带季风气候区，年平均气温为16.5℃～20.0℃，年降水量为1 367.5～1 932.9 mm，雨量丰沛。漓江流域属雨源型河流，表现在径流量与降水量变化的一致性，4—8月为丰水期，径流量占全年的70%～80%，11月—次年2月中旬为枯水期，其他时间为平水期。漓江流域多年平均的径流量为206 m^3/s，多年平均的年径流总量为63.88亿m^3，具有十分丰富的水资源。漓江流域的降水量由于受东南季风的影响，季节分配极不均匀。受地形和东南季风的影响，降雨在空间上也呈现出不均匀性，年降水量由北向南逐渐降低：兴安大溶江年降水量为2 065 mm，桂林穿山年降水量为1 897 mm，阳朔城关年降水量为11 566 mm（图3.18）。

漓江流域桂林水文站以上，人类活动强度较小。华江地处猫儿山，为联合国教科文组织世界生物圈保护区、国家级风景区，森林覆盖率达94.2%。灵渠流经兴安县城、严关镇和溶江镇，农业活动及工业活动较明显。

桂林城区至阳朔段，是漓江旅游观光的主要路线，沿线旅游景区及配套设施等开发活动强烈，城市及城镇分布密集，社会经济和人口发展迅速，流域旅游业发达，受人类活动影响大。

漓江流域的土壤类型以红壤为主，黄壤、石灰土次之。漓江流域是含沙量低的河流，根据桂林水文水资源局提供的资料显示，漓江多年的平均含沙量大致为0.086 kg/m^3，每年输沙量大致为 34.2×10^4 t，其中汛期输沙量可占全年的97%，枯水期对输沙量影响很小，有时甚至为0。

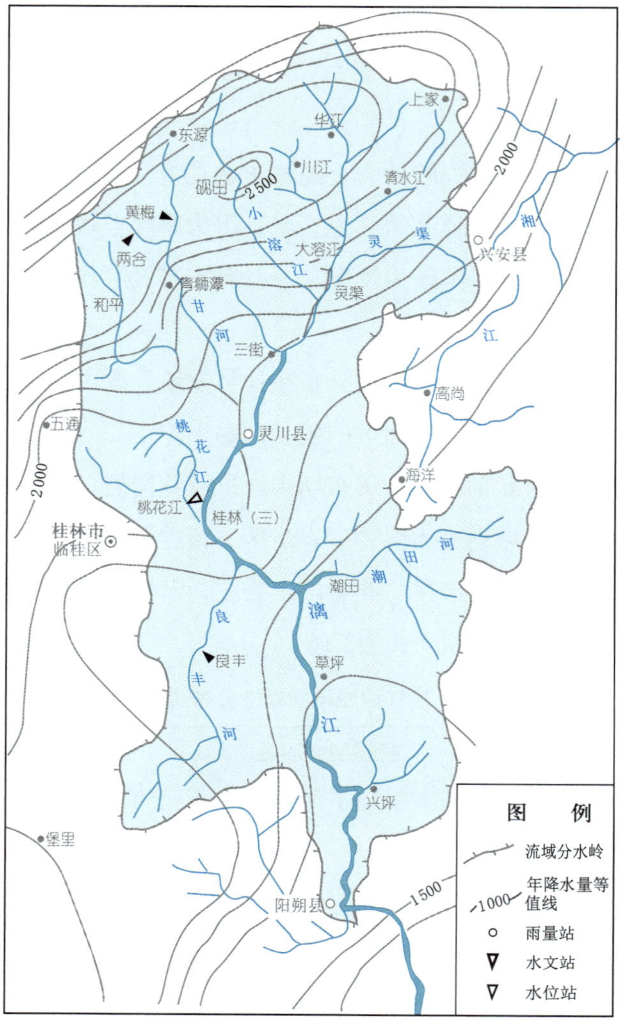

图3.18　漓江流域年降水量等值线图

（茹锦文，1988）

3.4.2　主要结果

外源水具有很强的侵蚀力，类似于雨水，当其流经岩溶区，与碳酸盐岩持续反应，从而提高岩溶碳汇效应。毛村地下河上游有32%的非岩溶区，其外源水流经岩溶区后，可增加30%的无机碳汇量；漓江流域有51%的非岩溶区，主要集中分布在上游补给区，进入岩溶区后，岩溶地下河、支流不断输入干流高浓度的无机碳，在不断提高干流无机碳浓度的同时，继续与碳酸盐岩反应，增加无机碳汇量可达87%。

1. 毛村外源水（非岩溶区的水）

毛村地下河流域位于桂林城区东南35 km的灵川县潮田乡毛村，地下河的出口坐标为N25°11.5′、E110°31.5′，高程约为180 m。

毛村地下河流域及周边出露的地层主要为泥盆系，其中东岗岭组上段（D_2d^2）和上泥盆统融县组（D_3r）为纯碳酸盐岩，形成峰丛谷地地貌景观；中泥盆统应堂组（D_2y）和东岗岭组下段

（D_2d^1）以碎屑岩（非岩溶）为主，出露在纯碳酸盐岩外围毛村地下河流域东南部，形成陡坡中低山和缓坡低山丘陵地貌景观（图3.19）。

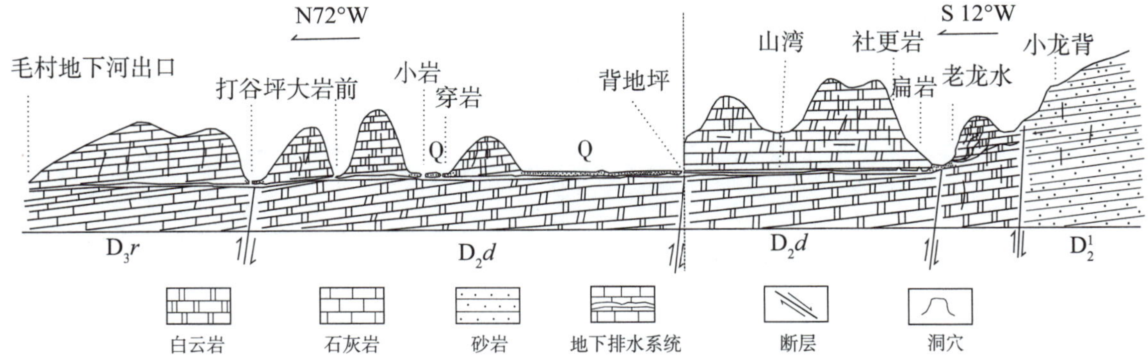

图3.19　毛村地下河流域水文地质示意

毛村地下河主河道长约5.1 km，流域面积为11.2 km^2，其中岩溶区、非岩溶区面积分别为7.6 km^{2}和3.6 km^2，非岩溶区面积占流域面积的32.14%。在该流域中选择小龙背、背地坪代表非岩溶区溪流外源水、典型岩溶泉水。从上游至下游，选择8个监测点，进行一年的连续观测，结果显示，水体中的HCO_3^-浓度年平均值变化从小到大顺序为：小龙背（0.20 mmol/L）、扁岩（1.59 mmol/L）、社更岩（2.10 mmol/L）、山湾（2.42 mmol/L）、穿岩（3.58 mmol/L）、大岩前（3.61 mmol/L）、毛村（3.67 mmol/L）、背地坪（4.65 mmol/L）。

背地坪与小龙背分别代表两个端源，相差最大，背地坪因没有外源水补给的影响，其HCO_3^-浓度最大，变化范围为3.50 ~ 5.00 mmol/L；而小龙背为大气降水流经中泥盆统下部砂岩（D_2^1）的外源水，水岩相互作用微弱，HCO_3^-浓度最小，变化范围为0.10 ~ 0.40 mmol/L。年平均浓度方面，前者是后者的23.25倍，如果考虑岩溶水体中的无机碳一半来源于大气和土壤，而外源水中的无机碳全部来源于大气和土壤，则前者是后者的11.62倍（表3.17、图3.20）。

表3.17　毛村地下河流域不同监测点水体中HCO_3^-浓度月动态　　单位：mmol/L

取样点	HCO_3^- 浓度（2010年3月—2011年3月）												
	3月	4月	5月	6月	7月	8月	9月	10月	11月	12月	1月	2月	3月
小龙背	0.4	0.4	0.4	0.3	0.4	0.2	0.4	0.2	0.3	0.2	0.2	0.2	0.4
扁岩	1.3	1.9	2.0	1.9	2.0	1.0	1.0	0.9	1.3	1.0	1.1	1.0	1.3
社更岩	—	2.4	—	—	—	2.0	2.0	2.0	1.9	2.1	4.0	1.9	2.1
山湾	2.0	2.6	—	2.7	3.0	2.2	2.1	1.9	2.0	2.1	2.3	2.6	2.8
老龙水	3.8	3.7	3.8	3.7	4.0	3.8	3.5	3.0	3.1	3.5	3.1	3.2	3.5
背地坪	5.2	5.5	5.5	5.3	5.8	5.0	4.1	4.5	4.4	4.7	4.8	5.15	5.5
大岩前	3.7	3.7	—	4.0	3.8	4.4	3.8	3.3	3.5	3.1	3.1	3.2	3.4
毛村	3.9	3.9	4.3	3.8	3.9	3.7	3.8	3.6	3.6	3.2	3.3	3.5	3.7

注：—表示断流或数据无法取得。

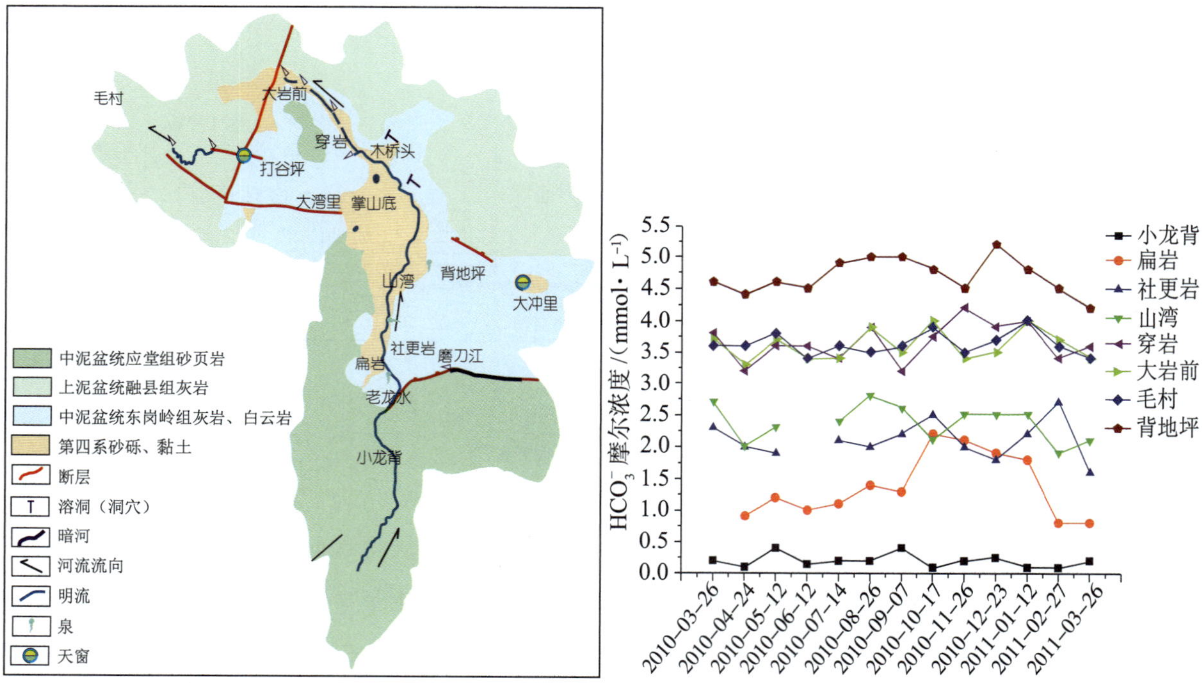

（a）监测点分布　　（a）HCO_3^-摩尔浓度

图3.20　毛村地下河流域监测点分布和水体中HCO_3^-摩尔浓度的动态变化特征

（黄芬 等，2011）

自毛村地下河流域的上游至下游，外源水进入岩溶区后，与碳酸盐岩发生岩溶作用，其SI_c逐渐偏正，pH值则表现出升高趋势。同为上游区，仅有降雨补给来源的背地坪岩溶水，SI_c大于0，已经达到过饱和状态。而小龙背外源水的SI_c远小于0，具有很强的侵蚀能力，当进入岩溶区后，经过扁岩、社更岩、山湾、穿岩、大岩前，最终经毛村地下河出口，流入潮田河，随着沿途岩溶作用的持续发生，SI_c逐渐偏正，至大岩前、毛村出口，SI_c接近或大于0。换言之，外源水已经经岩溶作用转变为岩溶水（图3.21）。

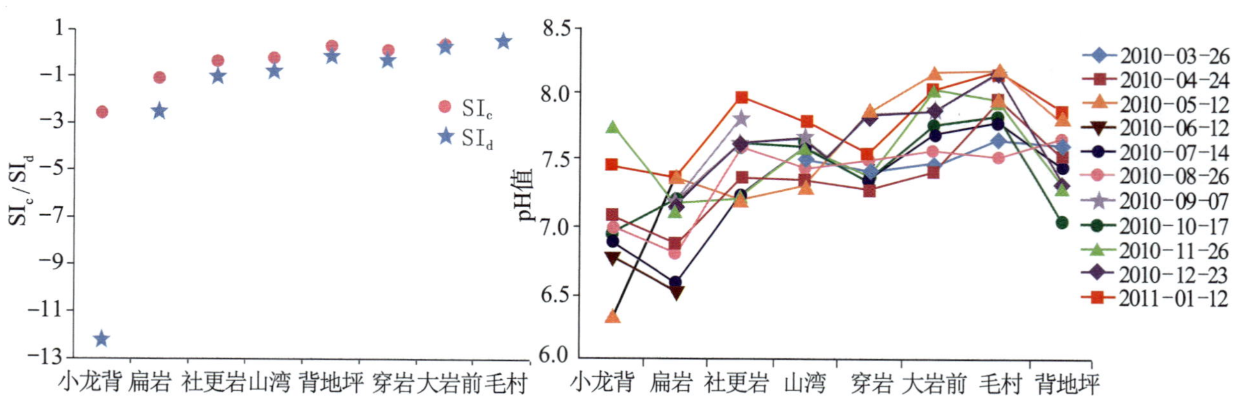

（a）SI_c/SI_d变化　　（b）pH值变化

图3.21　毛村地下河流域不同监测点水体中矿物饱和指数和pH值变化

（黄芬 等，2011）

背地坪岩溶泉年平均溶解无机碳（DIC）质量浓度和P_{CO_2}分别为304.75 mg/L、24 790 × 10^{-6}，分别是砂岩区小龙背地表水的年平均DIC质量浓度（18.30 mg/L）和P_{CO_2}（2 408 × 10^{-6}）的16.6倍和10.1倍。

背地坪碳酸盐岩风化来源的岩溶水和小龙背硅酸盐风化来源的外源溪流水的年无机碳通量分别为87.36 t/km^{2}和3.67 t/km^2，前者是后者的23.8倍。

如果小龙背地表溪流补给区的硅酸盐岩以$CaSiO_3$计，硅酸盐岩的年溶解速率为3.49 t/km^2（9.54×10^{-14} mol·cm^{-2}·s^{-1}）。背地坪岩溶区如以$CaCO_3$计，碳酸盐岩的年溶解速率为71.61 t/km^2（2.27×10^{-12} mol·cm^{-2}·s^{-1}），比硅酸盐地区高两个数量级（表3.18）。

表3.18 硅酸盐岩和碳酸盐岩地区无机碳通量和溶解速率

月份	小龙背——硅酸盐流域				背地坪——碳酸盐流域			
	流量/（10^6 L）	HCO_3^-浓度/（mg·L^{-1}）	无机碳通量/（kg·km^{-2}）	岩石溶解速率/（kg·km^{-2}）	流量/（10^6 L）	HCO_3^-浓度/（mg·L^{-1}）	无机碳通量/（kg·km^{-2}）	岩石溶解速率/（kg·km^{-2}）
2011年9月	16.76	24.4	166.80	158.60	2.78	317.2	579.06	474.64
2011年10月	10.63	24.4	105.72	100.52	1.90	335.5	420.16	344.39
2011年11月	7.91	24.4	78.73	74.86	1.43	335.5	315.19	258.35
2011年12月	10.19	18.3	70.31	66.86	1.83	323.3	388.42	318.38
2012年1月	16.12	24.4	160.40	152.51	42.26	353.8	9 840.33	8 065.84
2012年2月	17.45	12.2	67.20	63.89	17.24	305	3 453.08	2 830.39
2012年3月	83.53	24.4	831.13	790.26	52.36	250.1	8 573.54	7 027.49
2012年4月	96.15	12.2	370.16	351.96	68.79	274.5	12 383.00	10 150.00
2012年5月	78.85	18.3	544.04	517.29	59.54	268.4	10 475.84	8 586.75
2012年6月	173.23	12.2	666.92	634.12	96.01	286.7	18 062.50	14 805.33
2012年7月	58.80	12.2	226.38	215.25	45.93	292.8	8 827.92	7 236.00
2012年8月	99.36	12.2	382.52	363.71	68.04	314.15	14 044.95	11 512.25
合计	668.98		3 670.34	3 489.83	458.11		87 363.98	71 609.82

2011年9月—2012年8月，小龙背外源水的流量为6.69×10^8 L，如不考虑流经地表时水分的蒸发，最后全部由毛村出口流出。小龙背外源水的碳通量为2.036 t；经过一段距离的水-岩相互作用后，到达扁岩，其碳通量增加至8.840 t；当小龙背的水汇入毛村地下河出口处，其碳通量增加至28.206 t，其中一半来自大气C沉降（表3.19）。岩溶区因小龙背外源水的汇入而增加的碳汇量为1.86 t/（km^2·a），对于整条地下河系统，毛村总出口年HCO_3^-平均浓度为3.67 mmol/L，年流量为4.25×10^9 L，整个毛村流域岩溶碳汇强度为12.31 t/（km^2·a）。小龙背外源水（补给区面积1.5 km^2）增加的碳汇量占整个区域碳汇量的15.1%，毛村流域有3.6 km^{2}的外源水补给区面积，因此，无机碳汇通量约超过30%（Huang et al，2015）。

表3.19 小龙背外源水流入岩溶区后增加的碳通量

月份	小龙背			扁岩		毛村	
	小龙背流量/（10^6 L）	HCO_3^-浓度/（mmol/L）	碳通量/kg	HCO_3^-浓度/（mmol/L）	碳通量/kg	HCO_3^-浓度/（mmol/L）	碳通量/kg
2011年9月	16.76	0.4	80.45	1.3	261.46	3.9	784.37
2011年10月	10.63	0.4	51.02	1.9	242.36	3.9	497.48
2011年11月	7.91	0.4	37.97	2.0	189.84	4.3	408.16
2011年12月	10.19	0.3	36.68	1.9	232.33	3.8	464.66
2012年1月	16.12	0.4	77.38	2.0	386.88	3.9	754.42
2012年2月	17.45	0.2	41.88	1.0	209.40	3.7	774.78
2012年3月	83.53	0.4	400.94	1.0	1 002.36	3.8	3 808.97

续表

月份		小龙背		扁岩		毛村	
	小龙背流量/（10^6 L）	HCO_3^-浓度/（mmol/L）	碳通量/kg	HCO_3^-浓度/（mmol/L）	碳通量/kg	HCO_3^-浓度/（mmol/L）	碳通量/kg
2012年4月	96.15	0.2	230.76	0.9	1 038.42	3.6	4 153.68
2012年5月	78.85	0.3	283.86	1.3	1 230.06	3.6	3 406.32
2012年6月	173.23	0.2	415.75	1.0	2 078.76	3.2	6 652.03
2012年7月	58.80	0.2	141.12	1.1	776.16	3.3	2 328.48
2012年8月	99.36	0.2	238.46	1.0	1 192.32	3.5	4 173.12
合计	668.98		2 036.28		8 840.35		28 206.47

2. 漓江流域外源水

1）大溶江流域和灵渠流域

漓江上游的大溶江流域和灵渠流域是相邻的流域，大溶江流域补给区面积为719 km^2，其中岩溶分布面积为62 km^2，占9%；灵渠流域补给区面积为248 km^2，岩溶分布面积为118 km^2，占48%（图3.22）。Ca^{2+}是大溶江和灵渠流域最主要的阳离子，分别占阳离子总量的75%和86%；HCO_3^-是大溶江和灵渠流域最主要的阴离子，分别占阴离子总量的67%和77%。灵渠流域的Ca^{2+}、HCO_3^-平均浓度分别是993 μmol/L、1 902 μmol/L，是大溶江流域（Ca^{2+}、HCO_3^-平均浓度分别是333 μmol/L、682 μmol/L）的2.98倍和2.79倍（表3.20）。

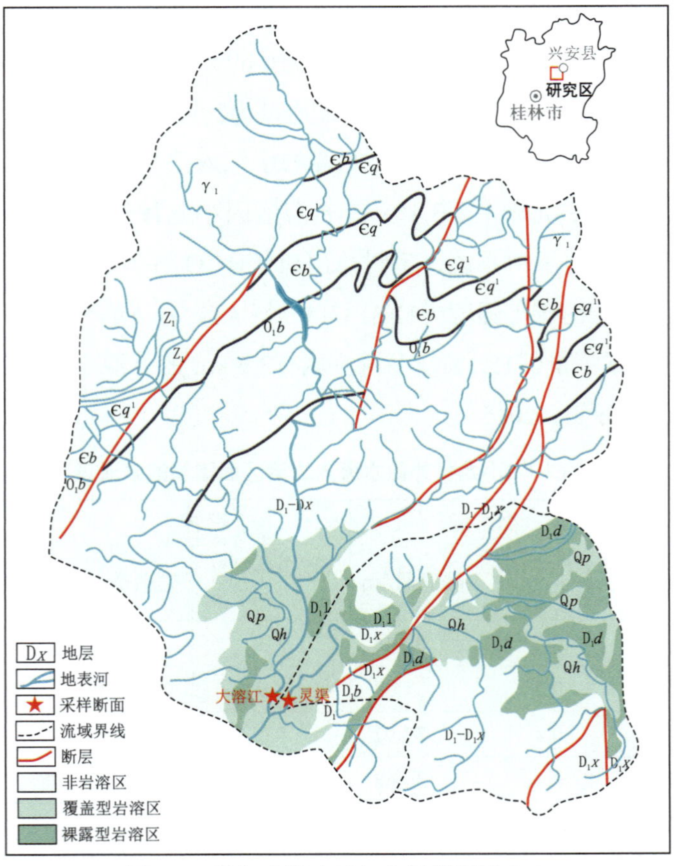

图3.22　漓江上游大溶江和灵渠流域分布
（孙平安 等，2016）

表3.20　漓江上游大溶江和灵渠流域主要水化学特征
（孙平安 等，2016）

位置	参数	水温/℃	pH值	电导率/（μS·cm^{-1}）	成分浓度/（μmol·L^{-1}）			
					Ca^{2+}	Mg^{2+}	HCO_3^-	Si
大溶江	最大值	29.0	7.7	155.9	508	94	1 018	114
	最小值	8.4	6.9	52.8	175	39	302	82
	平均值	18.0	7.2	92.9	333	67	682	99
	变异系数 /%	31.7	3.3	31.7	33.6	25.2	34.6	9.9
灵渠	最大值	28.7	8.2	313.0	1 338	114	2 555	120
	最小值	8.6	6.7	149.6	638	53	1 111	13
	平均值	18.3	7.5	227.1	993	88	1 902	68
	变异系数 /%	29.1	4.1	17.1	17.2	17.2	19.6	40.6

换言之，大溶江流域岩溶分布面积大致为灵渠流域的1/5，但其离子浓度大致为灵渠流域的1/3，这就意味着大溶江流域上游的外源水对下游的岩溶区作用，产生了岩溶碳汇效应的增加（孙平安 等，2016）。大溶江流域上游基本上为碎屑岩，其地表水SI_c不饱和（如六洞河电导率为18 μS/cm，SI_c为−3.67），具较强侵蚀性，当该外源水进入流域下游岩溶区后，水–岩作用加强，促进了岩溶作用的发生，加剧了碳酸盐岩的风化。经过岩溶区后的大溶江流域断面电导率分布在52.8 ~ 155.9 μS/cm，平均值为92.9 μS/cm；SI_c分布在−0.98 ~ −2.35，平均值为−1.62，较其上游显著增加，显示外源水对碳酸盐岩的侵蚀作用。

2）漓江流域6个支流岩溶碳循环的特征

（1）HCO_3^-浓度随岩溶分布比例的增加而增加，从上游到下游呈现逐渐增加趋势。

以1：20万地质图、水文地质图为基础，结合水系图，获得漓江流域岩性的分布和流域的划分：华江流域、甘棠江流域、桃花江–良丰河流域、潮田河流域、杨堤流域及遇龙河流域，各个子流域面积及岩性比例如表3.21所示。

表3.21　漓江流域各子流域面积和岩性比例对比

编号	流域	总面积/km^2	非岩溶区面积/km^2	裸露型岩溶区面积/km^2	覆盖型岩溶区面积/km^2	碎屑岩占比/%	碳酸盐岩占比/%
1	华江流域	1 559.67	1 274.65	105.00	180.02	81.73	18.27
2	甘棠江流域	777.87	580.21	61.30	136.36	74.59	25.41
3	桃花江–良丰河流域	1 850.07	338.36	1 340.77	170.94	18.29	81.71
4	潮田河流域	583.83	332.44	238.69	12.70	56.94	43.06
5	杨堤流域	312.49	166.50	145.99	0.00	53.28	46.72
6	遇龙河流域	694.35	287.55	406.80	0.00	41.53	58.47

2010年7月24—31日，南京大学和中国科学院地球化学所组成考察研究队伍，取漓江流域干流、支流共21个水样点，现场检测了水温、pH值、电导率、钙离子、重碳酸氢根，其结果显示：从上游到下游，漓江流域水体中HCO_3^-浓度起点很低，大溶江流域为36 mg/L；在桂林水文站之前，呈现快速增加的趋势；桂林水文站至阳朔水文站之间，干流水体中HCO_3^-浓度虽然呈现一定的波动，但整体呈现增加趋势。漓江流域水体HCO_3^-浓度波动原因与毛村岩溶流域外源水的作用相同，使得其地下河水体中HCO_3^-浓度变化呈现出从上游至下游增加的趋势（图3.23）。

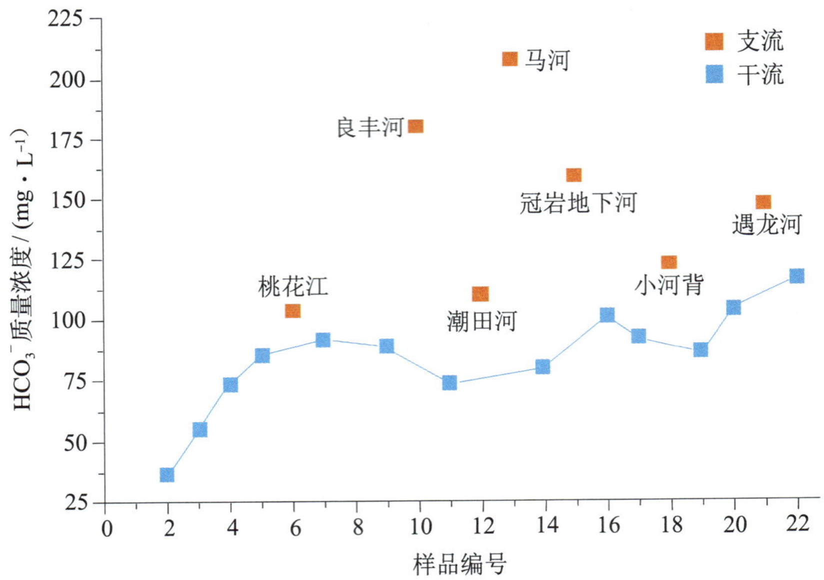

图3.23 漓江流域支流及干流HCO_3^-质量浓度变化示意

以桂林水文站为界，漓江流域可分为上、下两部分，桂林水文站以上，裸露型岩溶区分布占27%（覆盖型岩溶区分布占10%），桂林水文站以下裸露型岩溶区分布占61%（覆盖型岩溶区分布占4%）。换言之，桂林水文站之前，以碎屑岩分布为主，外源水流为主；桂林水文站之后，以碳酸盐岩分布为主，岩溶水流为主。漓江流域水体中HCO_3^-浓度在桂林水文站之前，出现快速增加趋势，与外源水与碳酸盐岩的水–岩相互作用关系密切。桂林水文站之后，分布在岩溶区的各支流的HCO_3^-浓度均高于干流，但汇入干流后，并没有导致干流水体HCO_3^-浓度的大幅增加，但维持了干流中HCO_3^-浓度出现逐渐增加的趋势。从干流的HCO_3^-浓度变化看，无机碳碳汇通量的增加，除与流域范围内碳酸盐岩分布面积的比例关系密切外（图3.24），还与外源水的输入关系密切。

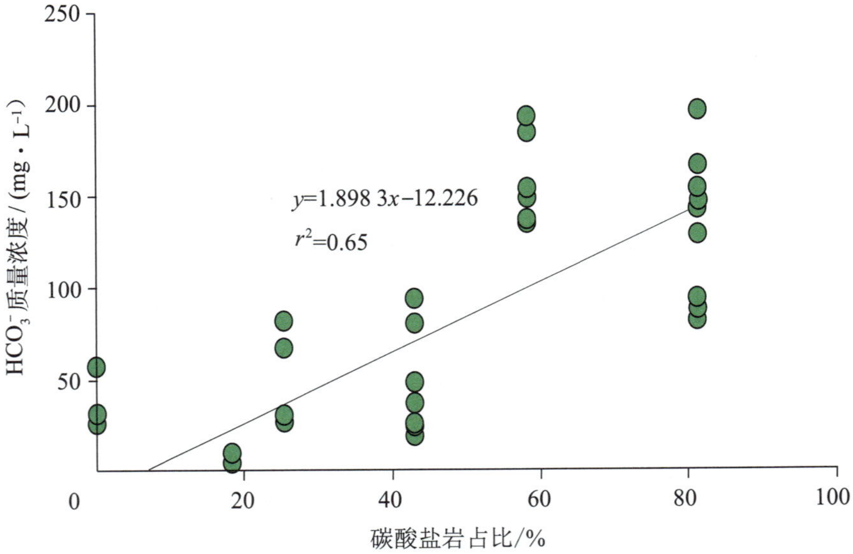

图3.24 漓江流域碳酸盐岩占比与河流HCO_3^-质量浓度关系示意

（2）无机碳同位素特征揭示生物活动对岩溶碳循环的促进。

漓江流域岩溶水与外源水中的HCO_3^-碳同位素特征，在第4章中另有分析，这里就漓江干流无机碳同位素的时空变化特征进行论述。

在空间上，干流水体中无机碳的同位素从上游至下游，存在一定范围内的变化；在时间上具有更显著的变化，尤其是水热配套的7月，与1月相比，水体中无机碳的同位素偏负5～6个单位（图3.25、图3.26）。这充分说明，西南季风气候条件下，水热配套、生物活跃产生大量CO_2的输入，对岩溶碳循环造成很大的影响。

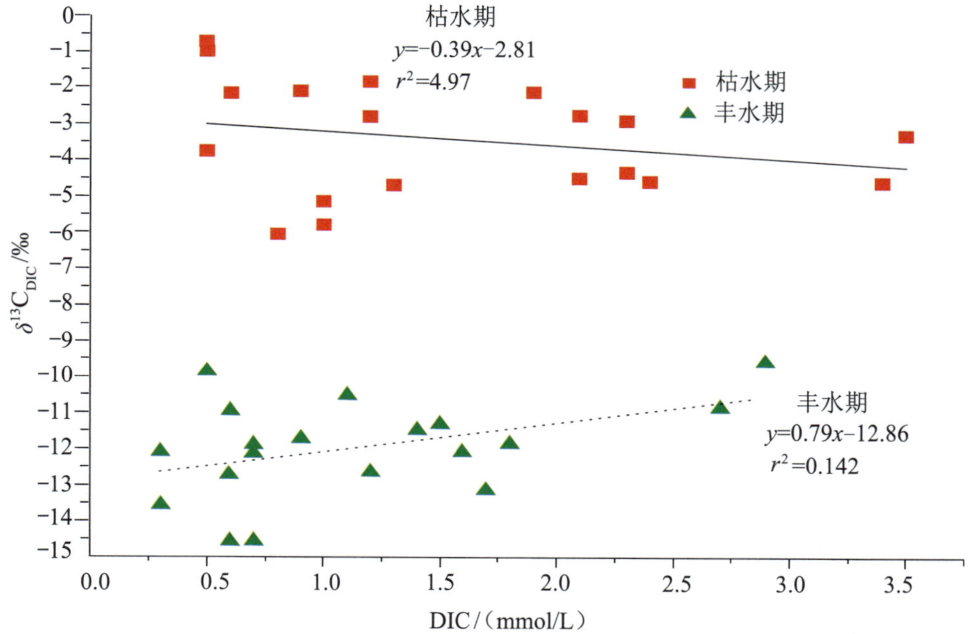

图3.25　漓江干流丰水期、枯水期DIC与$\delta^{13}C_{DIC}$相关性

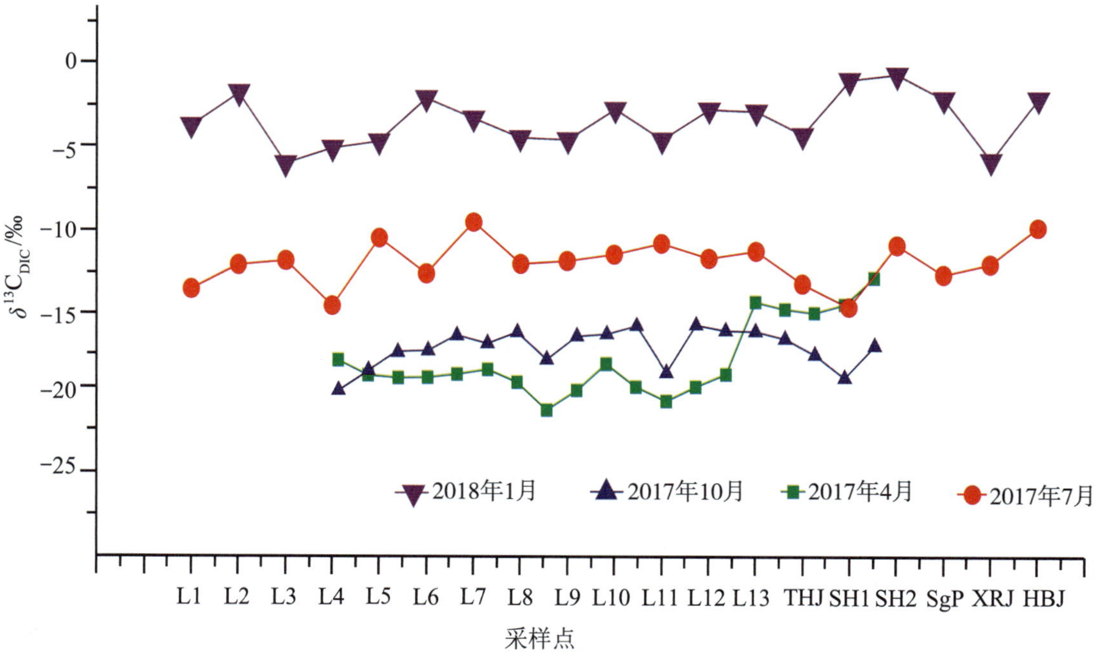

图3.26　漓江干流水体中$\delta^{13}C_{DIC}$的时空变化

在枯水期，碳同位素与其浓度值呈现负相关，即浓度越高同位素值越轻；在丰水期，碳同位素与其浓度值呈正相关，即浓度越高同位素值越重。这一现象是否暗示着，丰水期有更多外源水的输入，成为岩溶碳循环不可或缺的因素，而枯水期碳酸盐岩的水–岩相互作用占据更主要的地位，这还需要进一步的证据来阐述其内在机制。

3）漓江流域外源水提高碳汇通量的计算

在漓江流域的6个子流域中，小溶江补给区100%为碎屑岩区，良丰河补给区98%为碳酸盐岩区，几乎不受外源水的影响，以此两个流域作为端元（表3.22），粗略估算外源水对漓江流域岩溶碳循环的促进作用。

表3.22　小溶江与良丰河面积、流量、HCO_3^-摩尔浓度及碳汇强度

时间	小溶江				良丰河			
	面积/km^2	流量/（$m^3·s^{-1}$）	HCO_3^-摩尔浓度/（$mmol·L^{-1}$）	碳汇强度/（$t·km^{-2}·a^{-1}$）	面积/km^2	流量/（$m^3·s^{-1}$）	HCO_3^-摩尔浓度/（$mmol·L^{-1}$）	碳汇强度/（$t·km^{-2}·a^{-1}$）
2017年4月	269	1.50	0.40	3.101	528	17.52	3.16	72.75
2017年7月	269	1.03	0.30	1.600	528	22.90	2.41	72.52
2018年1月	269	0.10	0.50	0.258	528	4.103	3.05	16.44

根据计算，小溶江年均碳汇通量和碳汇强度（均以CO_2计）分别为0.445×10^3 t和1.653 t/km^2，良丰河年均碳汇通量和碳汇强度分别为28.461×10^3 t和53.903 t/km^2，即碳酸盐岩风化产生的碳汇强度是硅酸盐岩的32倍。

用各流域中岩溶分布的面积乘以碳汇强度，作为各流域岩溶碳汇通量的理论值，而将各流域出口水量、水化学监测计算的数据，作为实际值，用实际值减去理论值得到外源水增加的碳汇通量。因此，评估外源水对漓江流域岩溶碳汇效应的促进，其结果显示（表3.23、图3.27），流域中岩溶分布面积的比例适中，可获得最大的外源水增汇的效应，比例过高（如桃花江–良丰河流域）或过低（如华江流域）均不利于外源水增汇的效应。岩溶分布面积比例过高，碎屑岩分布比例低，外源水流量有限，碳汇通量增加不明显；比例过低，缺乏碳酸盐岩参与，流域岩溶碳汇通量增加也不明显。外源水对岩溶流域碳汇通量增加的效应要综合考虑“水”和“岩”两方面的相互作用。综合评估漓江流域因外源水的作用，岩溶碳汇通量可增加87%，即实际监测值是理论计算值的1.87倍（张清华，2018；郑焕君，2018）。

表3.23　漓江各子流域实际碳汇通量及理论碳汇通量对比（以CO_2计）

时间	流域	实际碳汇通量/(10^3 t·a^{-1})	理论碳汇通量/(10^3 t·a^{-1})	碳酸盐岩分布所占比例/%	碳汇通量增加百分比/%
2017年4月平水期	华江流域	20.417	17.468	18.28	16.88
	甘棠江流域	20.773	11.613	25.41	78.88
	桃花江–良丰河流域	122.042	82.040	81.72	48.76
	潮田河流域	42.995	10.099	46.72	134.89
	杨堤流域	24.969	8.144	43.06	206.59
	遇龙河流域	37.180	22.402	58.59	65.97
2017年7月丰水期	华江流域	25.059	17.468	18.28	43.45
	甘棠江流域	29.246	11.613	25.41	151.18
	桃花江–良丰河流域	171.909	82.040	81.72	109.54
	潮田河流域	95.127	10.099	46.72	841.94
	杨堤流域	55.244	8.144	43.06	578.33
	遇龙河流域	49.728	22.402	58.59	121.98

续表

时间	流域	实际碳汇通量/(10^3 t·a^{-1})	理论碳汇通量/(10^3 t·a^{-1})	碳酸盐岩分布所占比例/%	碳汇通量增加百分比/%
2018年1月枯水期	华江流域	22.082	17.468	18.28	26.41
	甘棠江流域	20.592	11.613	25.41	77.32
	桃花江–良丰河流域	130.411	82.040	81.72	58.96
	潮田河流域	61.723	10.099	46.72	511.17
	杨堤流域	35.845	8.144	43.06	340.14
	遇龙河流域	43.769	22.402	58.59	95.38

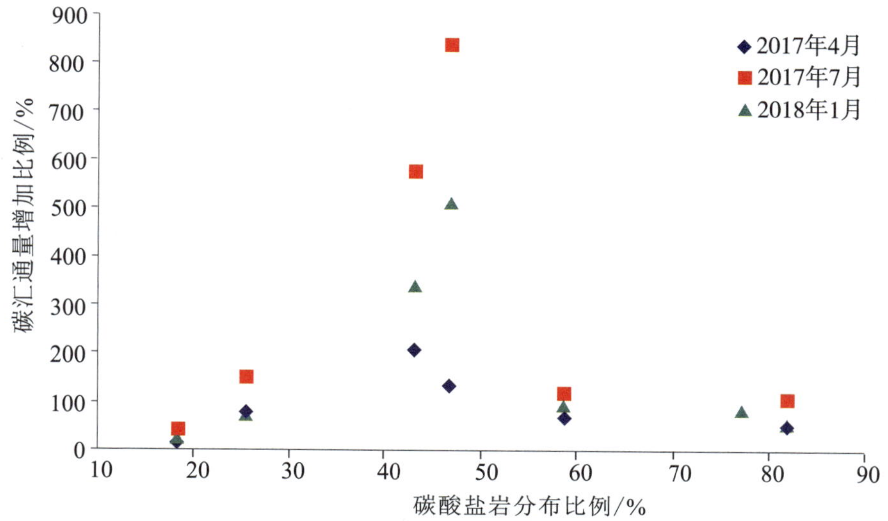

图3.27　漓江各子流域碳酸盐岩分布比例与外源水增汇效应的关系

§3.5　柳江上游打狗河岩溶流域碳循环及碳汇效应
——土地覆被的影响

3.5.1　碳循环的背景条件

1. 地质地貌背景

打狗河流域为西江水系三级支流龙江的上游段，隶属柳江流域。行政区属广西壮族自治区河池市和贵州省荔波县，流域面积为3366 km²，其中碳酸盐岩分布面积为3154 km²，约占总面积的94%（表3.24）；地处云贵高原与广西丘陵的过渡斜坡地带，地势西北高、东南低，地形切割强烈，相对高差为600～800 m。纯碳酸盐岩集中分布，水力坡度大，水径流条件好，岩溶广泛发育。

表3.24　打狗河流域碳酸盐岩面积统计

序号	岩石名称	面积/km²	面积占比/%
1	灰岩	1 852.54	55.0
2	灰岩夹白云岩	3.87	0.1
3	白云岩夹灰岩	656.84	19.5
4	白云岩	16.50	0.5
5	白云岩与灰岩互层	314.94	9.4

续表

序号	岩石名称	面积/km²	面积占比/%
6	碳酸盐岩夹碎屑岩	60.23	1.8
7	碳酸盐岩与碎屑岩互层	248.96	7.4
8	碎屑岩夹碳酸盐岩	141.22	4.2
9	非碳酸盐岩	71.79	2.1
合计		3 366.89	100.0

研究区内出露地层较为齐全，以泥盆系、石炭系、二叠系和三叠系发育最多，占测区总面积的80%左右。其中，下奥陶统锅塘组（O_1g），下泥盆统望城坡组（D_3w）、尧梭组（D_3y），石炭系岩关组（C_1y）、黄龙群组（C_2hl）、马平群组（C_2mp），下二叠统栖霞组（P_1q）、茅口组（P_1m），三叠系法郎组（T_2f）、永宁镇组（T_1y）中段，以碳酸盐岩为主。

2. 地下河分布及特征

打狗河流域两岸，在约70 km的河道两侧分布了21条地下河，平均3.3 km间隔1条，与地表河一起构成了完整的水文网。本次调查的17条地下河平均径流模数达21.68 L/（s·km²），主要发育于C_2–P_2地层中，地下水资源及地下河分布如图3.28所示，地下河水文地质特征见表3.25。在靠近分水岭地带或溶丘谷地地区地下水埋深小于50 m，其余地区地下水埋深50～200 m（覃小群 等，2011）。

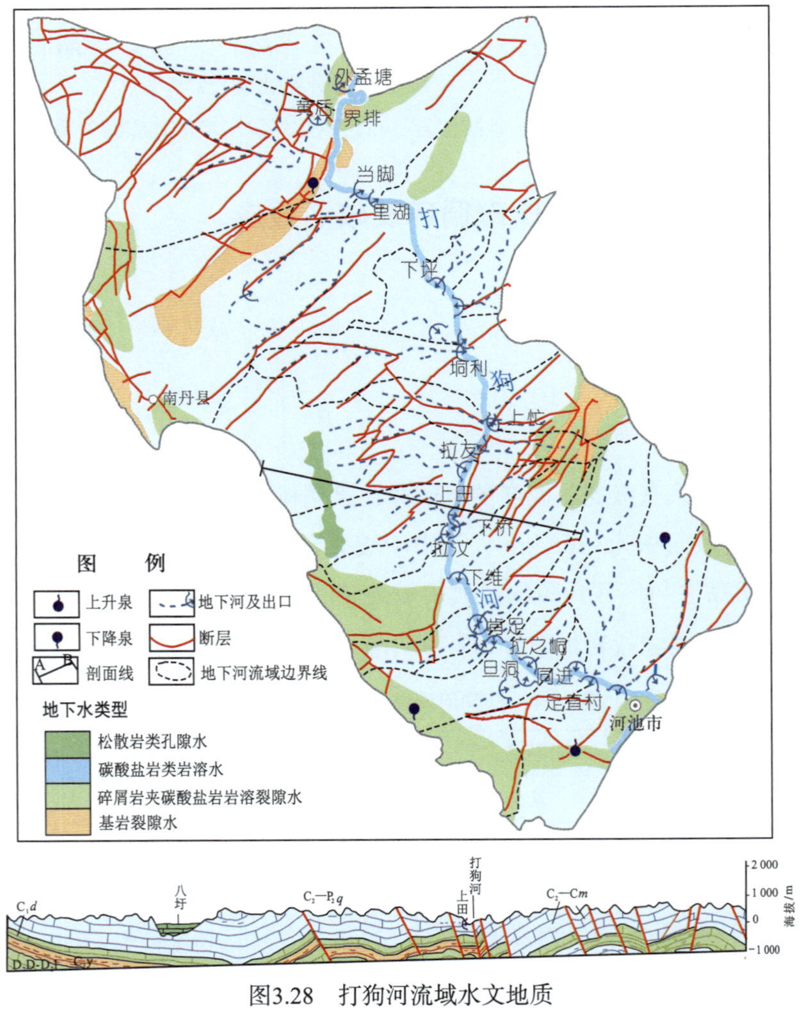

图3.28 打狗河流域水文地质

表3.25　打狗河流域东、西两岸地下河水文地质特征

（覃小群 等，2011）

西岸					东岸				
地下河名称	汇水面积/km²	径流地层	径流模数/（L·s⁻¹·km⁻²）	林地面积占比/%	地下河名称	汇水面积/km²	径流地层	径流模数/（L·s⁻¹·km⁻²）	林地面积占比/%
垌利	108.8	C_2-P_1m	17.77	7.8	下维	62.1	C_2-P_1m	17.21	63.1
拉友	238.2	C_2-P_1q	24.37	15.9	肯足	91.0	$C_2-C_2P_1m$	14.88	15.6
上田	89.5	C_2-P_1q	18.20	16.0	拉之峒	16.8	$C_2-C_2P_1m$	20.59	65.0
拉汶	37.4	$C_2-C_2P_1m$	26.67	4.7	足直村	91.9	C_2-P_1q	18.58	47.2
旦洞	92.5	P_1q-P_1m	12.44	7.0	同进	9.9	C_2P_1m	15.14	19.1
黄后	506.3	C_2-P_2	26.16	35.6	河池	67.5	$C_2-C_2P_1m$	16.68	18.6
外孟塘	105.2	C_2-P_1m	22.03	55.7	下桥	47.2	C_2	26.73	42.5
当脚	17.2	$C_2P_1m-P_1m$	25.07	2.0	界排	135.2	C_2-P_1m	22.03	49.4
合计	1 195.1	—	—	—	合计	521.6	—	—	—

3. 打狗河两岸土地覆被状况

打狗河流域东、西两岸地下河的土地覆盖有很大差别：东岸的林地（包括有林地、灌木地、疏林地、未成林造林地等）占56.13%，耕地（包括水田和旱地等）占15.15%，裸岩和荒地只分别占14.19%和10.98%；西岸的林地和耕地分别占20.80%和12.95%，裸岩和荒地分别占29.57%和25.95%（图3.29、表3.26）。

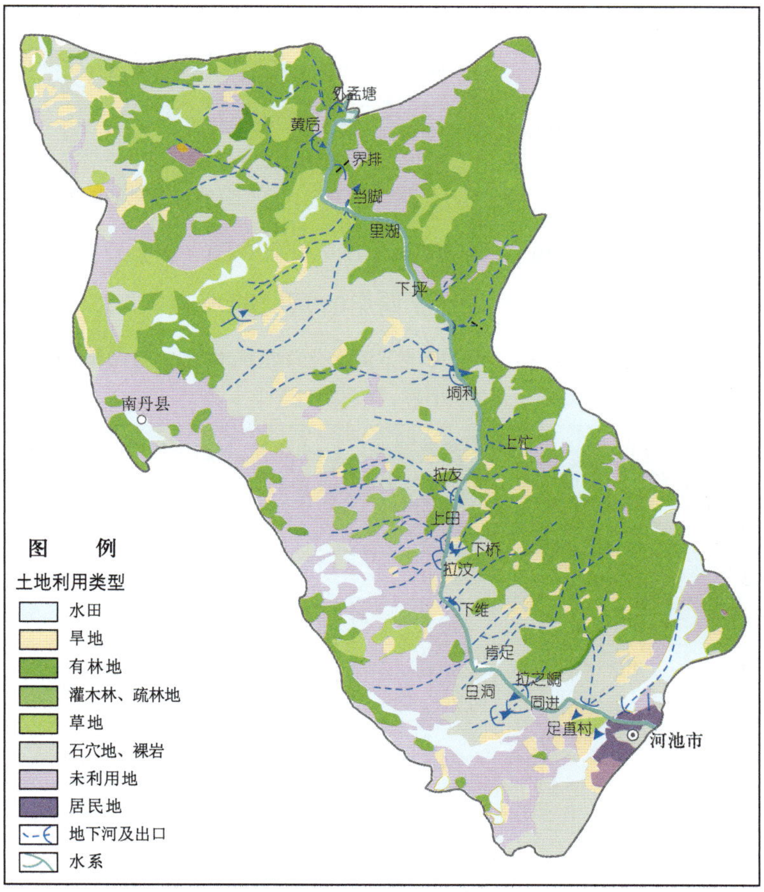

图3.29　打狗河流域土地利用类型分布

表3.26　打狗河流域东、西两岸不同土地覆盖类型面积及所占比例
（覃小群 等，2011）

类型	西岸		东岸	
	面积/km^2	所占比例/%	面积/km^2	所占比例/%
灌溉水田	109.00	5.39	89.28	6.83
无灌溉水田	31.42	1.55	16.76	1.28
旱地	121.69	6.01	91.90	7.03
有林地	229.42	11.34	317.51	24.30
灌木地	163.58	8.08	414.00	31.69
疏林地	7.73	0.38	0.00	0.00
未成林造林地	20.17	1.00	1.92	0.15
天然草地	206.12	10.19	39.98	3.06
居民用地	10.97	0.54	6.45	0.49
荒地	525.19	25.95	143.41	10.98
裸岩（含石砾地）	598.47	29.57	185.38	14.19
小计	2 023.76	100.00	1 306.59	100.00

数据来源：全国1：50万土地利用数据库。

3.5.2　主要结果

打狗河东岸地下河流域的林地分布比例是西岸的2倍多，西岸的裸地分布比例是东岸的3倍多，东岸地下河的无机碳排泄通量比西岸高14%。土地覆盖格局对地下河岩溶碳汇有较大的影响，也说明石漠化综合治理改善了生态环境，在增加地表生态碳汇的同时，地下岩溶碳汇也同时增加。

1. 地下河水体中 HCO_3^-、CO_2 分压的对比

东岸地下河水的HCO_3^-质量浓度、Ca^{2+}质量浓度、P_{CO_2}的平均值，分别是233.65 mg/L、85.5 mg/L、909.46 Pa，是西岸平均值（177.26 mg/L、64.65 mg/L、257.90 Pa）的1.32倍、1.32倍、3.53倍；而东岸的SI_c、pH值的平均值分别为0.16和7.40，低于西岸的0.38和7.85（表3.27、表3.28）。

表3.27　打狗河流域东、西两岸地下河水化学指标对比（2010年12月）
（覃小群 等，2011）

位置	地下河名称	pH值	电导率/（μS·cm^{-1}）	HCO_3^-质量浓度/（mg·L^{-1}）	Ca^{2+}质量浓度/（mg·L^{-1}）	TOC质量浓度/（mg·L^{-1}）	SI_c	P_{CO_2}/Pa
东岸	下维	7.40	444	292.8	96	2.260	0.27	1 023.29
	肯足	7.37	388	237.9	83	1.690	0.13	912.01
	拉之峒	7.51	399	250.1	92	0.465	0.33	691.83
	足直村	7.45	488	280.6	97	4.140	0.31	870.96
	同进	7.29	460	274.5	93	2.330	0.17	1 288.25
	河池	7.40	477	274.5	105	<0.05	0.34	1 000.00
	下桥	7.23	375	237.9	82	1.640	−0.02	1 288.25
	界排	7.72	339	207.4	72	<0.05	0.36	354.81
	平均	7.42	421	257.0	90	1.578	0.24	928.68

续表

位置	地下河名称	pH值	电导率/（μS·cm⁻¹）	HCO_3^-质量浓度/（mg·L⁻¹）	Ca^{2+}质量浓度/（mg·L⁻¹）	TOC质量浓度/（mg·L⁻¹）	SI_c	P_{CO_2}/Pa
西岸	垌利	7.62	307	195.2	70	0.505	0.22	416.87
	拉友	8.21	266	164.7	57	0.965	0.65	89.13
	上田	7.85	255	170.8	57	0.972	0.35	218.78
	拉汶	7.95	277	183.0	62	0.935	0.49	186.21
	旦洞	8.17	393	225.7	83	<0.050	0.90	134.90
	黄后	8.10	327	201.3	74	<0.050	0.66	173.78
	外孟塘	8.23	275	176.9	58	<0.050	0.70	91.2
	当脚	7.54	317	201.3	78	<0.050	0.18	512.86
	里湖	7.74	345	201.3	78	0.616	0.40	323.59
	平均	7.93	307	191.3	69	0.466	0.51	238.59

表3.28　打狗河流域东、西两岸地下河水化学指标对比（2011年5月）

（覃小群 等，2011）

位置	地下河名称	pH值	电导率/（μS·cm）	HCO_3^-质量浓度/（mg·L⁻¹）	Ca^{2+}/质量浓度（mg·L⁻¹）	TOC质量浓度/（mg·L⁻¹）	SI_c	P_{CO_2}/Pa	$\delta^{13}C_{DIC}$/‰
东岸	下维	7.43	372	231.80	78	1.46	0.17	776.25	−14.91
	肯足	7.28	332	183.00	70	1.79	−0.10	891.25	−15.29
	拉之峒	7.34	388	237.00	86	1.17	0.13	977.24	−14.5
	足直村	6.98	482	176.90	98	1.68	−0.31	1 698.24	−11.09
	同进	7.36	389	207.40	79	1.69	0.09	851.14	−13.46
	河池	7.59	430	231.80	88	1.55	0.39	549.54	−13.36
	下桥	7.28	359	231.80	86	1.46	0.06	1096.48	−14.08
	界排	7.76	299	183.00	63	3.24	0.30	281.84	−11.84
	平均	7.40	381	210.45	81	1.76	0.09	890.25	−13.57
西岸	垌利	7.48	283	170.80	65	1.19	0.01	521.86	−13.19
	拉友	7.77	237	158.60	52	0.98	0.16	239.88	−10.63
	上田	7.79	253	164.70	62	1.09	0.30	245.47	−11.47
	拉汶	7.54	240	128.10	50	1.37	−0.13	338.84	−8.11
	旦洞	7.76	307	134.20	60	1.90	0.16	213.80	−10.63
	黄后	7.90	293	189.10	66	1.06	0.47	213.80	−12.35
	外孟塘	8.24	281	164.70	59	1.86	0.70	83.18	−11.49
	当脚	7.64	296	183.00	68	1.10	0.22	380.19	−12.69
	平均	7.77	274	161.65	60	1.17	0.24	278.50	−11.32

东岸植被覆盖相对较好，土壤较厚，土壤包气带中大量的有机质成分腐烂分解及植被根系所产生的CO_2进入地下水中，从而增加了岩溶水体中CO_2分压（P_{CO_2}），P_{CO_2}最大的可高于大气CO_2分压的40倍。P_{CO_2}升高又使pH值降低，随之SI_c下降，大量的CO_2与水作用形成碳酸（H_2CO_3），碳酸与碳酸盐矿物作用，导致HCO_3^-增加；HCO_3^-和Ca^{2+}增加，导致水体电导率升高。而西岸地下河流域补给区以裸岩、荒地为主，雨水缺少地表植被的缓冲、调蓄，水流快速下渗，不能充分溶解土壤中CO_2，因而水体中CO_2分压小，电导率低；方解石溶解更容易达到饱和状态（表3.29）。

表3.29 打狗河流域地下水饱和指数和CO_2分压

（覃小群 等，2011）

位置	日期	野外编号	SI_c	SI_d	$P_{CO_2}/10^{-6}$
东岸	2010年12月	4991	0.27	0.06	10 233
		4194	0.13	−0.58	9 120
		3998	0.33	−0.05	6 918
		3797	0.31	−0.35	8 710
		4003	0.17	−0.58	12 882
		3600	0.34	−0.03	10 000
		5389	−0.02	−0.67	12 882
		9676	0.36	−0.02	3 548
	2011年5月	4991	0.17	−0.83	7 762
		4194	−0.10	−1.40	8 913
		3998	0.13	−0.60	9 772
		3797	−0.31	−1.78	16 982
		4003	0.09	−0.72	8 511
		3600	0.39	0.22	5 495
		5389	0.06	−0.95	10 965
		9676	0.30	−0.29	2 818
	平均值		0.16	−0.54	9 095
	最大值		0.39	0.22	16 982
	最小值		−0.31	−1.78	2 818
	标准偏差		0.19	0.54	3 532
西岸	2010年12月	7290	0.22	−0.42	4 169
		6090	0.65	0.04	891
		5589	0.35	−0.02	2 188
		5288	0.49	0.28	1 862
		3797−2	0.90	1.02	1 349
		9774	0.66	−0.22	1 738
		0076	0.70	0.24	912
		9077	0.18	0.02	5 129
	2011年5月	7290	0.01	−1.19	5 129
		6090	0.16	−0.84	2 399
		5589	0.30	−0.40	2 455
		5288	−0.13	−1.25	3 388
		3 797−2	0.16	−0.63	2 138
		9774	0.47	−0.33	2 138
		0076	0.70	0.50	832
		9077	0.22	−0.75	3 802
	平均值		0.38	−0.25	2 532
	最大值		0.90	1.02	5 129
	最小值		−0.13	−1.25	832
	标准偏差		0.29	0.61	1 406

2. 地下河水体中 $\delta^{13}C_{DIC}$ 的指示

打狗河流域16条地下河分别于2011年5月、2010年12月和2012年8月进行了3次$\delta^{13}C_{DIC}$取样测试，总的$\delta^{13}C_{DIC}$的变化范围为−15.29‰ ~ −8.11‰，平均值为−11.89‰。大部分水样$\delta^{13}C_{DIC}$春季明显小于冬季（表3.30），2011年5月水样的$\delta^{13}C_{DIC}$的变化范围为−15.29‰ ~ −8.11‰，平均值为−12.45‰。2010年12月水样的$\delta^{13}C_{DIC}$的变化范围为−14.61‰ ~ −8.30‰，平均值为−11.33‰。

表3.30　打狗河流域东、西两岸地下河水$\delta^{13}C_{DIC}$不同时间对比

（覃小群 等，2011）

位置	地下河名称	高程/m	$\delta^{13}C_{DIC}$/‰	
			2011年5月	2010年12月
东岸	下维	229	−14.91	−14.61
	肯足	190	−15.29	−12.06
	拉之峒	190	−14.50	−14.43
	足直村	200	−11.09	−9.53
	同进	188	−13.46	−14.21
	河池	180	−13.36	−11.66
	下桥	230	−14.08	−11.87
	界排	400	−11.84	−11.02
	平均值	—	−13.57	−12.42
	最大值	—	−11.09	−9.53
	最小值	—	−15.29	−14.61
	标准偏差	—	1.47	1.83
西岸	垌利	280	−13.19	−13.38
	拉友	230	−10.63	−9.98
	上田	230	−11.47	−8.71
	拉汶	225	−8.11	−8.44
	旦洞	200	−10.63	−8.30
	黄后	435	−12.35	−11.48
	外盂塘	400	−11.49	−9.14
	当脚	390	−12.69	−12.45
	平均值	—	−11.32	−10.24
	最大值	—	−8.11	−8.30
	最小值	—	−13.19	−13.38
	标准偏差	—	1.59	1.96

春季为生物活性最高的季节，生物新陈代谢产生的CO_2量比例大，大气成因的CO_2比例小，导致地下水中的$\delta^{13}C_{DIC}$偏负。大部分水样$\delta^{13}C_{DIC}$东岸明显负于西岸，东岸水样的$\delta^{13}C_{DIC}$的变化范围为−15.29‰ ~ −11.09‰，平均值为−12.95‰。西岸水样的$\delta^{13}C_{DIC}$的变化范围为−13.38‰ ~ −8.11‰，平均值为−10.83‰。

水中溶解无机碳同位素组成对不同的土地覆盖也具有重要的指示意义。$\delta^{13}C_{DIC}$测试结果显示，东岸植被覆盖相对较好，植被-土壤系统生物活动强烈，产生大量的生物成因CO_2，溶解更多的碳酸盐岩，碳酸盐岩的碳稳定同位素与生物成因的碳稳定同位素混合，形成地下河水体中$\delta^{13}C_{DIC}$；而西岸以荒地、裸岩地为主，植被覆盖条件差，植被-土壤系统生物活动较弱，产生的CO_2量也比较少，大气成因的CO_2比例增加；与此同时，西岸地下河流域中天然草地分布比例较大，草地中的大多品种具有C4植物类型，C4植物产生的CO_2明显比林地乔木C3植物产生的CO_2偏重，从而导致地下河水体中$\delta^{13}C_{DIC}$较重。

地下河水体中的HCO_3^-和$\delta^{13}C_{DIC}$相关关系（图3.30）表明：无论是春季、冬季，HCO_3^-和$\delta^{13}C_{DIC}$间均呈负相关，考虑到大气CO_2的稳定同位素的值为−7‰～−8‰，碳酸盐岩中的稳定碳同位素的值为0～1‰，因此可以认为地下河水体中$\delta^{13}C_{DIC}$主要受控于生物成因的CO_2；春季生物新陈代谢强，产生的CO_2多，水体中$\delta^{13}C_{DIC}$更轻，同时HCO_3^-浓度更大，从而导致春季相关系数（r^2=0.668）明显高于冬季（r^2=0.264）。

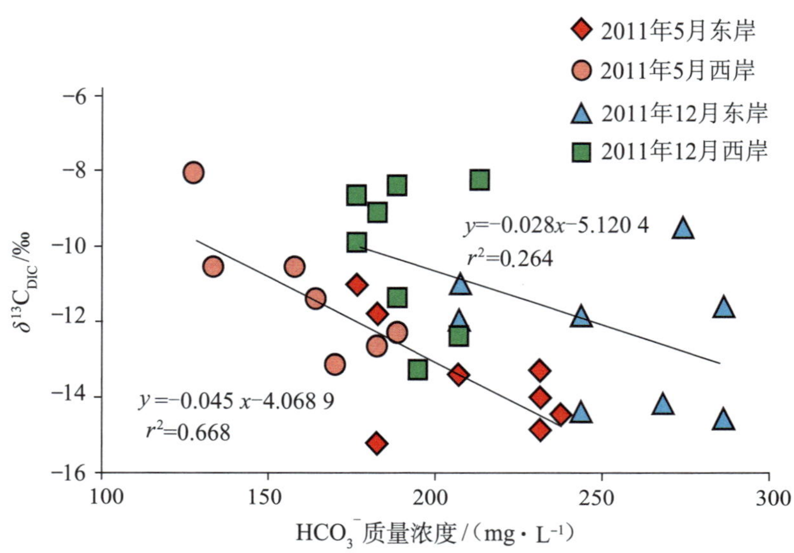

图3.30 打狗河流域东、西两岸地下河水$\delta^{13}C_{DIC}$与HCO_3^-质量浓度关系
（覃小群 等，2011）

东岸地下河水中的平均总有机碳（TOC）质量浓度（1.755～1.578 mg/L）均比西岸（1.170～0.466 mg/L）高许多，说明东岸较好的植被-土壤覆盖，不仅提供了地下河水体中无机碳的量，同时也提供了更多的溶解有机碳量。

3. 岩溶碳汇通量估算结果

利用地下水径流模数、水化学数据，根据Galy方程估算碳汇通量（表3.31），结果显示：流域平均岩石风化速率为68.53 mm/ka，其中碳酸盐岩、硅酸盐岩的风化速率分别为67.04 mm/ka和1.49 mm/ka，碳酸盐岩风化速率为硅酸盐岩风化速率的45倍；流域碳酸盐岩、硅酸盐岩风化消耗大气和土壤CO_2量分别为134.08 t/(km^2·a）和4.02 t/(km^2·a)，碳酸盐岩风化消耗大气和土壤CO_2量占总量的97.1%。径流模数与碳汇强度呈较显著正相关，相关系数为0.4849，表明地下水径流模数是影响岩溶碳汇强度的主要因子（图3.31）。尽管东岸地下河流域径流模数比西岸减少12.5%，但岩溶碳汇通量增加14.2%，且林地面积占流域补给区面积比例与碳汇强度为正相关关系，相关系数为0.2953（图3.32）。

表3.31　打狗河流域岩石风化消耗大气和土壤CO_2通量

地下河名称	碳酸风化硅酸盐岩			碳酸与硫酸风化碳酸盐岩					合计			地下水HCO_3^-		
	碳汇强度/($t \cdot km^{-2} \cdot a^{-1}$)	溶蚀速率/($mm \cdot ka^{-1}$)	消耗CO_2量/(10^3 $mol \cdot km^{-2} \cdot a^{-1}$)	碳汇强度/($t \cdot km^{-2} \cdot a^{-1}$)	溶蚀速率/($mm \cdot ka^{-1}$)	碳酸溶蚀碳酸盐岩产生的碳汇强度/(10^3 $mol \cdot km^{-2} \cdot a^{-1}$)	硫酸溶蚀碳酸盐岩产生的碳汇强度/(10^3 $mol \cdot km^{-2} \cdot a^{-1}$)	大气和土壤来源的CO_2/(10^3 $mol \cdot km^{-2} \cdot a^{-1}$)	溶蚀速率/($mm \cdot ka^{-1}$)	消耗CO_2量/(10^3 $mol \cdot km^{-2} \cdot a^{-1}$)	消耗CO_2量/($t \cdot km^{-2} \cdot a^{-1}$)	消耗CO_2量/(10^3 $mol \cdot km^{-2} \cdot a^{-1}$)	大气和土壤来源CO_2占水中HCO_3^-比例/%	碳酸盐岩溶解消耗大气CO_2占总量的比例/%
下维	1.97	0.731	0.00	148.24	74.12	996.83	268.33	996.83	74.85	996.83	43.86	2 261.99	44.07	100.0
肯足	3.48	1.288	22.71	103.66	51.83	650.32	195.62	650.32	53.12	673.02	29.61	1 518.96	44.31	96.6
拉之峒	2.39	0.884	1.89	157.47	78.74	1 179.37	166.69	1 179.37	79.62	1 181.26	51.98	2 527.33	46.74	99.8
足直村	5.00	1.852	59.42	159.10	79.55	729.76	447.63	729.76	81.40	789.18	34.72	1 966.56	40.13	92.5
同进	2.05	0.761	19.71	130.54	65.27	819.00	248.02	819.00	66.03	838.71	36.90	1 905.74	44.01	97.6
河池	5.94	2.199	99.64	162.25	81.13	1 028.65	293.12	1 028.65	83.32	1 128.29	49.64	2 450.06	46.05	91.2
下桥	4.09	1.514	9.72	200.79	100.40	1 363.87	338.90	1 363.87	101.91	1 373.59	60.44	3 076.36	44.65	99.3
界排	3.59	1.330	14.42	141.70	70.85	1 003.90	202.87	1 003.90	72.18	1 018.32	44.81	2 225.08	45.77	98.6
东岸平均	3.56	1.320	28.44	150.47	75.23	971.46	270.15	971.46	76.55	999.90	44.00	2 241.51	44.47	97.2
垌利	2.04	0.756	0.00	106.55	53.28	789.50	108.73	789.50	54.03	789.50	34.74	1 687.72	46.78	100.0
拉友	4.66	1.725	0.00	118.84	59.42	876.71	84.77	876.71	61.14	876.71	38.58	1 838.19	47.69	100.0
上田	3.39	1.255	2.08	87.82	43.91	694.39	57.33	694.39	45.16	696.47	30.65	1 448.20	48.09	99.7
拉汶	6.74	2.497	21.73	138.77	69.38	955.13	169.90	955.13	71.88	976.86	42.98	2 101.88	46.48	97.8
旦洞	5.36	1.984	92.11	91.25	45.63	358.83	288.51	358.83	47.61	450.94	19.84	1 098.29	41.06	79.6
黄后	4.47	1.657	18.23	160.02	80.01	1 113.15	188.94	1 113.15	81.67	1 131.38	49.78	2 433.48	46.49	98.4
外孟塘	5.29	1.960	26.56	132.44	66.22	903.12	148.15	903.12	68.18	929.68	40.91	1 980.96	46.93	97.1
当脚	3.93	1.454	39.82	105.90	52.95	739.87	158.78	739.87	54.40	779.68	34.31	1 678.35	46.46	94.9
西岸平均	4.48	1.66	25.07	117.70	58.85	803.84	150.64	803.84	60.51	828.91	36.47	1 783.38	46.25	97.0
总平均	4.02	1.49	26.75	134.08	67.04	887.65	210.39	887.65	68.53	914.40	40.23	2 012.45	45.36	97.1

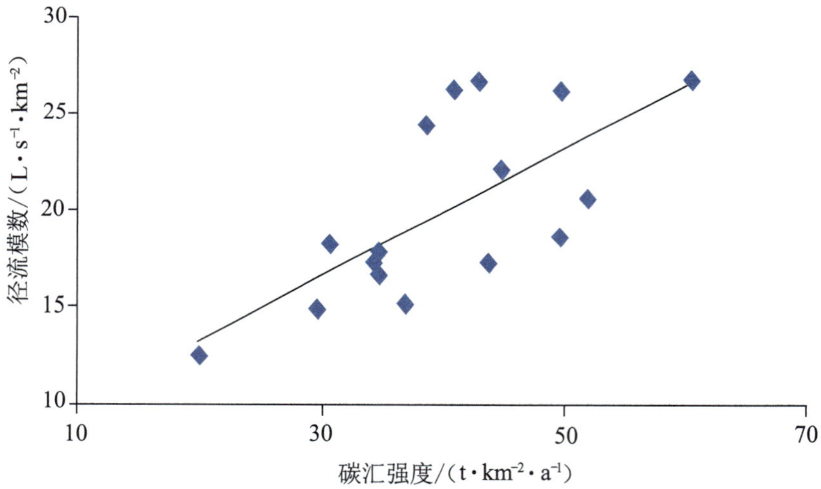

图3.31　径流模数与碳汇强度相关关系

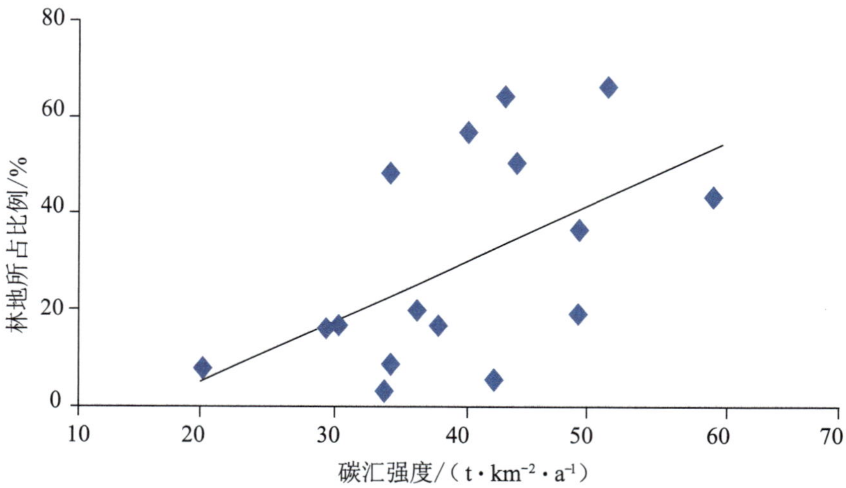

图3.32　林地面积占总面积比例与碳汇强度相关关系

§3.6　荔波板寨岩溶地下河流域岩溶碳循环及碳汇效应
——原始森林覆盖下的岩溶碳循环特征

3.6.1　碳循环的背景条件

1. 地质背景

荔波板寨河流域属珠江流域柳江水系，位于贵州高原南部向广西丘陵平原过渡的斜坡地带，表现为峰丛洼（谷）地，海拔介于450～1 100 m，南西高而北东低（图3.33），隶属贵州茂兰国家级自然保护区。

流域内出露地层主要有石炭系下统大塘阶（C_1d）、石炭系上统（C_2）和第四系（Q）（图3.34）。石炭系下统大塘阶（C_1d）主要为泥质灰岩夹泥页岩，在板寨地下河出口以下的明流段河谷两侧出露；石炭系上统（C_2），自上而下为灰岩、白云岩，在研究区出露面积最大，是最主要的岩溶水含水层，成为板寨地下河主要补给区；第四系（Q）则主要为残坡积、冲洪积的黏土、粉质黏土，分布在流域内洼地、谷地底部，一般为0.5～2 m。

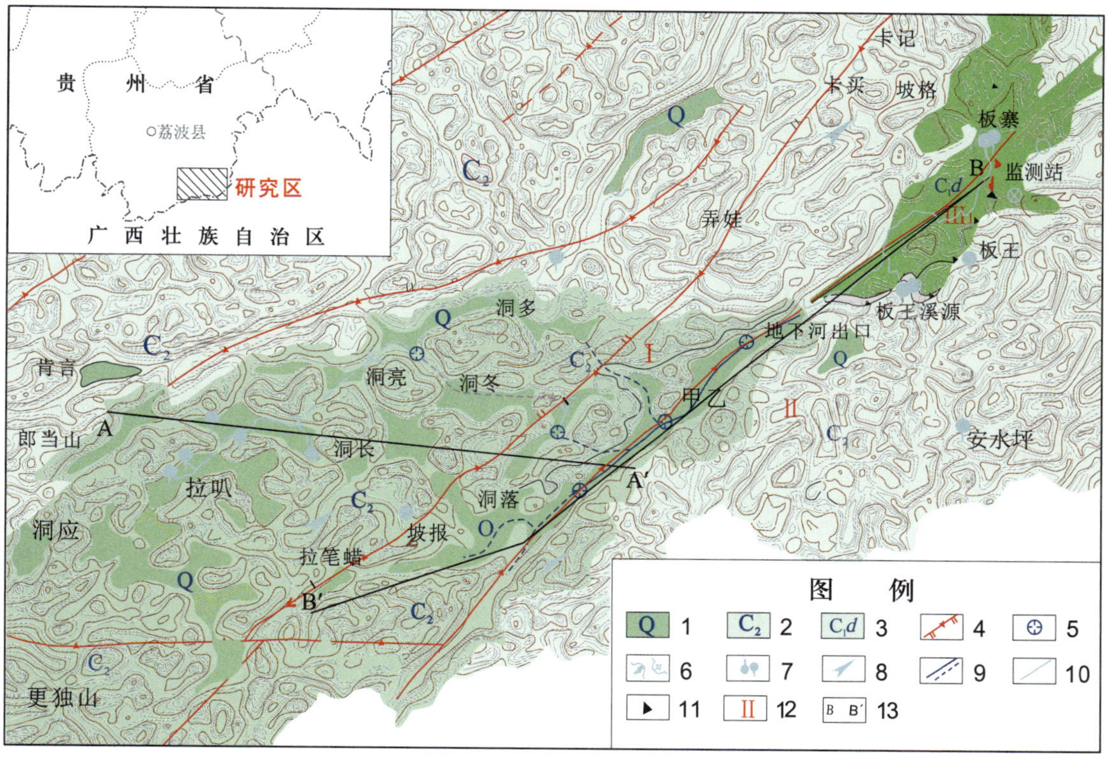

1.第四系松散堆积物；2.石炭系上统碳酸盐岩；3.石炭系下统大塘阶上段泥质白云岩、砂页岩；4.断层；5落水洞、天窗；6.地下河入口、出口；7.泉；8.地下水径流方向；9.实测、推测地下管道；10.地表明流；11.流域边界；12.岩溶含水子系统编号；13.水文地质剖面线

图3.33　研究区水文地质

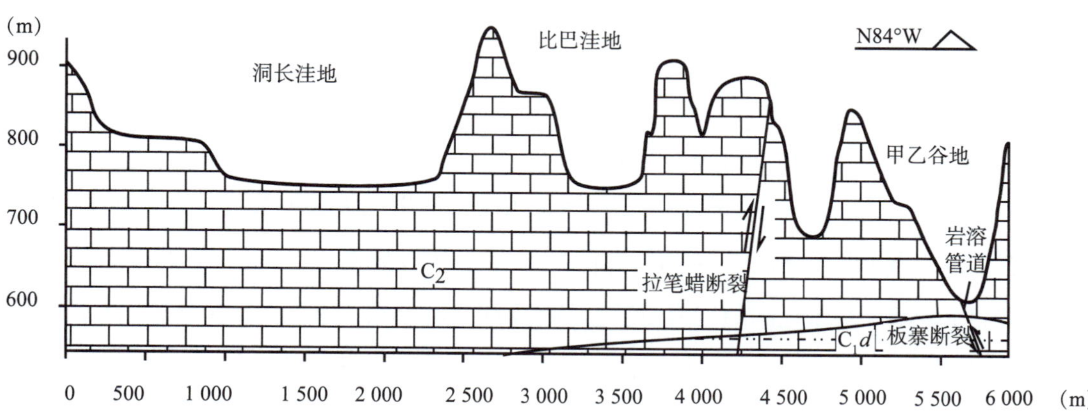

（a）$A—A'$ 剖面

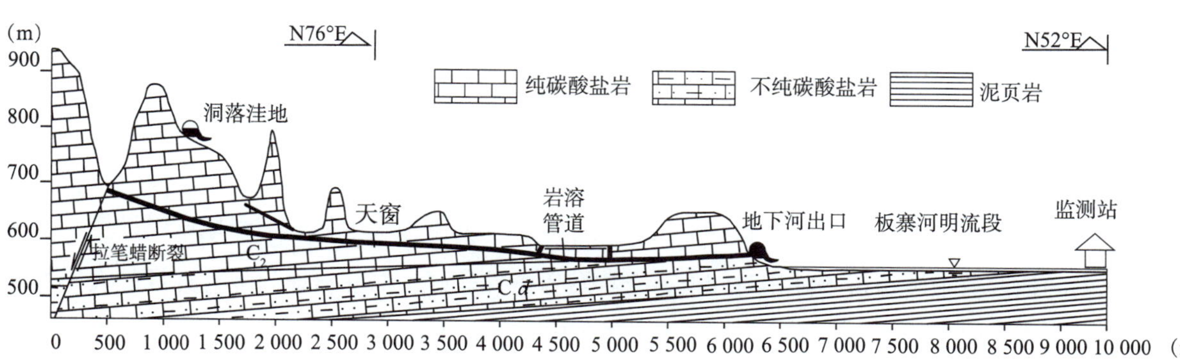

（b）$B—B'$ 剖面

图3.34　水文地质剖面

区内地质构造为复式向斜构造，两翼岩层较为平缓，倾角一般小于15°。受印支运动和燕山运动的影响，断层发育较好。有4条较为明显的断裂构造穿过板寨河流域，其中有3条为东北-西南走向，1条近东西走向。其中，板寨压扭性断裂，倾向为110°～140°，倾角大于60°，长度超过10 km，贯穿整个研究区，断裂破碎带宽10～40 m，是板寨地下河干流段地下水的集水廊道和主要运移空间。拉笔蜡压扭性断裂，倾向为310°～330°，倾角为60°～70°，长度约20 km，贯穿整个研究区。该断裂在板寨地下河流域内部，成为地貌分界线，其东西两侧，洼地底部高程差超过100 m。

流域总面积为27.26 km^2，其中碳酸盐岩分布面积为25.29 km^2；不纯碳酸盐岩分布面积有1.97 km^2（图3.33）。根据地下水径流场可将其划分为3个子系统：Ⅰ子系统为板寨地下河流域，面积为19.48 km^2，占总面积的71.46%；Ⅱ子系统为板王溪的汇水区，面积为5.05 km^2，占总面积的18.53%；Ⅲ子系统为大塘阶不纯碳酸盐岩地层汇水范围，面积为2.73 km^2，占总面积的10.01%。

流域范围内，水点出露可分为4种类型：表层岩溶带泉——板王泉；饱水带岩溶泉——拉叭、洞长、洞亮、坡报；地下水——板寨泉、地下河；地表水——板王桥、板寨桥和监测站。

监测采样点位于地下河出口（4号点）及下游约2.5 km处的板寨监测站（1号点）；同时在出口下游30 m处（3号点，用于对比地下河出口水化学变化）和监测站上游30 m处（2号点，村庄污水排放处，用于对比人类活动对岩溶水体影响）设立对比监测点，于2013年11月2—4日进行50小时连续监测采样。河道宽为1～3 m，河流深度较浅（0.2～0.5 m），最深的地方约为1.5 m，溪流河道中下游生长着金鱼藻、竹叶眼子菜、黑藻等丰富的水生植物。

2. 岩溶碳循环发生条件

研究区属于中亚热带季风湿润山地气候。年平均气温为18.3℃，平均年降水量为1 653.1 mm，全年降水主要集中在4—9月，占年降水量的80%以上。

森林小气候特征明显，主要表现为云雾较多，阴雨天气出现频繁。荔波县气象站（距自然保护区核心区约25 km）与研究区相比，年均气温低3℃左右，而年降水量高350～380 mm。

研究区内3个岩溶子系统之间的岩溶环境也存在着明显的差别（康志强，2011），具体如下：

Ⅰ子系统板寨地下河流域。该区是原始森林保护区，岩溶峰丛洼地被茂密的原生森林所覆盖，土层浅薄且不连续，为板寨地下河的上游补给区，区内地下水流向整体上为北西向南东。区内水文地质条件受拉笔蜡断层制约。拉笔蜡断层以西水力坡度较小，径流途中往往有明流与暗流交替出现，有泉水出露；穿越拉笔蜡断层后，水力坡度增大，地下水向由板寨断裂控制的岩溶管道中汇集，然后再沿该管道向东北方向径流，沿地下河管道发育有大量串珠状落水洞和天窗。地下河水受大塘阶（C_1d）地层的顶托而出露于地表。

Ⅱ子系统板王溪汇水区。该区是森林保护区缓冲区，主要覆盖次生林，为当地居民种植经济林和砍柴伐薪的地段。植被覆盖条件相对较低，土壤覆盖条件较好，局部洼地内部有开垦的农田。地下水在沿东北方向径流过程中，受C_1d岩层的顶托作用，有泉水出露。泉水在板王桥处汇集，然后于板寨桥上游30 m处汇入板寨河。

Ⅲ子系统大塘阶弱岩溶区。地势相对平坦，土壤分布也比较连续，是当地居民生活和从事农业活动的地区。仅有少量次生植被，大部分地区为农田，受大塘阶（C_1d）不纯碳酸盐岩含水层特性的影响，水力坡度小，径流条件较差，循环速率较慢。

各子系统的岩溶环境对比见表3.32，其水循环概念模型见图3.35。

表3.32　研究区各子系统岩溶环境对比
（康志强，2011）

类别	Ⅰ子系统	Ⅱ子系统	Ⅲ子系统
范围	板寨地下河流域	板王溪汇水区	大塘阶弱岩溶区
面积	19.48 km^2	5.05 km^2	2.73 km^2
地层岩性	C_2纯碳酸盐岩	C_2纯碳酸盐岩	1.97 km^2为C_1d不纯碳酸盐岩，0.76 km^2为纯碳酸盐岩
含水类型	岩溶水	岩溶水	孔隙水和溶隙水
地貌	大规模峰丛洼地，谷地	峰丛洼地	河流阶地，丘陵缓坡
土壤	土壤稀少，基岩裸露	土壤层薄，大部分地区基岩裸露，局部地段洼地内土壤覆盖较好，被开垦成农田	土壤覆盖较好
植被	原生森林覆盖良好	次生林，整体覆盖良好，局部地段较差	次生林，覆盖条件极差

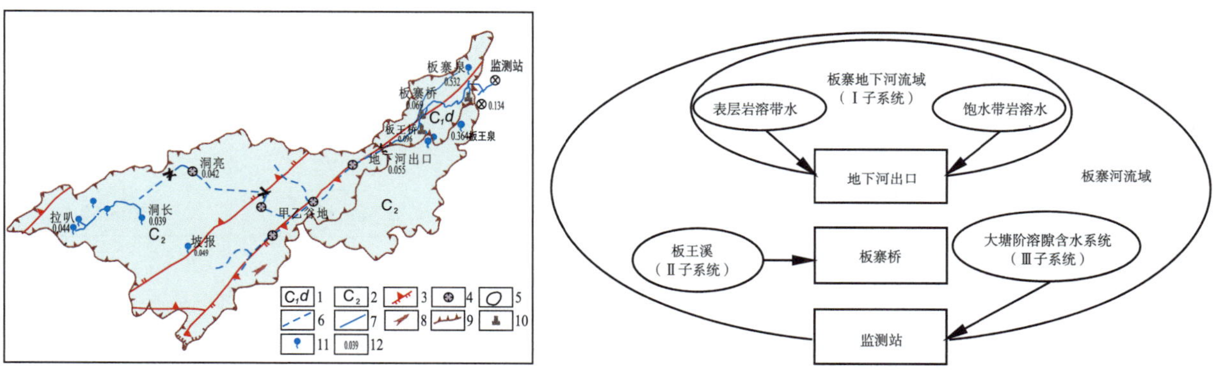

1.石灰系下统大塘阶；2.石炭系上统；3.断层；4.落水洞；5.地层界线；6.地下河管道；7.地表水系；8.地下水流向；9.流域边界；10.取样点；11.泉；12.Sr/Ca比

图3.35　板寨河岩溶水混合概念模型
（康志强，2011）

3.6.2　主要结果

森林植被的覆盖降低了区域的径流量，与此同时，丰富的生物活性的CO_2强烈地影响着岩溶碳循环过程，岩溶无机碳汇通量与径流量呈正相关。

1. 径流量

表征径流强度的指标一般有径流深及径流系数：径流深是指在某一时段内，通过河流上指定断面的径流总量除以该断面以上的流域面积所得到的值，相当于该时段内平均分布于该面积上的水深；径流系数为某一个时段内的径流深（mm）与降水量（mm）的比值。经过计算可以获得板寨河流域及各子系统的径流深和径流系数。

对板寨河流域3个子系统径流系数和径流深进行计算（表3.33、图3.36）：拉叭、洞长、洞亮、坡报代表I子系统；板王桥代表Ⅱ子系统；板寨泉代表Ⅲ子系统。计算结果显示：I、Ⅱ、Ⅲ子系统面积分别占整个流域面积的71.46%、18.53%和10.01%。3个子系统水资源贡献量分别占整个流域总量的58.39%、31.45%和10.17%。Ⅰ、Ⅱ两个子系统对降水事件的反应更为明显，而Ⅲ子系统对板寨河流域水资源的贡献量动态变化较为平稳，对降水的响应也比较弱，这也说明纯碳酸盐岩地层（C_2）的含水能力比不纯碳酸盐岩地层（C_1d）强。

表3.33　板寨河流域各子系统水资源贡献量

时间	降水量/mm	总径流量/（10^3 m^3）	Ⅰ子系统径流量/（10^3 m^3）	Ⅱ子系统径流量/（10^3 m^3）	Ⅲ子系统径流量/（10^3 m^3）
2010年1月	73.00	895.07	438.47	278.66	177.94
2010年2月	5.50	23.14	18.81	0.72	3.61
2010年3月	15.00	5.38	2.09	2.09	1.20
2010年4月	116.00	191.83	118.36	41.72	31.75
2010年5月	225.50	3 813.97	2 337.12	1 015.05	461.80
2010年6月	391.50	4 759.26	2 463.49	1 847.62	448.15
2010年7月	353.00	3 639.27	2 466.17	1 056.93	116.17
2010年8月	148.50	1 460.65	547.76	633.30	279.59
2010年9月	221.00	2 298.39	1 583.18	482.86	232.35
2010年10月	40.00	338.46	225.32	66.79	46.35
2010年11月	40.00	26.80	21.78	0.84	4.18
2010年12月	81.00	323.06	154.80	162.75	5.51
总计	1 710.00	17 775.28	10 377.35	5 589.33	1 808.60

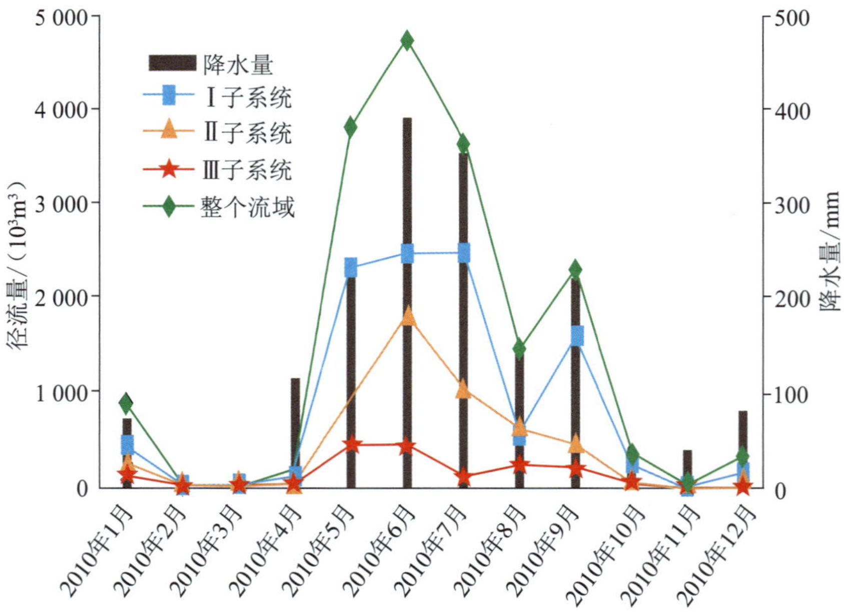

图3.36　板寨河流域各子系统径流量动态变化曲线
（康志强，2011）

在3个子系统中，Ⅱ子系统径流深最大，Ⅲ子系统次之，Ⅰ子系统最小（表3.34）。

Ⅰ子系统：植被覆盖度高，树冠层对降水的截留量大，蒸腾蒸发量大；土壤覆盖率低，且土层薄，对水的调蓄能力弱，因而，产生的径流系数和径流深偏低。

Ⅱ子系统：植被覆盖条件较差，冠层截留较少，土壤覆盖较好，大部分雨水直接到达地面而发生入渗，加上纯碳酸盐岩岩溶发育，便于雨水入渗而转化为地下水，有利于提高径流系数和径流深。

Ⅲ子系统：植被覆盖少，雨水直接到达地面，土壤层较厚，有较好的调蓄能力，但岩溶不发育，入渗少。

表3.34　板寨河各子系统2010年径流深和径流系数

	Ⅰ子系统	Ⅱ子系统	Ⅲ子系统	合计	平均
子系统面积/km^2	19.48	5.05	2.73	27.26	—
径流深/mm	532.71	1 106.80	662.49	—	652.06
径流系数/%	31.15	64.73	38.74	—	38.13

大部分岩溶水氢氧同位素δ值位于当地降水线（LMWL）下方，也说明地下水的补给来源为大气降水，在其运移过程中经过蒸发作用，而使地下水中的同位素δ值逐渐变重（图3.37）。

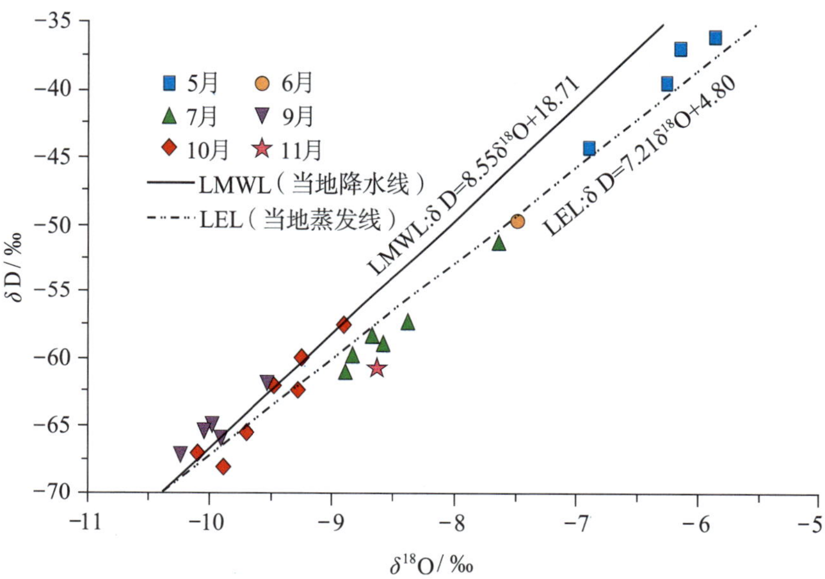

图3.37　氢氧同位素关系曲线

（康志强，2011）

2. 碳同位素示踪

岩溶水中DIC的$\delta^{13}C$值实际上是代表了一种不同来源的混合。其中，来源于碳酸盐岩风化而形成的碳同位素偏重（±0‰），生态来源（植被-土壤）的同位素偏轻（平均-23‰ ~ -25‰），来源于大气的无机碳$\delta^{13}C$值则居中（平均-7‰）。

受补给区植被、土壤覆盖条件的影响，水中的$\delta^{13}C_{DIC}$值时空变化规律极为明显：时间上，随着降水的持续，$\delta^{13}C_{DIC}$值持续变负，随着旱季的到来开始回升；空间上，植被覆盖较好的纯碳酸盐岩区岩溶水中$\delta^{13}C_{DIC}$值明显低于大塘阶不纯碳酸盐岩区的岩溶水。

土壤和大气CO_2作为岩溶水体DIC的碳源，其$\delta^{13}C$值直接影响到岩溶水中DIC的$\delta^{13}C$值。在丰水季节，土壤CO_2浓度较高，使得岩溶作用相对较强，水中DIC浓度较高，故其$\delta^{13}C$值较小；枯水季节则与之相反（图3.38）。岩溶水中DIC浓度（HCO_3^-浓度）与其$\delta^{13}C$值呈负相关关系（图3.39）。

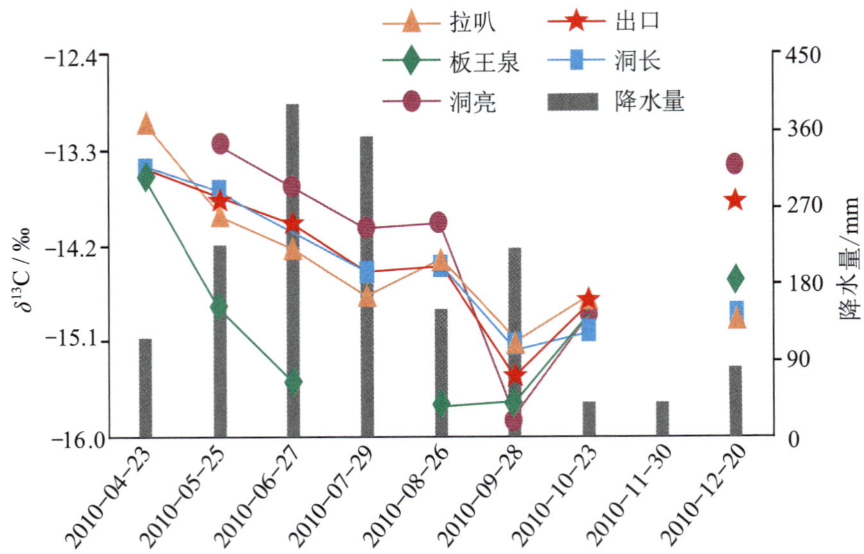

图3.38　岩溶水中δ^{13}C值的动态变化趋势
（康志强，2011）

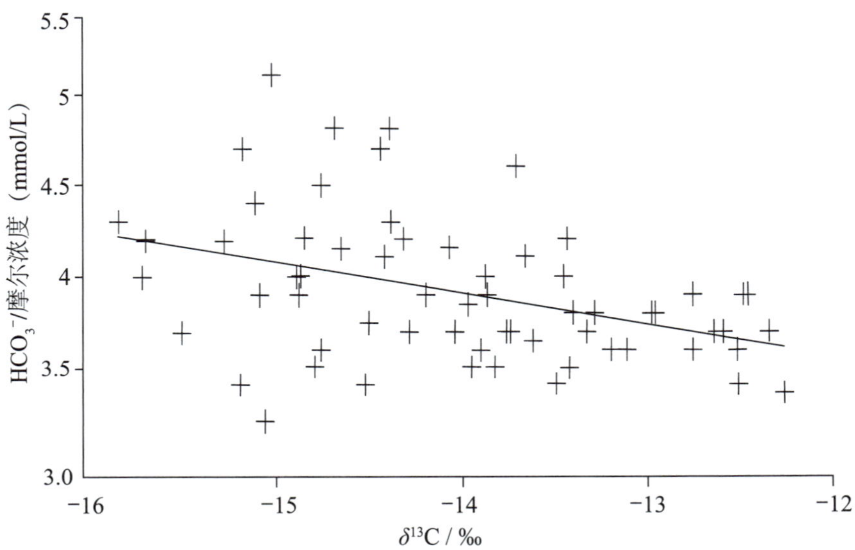

图3.39　岩溶水中HCO_3^-摩尔浓度和δ^{13}C值的关系
（康志强，2011）

在暴雨期，岩溶水中DIC的δ^{13}C值受降水的影响比较明显。2010年6月28日—8月28日在板寨地下河出口和监测站处所取水样DIC的δ^{13}C值数据显示（图3.40）：岩溶水中DIC的δ^{13}C值与HCO_3^-浓度呈同步涨落关系，而与流量的动态变化呈相反的趋势。这主要是强降水使流域径流量快速增大，因而加速了水循环强度，稀释了岩溶水中HCO_3^-浓度。研究表明，降水过程不仅能抑制土壤CO_2向空气的扩散，还有利于空气中CO_2快速进入岩溶系统而参与岩溶作用过程，从而岩溶水$\delta^{13}C_{DIC}$值降低。

因此，碳同位素示踪结果显示：丰水季节随着降水量的逐渐增加、温度的升高，森林植被和微生物活性增强，水体中的无机碳的同位素逐渐变负；而枯水季节则相反，水体中无机碳的同位素逐渐变正。全年总体趋势表现为岩溶水$\delta^{13}C_{DIC}$值与HCO_3^-浓度呈负相关关系。而在暴雨尺度上，由于受到强降水的稀释效应，岩溶水$\delta^{13}C_{DIC}$值与HCO_3^-浓度呈正相关关系。

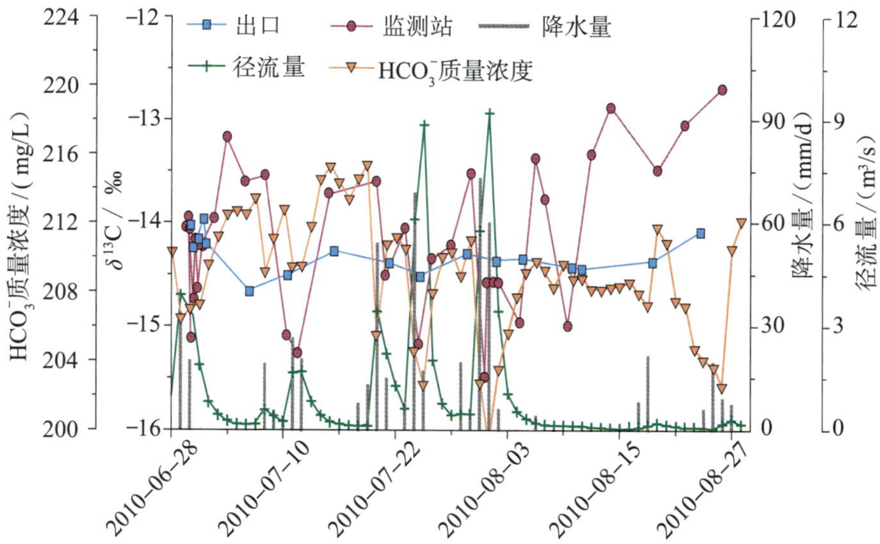

图3.40　暴雨期岩溶水DIC的δ^{13}C值动态变化与径流量的关系
（康志强，2011）

3. 岩溶无机碳汇通量

1）CO_2的岩溶碳汇效应

板寨河流域Ⅰ子系统内部，虽然植被覆盖率高，但土壤覆盖层薄，植被根系及土壤微生物、凋落层分解产生的CO_2得不到有效的保存，大部分直接向大气释放。强降雨过程，因得不到丰富CO_2的补充，岩溶水中HCO_3^-的浓度被稀释。

Ⅲ子系统内部，大部分为农田分布，土壤覆盖条件较好，随着降雨增加、气温升高，土壤中微生物活性逐渐增强，土壤层能保持丰富的CO_2供给，但不纯的碳酸盐岩岩溶作用弱，岩溶碳循环强度低。

Ⅱ子系统则介于前两者之间。鉴于上文的计算结果，Ⅱ子系统拥有最大的径流深和径流系数，从而导致Ⅱ子系统具有最强的岩溶碳汇强度，也说明了CO_2溶于水的过程和碳酸-碳酸盐岩反应过程相互耦合的重要性。同时从另一个侧面反映了土壤层覆盖对生物成因CO_2在岩溶系统中的保持时间以及保障CO_2充分溶于水的过程所需时间的重要性（表3.35）。

表3.35　板寨河流域及各子系统2010年单位面积岩溶碳汇量

类型	Ⅰ子系统	Ⅱ子系统	Ⅲ子系统	合计	平均
面积/km^2	19.48	5.05	2.73	27.26	—
年径流深/mm	532.71	1 106.80	662.49	—	652.06
径流系数/%	31.15	64.73	38.74	—	38.13
总碳汇量/t	225.07	129.48	42.92	397.47	—
岩溶碳汇强度/（t/km^2）	11.55	25.64	15.72	14.58	—

2）水的岩溶碳汇效应

降水作为研究区地下水的唯一补给源，其降水量和降水方式控制着整个流域水循环过程。

选取2010年7月10日—8月7日（代表暴雨期）、8月7日—8月19日（代表平水期—弱降水期）以及11月1日—11月6日（代表枯水期）3个时段的实时监测资料，绘制了降水量、地下河流量（Q）、HCO_3^-质量浓度和岩溶碳汇速率随时间的动态过程曲线（图3.41）。

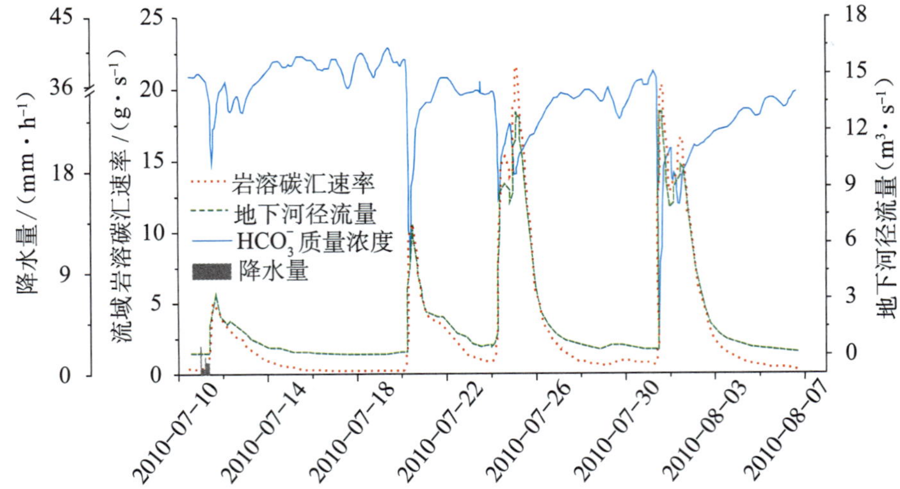

（a）暴雨期

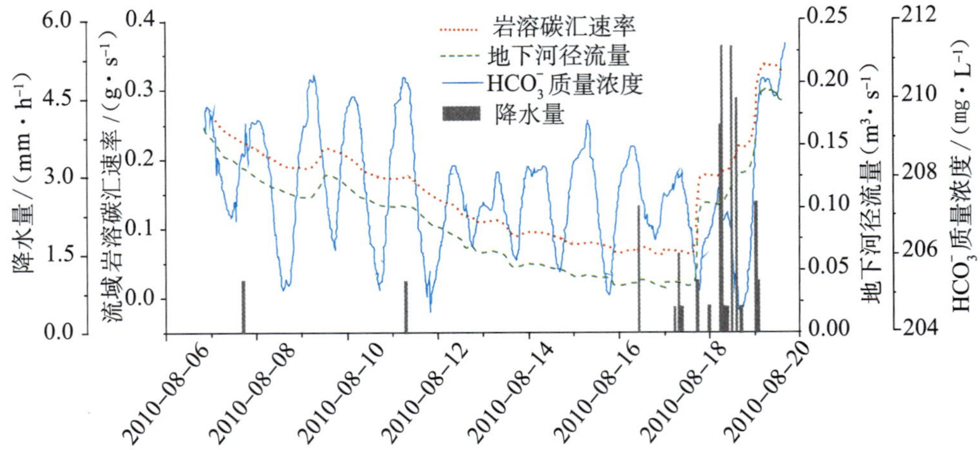

（b）平水期

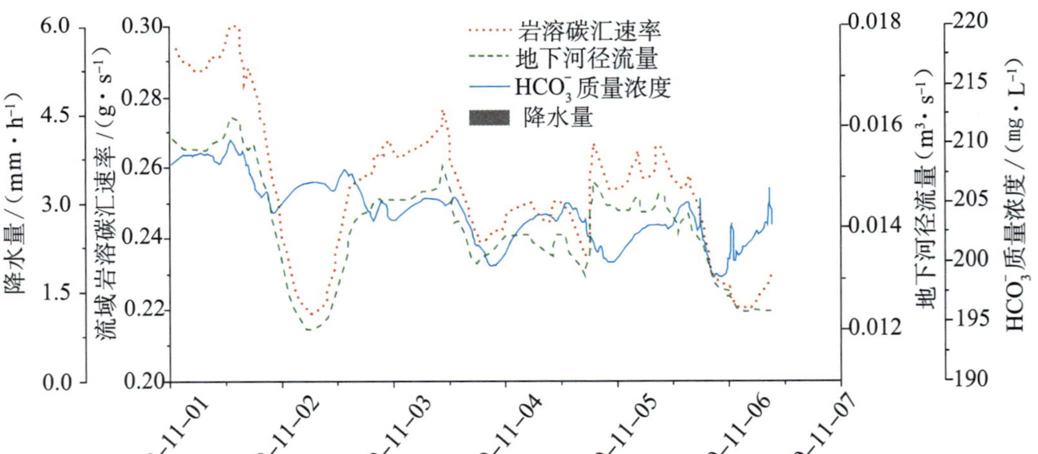

（c）枯水期

图3.41　降水量、地下河径流量、HCO_3^-质量浓度及岩溶碳汇速率动态过程曲线
（康志强，2011）

暴雨期：地下河径流量对降水的响应迅速，当降水量达到一定阈值后，径流量在短时间内迅速增大，而降水停止后即马上回落，表现出岩溶区暴涨暴落的水循环特征。岩溶水中HCO_3^-质量浓度的最大值为215.8 mg/L，最小值为175.0 mg/L，其变化幅度高达40.8 mg/L。地下河无机

碳汇速率并没有因暴雨的稀释效应，随浓度值的减小而减小，而是随HCO_3^-浓度陡降的过程中碳汇值剧增。

平水期：在无降水期间，其HCO_3^-浓度变化过程类似枯水期；而在降水条件下，HCO_3^-浓度的日动态变化受到干扰，在降水初期呈现上升趋势，之后其值随着地下河径流量的剧增而陡减，在河水退水过程中逐渐回升。这种现象说明岩溶水化学受3种不同机理的控制：一是稀释作用，雨水的补给使水中原有的溶质被稀释，HCO_3^-浓度降低；二是扩散边界层效应，降水加速了地下水循环速率，因而使扩散边界层减薄，加速了方解石等矿物的溶解；三是降水带来的土壤CO_2、腐殖酸等有机酸，使岩溶作用加强，溶蚀能力增加，HCO_3^-浓度上升。稀释效应由于不涉及水化学反应，过程历时较短，从而HCO_3^-浓度最小值往往在地下河径流量的峰值之前出现。

枯水期：HCO_3^-浓度过程曲线则是受到地下河径流量及水质日变化的影响。HCO_3^-浓度主要表现为日变化特征，在凌晨左右出现谷底值而14:00左右出现高峰值，但整体上呈衰减趋势。

无论暴雨期，还是平水期或枯水期，流域岩溶水的径流量与岩溶碳汇速率的动态变化曲线呈同步涨落，具有较好的线性正相关关系。如果以岩溶碳汇速率作为横轴，以碳汇因子（径流量及HCO_3^-浓度）作为纵轴，可以看出，整体上，岩溶碳汇速率与HCO_3^-浓度值整体呈负相关，但线性关系不明显；与之相对应，岩溶碳汇强度与径流量值的动态变化几乎同步，表现出良好的线性相关（图3.42）。

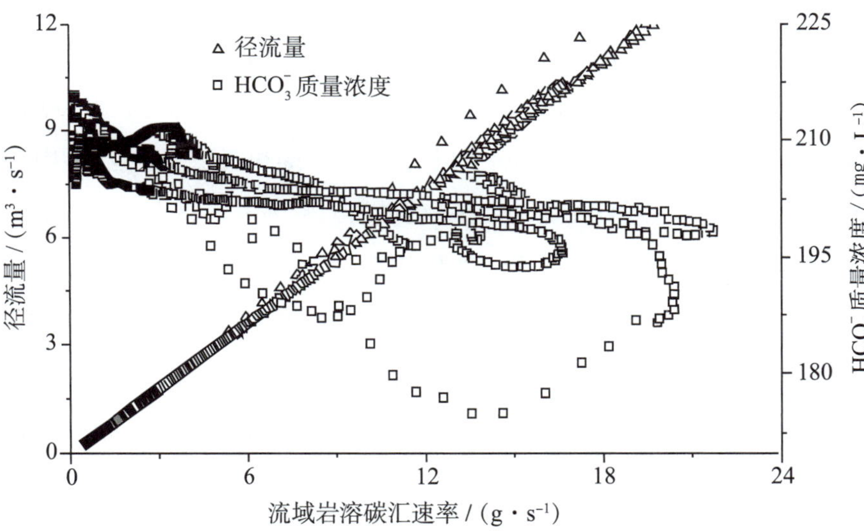

图3.42　岩溶碳汇速率与径流量、HCO_3^-质量浓度的关系
（康志强，2011）

针对板寨河流域一个完整水文年（2010年1—12月）监测计算，5—9月的雨季降水量占全年的78%，而岩溶无机碳汇量占全年的94.53%（表3.36）。

表3.36　板寨河流域各月降水量、径流总量及岩溶碳汇量

时间	降水量/mm	径流总量/（10^3 m^3）	碳汇量/t
2010年1月	73.00	895.07	17.88
2010年2月	5.50	23.14	0.47
2010年3月	15.00	5.38	0.11
2010年4月	116.00	191.83	3.93

续表

时间	降水量/mm	径流总量/（10^3 m^3）	碳汇量/t
2010年5月	225.50	3 813.97	78.78
2010年6月	391.50	4 759.26	95.18
2010年7月	353.00	3 639.27	73.20
2010年8月	148.50	1 460.65	29.03
2010年9月	221.00	2 298.39	46.73
2010年10月	40.00	338.46	7.23
2010年11月	40.00	26.80	0.53
2010年12月	81.00	323.06	6.42
全年总计	1 710.00	17 775.28	359.49

§3.7 乌江中上游偏岩河岩溶流域碳循环及碳汇效应

——硫酸对流域岩溶碳循环的影响及减汇效应

3.7.1 碳循环的背景条件

1. 地形地貌

偏岩河流域位于云贵高原的东部，发源于金沙县西北大娄山脉南麓，由西往东流经金沙县至大庙场再向东南流汇入乌江，地势西高东低，最高点海拔为1 484 m，最低海拔为600 m。

研究区隶属上扬子地台区，大多数为海相沉积，少数为陆相沉积。震旦系-中三叠统主要为碳酸盐岩，夹黏土岩、砂岩；上三叠统上部-白垩系为砂岩、粉砂岩、黏土岩夹少量砾岩；第四系主要为冲洪积与坡残积黏土、亚黏土、砾石等松散堆积层。

偏岩河流域是我国典型的西南岩溶流域之一，面积为4 815 km^2。其中，碳酸盐岩分布面积为3 905 km^2，占总面积的81%。流域各类型碳酸盐岩分布比例见表3.37。纯碳酸盐岩包括白云岩、灰岩、灰岩夹白云岩、白云岩与灰岩互层，约占总面积的37%，不纯碳酸盐岩约占总面积的44%。

表3.37 偏岩河流域各类型碳酸盐岩面积统计及分布比例

序号	岩性名称	面积/km^2	占总面积的比例/%
1	灰岩	471	9.8
2	白云岩	690	14.3
3	灰岩夹白云岩	496	10.3
4	白云岩与灰岩互层	122	2.5
5	碳酸盐岩与碎屑岩互层	953	19.8
6	碳酸盐岩夹碎屑岩	909	18.9
7	碎屑岩夹碳酸盐岩	264	5.5
8	非碳酸盐岩区	910	18.9
合计		4 815	100.0

受地形切割、河流的侵蚀和溶蚀作用，岩溶地貌类型主要有中山峰林洼地、中山峰丛洼地、中山丘陵谷地、低山峰丛洼地、低山丘陵谷地、高位缓丘台地等6种地貌类型。其中以中山丘陵谷地为主，占总面积的44.3%；其次为低山峰丛洼地，占总面积的18.5%；再次为中山峰丛洼地，占总面积的14.8%；其余各岩溶类型面积均不超总面积的8%。

偏岩河流域位于乌江中上游，含煤地层广泛分布，是我国的主要产煤区之一，且出产的多为含硫量超过1%的高硫煤，同时分布着大量硫化物矿床。流域内煤矿、硫化物矿等开采，化石燃料燃烧，以及农业生产等人类活动强烈。

2. 水文地质与岩溶地下河发育

研究区地下水类型以碳酸盐类岩溶水为主，基岩（碎屑岩）裂隙水次之。地下水补给以大气降水为主，由于流域降水充沛，地下水的补给来源比较充足。地下水埋藏受地貌控制明显，峰丛洼地、溶丘洼地地形是地下水的补给地带，峰丛沟谷主要是径流地带，溶丘谷地和岩溶中山峡谷地形则主要是地下水的排泄地带。由于工作区地壳上升剧烈，侵蚀基准面切割甚深，地下水为适应侵蚀基准面的下切速度下蚀较剧，因而造成从分水岭至侵蚀基准面地下水侵蚀曲线呈反均衡状态。在靠近分水岭地带或溶丘谷地地区地下水埋深小于50 m，其余地区地下水埋深为50 ~ 200 m。研究区已查明的地下河有15条，岩溶泉水有13个（图3.43）。

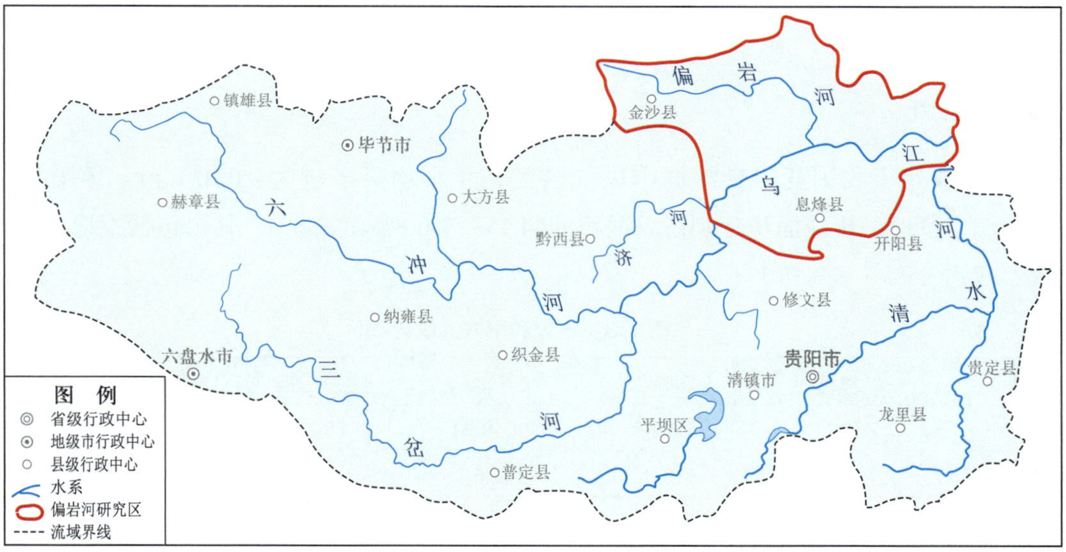

（a）研究区

图3.43　偏岩河流域水文地质及取样点分布

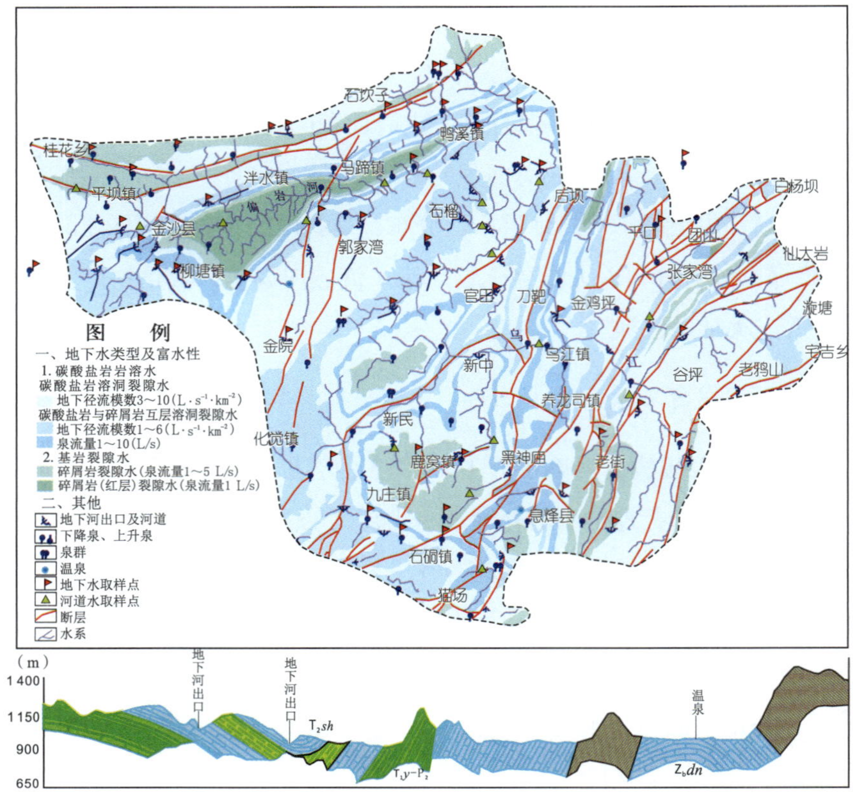

（b）取样点

图3.43（续）　偏岩河流域水文地质及取样点分布

3. 气候及土地利用

偏岩河流域处于我国亚热带湿润季风气候区，年平均降水量为1 030 mm，年平均气温为15.5℃。林地、草地、耕地面积分别占总面积的44.1%、10.8%和42.6%，其余包括荒地、湿地、建设用地等，仅占2.5%（表3.38）。

表3.38　土地利用方式统计

类型	林地	草地	耕地	建设用地	湿地、水体	荒地
面积/km^2	2 122.78	519.35	2 050.94	15.25	50.34	56.34
占总面积比例/%	44.1	10.8	42.6	0.3	1.0	1.2

3.7.2　主要结果

偏岩河岩溶流域地层中存在煤系地层、硫化矿，加上酸雨的作用，导致硫酸溶解碳酸盐岩，最终岩溶碳汇效应降低31.1%。

1. 地表水和地下水中的离子

1）地表水

地表水水化学组成中SO_4^{2-}、NO_3^-离子平均含量为1.33 mmol/L、0.15 mmol/L，两者之和约为HCO_3^-离子含量（2.44 mmol/L）的60%。

2014年8月，在偏岩河流域的地表水取样16个，样点分布位置见图3.43，样品编号为D01～D16（D15因数据异常未列出）。地表水中各种离子含量见表3.39。

表3.39　偏岩河流域地表水中主要离子的化学组成

（2014年8月）

编号	地理位置	T	pH值	电导率	$c(K^+)$	$c(Na^+)$	$c(Ca^{2+})$	$c(Mg^{2+})$	$c(Cl^-)$	$c(SO_4^{2-})$	$c(HCO_3^-)$	$c(NO_3^-)$
		℃		μS/cm	mmol/L							
D01	遵义市乌江镇乌江渡	25.2	7.81	470	0.076	0.371	1.711	0.593	0.166	1.054	2.442	0.245
D02	金沙县源村镇源村	21.3	8.45	430	0.030	0.148	1.760	0.375	0.110	0.585	2.824	0.271
D03	金沙县沙土镇源村	26.6	8.25	523	0.082	0.665	1.556	0.950	0.222	1.246	2.442	0.172
D04	息烽县清山镇小桥河	24.1	8.49	416	0.042	0.053	1.910	0.267	0.058	1.262	1.679	0.122
D05	息烽县养龙司镇荷包场	25.3	7.98	890	0.119	2.760	2.147	0.967	1.194	2.613	3.027	0.043
D06	遵义市西山乡	25.6	8.71	192	0.038	0.210	0.767	0.152	0.061	0.196	1.668	0.040
D07	息烽县流长镇翁舍村	29.3	8.50	668	0.069	0.137	2.537	1.165	0.082	3.218	1.170	0.063
D08	金沙县龙坝乡官田坝村	20.4	7.87	230	0.082	0.327	0.731	0.178	0.182	0.618	0.730	0.142
D09	金沙县龙坝乡红岩村	20.7	8.08	157	0.045	0.212	0.475	0.139	0.098	0.382	0.560	0.095
D10	金沙县	24.8	8.19	530	0.076	0.624	1.725	0.861	0.235	1.237	3.075	0.041
D11	遵义市南白镇水泊渡村	27.4	8.26	480	0.084	0.207	1.745	0.745	0.212	0.943	2.442	0.325
D12	遵义市新民镇石家堰村	28.3	8.37	379	0.038	0.087	1.699	0.153	0.151	0.459	2.696	0.042
D13	息烽县温泉镇	24.2	7.97	991	0.266	2.760	2.434	1.703	0.261	3.817	2.493	0.337
D14	金沙县木孔镇底水村渡口	28.4	8.34	530	0.084	0.783	1.445	0.943	0.226	1.178	3.027	0.156
D16	金沙县茶园镇茶园村	25	8.2	542	0.067	0.352	1.770	1.095	0.138	1.133	3.358	0.130
平均值		25.11	8.23	495	0.080	0.646	1.627	0.686	0.226	1.329	2.242	0.148

注：D15因数据异常未列出。

HCO_3^-是地表河水中主要的阴离子，水中的HCO_3^-含量变化范围为0.56 ~ 3.40 mmol/L，平均值为（2.24 ± 0.90）mmol/L；次要的阴离子为SO_4^{2-}，变化范围为0.20 ~ 3.82 mmol/L，平均值为（1.33 ± 1.10）mmol/L；Cl^-变化范围为0.06 ~ 1.19 mmol/L，平均值为（0.23 ± 0.28）mmol/L；NO_3^-变化范围为0.04 ~ 0.34 mmol/L，平均值为（0.15 ± 0.10）mmol/L。

Ca^{2+}和Mg^{2+}是地表水中的主要阳离子，其含量范围分别为0.48 ~ 2.54 mmol/L和0.14 ~ 1.70 mmol/L，平均值分别为（1.63 ± 0.60）mmol/L和（0.69 ± 0.50）mmol/L，两者占阳离子含量的80%以上。K^+变化范围为0.03 ~ 0.27 mmol/L，平均值为（0.08 ± 0.06）mmol/L；Na^+变化范围为0.05 ~ 2.76 mmol/L，平均值为（0.65 ± 0.88）mmol/L。

2）地下水

地下水水化学组成中SO_4^{2-}、NO_3^-离子平均含量为0.869 ~ 0.978 mmol/L、0.269 ~ 0.273 mmol/L，为HCO_3^-离子含量（3.247 ~ 3.623 mmol/L）的34.53%。

2013年4月和7月对流域内地下水进行了调查取样，4月取得水样13个，样品编号为Y01 ~ Y13（表3.40）；7月取得水样39个，样品编号为Y01 ~ Y54（15个样品因数据异常未列入表3.41）。样点分布位置见图3.43，地下水中各种离子含量见表3.40、表3.41。

HCO_3^-是地下河水中最主要的阴离子，其含量变化范围为0.51 ~ 5.34 mmol/L，平均值为（3.435 ± 1.1）mmol/L；次要阴离子为SO_4^{2-}，变化范围为0.19 ~ 4.21 mmol/L，平均值为（0.92 ± 0.77）mmol/L；Cl^-变化范围为0.04 ~ 0.50 mmol/L，平均值为（0.15 ± 0.09）mmol/L；NO_3^-变化范围为0.04 ~ 0.94 mmol/L，平均值为（0.27 ± 0.2）mmol/L。

Ca^{2+}和Mg^{2+}是地下水中主要的阳离子，其含量变化范围分别为0.36 ~ 4.03 mmol/L和0.07 ~ 1.65 mmol/L，平均值分别为（2.05 ± 0.83）mmol/L和（0.67 ± 0.39）mmol/L，两者占阳离子含量的80%以上。K^+变化范围为0.02 ~ 0.13 mmol/L，平均值为（0.06 ± 0.03）mmol/L；Na^+变化范围为0.00 ~ 1.08 mmol/L，平均值为（0.24 ± 0.49）mmol/L。

2. 地球化学证据

煤系地层中的硫化物氧化形成的硫酸，以及大气酸沉降都会对流域碳酸盐岩产生溶解作用，可以用下列方程来描述H_2CO_3和H_2SO_4对碳酸盐岩矿物的溶解

$$3Ca_xMg_{1-x}CO_3 + H_2CO_3 + H_2SO_4 = 3xCa^{2+} + 3(1-x)Mg^{2+} + 4HCO_3^- + SO_4^{2-} \tag{3.24}$$

利用$[SO_4^{2-}]/[HCO_3^-]$的当量比可以判断硫酸溶解碳酸盐岩对水中离子的影响。

碳酸溶蚀碳酸盐的方程，仅有CO_2参与岩溶作用时，$[Ca^{2+}+Mg^{2+}]/[HCO_3^-]$的当量比为1，$[SO_4^{2-}]/[HCO_3^-]$的当量比为0；硫酸溶解碳酸盐岩时，$[Ca^{2+}+Mg^{2+}]/[HCO_3^-]$的当量比为2，$[SO_4^{2-}]/[HCO_3^-]$的当量比为1。

地下水中大部分取水点（44个）的$[SO_4^{2-}]/[HCO_3^-]$的当量比为0 ~ 0.5，表明是以碳酸溶蚀碳酸盐岩为主的特征；而19个水点的$[SO_4^{2-}]/[HCO_3^-]$的当量比为0.5 ~ 2，表现出以硫酸溶解碳酸盐岩为主的特征（图3.44）。

地表水则只有3个取水点$[SO_4^{2-}]/[HCO_3^-]$的当量比为0 ~ 0.5，其余取水点表现出以硫酸溶解碳酸盐岩为主的特征。

表3.40　偏岩河流域地下水中主要离子的化学组成

（2013年4月）

编号	pH 值	$c(K^+)$	$c(Na^+)$	$c(Ca^{2+})$	$c(Mg^{2+})$	$c(Cl^-)$	$c(SO_4^{2-})$	$c(HCO_3^-)$	$c(NO_3^-)$
		mmol/L							
Y01	7.36	0.068	0.269	3.528	0.855	0.278	1.817	4.891	0.176
Y02	7.60	0.050	0.128	3.270	0.339	0.252	0.941	4.640	0.576
Y03	7.48	0.055	0.298	2.177	0.795	0.104	1.266	3.449	0.142
Y04	7.30	0.096	0.374	1.071	0.875	0.197	0.339	3.323	0.039
Y05	7.49	0.068	0.388	1.838	0.724	0.181	1.100	2.963	0.039
Y06	7.44	0.062	0.444	1.824	0.528	0.158	1.078	2.728	0.039
Y07	7.40	0.044	0.060	1.073	0.566	0.096	0.360	2.320	0.108
Y08	7.60	0.061	0.072	0.799	0.870	0.127	0.578	2.053	0.095
Y09	7.55	0.024	0.097	1.342	0.133	0.082	0.357	2.038	0.185
Y10	7.65	0.037	0.888	1.894	0.538	0.092	1.558	2.414	0.175
Y11	7.68	0.046	0.132	2.310	0.251	0.147	0.615	3.292	0.723
Y12	7.75	0.126	0.264	2.524	0.682	0.262	0.677	4.248	0.941
Y13	7.67	0.097	0.233	1.900	0.750	0.245	0.606	3.856	0.308
平均值	7.54	0.064	0.281	1.965	0.608	0.171	0.869	3.247	0.273

表3.41　偏岩河流域地下水中主要离子的化学组成

（2013年7月）

编号	pH值	$c(K^+)$	$c(Na^+)$	$c(Ca^{2+})$	$c(Mg^{2+})$	$c(Cl^-)$	$c(SO_4^{2-})$	$c(HCO_3^-)$	$c(NO_3^-)$
		mmol/L							
Y01	7.52	0.073	0.278	3.698	0.876	0.292	1.858	5.037	0.197
Y02	7.48	0.059	0.175	3.395	0.361	0.294	0.979	4.680	0.740
Y03	7.53	0.071	0.196	2.164	0.804	0.117	0.960	3.917	0.362
Y07	8.05	0.046	0.052	1.141	0.668	0.096	0.364	2.340	0.207
Y09	7.15	0.027	0.071	1.411	0.140	0.097	0.361	2.137	0.211
Y11	7.58	0.056	0.095	2.124	0.214	0.117	0.517	3.103	0.534
Y14	7.44	0.074	0.178	2.713	0.262	0.218	0.895	3.841	0.331
Y15	7.72	0.088	0.640	1.338	0.940	0.085	1.145	2.849	0.065
Y16	7.39	0.089	0.482	2.968	0.596	0.210	1.663	3.968	0.284
Y17	7.46	0.059	0.222	4.028	1.205	0.129	3.836	2.976	0.219
Y18	7.45	0.053	0.196	3.480	0.788	0.155	2.501	3.612	0.222
Y20	7.77	0.058	0.060	1.882	0.878	0.070	0.716	3.587	0.388
Y21	7.74	0.016	0.167	0.363	0.068	0.038	0.238	0.509	0.071
Y22	7.66	0.024	0.048	1.882	0.412	0.071	0.536	3.383	0.254
Y24	7.55	0.028	0.044	2.099	0.594	0.088	0.478	4.274	0.209
Y25	7.41	0.042	0.091	2.567	0.877	0.112	0.707	5.342	0.198
Y26	7.44	0.025	0.062	2.253	0.417	0.069	0.878	3.561	0.182
Y27	8.04	0.049	0.650	2.628	0.667	0.073	2.268	2.518	0.115
Y28	7.72	0.099	1.082	3.505	1.222	0.079	4.212	2.239	0.385
Y29	7.46	0.023	0.075	2.060	0.294	0.070	1.187	2.340	0.199
Y30	7.27	0.056	0.578	2.955	0.538	0.328	1.327	4.324	0.444
Y31	7.57	0.066	0.147	2.313	0.873	0.186	0.689	4.502	0.379
Y32	7.83	0.021	0.037	1.921	0.246	0.068	0.611	2.849	0.169

续表

编号	pH值	$c(K^+)$	$c(Na^+)$	$c(Ca^{2+})$	$c(Mg^{2+})$	$c(Cl^-)$	$c(SO_4^{2-})$	$c(HCO_3^-)$	$c(NO_3^-)$
		mmol/L							
Y33	7.65	0.084	0.194	2.183	0.768	0.174	0.731	4.324	0.185
Y34	7.67	0.134	0.337	3.098	0.903	0.329	1.190	4.935	0.692
Y35	7.52	0.059	0.193	2.962	0.543	0.258	0.845	4.884	0.409
Y36	7.54	0.033	0.100	1.609	0.992	0.113	0.473	3.867	0.170
Y37	7.55	0.035	0.038	1.568	1.035	0.068	0.283	4.324	0.142
Y38	8.14	0.033	0.037	1.183	1.508	0.064	0.320	4.095	0.133
Y39	7.68	0.038	0.041	1.473	1.331	0.096	0.358	4.477	0.201
Y40	7.71	0.052	0.124	1.747	1.267	0.156	0.266	4.782	0.436
Y41	8.38	0.028	0.000	1.134	0.903	0.047	0.258	3.154	0.125
Y42	7.60	0.038	0.033	1.127	0.929	0.064	0.193	3.612	0.060
Y43	7.85	0.028	0.018	1.746	0.802	0.071	0.538	3.867	0.213
Y45	7.71	0.037	0.007	1.986	1.649	0.079	0.903	5.189	0.137
Y46	7.82	0.026	0.017	1.403	0.902	0.082	0.420	3.612	0.148
Y47	7.33	0.111	0.487	3.389	0.393	0.500	1.654	3.816	0.672
Y53	7.30	0.033	0.134	0.971	0.640	0.090	0.376	2.264	0.217
Y54	7.52	0.047	0.008	1.166	0.365	0.072	0.397	2.188	0.179
平均值	7.62	0.052	0.190	2.144	0.740	0.137	0.978	3.623	0.269

注：Y4~Y6、Y8、Y10、Y12~Y13、Y19、Y23、Y44、Y48~Y52因数据异常未列出。

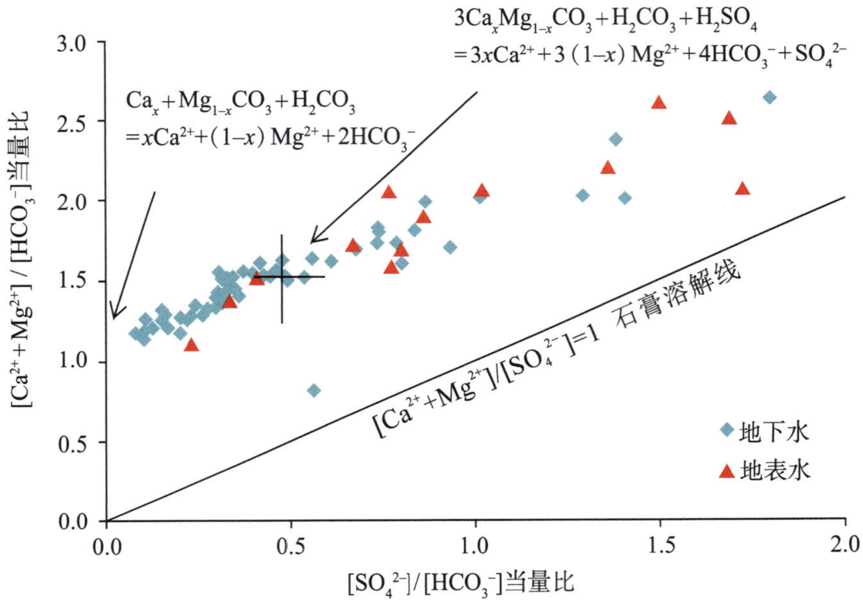

图3.44 $[Ca^{2+}+Mg^{2+}]/[HCO_3^-]$与$[SO_4^{2-}]/[HCO_3^-]$的当量比关系

3. 碳同位素证据

水中的HCO_3^-可来自碳酸盐岩被碳酸和硫酸溶解，如上述方程式所示，用$\delta^{13}C$值和碳酸盐岩溶解的化学计量关系，$\delta^{13}C_{DIC}$端元可以确定如下：在碳酸溶解1 mol碳酸盐岩生成的2 mol的HCO_3^-中，1 mol来自溶解的土壤CO_2（$\delta^{13}C=-25‰$），1 mol来自碳酸盐岩（$\delta^{13}C=0$），因此这种端元的$\delta^{13}C_{DIC}=-13‰$；硫酸溶解碳酸盐岩生成的2 mol的HCO_3^-中全部来自碳酸盐，其$\delta^{13}C_{DIC}=0$；碳酸风化硅酸盐形成的HCO_3^-中碳全部来自土壤CO_2，与土壤CO_2的相应$\delta^{13}C$值相同，$\delta^{13}C=-25‰$。

在流域地下水取样点的$\delta^{13}C_{DIC}$（V-PDB）平均值为-9.56‰，除污染严重的Y28点，地下水取样点基本落在碳酸溶解碳酸盐岩和硫酸溶解碳酸盐岩两个端元的对角线，但靠近碳酸溶解碳酸盐岩端元，表明以碳酸盐岩的碳酸风化形成的水地球化学组成为主要特征。仅少量地下水取样点表现为硫酸风化碳酸盐岩为主的水化学特征（图3.45）。

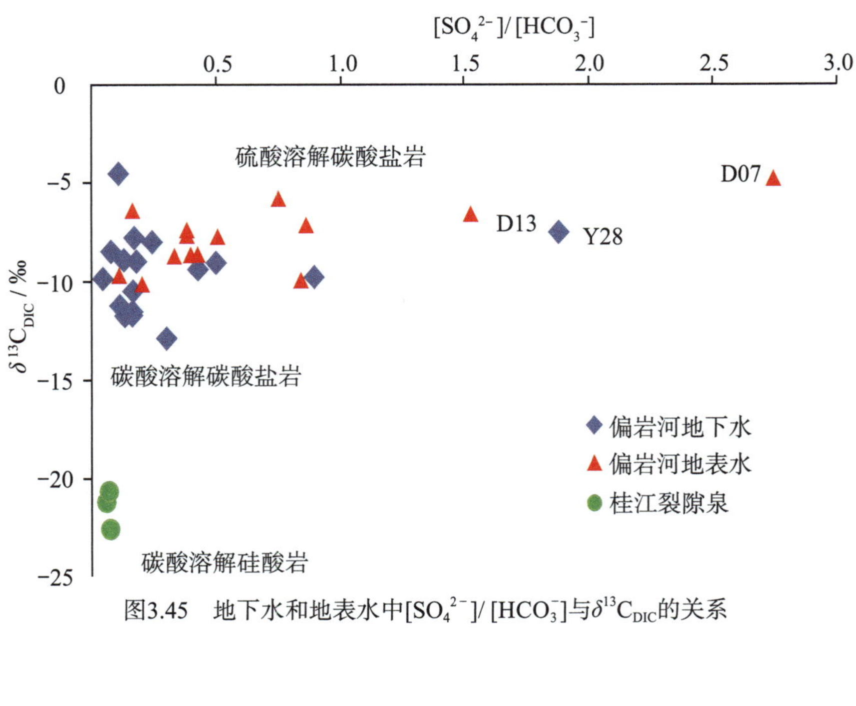

图3.45 地下水和地表水中$[SO_4^{2-}]/[HCO_3^-]$与$\delta^{13}C_{DIC}$的关系

地表水的取样点的$\delta^{13}C_{DIC}$（V-PDB）平均值为−7.56‰。除污染严重的D13、D07点外，取样点也基本上落在碳酸溶解碳酸盐岩和硫酸溶解碳酸盐岩两个端元的对角线，但近一半地表水取样点靠近硫酸溶解碳酸盐岩端元，表现为硫酸风化碳酸盐岩为主的水化学特征。

4. 流域内硫酸对岩溶碳循环的影响及减汇效应

选择7条地下河、6个岩溶泉水及地表水木孔站取样点，根据水的离子浓度、径流模数，利用Galy方法计算出岩石风化消耗大气和土壤CO_2通量及侵蚀速率（表3.42）。

偏岩河流域平均岩石风化速率为37.52 mm/ka，其中碳酸盐岩、硅酸盐岩的风化速率分别为36.39 mm/ka和1.13 mm/ka，碳酸盐岩风化速率约为硅酸盐岩风化速率的30倍。流域碳酸盐岩、硅酸盐岩风化消耗大气和土壤CO_2量分别为13.0 t/（km^2・a）、2.1 t/（km^2・a），碳酸盐岩消耗大气和土壤CO_2量占总量的86%，表明在偏岩河流域，碳酸盐岩风化消耗大气和土壤CO_2量占绝对优势。碳酸风化硅酸盐岩对水中HCO_3^-的贡献率平均为5.1%（源于大气和土壤CO_2的贡献率），碳酸溶解碳酸盐岩对水中HCO_3^-的贡献率平均为63.8%（其中一半源于大气和土壤CO_2的贡献率，一半来自碳酸盐岩溶解），硫酸溶解碳酸盐岩对水中HCO_3^-的贡献率平均为31.1%（源自碳酸盐岩溶解，对大气和土壤CO_2没有作用）。

类似的研究结果如刘丛强等（2008）根据长江支流乌江流域丰水期数据计算出，硫酸参与时，碳酸盐岩风化碳汇效应降低33%；长江流域碳酸盐岩分布面积为43×10^4 km^2，占流域面积的24%，硫酸的参与，在加快碳酸盐岩溶蚀速率的前提下，岩溶碳汇效应降低14%（张连凯　等，2016）；美国阿拉斯加州中南部Bench Glacier冰川河流数据计算显示，硫酸参与的碳酸盐岩溶解占碳酸盐岩溶解总量的22%（Anderson et al，2000）。

§3.8　其他佐证岩溶碳循环过程的典型研究

3.8.1　土壤碳循环对比研究

在桂林毛村岩溶碳循环野外研究基地，选择环境条件相近的岩溶区、非岩溶区两个土壤剖面：岩溶区为棕色石灰土，剖面深度为1 m，森林覆盖，植被群落是由乔木青冈栎，灌木檵木、红背山麻杆、黄荆，耐阴的草本蕨类等构成的常绿阔叶林；非岩溶区为地带性红壤，剖面深度略大于1 m，森林覆盖，植被群落由乔木栲、木荷，灌木甜椎、鼠刺及少量芒草等构成。

挖开土壤剖面，根据剖面的变化特征，将表层（0 ~ 30 cm）按10 cm间隔分层，深部（50 ~ 100 cm）按20 cm的间隔分层，然后按层取样分析土壤的理化性质。分析结果显示，岩溶区的石灰土为中性偏碱，碎屑岩区的红壤呈酸性；岩溶区土壤有机碳和全氮的平均含量约为碎屑岩区的2倍，而岩溶区全磷和全钾的平均含量约为碎屑岩区的1/2（表3.43）。

表3.42　岩石风化消耗大气和土壤CO_2量计算结果

编号	硅酸盐岩风化			碳酸盐岩溶蚀					合计			硫酸溶蚀碳酸盐岩占总碳酸盐岩溶蚀比例 /%	碳酸盐岩溶解消耗大气CO_2占总量的比例 /%
	溶蚀量 / ($t\cdot km^{-2}\cdot a^{-1}$)	溶蚀厚度 ($mm\cdot ka^{-1}$)	CO_2 吸收量 ($10^3 mol\cdot km^{-2}\cdot a^{-1}$)	溶蚀量 / ($t\cdot km^{-2}\cdot a^{-1}$)	溶蚀厚度 ($mm\cdot ka^{-1}$)	碳酸溶蚀碳酸盐岩产生的CO_2 ($10^3 mol\cdot km^{-2}\cdot a^{-1}$)	硫酸溶蚀碳酸盐岩产生的CO_2 ($10^3 mol\cdot km^{-2}\cdot a^{-1}$)	来源大气和土壤的CO_2 ($10^3 mol\cdot km^{-2}\cdot a^{-1}$)	溶蚀厚度 ($mm\cdot ka^{-1}$)	CO_2 吸收量 ($10^3 mol\cdot km^{-2}\cdot a^{-1}$)	溶蚀量 / ($t\cdot km^{-2}\cdot a^{-1}$)		
Y12	6.21	2.301	153.54	96.11	48.06	300.03	352.33	300.03	50.36	453.57	19.96	36.99	66.1
Y03	5.97	2.210	129.51	124.34	62.17	274.34	651.26	274.34	64.38	403.85	17.77	54.27	67.9
Y07	2.57	0.951	32.22	49.08	24.54	187.25	183.45	187.25	25.49	219.47	9.66	32.88	85.3
Y11	3.21	1.187	54.69	72.57	36.28	241.97	269.32	241.97	37.47	296.66	13.05	35.75	81.6
Y20	3.07	1.136	42.96	82.83	41.41	260.29	374.19	260.29	42.55	303.25	13.34	41.82	85.8
Y24	2.80	1.038	21.24	80.08	40.04	421.34	248.66	421.34	41.08	442.58	19.47	22.78	95.2
Y26	1.69	0.624	18.41	62.25	31.12	156.40	322.22	156.40	31.74	174.81	7.69	50.74	89.5
Y31	3.07	1.138	61.32	73.59	36.80	285.52	278.63	285.52	37.94	346.84	15.26	32.79	82.3
Y32	1.62	0.599	11.19	54.16	27.08	159.05	247.15	159.05	27.68	170.24	7.49	43.72	93.4
Y35	1.92	0.710	42.02	50.25	25.13	169.61	201.52	169.61	25.84	211.63	9.31	37.27	80.1
Y37	2.41	0.894	22.99	70.12	35.06	479.88	147.83	479.88	35.95	502.87	22.13	13.35	95.4
Y41	2.35	0.869	6.40	65.04	32.52	412.57	162.36	412.57	33.39	418.97	18.43	16.44	98.5
Y42	2.91	1.078	26.85	65.68	32.84	494.86	121.61	494.86	33.92	521.71	22.96	10.94	94.9
地下水平均	3.06	1.13	47.95	72.78	36.39	295.63	273.89	295.63	37.52	343.58	15.12	33.06	85.9
地表水（木孔）	5.25	1.943	94.26	93.41	46.71	260.19	436.14	260.19	48.65	354.45	15.60	45.60	73.4

表3.43　林下石灰土、红壤的土壤剖面中基本理化性质

研究区	深度/cm	pH值	有机碳含量占比/%	全氮含量占比/%	全磷含量占比/%	全钾含量占比/%
岩溶区	10	7.22	3.60	0.63	0.11	0.46
	20	7.34	2.77	0.39	0.08	0.48
	30	7.38	2.87	0.26	0.07	0.49
	50	7.36	2.82	0.18	0.17	0.51
	70	7.45	2.51	0.13	0.1	0.51
	90	7.46	2.08	0.13	0.05	0.51
碎屑岩区	10	4.58	1.56	0.22	0.13	1.05
	20	4.63	1.27	0.13	0.14	0.98
	30	4.69	1.12	0.12	0.14	1.25
	50	4.66	1.27	0.09	0.2	1.06
	70	4.67	1.36	0.09	0.24	0.99
	90	4.78	1.45	0.08	0.16	0.83

1. 土壤呼吸排放 CO_2 量

岩溶区与碎屑岩区土壤呼吸排放CO_2的动态变化具有相同的变化趋势（图3.46）。

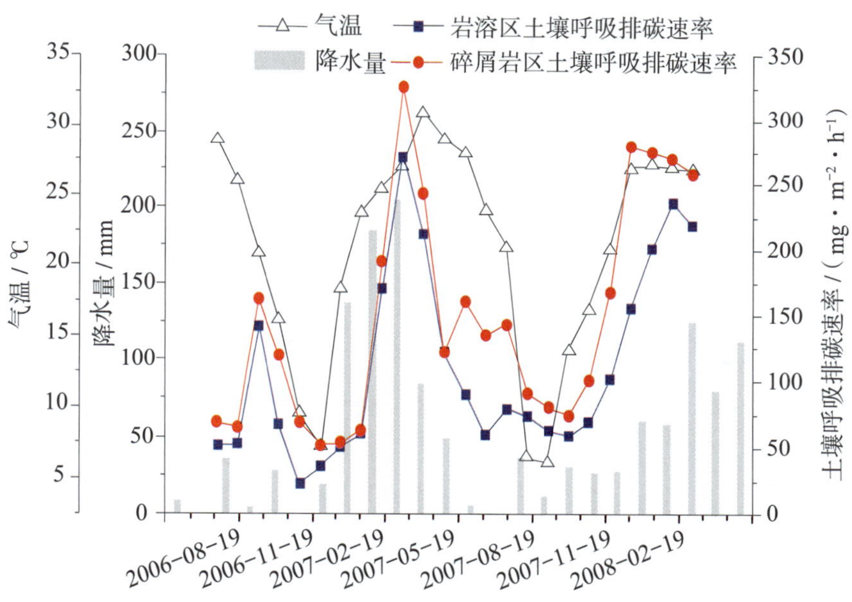

图3.46　岩溶区石灰土与碎屑岩区土壤呼吸排碳动态对比

9—11月，气温保持在较高水平，但降水量少，土壤含水量偏低，此时土壤微生物活性减弱，但此期间植物根呼吸还维持一定的强度，土壤呼吸排放CO_2的速率处于较低水平，但未出现全年最低值；在此期间，土壤呼吸排放CO_2的速率会因降水的频率和强度出现波动。

12月—次年2月，气温较低，土壤温度也偏低，此时微生物活性较低，植物新陈代谢较弱，因此土壤呼吸排放CO_2速率处于全年最低水平。

3—8月，随着气温不断升高，降水量增加，微生物活性和植物新陈代谢能力提高，土壤呼吸排放CO_2速率增加，并在7月达到全年最高水平。

从全年来看，碎屑岩区的土壤呼吸排放CO_2速率明显高于岩溶区石灰土。岩溶区土壤呼吸排

放CO_2速率的变化幅度为23.12～271.26 mg·m^{-2}·h^{-1}，平均为111.57 mg·m^{-2}·h^{-1}；碎屑岩区土壤呼吸速率的变化幅度为51.60～326.28 mg·m^{-2}·h^{-1}，平均为148.99 mg·m^{-2}·h^{-1}。如果以平均值计算，则岩溶区土壤呼吸排放CO_2的量要比碎屑岩区少25.12%。

2. 土壤呼吸释放 CO_2 的 $\delta^{13}C$ 值

土壤呼吸排放CO_2的$\delta^{13}C$值显示出高温与轻碳的相对应关系，且轻碳与土壤呼吸排放CO_2的高速率有较好的对应关系，显示出土壤微生物及植物的新陈代谢活动对土壤呼吸轻碳的供给。从全年来看，岩溶区土壤呼吸排放CO_2的$\delta^{13}C$值为−29.35‰～−18.26‰，平均值为−22.68‰；碎屑岩区为−29.21‰～−22.60‰，平均值为−26.21‰（图3.47）。原因可能是石灰土中碳同位素的分馏过程有$CaCO_3$溶解过程的参与。如果将碎屑岩区作为参照背景，且假设其他气候及生态环境相同、碳的分馏过程中$\delta^{13}C$值的变化相同，则石灰土中土壤呼吸排放的CO_2中有13.46%的碳来源于碳酸盐岩的碳（碳酸盐岩中碳稳定同位素值为0）。

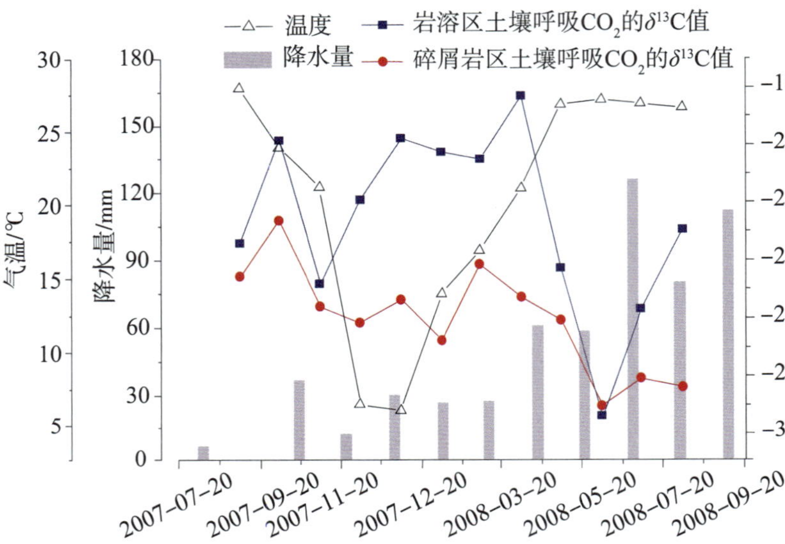

图3.47 岩溶区石灰土、碎屑岩区红壤土壤呼吸排放CO_2的$\delta^{13}C$值

3. 土壤剖面 CO_2 浓度

土壤剖面中CO_2浓度的变化与土壤–大气界面的呼吸排碳动态变化有较好的对应关系：9—11月，剖面中CO_2浓度逐渐降低；12月—次年2月，剖面中CO_2浓度最低；3—8月，剖面CO_2浓度逐渐升高（图3.48）。但岩溶区石灰土剖面中的CO_2浓度变化与碎屑岩区土壤剖面中的CO_2浓度变化存在两个较大的差别。

（1）岩溶区石灰土剖面中的CO_2浓度存在双向梯度现象，即土壤表层、土壤深部CO_2浓度偏低，而中间层位CO_2浓度偏高，CO_2浓度最高值出现的层位在冬春季偏下层，夏秋季偏上层（图3.48）。

（2）碎屑岩区红壤剖面中的CO_2浓度基本不存在双向梯度，而是表现为随着土壤深度的增加，土壤CO_2浓度增加的单向梯度（图3.49）。

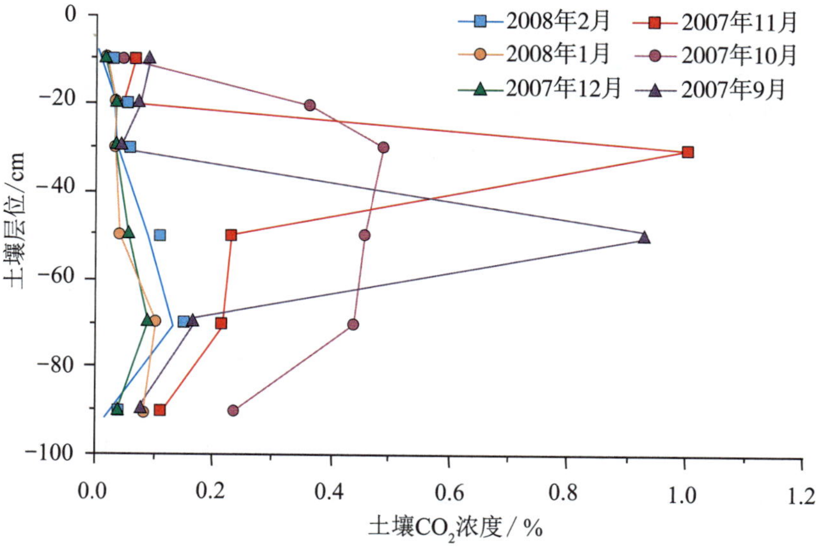

（a）9月—次年2月

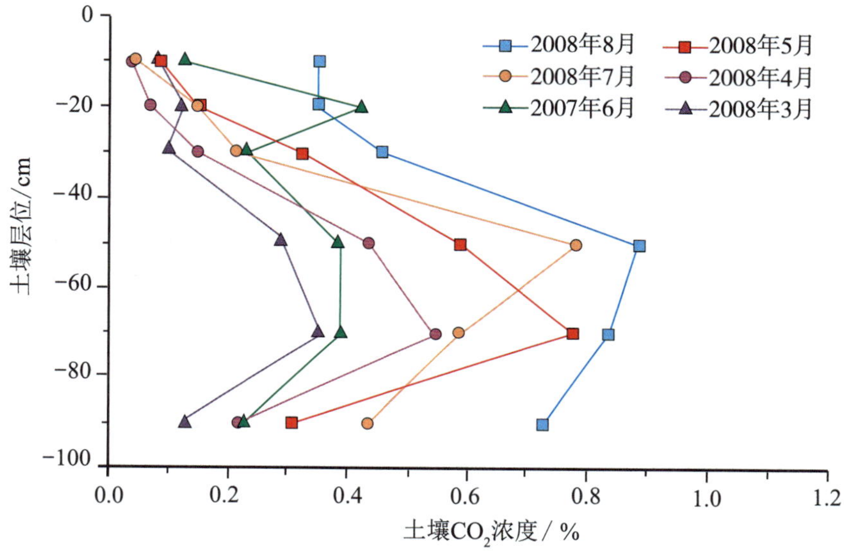

（b）3—8月

图3.48　岩溶区石灰土剖面CO_2浓度动态变化（9月—次年8月）

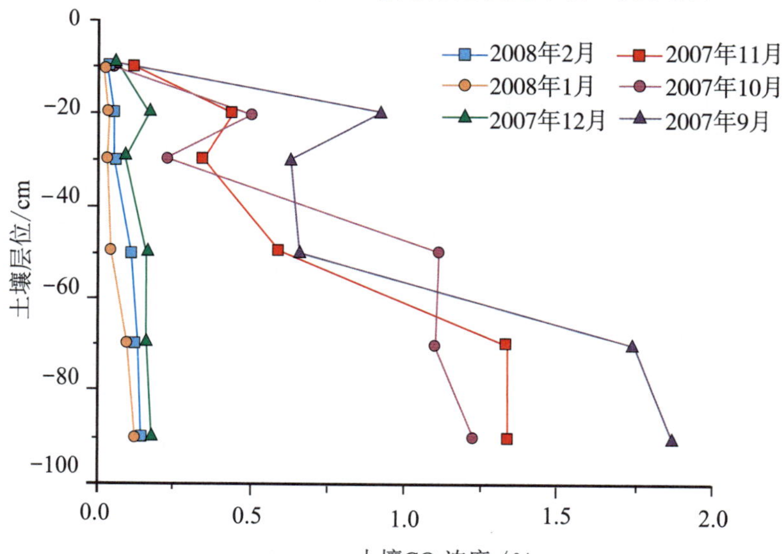

（a）9月—次年2月

图3.49　碎屑岩区红壤剖面CO_2浓度动态变化（9月—次年8月）

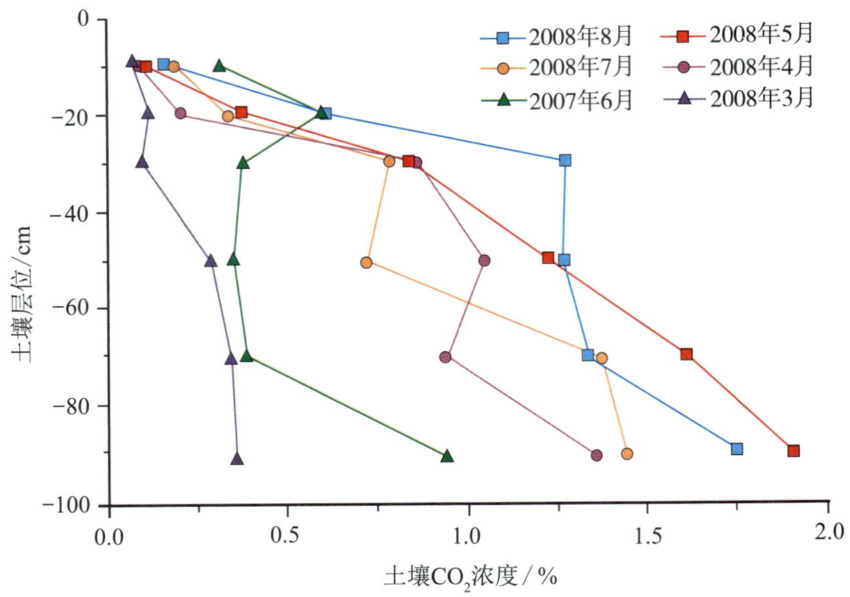

（b）3—8月

图3.49（续） 碎屑岩区红壤剖面CO_2浓度动态变化（9月—次年8月）

如果将土壤剖面中CO_2浓度取平均值，其结果显示（图3.50）：无论是岩溶区石灰土，还是碎屑岩区红壤，其土壤CO_2浓度具有明显的月动态变化，9—11月，由于气温较高，土壤中微生物活性较强，土壤CO_2浓度较高；11月—次年3月，土壤CO_2浓度在低浓度范围内小幅波动；3—8月，随着气温的回升，降水量增多，微生物逐渐活跃，土壤CO_2浓度呈现上升趋势，期间会因为降水量的大小、降水频繁程度及土壤干湿交替作用有明显的波动。

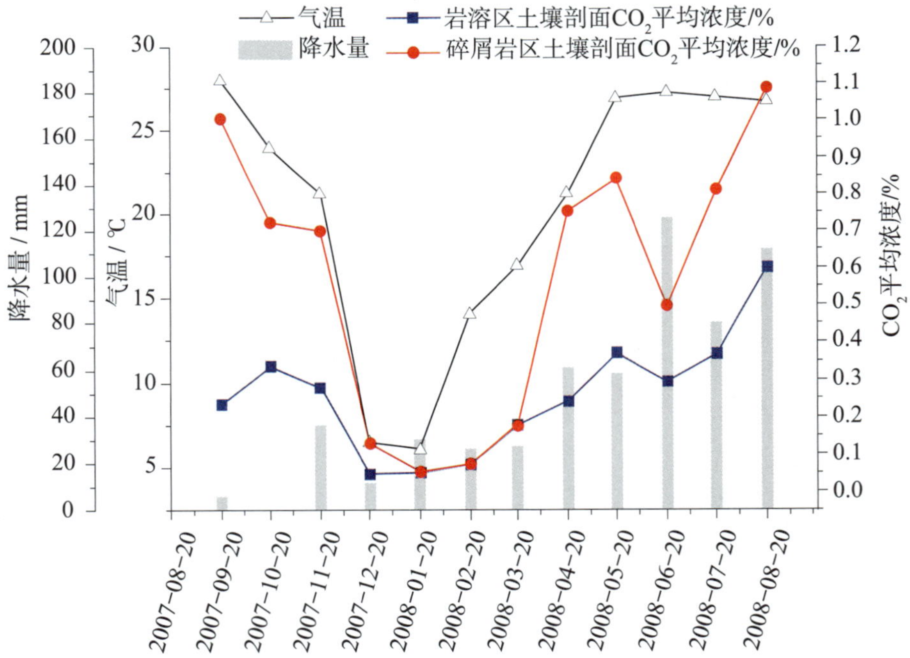

图3.50 岩溶区石灰土、碎屑岩区红壤月平均土壤呼吸速率对比

岩溶区石灰土剖面中CO_2浓度明显低于碎屑岩区红壤剖面中CO_2浓度，尤其是高温、多雨季节。岩溶区石灰土剖面中CO_2浓度平均值的变化幅度为0.05%～0.60%，全年平均值为0.25%；碎屑岩区红壤土壤剖面中CO_2平均值变化幅度为0.05%～1.09%，全年平均值为0.57%；前者仅为后者的

44.98%。这暗示着，在石灰土覆盖下的石灰岩溶解消耗了大量的土壤CO_2，并将其转化成水体中的无机碳。

3.8.2　水生植物光合作用

水体是携带HCO_3^-迁移的主要载体，岩溶水水体中的HCO_3^-含量通常为3 ~ 5 mmol/L，比外源水水体中的要高出1个数量级，而高浓度HCO_3^-的岩溶水可刺激大量水生植物滋生，使无机碳向有机碳转化。

桂林寨底岩溶地下河流域，汇水面积约32.69 km^2，其地下河出口至汇入潮田河间存在512 m的寨底地表河，河面宽2 ~ 3 m，局部可达10 m，水力坡度为5.05°，水深0.6 ~ 2.2 m。采用取样方法调查寨底河水生植物群落，表明河流中有8种沉水植物，隶属于4科：水鳖科（*Hydrocharitaceae*）、眼子菜科（*Potamogetonaceae*）、小二仙草科（*Haloragidaceae*）和轮藻科（*Characeae*）。其中优势种为海菜花（*Ottelia acuminata*）、竹叶眼子菜（*Potamogeton wrightii*）、苦草（*Vallisneria natans*）和黑藻（*Hydrilla verticillata*）。

从寨底地下河出口，向下游依次设立6个调查监测和取样点：A、B、C、D、E、F（图3.51）。2014年9月，分别于6个点取4种优势沉水植物：海菜花、苦草、竹叶眼子菜和黑藻。取新鲜的植株洗净，用去离子水超声波清洁15分钟，洗净后自然晾干，然后在50℃烘箱中连续48小时烘干，使样品完全干燥；将样品用玛瑙研钵磨碎，然后将其过100目筛；把10 mg样品放入6 mm口径的小石英管中，加入丝状氧化铜，然后将小石英管放入到直径为9 mm、长为28 cm的石英管中，进行抽真空、熔封；将样品置于马弗炉中设定850℃灼烧5小时，冷却后进行纯化处理，然后收集CO_2；收集到的CO_2用MAT253气体同位素质谱仪测定其$\delta^{13}C_{plant}$值。

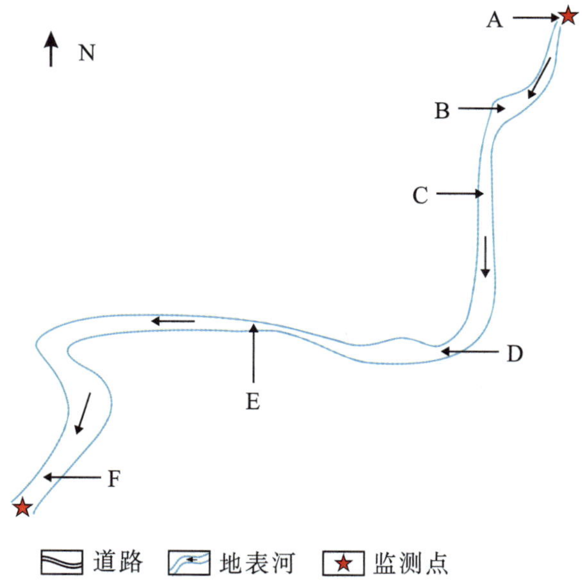

图3.51　寨底河流域及取样点分布

野外监测、取样、进行室内分析，主要结果如下：

寨底河中水生植物生长茂盛，其中4种优势沉水植物的稳定碳同位素，从寨底河上游到下游呈现出梯度分布的趋势，同位素值逐渐偏正，最轻值均出现在寨底河入口（寨底地下河出口）处，最重值均出现在寨底河出口（寨底河与潮田河汇合处）（表3.44、图3.52）。

表3.44　不同点4种植物的稳定碳同位素 $\delta^{13}C$值　　单位：‰

样品	A	B	C	D	E	F
海菜花	−40.48	−34.78	−34.95	−30.61	−34.80	−27.83
苦草	—	−35.06	−34.82	−33.32	−34.92	−25.29
竹叶眼子菜	−39.16	−36.56	−35.83	−33.09	−34.40	−23.70
黑藻	—	−38.56	—	−34.55	−34.00	−26.32
距地下河出口的距离/m	0	85	128	260	332	512

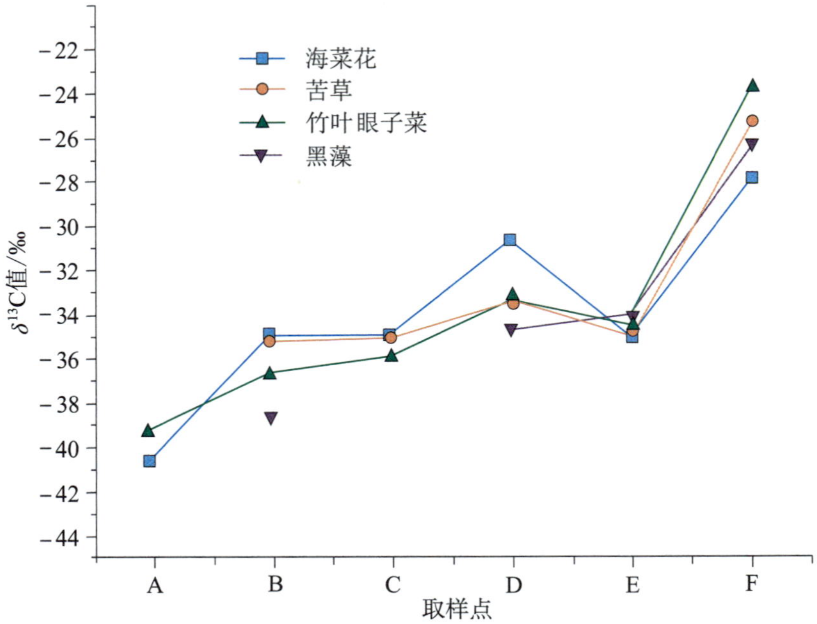

图3.52　4种优势沉水植物叶片中碳同位素在寨底河的空间变化

与陆生植物相比，水生植物的光合作用，将环境中CO_2和H_2O合成CH_2O、释放O_2有明显的不同：陆生植物光合作用主要受控于水分，所以陆地地表才会出现沙漠绿洲的现象；而水生植物的光合作用主要受控于碳源，因为CO_2在大气和水界面的扩散是一个缓慢过程，因此，水生植物（尤其是沉水植物）在光合作用时水体中游离CO_2浓度不断减少，当减少到游离CO_2浓度不能满足水生植物光合作用时，为适应生存需要，水生植物就会启用进化出的利用HCO_3^-为碳源的生理适应机能。

在寨底河入口处，地下水刚刚从地下河转化为地表水，其水温、溶解氧等指标均保持相对稳定。而水流流经512 m后到达寨底河出口处，不仅水温、溶解氧、pH值，以及水体中HCO_3^-中碳稳定同位素均出现有规律的日动态（图3.53）：白天，光照强、水温高、溶解氧高、碳稳定同位素偏重；夜晚，无光照、水温低、溶解氧低、碳稳定同位素偏轻。

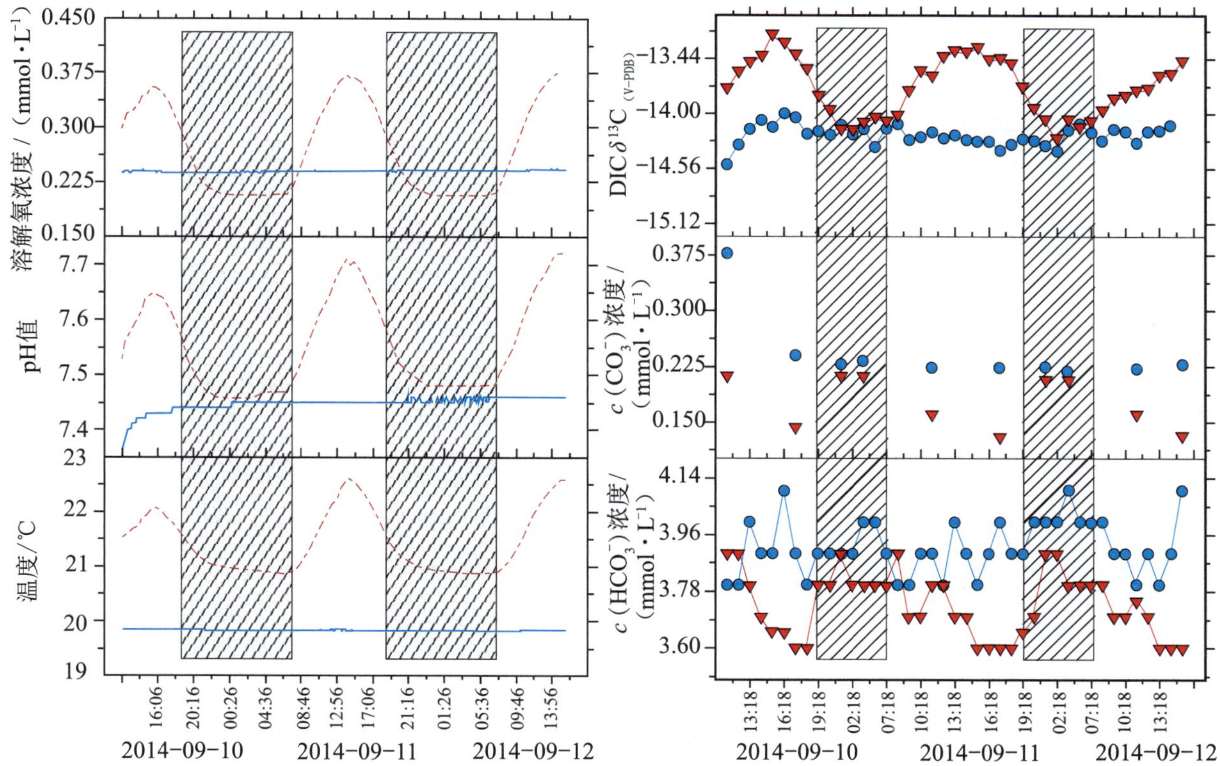

（a）入口　　　　　　　　（b）出口

图3.53　寨底河入口、出口处水化学日动态变化对比

白天，水体中的水生植物行光合作用，首先利用水体中的游离CO_2，合成有机碳，释放出O_2

$$CO_2+H_2O \xrightarrow{\text{光合作用}} CH_2O+O_2\uparrow \tag{3.25}$$

因此，当地下河水出露地表后，在较短的时间内游离CO_2浓度快速降低，随后，利用HCO_3^-作为碳源

$$Ca^{2+}+2HCO_3^- \xrightarrow{\text{光合作用}} CaCO_3\downarrow+\frac{1}{6}C_6H_{12}O_6+O_2\uparrow \tag{3.26}$$

而水生植物光合作用优先利用轻碳，将重碳遗留在水体中。因此，水体中$\delta^{13}C_{HCO_3^-}$偏重，而夜晚的呼吸作用，则呈现相反的情况

$$CH_2O+O_2 \xrightarrow{\text{呼吸作用}} CO_2+H_2O \tag{3.27}$$

通过对寨底河水生生态系统溶解氧昼夜变化的计算，结果表明，监测期间寨底河水生生态系统日平均初级生产量为当量32.70 mg/L的氧气，呼吸作用速率为当量21.42 mg/L的氧气，净初级生产力为11.28 mg/L的氧气。通过GPP/$ER_{总}$的比值可以得知，寨底河水生生态系统具有较高的净初级生产力（表3.45）。

表3.45　寨底河水生生态系统新陈代谢估算值

时间	$K(O_2)$/h	$ER_{总}$（$mg\cdot L^{-1}$）	总初级生产力（GPP）（$mg\cdot L^{-1}$）	净初级生产力（NPP）（$mg\cdot L^{-1}$）	GPP/$ER_{总}$
9月10—11日	1.16	22.31	33.17	10.87	1.49
9月11—12日	1.18	20.54	32.22	11.68	1.57
平均值	1.17	21.42	32.70	11.27	1.53

注：$ER_{总}$为生态系统呼吸（ecosystem respiration）的简称，表示一天的总的生态系统的呼吸作用，是用溶解氧的浓度计算出来的。

总无机碳含量为31.6 kg的当量CO_2，其中被寨底河水生生态系统中水生植物转化的无机碳含量为11.48 kg的当量CO_2，被水生植物固定的无机碳含量为3.96 kg的当量CO_2，分别占输入该系统总碳量的36.32%和12.52%。

在7月22—23日监测期间，计算溪流固定的有机碳含量约为10.34 kg/d，所产生的有机碳碳汇强度为2 658.28 mg/（m^2·d），经计算得出碳酸钙沉积占溶解无机碳（DIC）损失的38%，CO_2脱气占21%，水生植物新陈代谢过程占41%。因此，研究表明了脱气只占一小部分，DIC大部分能被水生植物利用形成内源有机碳（王培，2016）。

小　结

6个代表性流域的调查研究，定量揭示了岩溶碳循环的制约因素和碳汇强度。

（1）地处湖南省东南的武水河上游补给区可分为3个水文地质单元：东部碎屑岩区、西部浅变质岩区和中部的碳酸盐岩区，其岩溶碳汇强度（按CO_2计）分别为1.7、0.82、43.03 t·km^{-2}·a^{-1}，全区平均碳汇强度为25.5 t·km^{-2}·a^{-1}。

（2）鄂西香溪河流域，干流河长110 km，水头落差达1 000 m，岩溶分布面积占流域66%，23个地表小流域和2条岩溶地下河的研究显示，地形坡度制约了岩溶地表、地下水的水动力条件，岩溶作用产生的水头中DIC的浓度在坡度<15°时，随坡度的增加而增加；坡度>15°时，随坡度的增加，DIC浓度减少；强烈的水动力条件，水体中轻碳逸出，DIC中碳同位素明显偏重。

（3）漓江流域位于广西壮族自治区东北部，属桂江中上游河段，流域面积为5 039.7 km^2，10.2 km^2的毛村岩溶地下河，上游32%的非岩溶区，外源水流输入后可增加30%的岩溶碳汇量；漓江流域发源于花岗岩的猫儿山，桂林站以上非岩溶区占比为67%，桂林站以下岩溶区占比为65%，外源水输入，可增加岩溶碳汇量达87%，碳汇量增加比例最大者为流域内岩溶分布面积的50%。

（4）地处广西河池市和贵州荔波县交界的柳江上游打狗河流域，流域面积为3 366 km^2，岩溶分布面积占比为94%，70 km的河道两侧分布了21条地下河。针对东西两岸8条地下河流域的调查研究显示，东岸地下河流域林地分布比例是西岸的2倍多、西岸的裸岩地分布比例是东岸的3倍多，东岸地下河无机碳排泄通量比西岸高14%，意味着增加地表生态碳汇的同时，地下岩溶碳汇也同时增加。

（5）贵州荔波县板寨岩溶地下河流域，面积为27.26 km^2，岩溶分布面积占比为92.77%，分为3个小流域。对比研究结果显示，森林植被的覆盖降低了区域的径流量，而丰富的生物活性的CO_2强烈地影响着岩溶碳循环过程，岩溶碳汇效应主要发生在水、热、生物活动配套的5—9月，降水量占全年的78%，岩溶碳汇量占全年的94.53%；植被覆盖好的小流域，岩溶水体碳同位素更少，暗示着地表生物碳循环过程与地下岩溶地质碳循环过程的耦合关系。

（6）乌江中上游偏岩河，流域面积为4 815 km^2，岩溶分布面积占比为81%，但因煤系地层、硫化矿的存在，加上酸雨作用，地表、地下水体中存在大量的SO_4^{2-}、NO_3^-离子。水体化学计量和同位素的研究结果显示，碳酸溶解碳酸盐岩对水中HCO_3^-的贡献平均为63.8%（其中一半源于大气和土壤CO_2的贡献率，一半来自碳酸盐岩溶解），硫酸溶解碳酸盐岩对水中HCO_3^-的贡献平均为31.1%（源自碳酸盐岩溶解，但对大气和土壤CO_2没有影响）。

第4章

流域尺度岩溶碳循环调查研究方法及人为干预固碳增汇技术

§4.1 岩溶碳循环与陆地生态、水生生态碳循环的内在关系

作为可溶岩的碳酸盐岩在雨水的作用下，将大气和土壤中的CO_2转移到水体中，形成富碳的岩溶水，因此导致岩溶碳循环的发生。岩溶碳循环的化学过程就是碳酸盐岩溶解和沉积的可逆过程，而富碳的岩溶水，刺激了水生植物的光合作用。在水生生态系统中，水生植物演化出通气组织，该组织可将光合作用释放的O_2储存供呼吸作用需要，并将呼吸作用释放的CO_2储存供光合作用需要（吴振斌，2011）。换言之，在水生生态系统中，水生植物一旦获得碳源，不会轻易“放回”大气。

以石灰岩为例，岩溶碳循环的（生物）化学反应式可表达为

$$CaCO_{3\text{固态}} + CO_{2\text{气态}} + H_2O_{\text{液态}} \rightleftharpoons HCO^-_{3\text{液态}} + CO_3{}^{2-}{}_{\text{液态}} + Ca^{2+}{}_{\text{液态}} \tag{4.1}$$

$$CH_2O + O_2 + CaCO_3$$

追溯大气CO_2在碳酸盐岩风化溶解后的去向，最终是水生生态系统中的有机碳，而实际过程要比上述的（生物）化学反应式复杂。

（1）与石灰岩反应的CO_2的来源，最根本的来源是大气CO_2。岩溶碳循环主要发生在地球表层系统，属于常温常压下的（生物）地球化学过程。如果新鲜的石灰岩暴露在空气中，接受雨水的淋溶，则CO_2来源于大气。而实际上这种情形是比较少的，即使没有肉眼可见的土壤、植被覆盖，对比自然状态下裸露的石灰岩与新鲜的石灰岩，也会发现自然裸露的石灰岩表面通常会黏附或者殖居低等植物（藻类、地衣、苔藓）；在有生物作用参与下，生物产生的CO_2就有可能占据主体地位。针对流域而言，土壤来源的CO_2占据了主体地位。贵州普定后寨河流域，$\delta^{13}C_{DIC}$值在雨季为−10.2‰～−9.1‰，枯季为−7.6‰～−7.2‰。季节性的变化，反映了碳酸盐岩的水−岩相互作用中的生物CO_2及水分的影响（李思亮 等，2012）（图4.1）。

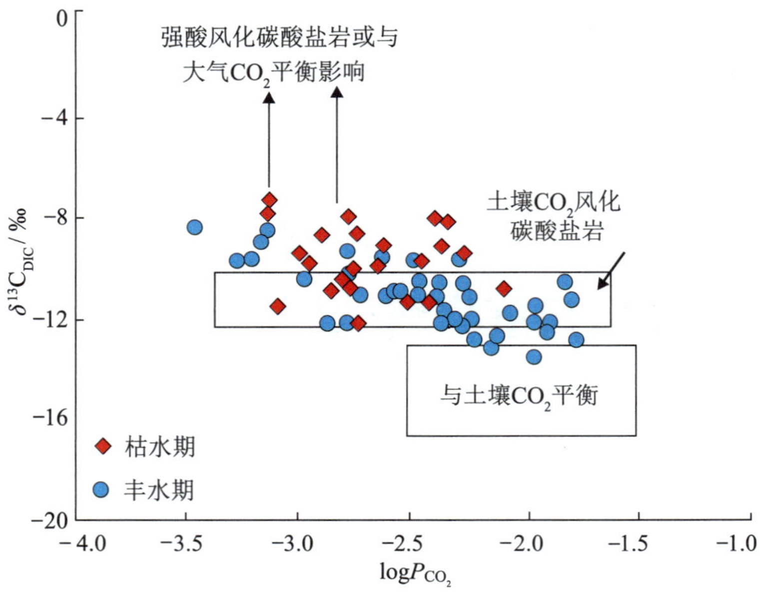

图4.1 贵州后寨岩溶地下河水体中$\delta^{13}C_{DIC}$值与水体中$\log P_{CO_2}$之间的关系（李思亮 等，2012）

（2）与石灰岩反应的水来源，最根本的来源是大气降水。落到地面的降水，可能是降雨、降雪或酸雨；落到地面的降水可以直接与石灰岩反应，发生水–岩相互作用，但也有可能是先与碎屑岩、石膏岩层发生反应，然后流入碳酸盐岩区，不同的情形产生的岩溶碳汇强度和通量存在较大的差异。

（3）水流的过程与水流的状态。当雨水降落至石灰岩连片分布区，其水–岩相互作用就会形成垂向的、相对均匀的、近地表的、溶蚀裂隙孔隙发育的岩溶表层带，岩溶表层带虽然厚薄不一，但总体成面状分布；当大量外源水集中流入石灰岩区，其侵蚀力就集中在每一个点或几个点上，在适宜的条件下，就会形成大型的水平洞穴（地下河）或很深的竖井、峡谷。另外，水流的快慢，影响着水–岩相互作用的快慢，因为水–岩相互作用的快慢取决于水–岩之间扩散边界层的厚薄（刘再华 等，1998）。水流状态的改变，影响了岩溶水体中的HCO_3^-与CO_2的平衡关系，如水流进入饱气带洞穴中，因水流瞬间加快，导致CO_2溢出，碳酸盐沉积，形成洞穴化学沉积物（图4.2）。

图4.2 岩溶碳循环过程剖面示意

（4）水体中无机碳与有机碳的转化。当岩溶地下水出露地表后，在阳光照射下，水生植物得以滋生，水生植物利用水体中的CO_2和HCO_3^-进行光合作用，打破平衡关系，在生成溶解有机碳（DOC）的同时，伴随碳酸盐的沉积，这似乎形成了一个“闭合”的循环。换言之，陆地上的碳酸盐岩溶解，以消耗大气和土壤CO_2、生成水体中DOC为结果，置换为水体中碳酸盐的沉积。其实，水体中的DOC至少有两个来源：水生植物光合作用和陆地土壤流失。而岩溶水水体中CO_2和HCO_3^-也因条件的改变，出现水–气界面的气体交换（王仕禄 等，2003）。

来源于岩溶作用赋存在岩溶水体中的有机碳和无机碳，伴随水流的流动，以地表水和地下水的形式向海洋排泄，参与海洋的碳循环。岩溶水的偏碱性对海洋的酸化具有缓解作用。

为了评价岩溶碳循环过程中的碳汇效应，本书提出流域尺度调查研究的技术方法。针对流域尺度，岩溶碳循环包括3个部分：碳酸盐岩溶解生成水体中的无机碳；无机碳伴随水流的迁移与转化；水生植物与无机碳–有机碳之间的转化（图4.3）。

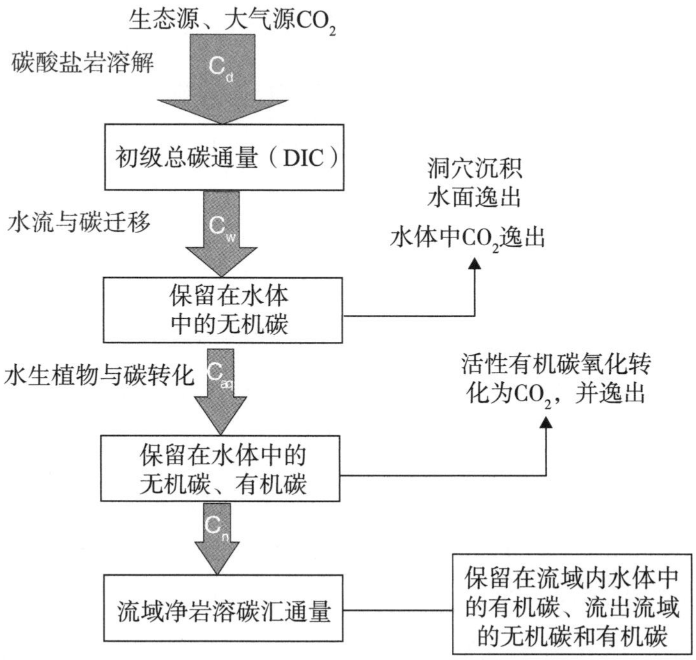

图4.3　流域尺度岩溶碳循环过程示意

§4.2　流域尺度岩溶碳循环调查研究方法

流域尺度岩溶碳循环过程与碳汇效应调查研究，涉及地质、地球化学、陆地生态系统、水生生态系统等多学科，其调查研究方法可以归结为：

（1）定流域（确定流域范围和结构）。

（2）查条件（调查岩溶碳循环发生的背景和影响的条件）。

（3）追过程（追踪岩溶碳循环的过程，以及CO_2的逸出和吸收）。

（4）测形态（区别碳形态及其转化）。

（5）算通量（计算碳源、碳汇通量）。

（6）评潜力（人为干预下固碳增汇的潜力评价）。

4.2.1　水文地质结构的确定

由于碳酸盐岩的可溶性，岩溶含水介质在长期的岩溶作用下具有地表–地下“二元”结构特征，且以地下为主，在岩溶区地表显露的表层岩溶泉、落水洞和竖井，很少见有地表河，因此，岩溶流域的边界通常是地下边界，具有很大的隐蔽性。开展岩溶碳循环及碳汇效应调查的流域，最好建立在有较大比例尺（1∶10万～1∶1万）的岩溶水文地质调查资料的基础上，针对地下河的发育和空间展布，需要应用地球物理探测、洞穴探测、染色剂示踪等技术，确认流域边界，查明地表与地下水力联系，建立水均衡关系。

4.2.2 地质-生态背景调查

地质调查主要包括岩石类型和地质构造发育的调查：根据野外岩石识别技术，结合室内岩石薄片鉴定，划分岩石类型；根据岩石溶解的难易程度分为纯的碳酸盐岩（石灰岩、白云岩）、不纯的碳酸盐岩，以及非碳酸盐岩，尤其需要关注干扰性较大的石膏岩地层（非碳酸盐岩可溶性岩石地层）的分布和空间展布。地质构造主要查明构造运动对岩石的挤压、褶皱、破裂状况，监测其对碳酸盐岩溶解速率的影响。

生态背景调查主要包括土壤–植被覆盖情况，以及人类活动（农业、林业、水利等活动）对岩溶碳循环过程及碳汇效应的影响，主要采用遥感和地面调查相结合的技术方法，揭示土地覆盖和土地利用状况。

4.2.3 强度(速率)的监测

在相同气候条件下，碳酸盐岩溶解的速率会因为岩性的差异、水动力条件的不同、土地覆盖和土地利用状况，存在较大的差异。获得不同地质–生态条件下岩溶碳循环强度的技术方法是标准溶蚀试片法。

标准溶蚀试片法起源于欧洲，目前广泛在国际岩溶学术界使用。该方法选择质纯、层厚的石灰岩的地层取样，并制成直径为4 cm、厚度为3～5 mm、表面积为28～31 cm^2、重量为10～17 g的圆形薄片，放在不同地质–生态背景下（距地面1.5 m的空气中、土壤表面、土下20 cm和50 cm等不同深度）（图4.4），一定时间后（通常一个水文年），取出、洗净、称重，计算试片溶蚀损失量，然后与原位碳酸盐岩的比溶解度进行换算，揭示不同土地利用方式、不同气候条件下岩溶碳循环发生的速率。计算公式如下

$$RS=\frac{(W_1-W_2)\times T}{365\times S} \tag{4.2}$$

式中，RS为碳酸盐岩溶蚀或碳汇强度，单位是t/(km^2·a)；W_1为试片初始质量，单位是g；W_2为溶蚀后试片质量，单位是g；T为埋放时间，单位是d；S为试片表面积，单位是cm^2。

与标准溶蚀试片平行的技术方法就是水化学–径流法。在流域排泄口建立监测站，安装自动记录和自动传输的多参数水文仪器，获取相关的水质、水量数据，通过积分计算流域碳酸盐岩溶解消耗大气和土壤CO_2的通量。

鉴于碳酸盐岩溶解过程中进入水体中的碳，理论上一半来源于大气和土壤CO_2，另一半来源于碳酸盐岩。因此，需要取水样来进行离子检测，通过化学计量法和碳稳定同位素法甄别水体中无机碳的来源；温度、降水是岩溶碳循环发生的驱动力，因此需要购置安装小型气象站，获取温度、降水、光照、蒸发等气象数据。

已有研究证明，标准溶蚀试片法虽简单易行，但存在岩溶地区土壤分布的空间异质性，尤其不连续性，需要大量的试片实验结果才具有一定统计意义上的结果。同时，对比水化学–径流法，标准溶蚀试片法计算的碳循环强度通常偏低，如贵州省普定县后寨河流域监测的数据显示，水化学方法估算的碳酸盐岩溶蚀量是试片法的6倍（曾成 等，2014）。但标准溶蚀试片法仍然是揭示不同土地覆被下岩溶碳循环相对强度的可行方法。

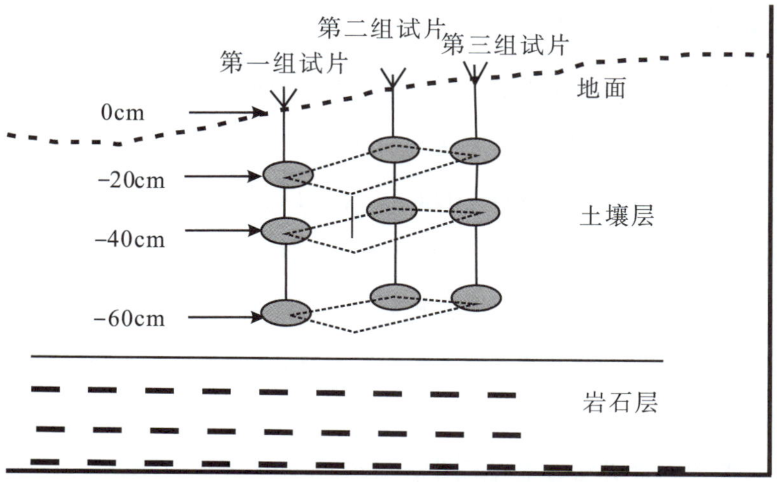

图4.4　纯石灰岩标准溶蚀试片在土壤剖面中埋放示意

4.2.4　岩溶无机碳的迁移过程调查

碳酸盐岩的溶解主要发生在岩溶表层带和饱气带上部，并伴随岩溶地下水在岩溶含水介质中迁移，在迁移过程尤其是在地下河水流过程中，因水文、水动力条件的改变，岩溶水中碳酸钙饱和的水体会发生CO_2逸出，出现碳酸盐的沉积，或重新获得侵蚀能力，而保护式的标准溶蚀试片可以获得这方面的信息。利用岩溶区特有的洞穴环境，对洞穴滴水和洞穴空气检测可以获得岩溶无机碳迁移过程中的信息；同时结合静态浮游箱技术方法（图4.5），可以获取水–气界面CO_2的逸出通量。

图4.5　水–气界面CO_2通量监测静态浮游箱示意
（刘文 提供）

4.2.5　无机碳-有机碳间的转化

岩溶地下水出露地表，水生植物的光合作用可将无机碳转化为有机碳，通过多参数的水质监测仪，结合自动取样器获取持续的样品，监测和检测水体中碳形态（DIC、DOC、POC和CO_2）和溶解氧（DO），通常选取3个断面，计算无机碳–有机碳间的转化通量。

鉴于水体中有机碳除了水生植物光合作用合成外（内源），还有一部分来源于陆地生态系统（外源），因此，分析无机碳、有机碳稳定同位素和其C/N比，需要甄别内源和外源有机碳。

4.2.6 流域尺度岩溶碳汇效应的测算

流域尺度岩溶碳汇效应的测算通常由3个部分组成：随水流流出的无机碳、有机碳，以及在流域水体中沉积下来的有机碳（图4.3），其表达式如下

$$CFS=F_{DIC}+F_{TOC}+F_{SOC}=1/2\times Q\times[DIC]\times 12/A+n\times Q\times[TOC]\times 12/A+F_{SOC} \quad (4.3)$$

式中，CFS为流域碳酸盐岩溶解产生的碳汇强度（或碳汇通量），F_{DIC}为流域无机碳汇通量，F_{TOC}为流域内源有机碳汇通量，F_{SOC}为流域有机质沉积通量，Q为流域径流排泄量，A为流域面积，[DIC]为流域排泄水中溶解无机碳的摩尔浓度，12为碳的原子量，n表示碳酸盐溶解形成的HCO_3^-中来源于大气–生态成因的碳（土壤CO_2）的比例（%）。

流域尺度岩溶碳循环调查研究的流程如图4.6所示。

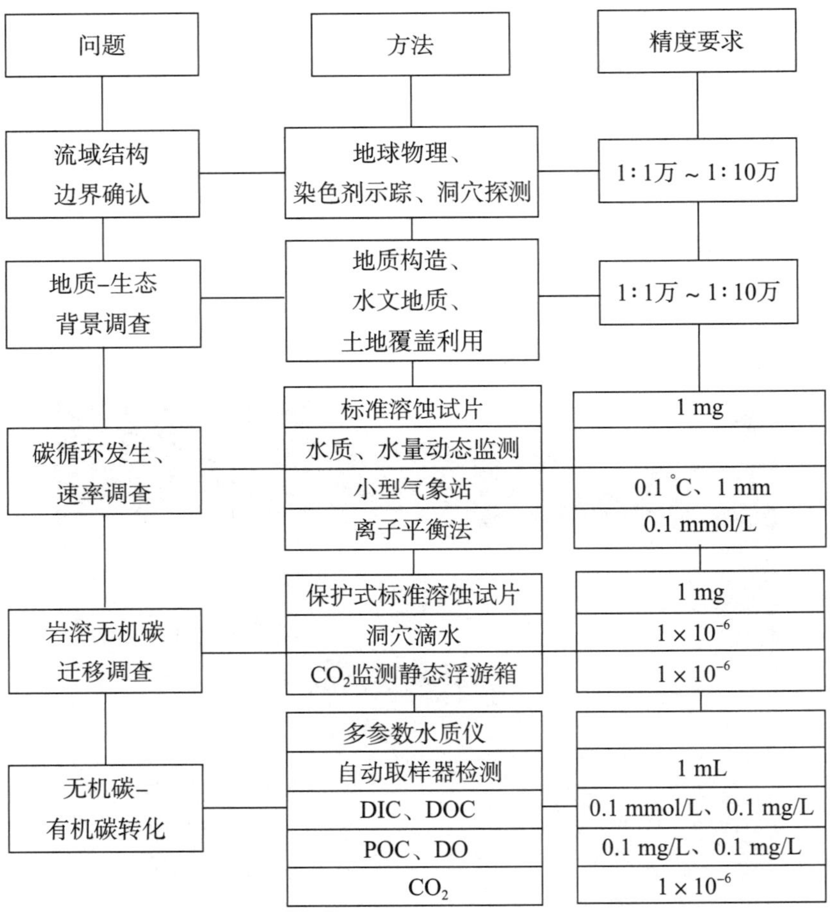

图4.6 流域尺度岩溶碳循环调查研究技术流程

§4.3 流域尺度岩溶碳循环及碳汇效应典型案例
——以珠江流域为例

4.3.1 定流域：概况及流域划分

1. 概 述

珠江是我国的第二大河流，珠江水利委员会网站显示流域总面积为45.37×10^4 km^2，其中在我

国境内的流域面积为44.21×10^4 km^2，全长2 214 km，自西向东落差2 000多米，跨云南、贵州、广西、湖南、江西、广东六省（区）（黄家雄 等，1983；王兆礼 等，2006）。

珠江流域位于亚热带湿润地区，气候为季风气候区，水热配套，降水丰沛。东南沿海地区年平均温度在20 ℃以上，年平均降水量在1 500 ~ 2 000 mm；西部云贵高原地区年平均温度在12℃ ~ 18℃，年平均降水量在800 ~ 1 500 mm。流域内降水集中于4—9月，约占全年降水量的80%；而7—9月则占全年降水量的60%。珠江年平均径流总量为350×10^9 m^3，年径流总量仅次于长江，约占全国径流总量的13%，居全国第二位，为黄河的6倍；珠江含沙量小，多年平均年输沙量为8 336万吨；全流域可开发的水电装机容量约为2 512万千瓦，年发电量可达1 168亿千瓦时，南盘江、红水河是全国十大水力发电基地之一。

2. 流域的二级、三级子流域划分

珠江流域由西江、北江、东江和珠江三角洲河网等4个二级流域组成，面积分别占整个流域面积的78.19%、10.21%、6.61%和4.99%。西江发源于云南省曲靖市境内的马雄山，一级支流包括北盘江、柳江、郁江（左江、右江）、桂江、贺江等；北江发源于江西省信丰县大茅山，一级支流包括武水、滃江、连江、绥江等；东江发源于江西省寻乌县大竹岭，一级支流包括新丰江、西枝江等（图4.7）。

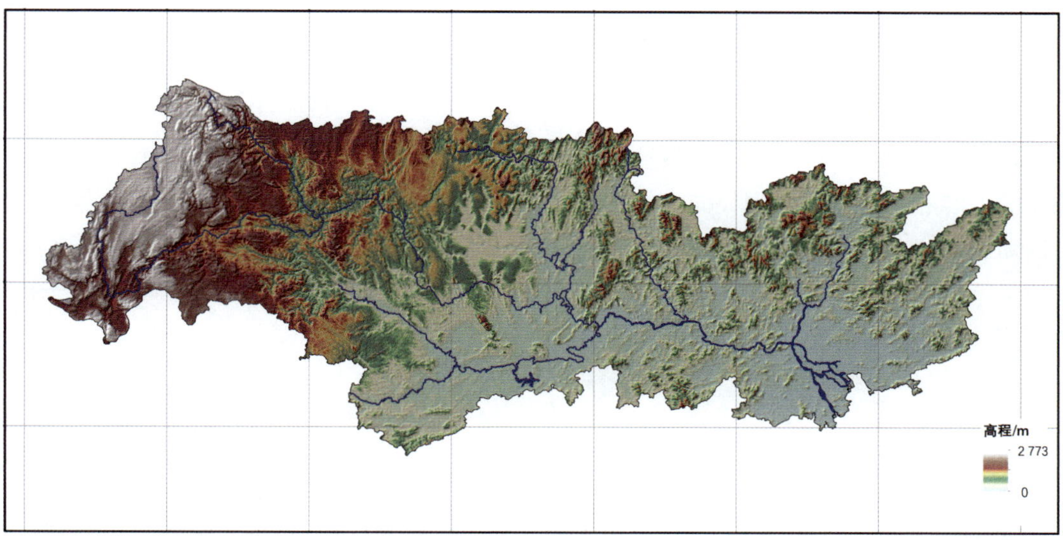

图4.7　珠江流域地形与二级、三级水系
（涂杰楠 提供）

3. 珠江流域是我国岩溶分布面积最为集中的流域

珠江流域碳酸盐岩主要来自泥盆纪-三叠纪的石灰岩、白云岩和泥灰岩，碳酸盐岩的沉积厚度为800 ~ 12 000 m，其岩溶地貌的塑造、改造，经历了自燕山运动以来的1亿多年。

在珠江流域，碳酸盐岩主要出露在滇东南（以中三叠统个旧组为主，其次为二叠系阳新组）、黔南（以下二叠统栖霞组、茅口组和以中泥盆统东岗岭组为主，其次为上石炭统黄龙组和上石炭统-下二叠统马平组）、桂中和桂西南（石炭系、二叠系碳酸盐岩地层为主，次为泥盆系碳酸盐岩地层）、桂东北（以泥盆系碳酸盐岩地层为主，其次为石炭系、二叠系碳酸盐岩地层）和粤北（石炭系、二叠系碳酸盐岩地层）。

流域内碳酸盐岩分布面积达16.44×10^4 km^2，约占全流域面积的36.32%。其中，西江流域碳酸盐岩分布面积占44.38%，北江流域碳酸盐岩分布面积占14.89%，东江流域主要分布花岗岩和碎屑岩（表4.1）。

表4.1　珠江二级流域基本情况

（孔兰 等，2017）

类型	北江	东江	西江	三角洲河网	珠江流域
面积/（10^4 km^2）	4.62	2.99	35.39	2.26	45.26
碳酸盐岩面积/（10^4 km^2）	0.69	0.04	15.70	0.01	16.44
碳酸盐岩比例/%	14.94	1.34	44.36	0.44	36.32
河流长度/km	468	520	2 075	—	—
河道平均坡降/‰	0.26	0.39	0.58	—	—
年径流总量/（10^8 m^3）	510	257	2 300	293	3 360
年径流深/mm	1 085	829	676	1 085	755
离子总量/（mg·L^{-1}）	121.03	66.10	202.50	—	144.95
离子径流模数/（t·km^{-2}·a^{-1}）	171.89	54.79	132.59	—	128.81
代表性测站HCO_3^-质量浓度/（mg·L^{-1}）	95.0	38.1	122.7	—	—
代表性测站	石角	博罗	高要	—	—

4. 构造运动和气候条件制约着岩溶地貌类型的发育

在中生代中期，即在燕山期块断运动基础上发育发展，并经新近纪以来以大面积升降运动为主要形式的新构造运动，而进一步加深水系的联通，最终形成珠江流域的面貌。

珠江的上游和下游主要受到径向性构造控制，而中段主要受到山字形构造控制，经历了前期的燕山运动和后期的喜马拉雅运动（蔡国福，1981）（图4.8）。

图4.8　珠江流域主要构造特征

南盘江水系的发育主要受控于NNE向构造断裂带，北盘江水系则受到NW向构造断裂带的影响；广西境内水系发育受山字形构造影响明显。马山–都安断裂带控制红水河中游，右江大断裂控制右江发育，如桂江、贺江是沿构造断裂带发育的顺向河，西江干流流经之处几乎全部是下古生代岩层分布区，其构造轴向也近东西向，所以有人认为西江是沿老构造轴发育；东江水系生成与发育是严格受到NE构造带控制；北江水系受山字形构造影响，形成NE向和NW向山地和谷地相间的支状水系。

据区内岩溶地貌发育情况，由西向东地势依次降低，同时也依次出现滇东岩溶断陷盆地，黔南、桂西的斜坡地带的岩溶峰丛洼地，桂东的岩溶峰林平原，粤北的岩溶丘陵等四大类型（图4.9）。

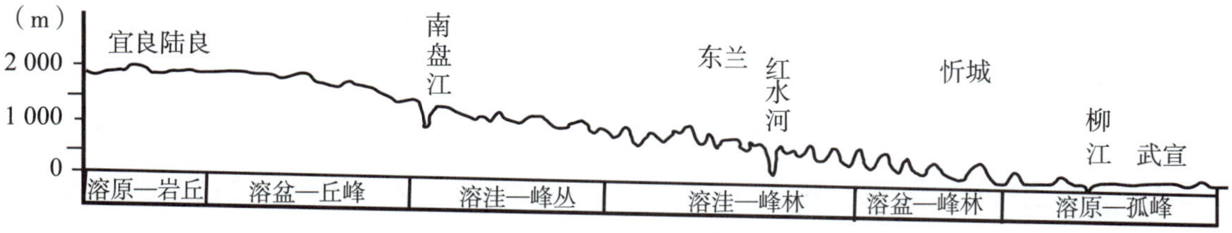

图4.9　西江流域地形剖面及岩溶地貌类型分区特征

（中国科学院地质研究所岩溶研究组，1979）

珠江流域已查明的地下河有886条，枯水季总流量约为442 m^3/s。地下河主要分布在西江上游，尤其在红水河流域峰丛洼地区，几乎没有地表河，密布的地下河代替了地表水系，在有些地区与地表河呈明暗交替、频繁转换，有的成为地表河的支流或源头。珠江流域岩溶区地表河网密度为0.39 km/km^2。而在非岩溶区，地表河网密度为0.69 km/km^2（图4.10、图4.11）。

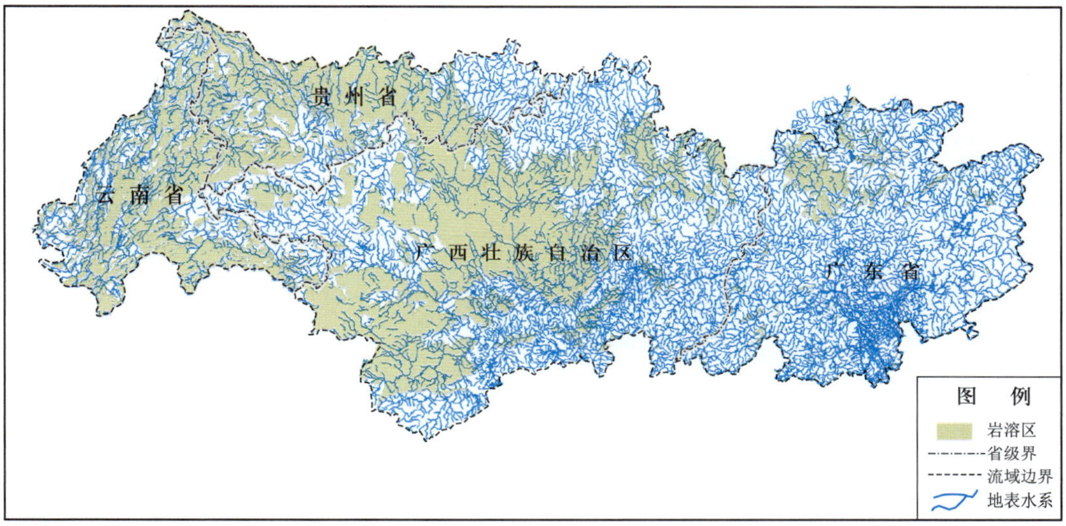

图4.10　珠江流域岩溶区和非岩溶区地表水系网对比

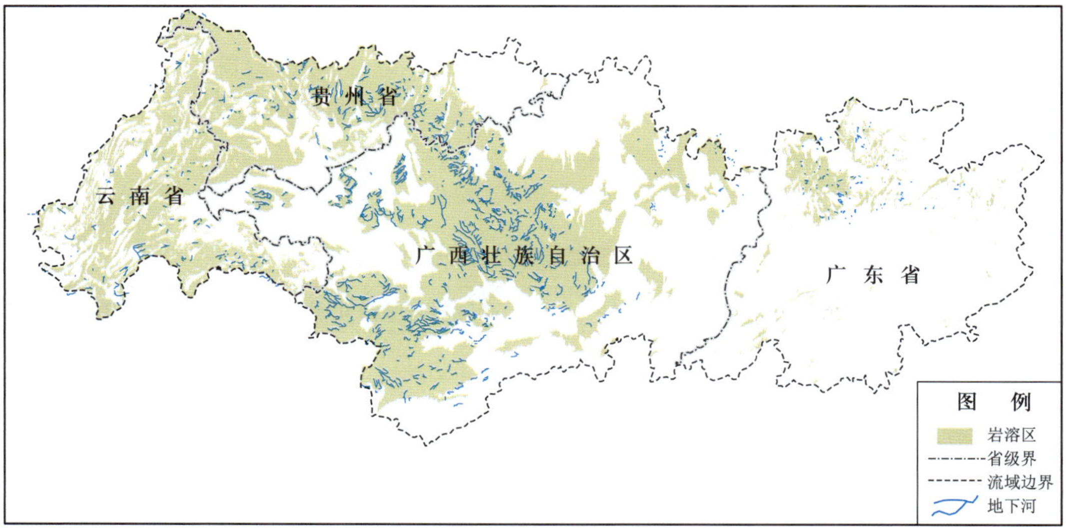

图4.11　珠江流域岩溶区地下河分布

4.3.2 查条件：地质、气候、水文与土地利用

1. 地质条件

岩溶碳循环发生的地质条件主要涉及岩性和构造断裂带、构造褶皱等，珠江流域构造特征上文已经有所论述，这里主要论述碳酸盐岩的分类和空间分布特征。

碳酸盐岩可以划分为石灰岩、白云岩、白云质灰岩、灰质白云岩、不纯石灰岩、不纯白云岩（表4.2）。根据上文珠江流域的划分，分别统计北盘江、红水河、柳江、桂江等9个流域的碳酸盐岩分布，以珠江中上游的红水河流域最为集中，东江、三角洲碳酸盐岩分布最少（图4.12、表4.3）。

表4.2 珠江流域碳酸盐岩类型分布面积统计

碳酸盐岩类型	分布面积/km²	所占比例/%
白云岩	4 396.21	2.67
白云质灰岩	6 852.35	4.17
不纯白云岩	2 604.66	1.58
不纯石灰岩	53 276.68	32.41
石灰岩	65 568.40	39.88
灰质白云岩	31 702.33	19.28
合计	164 400.63	100.00

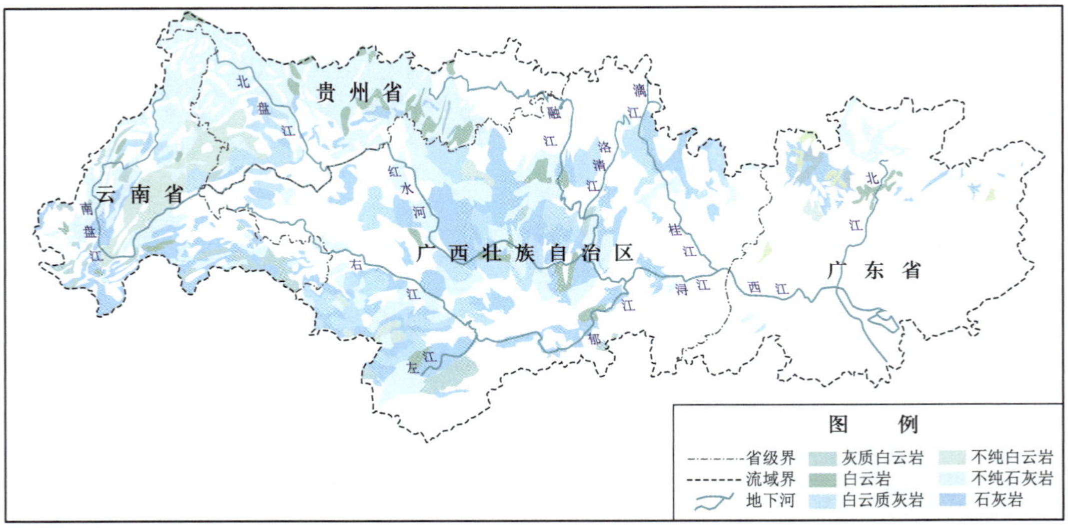

图4.12 珠江流域碳酸盐岩类型及空间分布特征

表4.3 珠江流域碳酸盐岩分布特征统计

流域等级	河流名称	控制点	流域面积/（10⁴ km²）	碳酸盐岩分布面积/（10⁴ km²）	碳酸盐岩占比/%
二级	西江	高古马	0.63	0.47	74.60
		蔗香	8.34	4.33	51.92
		迁江	12.89	7.63	59.19
		梧州	32.97	16.12	48.89
		高要	35.39	15.71	44.39

续表

流域等级	河流名称	控制点	流域面积/10^4 km^2	碳酸盐岩分布面积/10^4 km^2	碳酸盐岩占比/%
二级	北江	石角	4.62	0.69	14.94
	东江	博罗	2.99	0.04	1.34
	三角洲		2.26	0.01	0.44
三级（隶属西江）	北盘江	双江口	2.66	1.50	56.39
	红水河		5.88	4.23	71.94
	郁江	桂平	9.07	3.86	42.56
	柳江	象州	5.72	2.32	40.56
	融江	长安	2.16	0.90	41.67
	北流江	金鸡	0.94	0.01	1.06
	桂江	京南	1.93	0.57	29.53
	贺江	封开	1.15	0.18	15.65

2. 气候条件

珠江流域属湿热多雨的热带、亚热带气候，北回归线横贯流域的中部，气候温和多雨，年平均温度在14℃～22℃，流域上游云南南部受印度洋西南季风的影响，流域下游东南地区临南海，是太平洋东南季风向大陆推进的入口。流域内雨量充沛，年降水量由上游云南南部的800 mm，向东增加到珠江三角洲的2 000 mm。水热同期，温暖湿润，非常有利于碳酸盐岩的溶蚀和岩溶地貌的塑造，降水集中于4—9月，约占全年降水量的80%。

如果以县作为基本单元，则最低平均海拔是北海市的21 m，最高平均海拔是云南省东部会泽县的2 273 m，从各县平均海拔生成的地势图也可以看出小于500 m的广西盆地的主体、500～1 500 m的斜坡地带和1 500～2 500 m的云贵高原。而该地区的多年平均降水与多年平均气温与地势存在密切的关系（图4.13）。

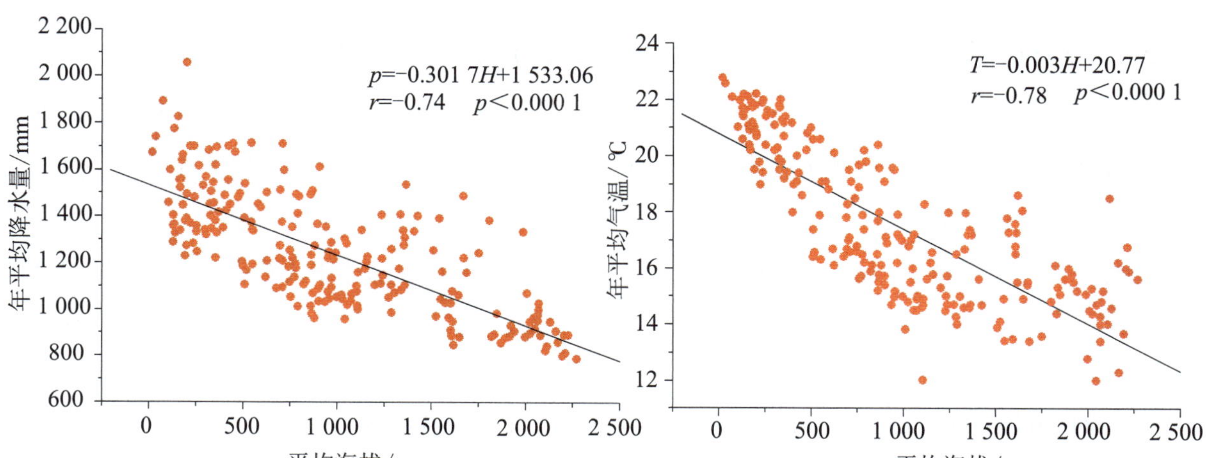

（a）年平均降水量与平均海拔关系　　（b）年平均气温与平均海拔关系

图4.13　珠江流域各县年平均降水量、平均气温与平均海拔之间的相关关系

3. 水文条件

水动力条件：珠江河道干流的坡降在上游大，降水量较小；下游干道坡降小，降水量大，但

支流的坡降大。北盘江河道平均坡降为 2.8‰，是西江中坡度最大的支流；南盘江河道平均坡降为1.98‰，其中上游为2.35‰，中游为2.8‰，下游为1.42‰；红水河段平均坡降为0.38‰，上游为0.61‰，中游为0.45‰，下游为0.26‰；黔江河段平均坡降为0.26‰；郁江段平均坡降为0.06‰；浔江段平均坡降为0.07‰；西江段平均坡降为0.08‰（方神光 等，2015；孔兰 等，2017）。整个西江流域平均坡降为0.58‰，北江流域平均坡降为0.26‰，东江流域平均坡降为0.39‰（孔兰 等，2017）。河道坡降的大小意味着水流的快慢。

外源水的输入：柳江、桂江的上游均有大面积的碎屑岩分布，外源水的输入可以增强岩溶碳循环的强度，提高岩溶碳汇效应。

水库建设：目前在珠江流域干流上有19座中大型水电站，包括贵州境内的鲁布革水电站，云南境内的六郎洞水库，广西境内的天生桥一级、二级水电站、龙滩水电站、岩滩水电站、大化水电站、百龙滩水电站、乐滩（恶滩）水电站、桥巩水电站等，广东境内的飞来峡、广富、新丰江、枫树坝等水电站。水库的建设不仅调蓄了水资源，起到防洪和治旱、发电等功能，同时也影响岩溶碳循环过程，因为水库、湖泊是水流相对平缓的水体，有利于水生植物的滋生和发育，将岩溶水体中的无机碳转化为有机碳。

4. 土地利用

流域内土地利用以农业为主，属粗放型经营，并且中上游地区农田多为坡耕地。西江、东江流域由于受森林砍伐、土地开发、道路建设等人类活动的影响，部分地区土壤侵蚀现象严重。

不同的生态环境类型对区域经济的发展有不同的制约程度，同时也制约着岩溶作用和碳循环和碳汇效应。珠江流域年均NPP总量为0.60 Pg C，占我国总量的19.42%，单位面积的年均NPP为1 328.61 g/（m^2・a），是我国平均水平的4.12倍，这不仅意味着珠江流域植被生产力在我国植被生产力中占有重要地位（王兆礼 等，2006），同时也表明活跃的生物活动产生的CO_2和水循环的调节，促进岩溶碳循环的发生。

4.3.3 追过程、测形态：珠江流域无机碳-有机碳的形态转化及岩溶作用的贡献

追索岩溶碳循环过程主要关注以下几个重要环节：碳酸盐岩溶解风化对水体中无机碳的贡献量，水体流动过程向大气释放的CO_2量，水生植物光合作用将无机碳转化为有机碳的量，在内陆水体中沉积的有机碳通量。

测形态除了需要测定碳酸盐岩溶解消耗大气和土壤CO_2通量、水体中无机碳（DIC）量和有机碳（POC）量外，还需要测定不同碳形态的同位素（^{12}C、^{13}C）及相关的环境指标，以便区分水体中无机碳是来自大气、土壤（生态）还是岩石，水体中有机碳是内源（由水生植物合成）还是外源（来自土壤–植物，随土壤侵蚀输入），以及沉积在河流底部的有机碳（SOC）。

选择珠江二级支流的博罗作为东江支流的监测断面，石角作为北江支流的监测断面，西江干流从东往西分别选择高要、梧州、迁江、蔗香、高古马作为监测断面，了解西江干流水过程中碳形态、碳转化及变化特征；选择珠江三级支流（西江的二级支流）封开、京南、象州、桂平、双江口分别作为贺江、桂江、柳江、郁江、北盘江的监测断面（图4.14）。

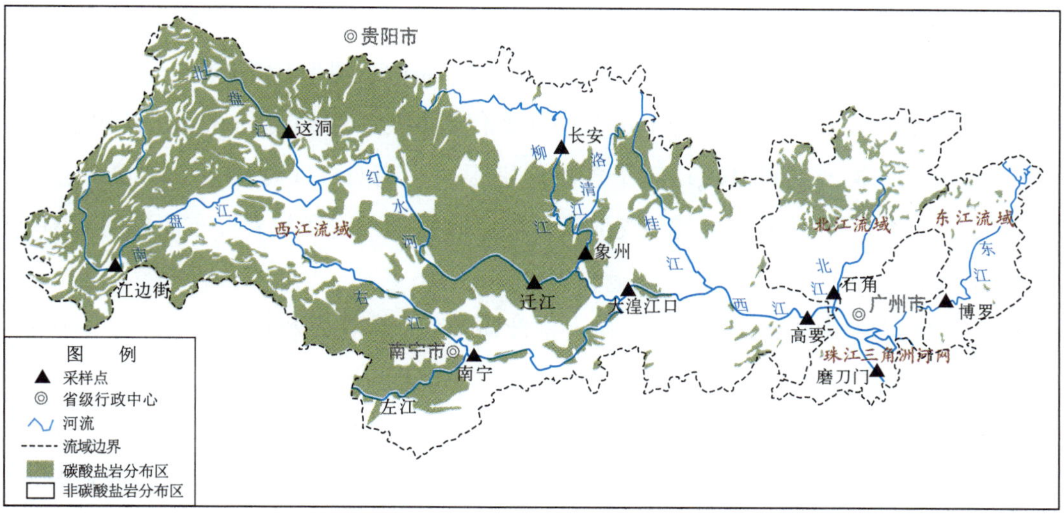

图4.14　珠江流域监测点分布

1. 河流水体中离子来源

Gibbs 图可以较直观地反映出河水主要组分趋于“降水控制类型”“岩石风化类型”或“蒸发–浓缩类型”，是定性地判断区域岩石、大气降水、蒸发–浓缩作用等对河流水化学影响的一种重要手段（Gibbs，1971）。

在Gibbs 图中，一些低矿化度的河水具有较高的$[Na^+]/[Na^++Ca^{2+}]$或$[Cl^-]/[Cl^-+HCO_3^-]$比值（接近于1），代表此种河水的点分布在图的右下角，这类河流主要受到海洋起源的大气降水补给，其离子组成含量决定于大气中“纯水”对海洋气溶胶的稀释作用；溶解性物质含量中等而$[Na^+]/[Na^++Ca^{2+}]$或$[Cl^-]/[Cl^-+HCO_3^-]$比值在0.5 左右或者小于0.5的，此种河水的点分布在图的中部左侧，其离子主要来源于岩石的风化释放；离子总量很高，$[Na^+]/[Na^++Ca^{2+}]$或$[Cl^-]/[Cl^-+HCO_3^-]$比值也很高（接近于1），此种河水的点分布在图的右上角，反映了该河流分布在蒸发作用很强的干旱区域。

珠江流域各采样点样品的离子含量投点绝大多数都落于$[Na^+]/[Na^++Ca^{2+}]$或$[Cl^-]/[Cl^-+HCO_3^-]$的比值小于0.5 的范围内，说明其离子成分主要来源于岩石的风化过程（图4.15）。

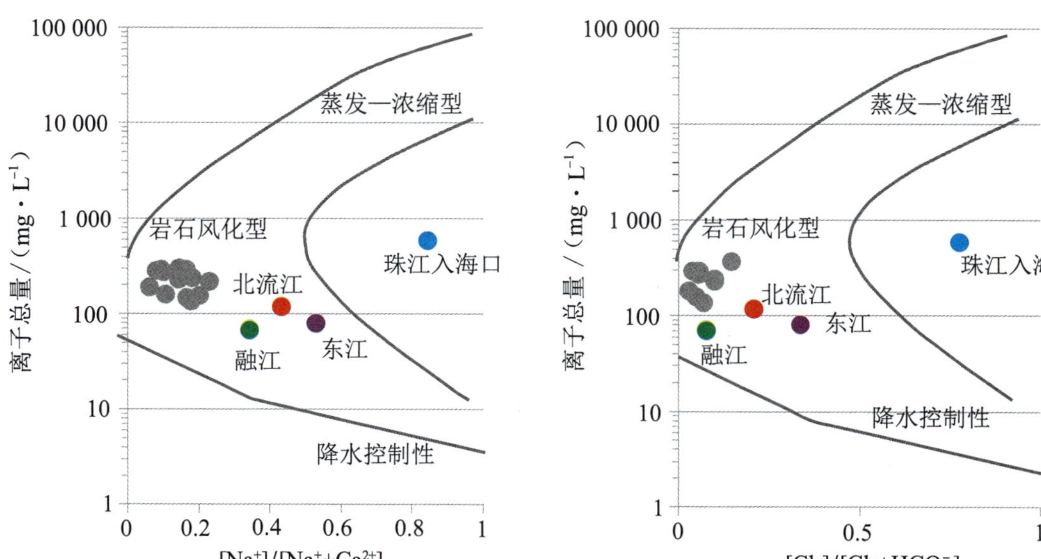

（a）$[Na^+]/[Na^++Ca^{2+}]$　　（b）$[Cl^-]/[Cl^-+HCO_3^-]$

图4.15　珠江流域主要站点Gibbs图

珠江流域水体中离子主要来源于碳酸盐岩的溶解风化。珠江流域无论是碳酸盐岩区还是硅酸盐岩区，HCO_3^-是河水中最主要的阴离子，珠江水系HCO_3^-变化范围为0.40 ~ 4.20 mmol/L。次要的阴离子为SO_4^{2-}，变化范围为0.07 ~ 0.80 mmol/L，Cl^-变化范围为0.03 ~ 0.56 mmol/L，均远低于HCO_3^-离子含量。但流域不同支流的HCO_3^-离子含量差别很大，南盘江（江边街）最高，东江（博罗站）含量最低，二者相差10 多倍。其与支流流域的碳酸盐岩与硅酸盐岩分布面积的比例呈正相关（表4.4，见下页）。

Ca^{2+}和Mg^{2+}是河水中的主要阳离子，在大多数河水样品中Ca^{2+}和Mg^{2+}含量占了阳离子组成的90%（覃小群 等，2013）。

前人研究表明，流经不同岩性地层的河水的Sr浓度和$^{87}Sr/^{86}Sr$同位素组成也不同，流经硅酸盐岩地层的河水具有较低的Sr浓度和较高的$^{87}Sr/^{86}Sr$比值，而流经碳酸盐岩地层的河水则具有较高的Sr浓度和较低的$^{87}Sr/^{86}Sr$比值（Krishnaswami et al，1992）。韩贵琳等（2005）根据贵州河流的监测研究，给出判别河流补给区岩石地层的端元特征值（表4.5）。

表4.5　河水端元特征摩尔比

（韩贵琳 等，2005）

碳酸盐岩类型	Mg/Ca	Na/Ca	Mg/Sr	Ca/Sr	Na/Sr	$^{87}Sr/^{86}Sr$	$HCO_3^-/(HCO_3^-+SO_4^{2-})$
石灰岩	-0.1	-0.02	40 ~ 50	-350	>10	-0.707 5	-0.7
白云岩	-1.1	-0.02	-2 000	-2 000	>100	-0.711 0	-0.9
硅酸盐岩	0.4 ~ 0.8	-5.00	-200	-200	>700	-0.715 0	0.8 ~ 0.9

根据以上河水的同位素及元素比值之间的关系，珠江河水的化学组成主要来源于石灰岩、白云岩和硅酸盐岩风化的混合。相对而言，北盘江（这洞）、南盘江（江边街）、龙江（拉浪）、郁江（南宁）以石灰岩风化为主。东江（博罗）、都柳江（长安）河水流经硅酸盐岩地层，表现出硅酸盐岩风化的特征（图4.16）。

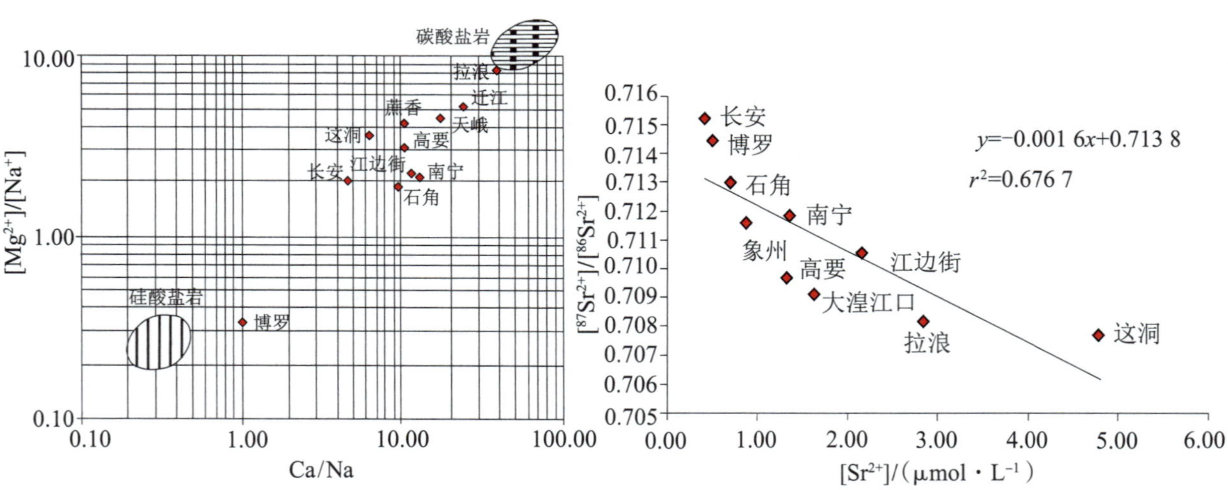

（a）元素比值　　　　（b）相关关系

图4.16　珠江流域河水同位素和元素比值特征及对水化学组分来源的指示

表 4.4　珠江流域各监测站点水化学特征

所在位置	站名	取样时间	$[K^+]$	$[Na^+]$	$[Ca^{2+}]$	$[Mg^{2+}]$	$[Cl^-]$	$[SO_4^{2-}]$	$[HCO_3^-]$	$[SiO_2]$	$[Sr^{2+}]$	$^{87}Sr/^{86}Sr$	固形物/(mg·L^{-1})
东江	博罗	2012年4月	0.110	0.506	0.254	0.084	0.384	0.22	0.40	0.170	—	0.715 83	85.43
北江	石角		0.044	0.148	0.686	0.142	0.030	0.19	1.35	0.117	—	0.712 17	104.18
西江干流	高要		0.058	0.177	1.023	0.200	0.265	0.26	1.90	0.085	—	0.710 33	149.69
都柳江	长安		0.016	0.093	0.215	0.095	0.059	0.07	0.63	0.116	—	0.715 68	49.10
西江干流	大湟江口		0.040	0.177	0.871	0.210	0.148	0.21	1.87	0.082	—	0.710 12	133.53
柳江	象州		0.027	0.106	0.644	0.177	0.089	0.14	1.38	0.081	—	0.711 19	97.66
郁江	南宁		0.047	0.172	1.095	0.186	0.177	0.17	2.39	0.090	—	0.710 45	155.57
龙江	拉浪		0.018	0.068	1.270	0.286	0.089	0.30	2.71	0.053	—	0.708 46	178.01
西江干流	迁江		0.035	0.117	1.455	0.308	0.148	0.29	3.05	0.064	—	0.708 40	199.57
西江干流	天峨		0.040	0.159	1.363	0.358	0.148	0.33	2.85	0.060	—	0.708 34	96.41
西江干流	蔗香		0.052	0.249	1.259	0.523	0.206	0.51	2.71	0.013	—	0.708 22	210.48
北盘江	这洞		0.039	0.287	1.484	0.442	0.148	0.59	2.80	0.056	—	0.707 70	228.79
南盘江	江边街		0.131	0.552	1.723	1.002	0.561	0.63	4.20	0.083	—	0.709 85	323.31
东江	博罗	2012年7月	0.112	0.236	0.274	0.074	0.197	0.10	0.50	0.189	0.000 50	0.714 45	65.89
北江	石角		0.059	0.126	0.527	0.110	0.096	0.13	1.03	0.151	0.000 71	0.712 94	84.98
西江干流	高要		0.093	0.183	1.017	0.193	0.199	0.16	2.04	0.127	0.001 34	0.709 68	145.63
都柳江	长安		0.022	0.090	0.188	0.084	0.036	0.08	0.63	0.157	0.000 42	0.715 23	49.66
西江干流	大湟江口		0.041	0.113	0.974	0.217	0.109	0.17	2.13	0.100	0.001 65	0.709 08	140.05
柳江	象州		0.029	0.075	0.563	0.141	0.051	0.13	1.17	0.118	0.000 89	0.711 59	85.44
郁江	南宁		0.053	0.103	1.204	0.200	0.109	0.12	2.66	0.107	0.001 37	0.711 83	161.12
龙江	拉浪		0.054	0.132	1.395	0.317	0.146	0.30	2.96	0.081	0.002 85	0.708 14	197.90
西江干流	迁江		0.030	0.158	1.434	0.272	0.149	0.21	2.82	0.111	—	0.708 20	184.20
西江干流	天峨		0.037	0.177	1.361	0.345	0.166	0.21	2.72	0.111	—	0.708 15	181.92
西江干流	蔗香		0.043	0.214	0.944	0.381	0.199	0.26	1.84	0.100	—	0.708 53	146.56
北盘江	这洞		0.050	0.205	1.402	0.444	0.109	0.58	2.55	0.082	0.004 79	0.707 68	215.69
南盘江	江边街		0.107	0.371	1.446	0.549	0.511	0.58	2.65	0.082	0.002 17	0.710 51	244.00

续表

所在位置	站名	取样时间	$[K^+]$	$[Na^+]$	$[Ca^{2+}]$	$[Mg^{2+}]$	$[Cl^-]$	$[SO_4^{2-}]$	$[HCO_3^-]$	$[SiO_2]$	$[Sr^{2+}]$	$^{87}Sr/^{86}Sr$	固形物/(mg·L^{-1})
东江	博罗	2013年10月	0.114	0.304	0.297	0.086	0.241	0.12	0.59	0.193	0.000 49	—	74.99
北江	石角		0.069	0.223	0.650	0.147	0.169	0.18	1.31	0.176	0.000 94	—	111.50
西江干流	高要		0.091	0.185	0.993	0.215	0.177	0.21	1.90	0.121	0.001 26	—	144.25
都柳江	长安		0.032	0.153	0.248	0.102	0.068	0.07	0.66	0.152	0.000 48	—	55.57
西江干流	大湟江口		0.080	0.174	1.320	0.284	0.169	0.24	2.63	0.128	0.002 05	—	184.16
柳江	象州		0.053	0.170	0.738	0.212	0.153	0.13	1.58	0.132	0.000 89	—	114.47
郁江	南宁		0.057	0.120	1.353	0.204	0.126	0.13	2.95	0.128	0.001 03	—	179.01
龙江	拉浪		0.046	0.125	3.082	0.617	0.116	0.80	2.86	0.066	0.001 83	—	207.29
西江干流	迁江		0.018	0.147	1.446	0.274	0.099	0.21	2.58	0.100	—	—	178.54
西江干流	天峨		0.024	0.163	1.363	0.349	0.116	0.23	2.62	0.122	—	—	180.42
西江干流	蔗香		0.022	0.152	1.097	0.415	0.116	0.14	2.45	0.095	—	—	157.57
北盘江	这洞		0.039	0.210	1.562	0.397	0.083	0.57	2.56	0.112	0.004 79	—	220.92
南盘江	江边街		0.086	0.248	1.953	0.658	0.252	0.31	4.63	0.127	0.002 28	—	290.34
东江	博罗	2013年1月	0.093	0.361	0.309	0.087	0.245	0.14	0.54	0.165	0.000 80	—	75.39
北江	石角		0.057	0.240	0.859	0.164	0.153	0.22	1.68	0.129	0.001 48	—	131.68
西江干流	高要		0.054	0.208	1.012	0.256	0.162	0.28	1.92	0.110	0.002 74	—	151.53
都柳江	长安		0.022	0.133	0.233	0.096	0.074	0.10	0.54	0.130	0.000 68	—	52.52
西江干流	大湟江口		0.064	0.214	1.349	0.292	0.167	0.27	2.56	0.092	0.003 42	—	184.21
柳江	象州		0.046	0.183	0.670	0.203	0.144	0.18	1.35	0.106	0.001 94	—	107.76
郁江	南宁		0.052	0.213	1.370	0.187	0.161	0.17	2.70	0.112	0.002 17	—	177.43
龙江	拉浪		0.041	0.183	1.606	0.303	0.166	0.39	3.00	0.067	0.003 60	—	216.73
西江干流	迁江		0.034	0.157	1.396	0.349	0.124	0.21	2.74	0.133	—	—	185.46
西江干流	天峨		0.037	0.168	1.363	0.365	0.116	0.21	2.72	0.133	—	—	184.72
西江干流	蔗香		0.040	0.220	1.396	0.432	0.149	0.35	2.80	0.111	—	—	198.07

2. 成对小流域对比监测

在珠江三级支流桂江流域中，桂林毛村地下河流域范围内，有一个成对的碳酸盐岩和硅酸盐岩的小流域：相邻的由中泥盆统东岗岭组石灰岩–白云岩构成的背地坪岩溶泉域，补给面积为1.5 km^2；由中泥盆统应堂组砂岩构成的小龙背地表水，补给面积为2 km^2。对比监测结果如下。

（1）背地坪岩溶泉水HCO_3^-浓度为4.2～5.5 mmol/L，小龙背地表溪流的HCO_3^-浓度为0.2～0.4 mmol/L，前者是后者的10倍（黄芬　等，2011）；岩石风化溶解产生的无机碳汇通量（按HCO_3^-计）分别是87.36 t/（km^2·a）和3.67 t/（km^2·a），前者是后者的23.8倍（图4.17）。从而验证了Kump等（2000）提出的在一个相当短的时间尺度内（10^3～10^{4}年），碳酸盐岩的溶解大大高于硅酸盐岩的溶解，为水体提供大量的无机碳量。

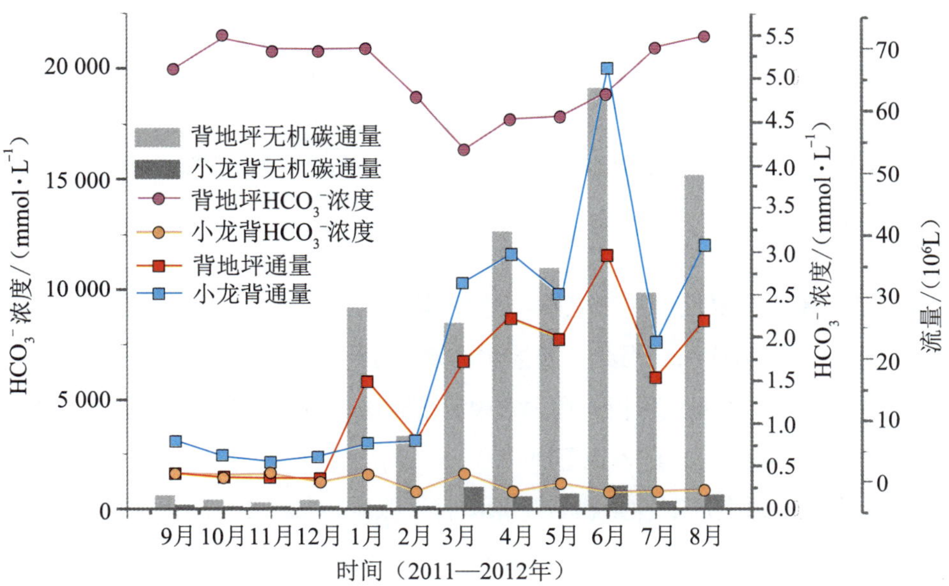

图4.17　岩溶泉域背地坪岩溶水和硅酸盐岩小溪流小龙背外源水无机碳浓度及通量对比

（2）背地坪岩溶泉水$\delta^{13}C_{DIC}$值范围为−16.14‰～−13.49‰，平均值为−14.87‰；小龙背地表溪流$\delta^{13}C_{DIC}$值范围为−11.67‰～−4.01‰，平均值为−8.68‰（图4.18）。岩溶泉水的$\delta^{13}C_{DIC}$比硅酸盐岩小溪流的偏轻6.19‰，对这一现象的合理解释就是：硅酸盐岩小溪流中的无机碳主要来源于大气（大气CO_2的碳稳定同位素为−8‰～−7‰），降雨吸收大气CO_2，导致雨水中CO_2基本平衡，当降落地表后，土壤–植物产生的富^{12}C的CO_2难以与水体中的CO_2进行交换，加上硅酸盐岩为非可溶岩，因此，外源水中无机碳主要来源大气CO_2；而岩溶泉水中的无机碳主要来源于碳酸盐岩和土壤CO_2，水体中HCO_3^-是土壤CO_2（−23.94‰）与碳酸盐岩（0.14‰）作用后的两者混合。

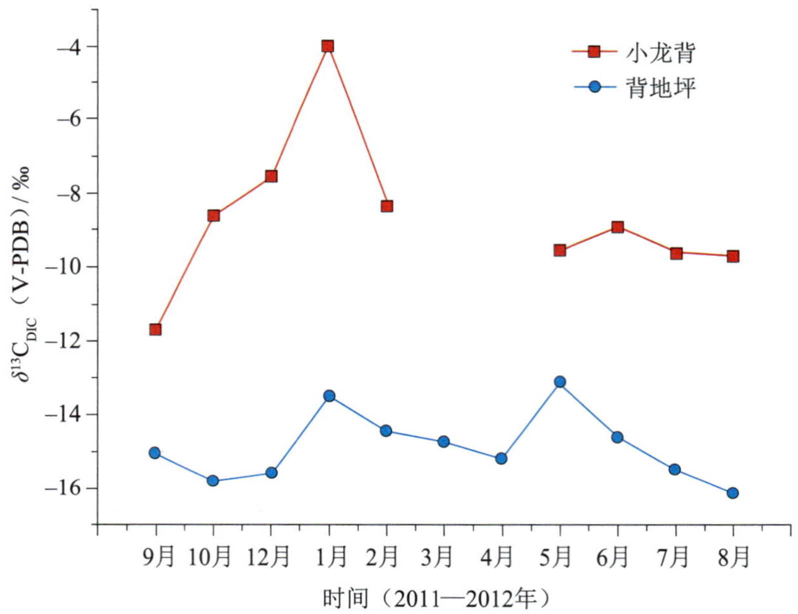

图4.18　岩溶泉域背地坪岩溶水和硅酸盐岩小溪流小龙背外源水无机碳同位素对比

3. CO_2 释放量

碳酸盐岩的溶解风化主要发生在与植被-土壤密切相关的岩溶表层带，经过岩溶表层带的岩溶水，基本处于饱和、过饱和状态。因此，岩溶水体水-气界面CO_2的释放主要发生在两个过程：一是饱和、过饱和的岩溶水流入洞穴顶板，在洞穴中滴落时水动力条件发生改变，水体中CO_2逸出；二是继续与洞穴下伏岩石进行反应，进入地下河。

洞内空气CO_2浓度与地表周期性生物节律相吻合。张美良等（2017）对桂林盘龙洞CO_2的浓度进行了多年的监测，其结果显示，洞外近地面CO_2浓度变化在靠近洞口处有升高的趋势，这意味着洞内的CO_2浓度通常要高于洞外，洞内空气CO_2浓度与地表周期性生物节律相吻合（图4.19）。在上年10月—次年4月，洞穴CO_2浓度为低谷期，年度浓度为（300～500）$\times 10^{-6}$；而在5—10月，洞穴大气CO_2浓度快速上升，最高可达（1 000～1 500）$\times 10^{-6}$。极端洞穴空气CO_2浓度的记录均与暴雨事件相关；而滴水中CO_2分压则可以达到10 000 $\times 10^{-6}$以上，滴水中的无机碳同位素的组成也显示为夏季偏轻。合理的解释就是土下碳酸盐岩在土壤高浓度CO_2和雨水的相互作用下，发生水-岩反应，形成碳酸盐饱和、过饱和溶液，并承受一定的压力，当饱和的岩溶水迁移至化石洞穴后，压力变小，水流的运移速度加快，水体中CO_2逸出，洞穴化学沉积物发生，化石洞穴中的岩溶水继续向下渗流，进入地下河系统。

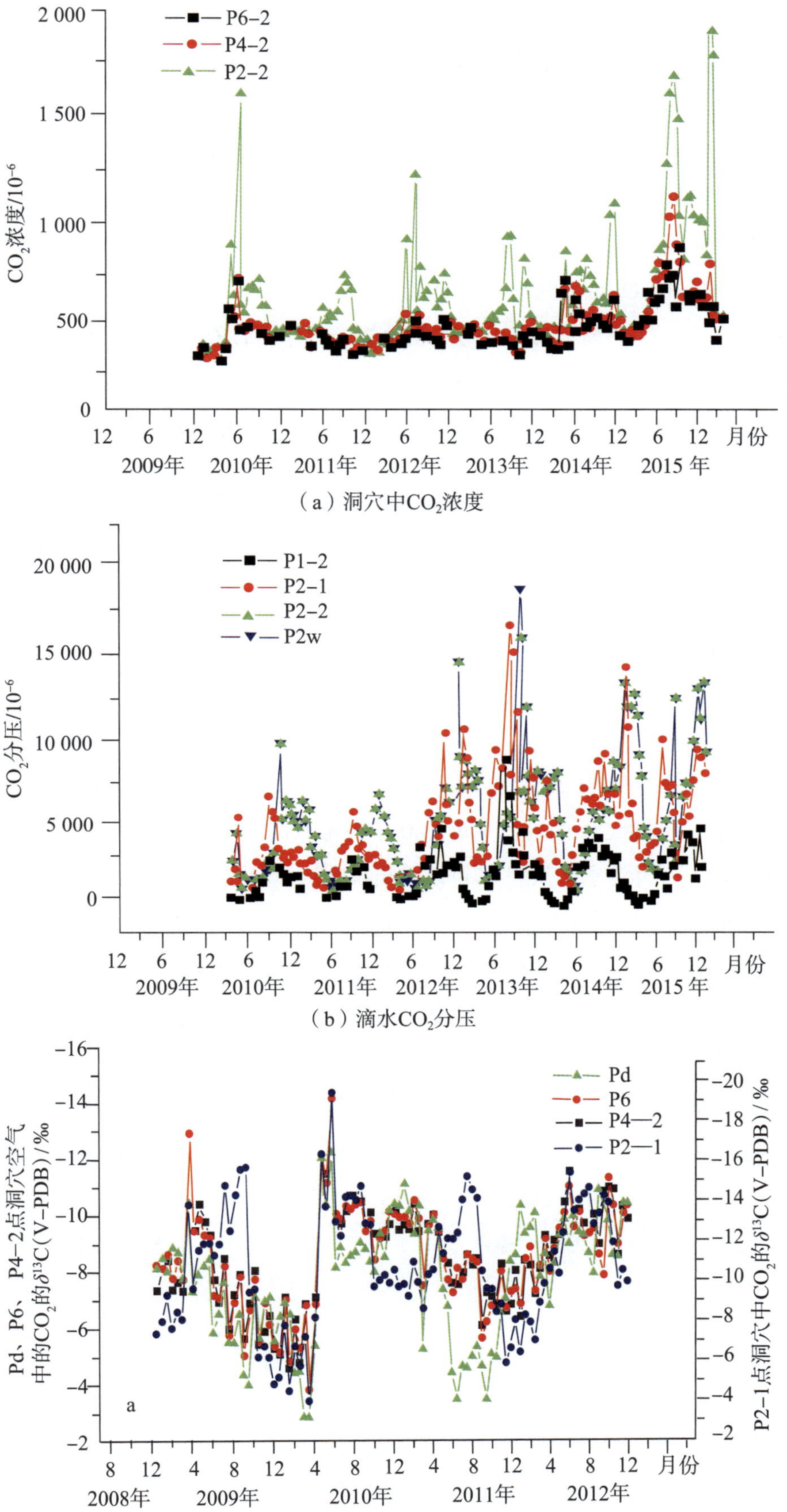

（a）洞穴中CO_2浓度

（b）滴水CO_2分压

（c）新鲜沉积物中碳同位素

注：P6-2、P4-2、P2-2、P1-2、P2-1、P2-2、P2w、Pd、P6表示不同滴水点的编号

图4.19　桂林盘龙洞空气CO_2浓度、滴水CO_2分压、新鲜沉积物中碳同位素动态变化（张美良 等，2017）

（1）水–气界面CO_2逸出首先是水体中游离的CO_2，在地下河出口处逸出量最大。当岩溶地下河水出露地表后，因温度和压力的改变，导致水–气界面CO_2的逸出（王培，2016）。在桂林寨底岩溶地下河出露地表后，流经一段512 m的地表河后，汇入潮田河。在512 m范围内从上游至下游选择6个监测点，水–气界面均表现出明显的脱气现象，平均脱气量为4 581.87 mg/（m^2·h），沿水流方向脱气量呈现降低的趋势，其中在地下河出口处脱气量最大，为6 719.80 mg/（m^2·h），脱气量最小出现在与潮田河汇流前，为2 935.89 mg/（m^2·h）。而与之对应的水体中，Ca^{2+}和游离CO_2出现明显的降低，而电导率和HCO_3^-浓度几乎没有变化（表4.6）。这暗示着岩溶水水–气界面CO_2的逸出主要是水体中游离的CO_2，而钙离子的减少与水生植物光合作用有关，光合作用也首先使用水体中游离的CO_2，同时吸收或沉积碳酸盐水体中的Ca^{2+}。

表4.6 桂林寨底地下河出露地表后，岩溶水体水化学及水–气界面CO_2逸出动态
（王培，2016）

样点	温度/℃	pH值	电导率/（μS·cm^{-1}）	[Ca^{2+}]浓度/（mg·L^{-1}）	[HCO_3^-]浓度/（mmol·L^{-1}）	水体中[CO_2]浓度/（mmol·L^{-1}）	CO_2逸出通量/（mg·m^{-2}·h^{-1}）
A	18.6	7.310	440	96	3.9	0.130 5	6 719.80
B	18.6	7.326	439	92	3.9	0.094 5	4 309.16
C	18.5	7.009	439	94	3.9	0.094 5	5 690.15
D	18.6	6.985	439	92	4.0	0.094 5	4 361.60
E	18.5	6.970	439	91	3.9	0.094 5	3 474.61
F	18.3	6.915	437	91	3.9	0.094 5	2 935.89

（2）岩溶水水–气界面CO_2的逸出速度远高于外源水的。无论夏季还是冬季，岩溶水向大气释放CO_2的通量，均大于外源水。从表4.7可以看出，9月，花岗岩区外源水CO_2释放通量为11.99 ~ 21.31 mg/（m^2·h），平均为16.38 mg/（m^2·h）；碳酸盐岩区岩溶水CO_2释放通量为146.78 ~ 218.91 mg/（m^2·h），平均为178.93 mg/（m^2·h），岩溶水是外源水的10.92倍。1月，花岗岩区外源水CO_2释放通量为9.00 ~ 34.01 mg/（m^2·h），平均为17.84 mg/（m^2·h）；碳酸盐岩区岩溶水CO_2释放通量为23.04 ~ 136.13 mg/（m^2·h），平均为59.01 mg/（m^2·h），岩溶水是外源水的3.31倍，水热同期的夏季是岩溶碳循环最为强烈期，与此同时，也导致岩溶水向大气释放的CO_2通量增加。从流域尺度岩溶碳循环过程看，岩溶水向大气释放CO_2的强度，正说明岩溶碳汇效应增强。

表4.7 漓江流域岩溶水、外源水水–气界面CO_2释放通量对比 单位：mg/（m^2·h）

季节	岩溶水CO_2释放通量				外源水CO_2释放通量			
	C1	C2	C3	C4	G1	G2	G3	G4
雨季	146.78	170.42	218.91	179.61	15.40	11.99	21.31	16.82
旱季	50.19	136.13	23.04	26.69	14.46	13.89	34.01	9.00

4. 碳形态的转化

Liu等（2015）在贵州茂兰的研究结果显示，表层岩溶泉出露地表后，流经富含水生光合生物的水池时，水–气界面CO_2交换通量在中午表现为负通量，即此时水生光合生物对岩溶水体碳的固定达到了最大程度，并还额外吸收大气CO_2进行光合作用，其通量值为−3 600 mg/（m^2·d）；而在早、晚以CO_2脱气为主，存在明显的昼夜尺度变化。这就暗示着富碳的岩溶水在地表流动过程中，不仅存在水–气界面CO_2的逸出，而且存在水体中水生植物对水体中无机碳的利用。

广西柳州融安县官村地下河补给区面积为30 km^2，其中岩溶分布面积为29 km^2，是典型的岩溶地下河流域，地下河水出露地表流经1.35 km后，在官村桥汇入融江支流石门河地表溪流（图4.20）。水中黑藻、金鱼藻、苦草等水生植物丰富（郭芳 等，2011；张陶 等，2016；章程 等，2015）。

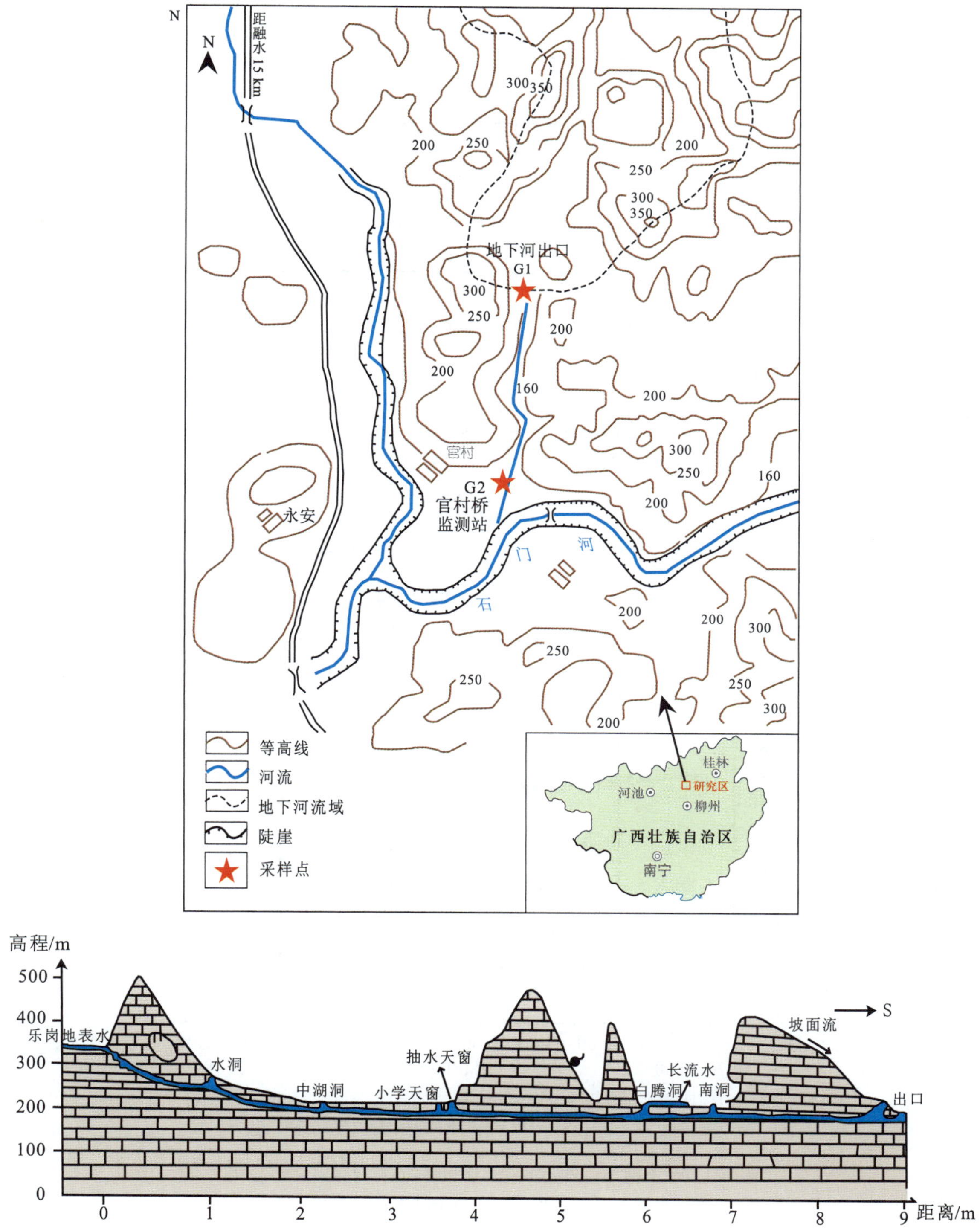

图4.20　广西柳州融安县官村地下河地质剖面

（郭芳 等，2011）

从动态监测结果显示（图4.21），在地下河出口处，其水体中pH值、溶解氧、水温和Ca^{2+}、Mg^{2+}、HCO_3^-离子浓度保持了原地下河的特征，相对稳定，岩溶地下河水的水温显示冬暖夏凉，相当于全年的气温平均值。2011年8月17—22日，地下河水出露地表，水流流过1.35 km后，在官村桥监测点，HCO_3^-浓度降低11.94 mg/L，溪流产生有机碳含量约为l0.34 kg/d，所产生的有机碳通量为2 658.28 mg/（m^2·d），经计算水生植物光合作用将无机碳转化为有机碳的量、碳酸钙沉积的碳量、水–气界面CO_2逸出的量，分别占水体中无机碳损失总量的41%、38%和21%（莫雪 等，2014）。

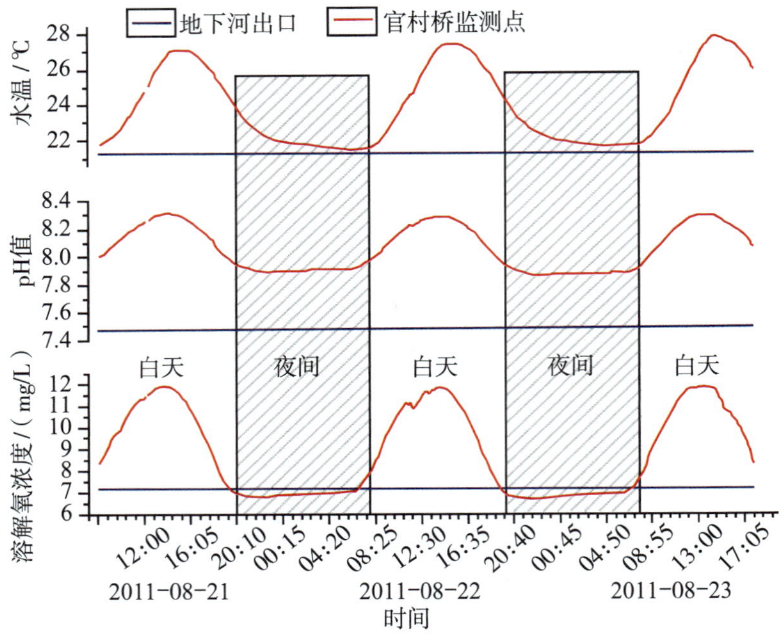

（a）水温、pH值与溶解氧昼夜动态变化

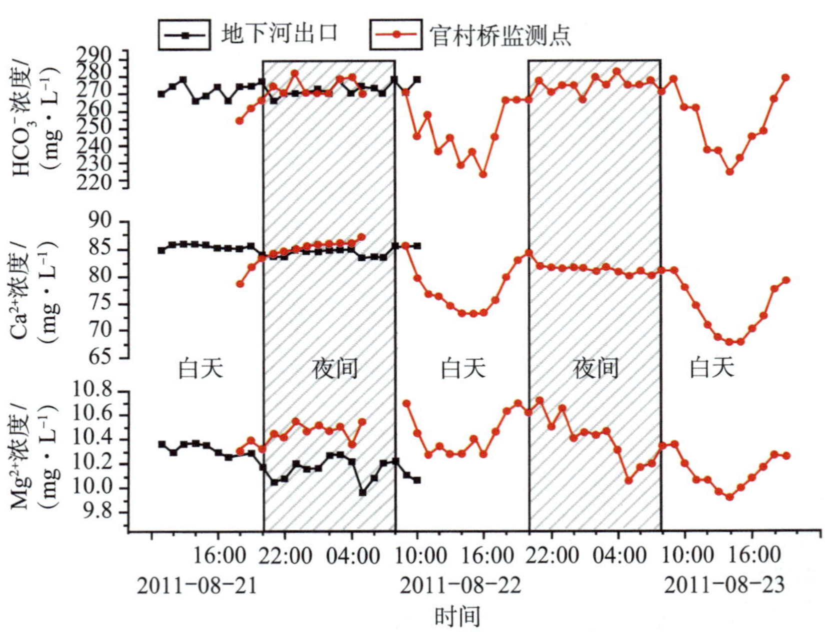

（b）Ca^{2+}、Mg^{2+}和HCO_3^-离子昼夜动态变化

图4.21　地下河出口处与流经1.35 km后的官村桥水化学对比
（章程 等，2015）

孙海龙等（2017）对西江干流的水化学进行了动态监测研究，结果如图4.22所示。

（1）西江上游水化学的空间变化主要受水生植物光合作用的影响，而下游主要受流域岩石风化的控制。河水电导率、[HCO_3^-]和[Ca^{2+}]的季节变化为夏季低、冬季高，反映的是稀释效应的控制。

（2）水体中的溶解氧浓度的变化在南盘江下游段至红水河上游蔗香段，温度是影响水生生物光合作用强度的限制因子，其他监测点的水生光合作用强度则受光照的限制。

（3）西江流域存在 HCO_3^-化学稳定性行为，以梧州水文站为例，水体HCO_3^-的变化幅度为36.6 mg/L，变化系数为1.33；而流量的变化幅度为10 290 m^3/s，变化系数为4.02。从而导致流量变化成为决定西江流域岩溶碳汇通量变化的主控因子。

（4）西江干流具有强烈的生物碳泵效应，由生物碳泵效应形成的碳汇通量约占传统模式计算的无机碳汇通量的40%，说明在估算珠江流域碳酸盐风化碳汇时，必须要考虑水生光合生物对DIC的利用（生物碳泵效应）形成的有机碳的影响。

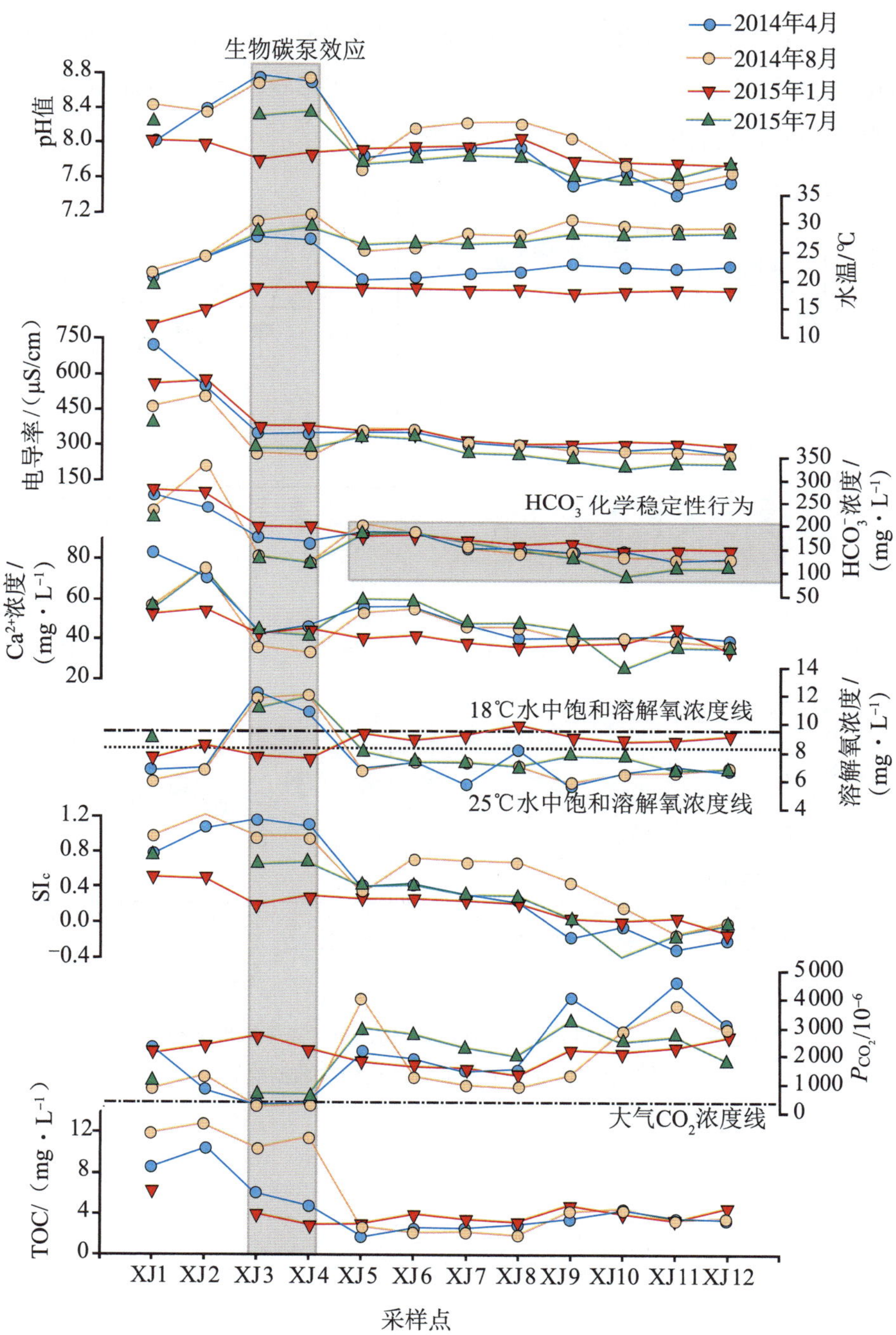

图4.22　西江流域水化学特征时空变化

（孙海龙 等，2017）

5. 河流水化学的长期变化

结合前人已经发表的相关数据，综合分析50多年来（1959—2015年）离子的变化趋势（图4.23），珠江流域离子总量呈现增加的趋势，由20世纪70年代的176 mg/L增加至258 mg/L，增加约36%。其中，K^+、Na^+、SO_4^{2-}、Cl^-浓度增加趋势明显，SO_4^{2-}和Cl^-浓度增加5倍和3倍，K^+和Na^+浓度增加2倍左右。

游大伟等（2005）分析了1950—2004年50多年的河流流量与气候的关系，认为流量与降水量之间存在明显的相关性，存在年际间周期性的变化。如果其他自然生态环境因子也同时发生相关的变化，则碳酸盐岩溶解风化向河流输送的HCO_3^-和Ca^{2+}、Mg^{2+}的通量应该发生相同趋势的变化。然而，珠江流域Ca^{2+}浓度出现明显的升高趋势，Mg^{2+}浓度略有升高，而HCO_3^-浓度基本保持不变，Na^+、Cl^-的浓度增加可以认为是近海降水和海水入侵带来的影响，因此，Ca^{2+}浓度的增加，应该主要考虑酸雨沉降带来的硫酸的侵蚀作用（杨建祥 等，2005）。

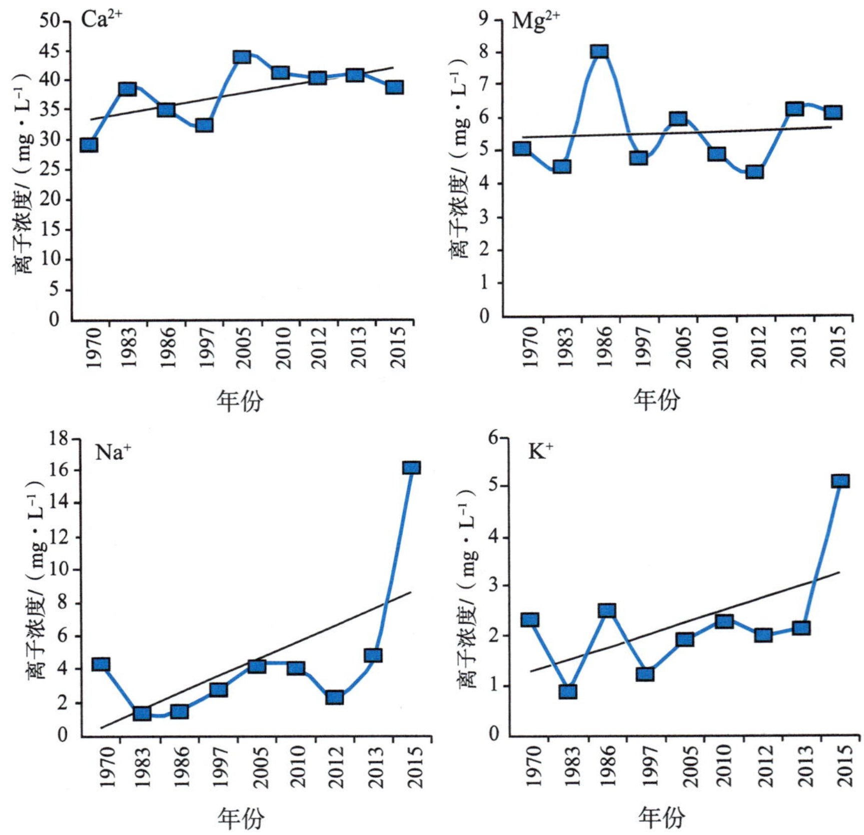

图4.23　近50年来珠江流域（1959—2015年）离子浓度变化趋势
（根据游大伟等2005年成果补充相关数据绘制）

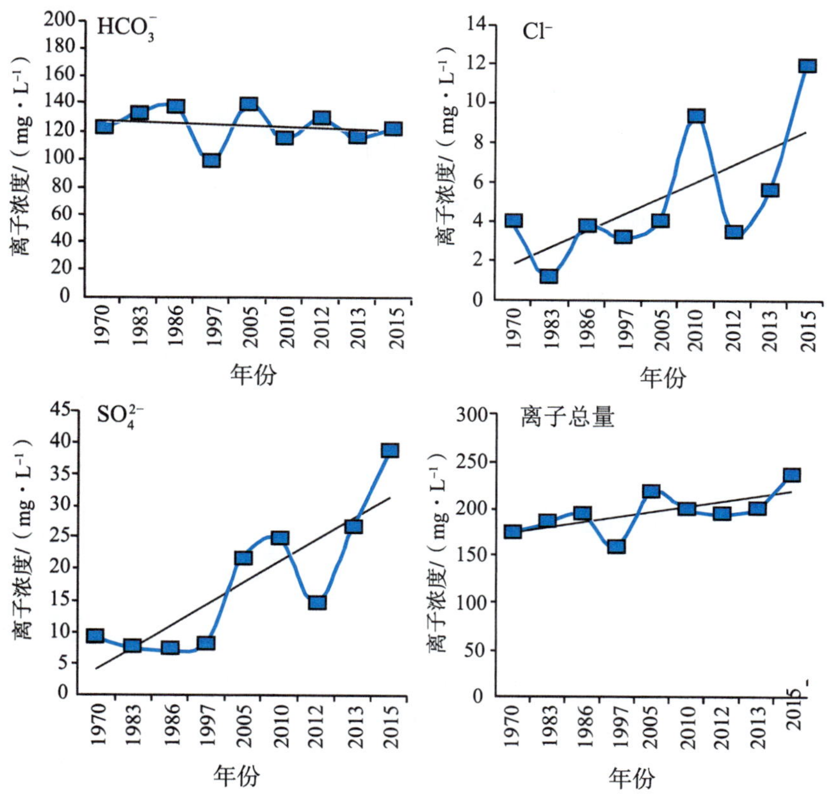

图4.23（续）　近50年来珠江流域（1959—2015年）离子浓度变化趋势

（根据游大伟等2005年成果补充相关数据绘制）

6. 典型水库中有机碳的沉积通量和内源贡献估算

大龙洞水库位于广西壮族自治区南宁市上林县，由岩溶地下水补给，地下水补给区主要出露的地层为下石炭统（C_1）和中泥盆统东岗岭组（D_2d^3）碳酸盐岩，集雨面积为310 km^2；地处亚热带季风气候区，年平均温度为21.7℃，年降水量为1 294 mm（Huang et al，2015）。库区呈狭长形，长十余千米，宽500～600 m（图4.24）。

水库的上游，由两条地下河补给：大龙洞地下河和逿龙河地下河。水库上游夏季水体的HCO_3^-浓度分别为4.5 mmol/L和3.2 mmol/L，平均为3.85 mmol/L；水库下游出库水体HCO_3^-浓度为3.35 mmol/L。李建鸿等（2015）运用静态箱法监测大龙洞水库水气界面CO_2逸出通量，在夏季为146.85mg·m^{-2}·h^{-1}，高于非岩溶水库（思安江水库为−44.79 mg·m^{-2}·h^{-1}）和补给区有部分岩溶分布的水库（五里峡水库为−5.99 mg·m^{-2}·h^{-1}）。

据湖芯分析结果显示，1957年建库以来，其湖底沉积过程可分为3个时间段：1957—1978年，沉积物沉积速率为0.8 cm/a；1978—2002年，沉积物沉积速率为0.89 cm/a；2002—2015年，沉积物沉积速率为0.74 cm/a。第一阶段，毁林状况十分严重，大龙洞水库补给区，植被覆盖率曾一度降低至9%，土壤侵蚀严重，而居民废水排入库区的量则很高；第二阶段，虽然国家实施了退耕还林、天然林资源保护工程等生态工程，但岩溶地区的植被恢复十分缓慢，直到1991年，补给区的植被覆盖率达14.3%，随后稳步增长，但土壤侵蚀入库通量明显持续降低，大龙洞水库在1996年渗漏修堵后，渗漏量降低60%，蓄水量和水位一直维持在设计时的水准，给水库水体中的水生植物和藻类的繁衍和内源有机物的供给，提供了很好的条件，这期间，补给区居民人口持续增加，废水入库通量一直处于较高的水平；第三阶段，补给区自然生态明显好转，植被覆盖率超过30%，土壤入库通量明显降低，但水生植物和藻类对沉积物的贡献明显增长，但沉积总量显著降低（图4.25）。

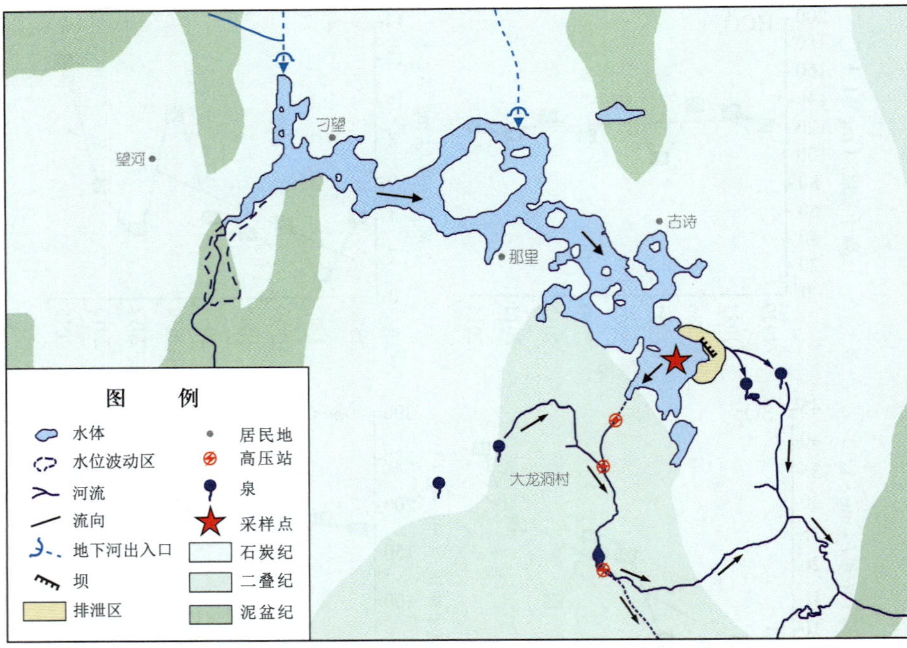

图4.24　南宁市上林县大龙洞水库分布及周边水文地质背景

（Huang et al，2015）

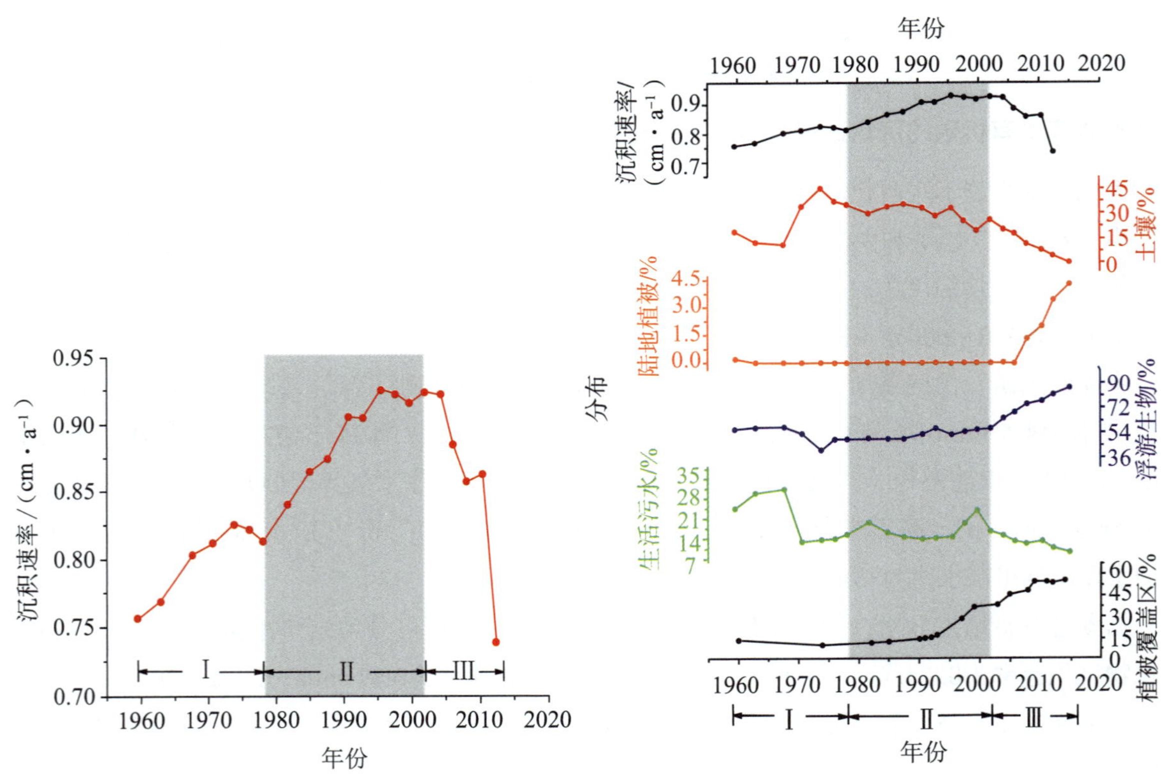

（a）沉积速率　　（b）成因分析

图4.25　南宁市上林县大龙洞水库库底沉积物沉积速率及成因分析

4.3.4　算通量：地质碳汇效应与岩溶碳汇效应

1. 碳酸盐岩溶解风化消耗大气和土壤 CO_2 通量的估算

曹建华等（2011a）根据岩溶碳循环的主要影响因子，以典型点的碳酸盐岩溶蚀速率为基础，在建立碳酸盐岩溶解速率与影响因子的回归方程的基础上，收集和计算多年平均降水、植被净初级生产力NPP和土壤呼吸，结合碳酸盐岩类型图层，获得珠江流域$CaCO_3$年溶蚀量为1.54×10^7 t，折合碳为6.77×10^6 t，相当于岩溶碳循环强度按CO_2计算为40 t/(km^2·a)。如果考虑到径流量的变幅为−1.67%，该数据为1980年以后西江流域的距平百分率数值（李东龙 等，2011），则珠江流域岩溶碳循环的强度（按CO_2计）为39.3 t/(km^2·a)。

2. 水体无机碳输出的估算

利用河流水化学组成的Galy模型，评价珠江流域无机碳循环。因岩石溶解风化消耗大气和土壤中的CO_2量，并随水流流入海洋的碳汇通量为1.167×10^7 t/a。高要、博罗和石角所代表的西江、东江和北江流域来源于硅酸盐岩的碳汇速率（均以CO_2计）分别为4.43、8.02和8.42 t/(km^2·a)，来源于碳酸盐岩的碳汇速率（均以CO_2计）分别为24.54、1.39和25.97 t/(km^2·a)（表4.8）。碳酸盐岩风化溶蚀速率和由碳酸盐岩风化溶蚀引起的大气CO_2消耗量分别为27.60 mm/ka和540.21×10^3 mol/(km^2·a)，是硅酸盐岩风化速率和由硅酸盐岩风化引起的大气CO_2消耗量的10.8倍和6.7倍，说明碳酸盐岩风化是流域碳汇过程及碳汇效应的主体（覃小群 等，2015）。

表4.8　珠江干流、主要支流岩石风化溶解产生的无机碳汇强度及碳汇通量对比

流域等级	河流名称	站点	流域面积/($10^4 km^2$)	平均流量/($10^8 m^3·a^{-1}$)	碳酸盐岩		硅酸盐岩		碳酸盐岩分布占流域面积的比例/%	岩溶作用产生的碳汇通量占比/%
					无机碳汇速率/(t·$km^{-2}·a^{-1}$)	无机碳汇通量/(10^4 t·a^{-1})	无机碳汇速率/(t·$km^{-2}·a^{-1}$)	无机碳汇通量/(10^4 t·a^{-1})		
二级支流	西江	高古马	0.63	20.05	18.65	11.75	0.41	0.26	74.91	97.84
		蔗香	8.34	379.40	21.43	178.73	3.81	31.78	51.92	84.90
		迁江	12.89	471.60	21.28	274.3	1.16	14.95	59.21	94.83
		梧州	32.97	1800.00	19.87	655.11	5.64	185.95	48.88	77.89
		高要	35.39	2032.00	24.54	862.58	4.43	155.71	44.38	84.71
	东江	博罗	3.54	257.00	1.39	4.92	8.05	28.50	1.29	14.72
	北江	石角	5.21	533.90	25.97	135.3	8.42	43.87	14.89	75.51
三级支流	北盘江	双江口	2.66	122.99	20.89	55.57	4.76	12.66	56.36	81.45
	郁江	桂平	9.07	479.00	25.88	234.73	2.37	21.50	42.55	91.61
	柳江	象州	5.72	588.15	25.90	148.15	3.45	19.73	40.59	88.25
	融江	长安	2.16	190.79	9.18	19.83	3.26	7.04	41.46	73.80
	北流江	金鸡	0.94	80.10	13.00	12.22	9.63	9.05	0.90	57.45
	桂江	京南	1.93	144.00	25.36	48.94	2.53	4.88	29.50	90.93
	贺江	封开	1.15	64.40	16.32	18.77	1.34	1.54	15.42	92.42

3. 有机碳输出的估算

根据有机碳的C/N比值和碳稳定同位素对水体中颗粒有机碳进行内源、外源有机碳的区分（Lobbes et al，2000），结果表明：珠江流域支流西江（高要）、北江（石角）和东江（博罗）有机碳均以外源有机碳为主，内源有机碳（以CO_2计）分别为107.74×10^4 t/a、43.23×10^4 t/a、6.67×10^4 t/a，分别占总有机碳的32.50%、44.52%和41.64%（表4.9）。

表4.9　珠江流域溶解有机碳（DOC）、溶解颗粒有机碳（POC）浓度及内源比例

流域等级	河流名称	站点	流域面积/（10^4 km^2）	平均流量/（10^8 m^3/·a^{-1}）	河水中POC碳量/（10^4 t·a^{-1}）			河水中DOC碳量/（10^4 t·a^{-1}）
					内源	外源	内源碳所占比例/%	
二级支流	西江	高古马	0.63	20.05	1.97	0.51	79.35	1.51
		蔗香	8.34	379.40	11.46	1.76	86.71	12.10
		迁江	12.89	471.60	—	—	—	11.41
		梧州	32.97	1800.00	—	—	—	77.22
		高要	35.39	2032.00	107.74	223.81	32.50	160.93
	东江	博罗	3.54	257.00	6.67	9.35	41.64	15.55
	北江	石角	5.21	533.90	43.23	53.87	44.52	30.15
三级支流	北盘江	双江口	2.66	122.99	0.62	1.68	26.93	2.21
	郁江	桂平	9.07	479.00	10.65	26.41	28.73	34.60
	柳江	象州	5.72	588.15	20.51	4.93	80.61	17.90
	融江	长安	2.16	190.79	1.67	2.25	42.55	3.78
	北流江	金鸡	0.94	80.10	3.87	3.80	50.45	6.29
	桂江	京南	1.93	144.00	24.86	1.17	95.51	7.50
	贺江	封开	1.15	64.40	1.39	1.87	42.55	2.81

珠江流域溶解有机碳（以CO_2计）总输出通量为206.63 × 10^4 t/a，其中西江为160.93 × 10^4 t/a，东江为15.55 × 10^4 t/a，北江为30.15 × 10^4 t/a。

4. 河流底泥沉积物中有机碳来源及通量

西江、东江、北江河流底泥中内源有机碳沉积量（以CO_2计）分别为1.02 × 10^4 t/a、0.03 × 10^4 t/a、0.01 × 10^4 t/a，分别占沉积物中总有机碳的62.45%、53.23%、86.49%。按照内源碳源于河流中浮游生物利用水中的无机碳转换或直接来自大气CO_2，均属于碳汇。

5. 河流水－气界面 CO_2 的呼吸效应

本书采用碳酸盐体系中的各参数间接计算获取水体中的二氧化碳分压P_{CO_2}。根据水化学软件计算水体中的P_{CO_2}值。大气中的二氧化碳分压值P_0采用珠江流域46个站点实测平均值（399 μatm，该值接近美国地球系统研究实验室发布的数据），并根据调查区平均高程（h）进行海拔校正（Weiss，1974），即

$$P_{CO_2}=P_0\cdot（1-0.006\,5\,h/288）^{5.256} \tag{4.4}$$

对于河流CO_2的排放通量计算，不仅要有水–气界面ΔP_{CO_2}，而且要确定合理的系数K值。根据河水P_{CO_2}及大气P_{CO_2}，估算河流的“呼吸”通量。

珠江流域干流和支流在雨季的呼吸通量（以CO_2计）之和为178.33 × 10^4 t/a，旱季为179.95 × 10^4 t/a，平均为179.16 × 10^4 t/a（表4.10）。

6. 珠江岩石风化溶解的碳汇效应及岩溶作用贡献率估算

珠江流域无机碳入海通量（以CO_2计）为623 × 10^4 t/a，碳酸盐岩贡献率为80.46%；流域有机碳入海通量（以CO_2计）为608 × 10^4 t/a，其中内源有机碳输出通量为321 × 10^4 t/a，外源有机碳输出

表4.10　珠江流域水–气界面CO_2逸出通量估算结果

流域等级	河流名称	站点	流域面积/ (10^4 km^2)	平均流量/ (10^8 $m^3 \cdot a^{-1}$)	雨季		旱季		平均	
					呼吸速率 ($mol \cdot m^{-2} \cdot d^{-1}$)	呼吸通量 (10^4 $t \cdot a^{-1}$)	呼吸速率 ($mol \cdot m^{-2} \cdot d^{-1}$)	呼吸通量 (10^4 $t \cdot a^{-1}$)	呼吸速率 ($mol \cdot m^{-2} \cdot d^{-1}$)	呼吸通量/ (10^4 $t \cdot a^{-1}$)
二级支流	西江	高古马	0.63	20.05	0.111 264	2.37	0.041 577	0.88	0.076 420 5	1.63
		迁江	12.89	471.60	0.112 051	33.51	0.050 968	15.24	0.081 509 5	24.37
		梧州	32.97	1800.00	0.118 647	14.52	0.088 761	10.86	0.103 704 0	12.69
		高要	35.39	2032.00	0.069 701	15.22	0.044 700	9.76	0.057 200 5	12.49
	东江	博罗	3.54	257.00	0.132 686	18.20	0.139 617	19.15	0.136 151 5	18.68
	北江	石角	5.21	533.90	0.027 634	3.00	0.070 653	7.67	0.049 143 5	5.34
三级支流	北盘江	双江口	2.66	122.99	0.106 057	3.82	−8.10E−05	0.00	0.052 988 0	1.91
	郁江	桂平	9.07	479.00	0.104 534	69.28	0.112 412	74.50	0.108 473 0	71.89
	柳江	象州	5.72	588.15	0.048 945	10.91	0.104 731	23.35	0.076 838 0	17.13
	融江	长安	2.16	190.79	0.008 682	0.38	0.083 906	3.70	0.046 294 0	2.04
	北流江	金鸡	0.94	80.10	0.015 324	0.65	0.151 110	6.41	0.083 217 0	3.53
	桂江	京南	1.93	144.00	0.059 246	4.05	0.040 904	2.80	0.050 075 0	3.43
	贺江	封开	1.15	64.40	0.042 819	2.42	0.099 630	5.63	0.071 224 5	4.03

注：呼吸通量质量均以CO_2计。

通量为287×10^4 t/a，内源占52.76%。河流总的有机碳沉积量（以CO_2计）为4.65×10^4 t/a，其中内源碳沉积量为3.26×10^4 t/a，外源碳沉积量为1.39×10^4 t/a，内源占70%。水生生物转化量（以CO_2计）为364×10^4 t/a，约占水体无机碳量的31%，有3.26×10^4 t/a进入底泥中，另外321×10^4 t/a随水流进入海洋。河流呼吸作用平均输出的碳通量（以CO_2计）为178×10^4 t/a（图4.26）。

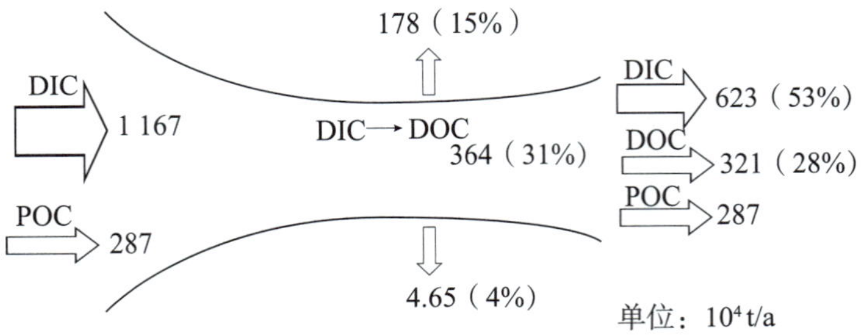

图4.26 珠江流域碳循环过程及通量示意

珠江流域的净碳汇量为大气输入的CO_2沉积到底泥及输送入海的通量之和，即为949×10^4 t/a，相当于珠江流域每年的CO_2排放量（2.3×10^8 t）的4%，是该地区重要的碳减排项。珠江流域与亚马孙河、加伦河、刚果河的结果相比：珠江流域大气CO_2消耗量大约比亚马孙河、加伦河高一倍，这是因为亚马孙河虽然径流强度大，但碳酸盐岩出露比例小，加伦河碳酸盐岩出露比例与珠江流域相当，但径流强度低；而刚果河无论是径流强度或碳酸盐岩出露比例都远低于珠江流域，因此，岩石风化作用消耗的大气和土壤CO_2量仅为珠江流域的1/9（覃小群 等，2013）。与世界60个大流域风化作用过程中的大气CO_2消耗量平均值10.83 t/（km^2·a）相比，珠江流域大气CO_2消耗量大约为世界平均值的2.6倍（Gaillardet et al，1999）。

§4.4 人为干预固碳增汇技术途径

岩溶碳循环是隶属于陆地风化的自然地质–生态过程，人为活动能否干预？能否促进岩溶碳循环？提高岩溶碳汇效应？从前文分析的岩溶碳循环的影响因素，结合岩溶动力系统与碳循环途径（图4.27），可以看出，人为干预至少可以通过4种途径提高岩溶碳汇效应，达到固碳增汇的效果。

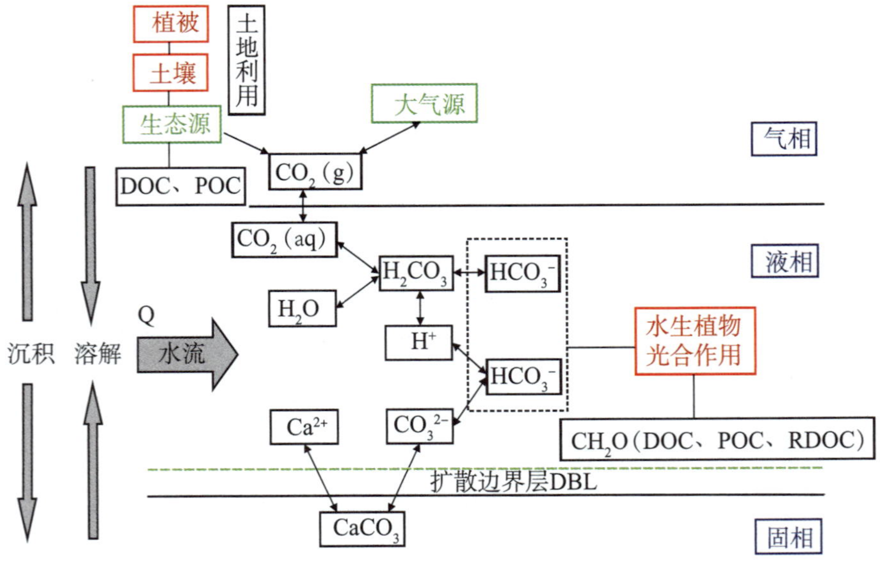

图4.27 岩溶动力系统与碳循环途径示意
（Cao et al，2016）

4.4.1　植被恢复、造林物种筛选，增加岩溶碳汇的适合生态重建工程

1. 植被恢复

岩溶动力系统是地球表层系统的重要组成部分，岩溶碳循环发生所需的CO_2不仅来源于大气，更大量来源于土壤，而土壤CO_2则来源于植物的光合作用。植被的恢复不仅带来光合作用的增强，而且有利于生态系统碳循环速率提高，同时有利于土壤形成和土壤碳循环的增强。在土壤环境中活跃的生物作用使土壤中产生比大气高几十倍、几百倍的CO_2浓度和大量的生物衍生物（尤其是有机酸、螯合物）对碳酸盐岩产生侵蚀，在碳酸盐岩侵蚀过程中消耗土壤空气中的CO_2，最终减少土壤CO_2向大气的排放。土壤环境中CO_2的来源主要有3个方面：植物根系呼吸、根圈土壤微生物呼吸和非根圈微生物呼吸。有资料表明植物根系呼吸对土壤呼吸的贡献率可达30%～80%（Hanson et al，2000；Subke et al，2006），因此，植被恢复的同时，下伏的碳酸盐岩溶解速率也会提高。

广西马山弄拉和重庆金佛山典型岩溶泉域的研究结果表明，不同土地利用下的土下溶蚀速率差异明显，耕地、灌丛、次生林、草地、原始林溶蚀速率平均值分别为4.02、7.00、40.00、20.00和63.50 t /(km^2・a)，从灌丛到次生林地再到原始林地，岩溶作用产生的碳汇通量可增加2～8倍（章程 等，2006；章程，2011）。

而控制边界的模拟试验研究结果发现，随着植被正向演替、地表生态系统增汇过程发生的同时，地下同步发生类似的岩溶增汇过程（详见2.2.1小节描述）。

2. 造林物种的筛选

从生态系统角度看，有岩溶环境制约的岩溶生态系统与地带性的生态系统具有明显的差异性，可定义为隐域性生态系统，该系统具有富钙、高无机碳、偏碱、季节性缺水、营养元素缺乏等特点（曹建华 等，2003）。为了适应岩溶生态环境的特殊性，陆地植物演化出加速分泌和提升碳酸酐酶活性，以适应高HCO_3^-和低营养元素的对策。如吴沿友（2011）研究显示：乔木构树、草本诸葛菜是岩溶适生的植物，其在适应岩溶季节性干旱，降低植物叶片气孔导度、减少水分蒸腾过程中，演化出能使H^++HCO_3^-与CO_2+H_2O间转化速率的生物酶–碳酸酐酶的大量分泌和活性的提高，将植物细胞间的HCO_3^-转化为CO_2+H_2O，从而促使植物在逆境中利用岩溶环境中的HCO_3^-进行光合作用。换言之，陆地植物可以在最大限度提高水分效率的同时，直接将水体中的无机碳作为光合作用的碳源。与桑树相比，乔木构树利用重碳酸根的能力是桑树的2.33倍，而草本诸葛菜是油菜的45倍（吴沿友 等，2011a；2011b）。

4.4.2　土壤改良，增加岩溶碳汇的适合农业工程

土壤是陆地生物生存、物质循环最为活跃的场所（潘根兴 等，2000；赵其国，1997），也是岩溶作用最为活跃的部位（袁道先 等，1988）。土壤生态环境中的水分、养分的状态及循环特征，不仅影响植物、农作物的生长状况，同时也刺激土壤微生物活性，增强土壤碳循环，促进土下岩溶碳汇发生（杨慧 等，2011；刘再华 等，2000）。碳酸盐岩溶解风化形成的石灰土，质地黏重、土层薄、有效水分所占比例低（曹建华 等，2003），因此，土壤碳循环特征深刻影响着岩溶碳循环和

碳汇效应。人为干预土壤碳循环，促进岩溶碳循环，增加碳汇效应，主要有以下几个方面。

（1）防止土壤流失，阻控土壤漏失。土壤覆盖的存在，不仅给陆地植被萌发、生长提供养分和水分条件，同时也给土下碳酸盐岩溶解提供CO_2和水分，土壤中CO_2的浓度是大气中CO_2浓度的十几倍至几百倍。Crowther（1983）在马来西亚半岛对一个碳酸盐岩丘陵区的溶蚀速率测定的研究中，揭示有地衣或土壤覆盖处比无生物覆盖处，岩溶溶蚀速率提高76.36%。类似的结果在贵州普定也得到验证（赵敏 等，2009）。

（2）适量施用氮肥。适量施用氮肥在增加农作物产量的同时，能降低土壤C/N比，增加土壤微生物活性，促进有机物料分解，从而提高土壤CO_2浓度，提高土下碳酸盐岩的溶解速率（黄芬 等，2014）。杨兰芳等（2004）指出，氮肥促进土壤呼吸作用的可能原因包括：第一，增强植物光合作用，从而提供给根系呼吸作用和土壤呼吸作用的光合产物增加；第二，促使根系生长，使根系呼吸作用增加；第三，提供微生物有效氮，增加土壤微生物呼吸作用。但过量施用氮肥形成的硝酸对碳酸盐岩的溶解会减弱岩溶碳汇效应。Perrin等（2008）监测了法国西南部Garonne河流域内含碳酸盐岩地层的25个小流域的河流水化学数据，发现在有强烈农业活动、氮肥广泛使用的流域，大气CO_2对河流DIC的贡献减少了7%～17%。

（3）增加土壤有机质。通过秸秆还田、有机肥施用、生物碳添加等土壤改良措施，增加土壤有机质含量，改善土壤质地和物理结构，提高土壤有效水分含量，刺激土壤微生物活性，增强土壤生产力。广西平果果化峰丛洼地石漠化综合治理基地，利用食用菌菌糠、糖厂滤泥改良土壤，监测结果显示土壤改良 9 年后，每年可增加岩溶碳汇量为2.86 t/km^2。桂林毛村盆栽试验结果显示，生物碳的添加，不仅导致玉米增产11%～15%，同时土壤呼吸强度增加66%～102%，而排泄水体中HCO_3^-则增加34%～52%（方培结 等，2014）。

（4）改善土壤质地和团聚体结构。岩溶区碳酸盐岩风化形成的石灰土有两个基本特性：土壤黏重，黏土组分比例大，其透水性、透气性均较差；在热带、亚热带石灰土的演化过程中，黑色石灰土、棕色石灰土、黄色石灰土和红色石灰土，其土壤理化性质变化显著，尤其是受人为活动影响强烈的红色、黄色石灰土。土壤质地和土壤团聚体的结构是土壤水分、土壤生物活动和土壤碳循环的结构性因素。因此，保持石灰土团聚体的水稳定性，不仅有利于土壤养分、水分的供给，以及土壤质量的保持和提升，同时也有利于土壤碳循环和土下碳酸盐岩的溶解过程（杨慧 等，2012）。

4.4.3 应用外源水增强岩溶碳循环强度，提高碳汇效应的农田水利工程

外源水由于其硬度和pH值较低，对碳酸盐岩具有很强的侵蚀溶解力。湖南郴州、广西桂林的典型监测研究结果显示，外源水中碳酸盐岩的溶解侵蚀速率是土下碳酸盐岩溶解侵蚀速率的数十倍（刘再华 等，2006；唐伟 等，2014）。

桂林毛村岩溶地下河流域岩溶碳循环试验场，补给面积为11.2 km^2，其中岩溶区、非岩溶区面积分别为7.6 km^{2}和3.6 km^2，以砂岩为主的非岩溶区位于补给区的上游，外源水向岩溶区补给。典型岩溶泉背地坪补给区面积为1 km^2，典型外源水溪流小龙背补给区面积为1.5 km^2，无机碳碳汇强度（以CO_2计）分别为2.64 t/（km^2・a）和31.50 t/（km^2・a）。外源水补给岩溶区，与岩溶水混合，提高了岩溶水的溶蚀能力，从上游至下游，随着水-岩相互作用的持续，水体中的 DIC 含量

不断升高，其碳酸盐饱和指数也逐渐增加，SI_c由不饱和达到饱和，提高了岩溶碳汇的强度。2010年4 月—2011年3月，于地下河流域上游的小龙背到地下河出口，岩溶碳汇通量由 2.28×10^5 g/s增加至 2.04×10^6 g/s，增加了近10倍，外源水的输入，增加了岩溶碳汇通量的34%（黄芬　等，2011）。因此，将外源水作为灌溉水，在岩溶区使用，相当于增加了天然“降水量”，增加了水–岩相互作用，提高了土下碳酸盐岩的溶解。

4.4.4　沉水植物培育，提高岩溶碳汇稳定性的适合湿地生态工程

沉水植物的代谢对无机碳和水体的pH值，影响特别强烈。光合作用通过合成有机物和形成碳酸盐沉积大量消耗水中的无机碳，而碳酸盐岩的溶解风化，使岩溶水体中的HCO_3^-含量通常达到3 ~ 5 mmol/L，比外源水水体中的要高出1个数量级。电导率通常为300 ~ 500 μS/cm，比外源水高出1 ~ 2个数量级。典型岩溶水的pH值也通常比典型外源水的高出1 ~ 2个单位。高浓度无机碳的岩溶水，可刺激大量水生植物滋生，使无机碳向有机碳转化。刘彦等（2010）通过对比试验，单生卵囊藻在岩溶水环境下利用HCO_3^-作为光合碳源的能力，要高于非岩溶水环境3.78倍。而与此同时，Ca^{2+}的沉积量提高1.13倍，即在岩溶水（非岩溶水）环境下，有42.6%（8.9%）的Ca^{2+}提高物理化学效应，以$CaCO_3$形式沉积，其余的Ca^{2+}被藻类生长吸收利用。

而不同的沉水植物对水环境中HCO_3^-的利用能力，存在差异。沉水植物光合作用，消耗水体中无机碳，破坏了碳酸平衡，水体 pH 值升高，当无机碳减少到一定程度，pH 值则恒定在某个最大值，即达到pH值补偿点或称无机碳补偿点。模拟实验结果显示，海菜花的pH 值补偿点最高为9.62；其次为黑藻和苦草，分别为8.7和8.59；竹叶眼子菜和狐尾藻均为8.41（王培，2016）。

章程等（2015）发现广西柳州官村地下河出口1.35 km河道内，沿途HCO_3^-、Ca^{2+}含量显著减少，存在HCO_3^-的丢失和Ca^{2+}的原位沉降，由于水生植物所消耗的溶解无机碳（DIC）达1 153 mmol/（d・m），同位素检测结果显示水生植物体生物量的88%源于水体中HCO_3^-。

宋昂等（2017）在2015年12月，对主要由岩溶水补给的桂林五里峡水库，经水化学组分、碳同位素及荧光定量PCR分析，发现水体中存在针对惰性溶解有机碳的“生物转化器”AAPB，其丰度为1.33% ~ 1.60%。

AAPB（aerobic anoxygenic phototrophic bacteria），中文名是“好氧不产氧光合异养细菌”，它是一类兼具自养和异养双重特点的功能细菌（张飞　等，2016），它利用光能，能够产生ATP酶（三磷酸腺苷酶），实现光能向化学能的转化，但不能有效固定CO_2，这可以减少细胞代谢对有机碳的消耗，使更多有机碳保存在环境中。与此同时，它又可以吸收利用活性溶解有机碳（labile DOC）获取能量，而可供AAPB利用的溶解有机碳（DOC），主要来自水生植物（浮游植物、沉水植物等）的光合产物，同时产生相对惰性的溶解有机碳（refractory DOC，RDOC），RDOC可以在水体中长期保存和积累（焦念志，2006）。针对海洋环境而言，在寡营养海洋中，虽然AAPB丰度为2% ~ 4%，但其生产率却占总细菌生产率的4% ~ 50%，AAPB产生的巨大的海洋RDOC碳库的储碳周期长达数千年（Jiao et al，2010）。Lew等（2016）研究表明，在泥炭沼泽水体中，AAPB的丰度与水体中的pH值、电导率呈正相关。

因此，合适的沉水植物筛选和培育及水生系统的构建，对岩溶碳汇稳定性的提高具有重要意义，同时，也是岩溶碳循环过程与水生生物碳循环的融合。

小　结

以珠江流域为案例，查明在岩溶碳循环过程中约有15%通过水–气界面返回大气，约4%赋存在河床沉积物中，约81%流入海洋；水生生物间31%的无机碳转化为有机碳，因此流入海洋的碳量中，有47%以溶解有机碳的形式存在。在此基础上，本书提出流域尺度岩溶碳循环模式及调查研究方法，并提出人为干预固碳增汇的4种技术途径：造林种草、土壤改良、外源水输入和水生植物培育。

第❺章 岩溶碳循环的全球意义

§5.1 碳酸盐岩溶解风化在陆地风化碳汇效应中占据重要地位

5.1.1 碳酸盐岩风化成土特征

根据Dürr等（2005）、Suchet等（2003）研究统计的结果，对全球陆地碳酸盐岩的分布特征大致有一个了解。Dürr等（2005）以1 km × 1 km的分辨率编制了全球岩性分布图，将岩石类型划分为17大类，并对岩石的分布、地质年代进行了统计研究。其中，与碳酸盐岩相关的岩石类型有两类：碳酸盐岩类（Sc），碳酸盐岩矿物占岩石总量的50%以上；混合固结沉积岩类（Sm），碳酸盐岩矿物占岩石总量的比例小于50%。

碳酸盐岩类（Sc），分布面积为1.382×10^7 km^2，占陆地面积的10.42%。碳酸盐岩地层主要来自中生代（侏罗系-白垩系）（39.1%）、早古生代（19.5%）、新生代（15.4%）、前寒武纪（11.2%）和晚古生代（10.2%）。

混合固结沉积岩类（Sm），分布面积为1.033×10^7 km^2，占陆地面积的7.75%。该类岩石主要由硅酸盐岩和碳酸盐岩两大部分交互混合在一起，碳酸盐岩所占的比例为30% ~ 70%，在中国具有较高的碳酸盐岩比例。

在空间上，超过60%的碳酸盐岩分布在20° N ~ 50° N，集中分布在亚洲、非洲、北美洲、欧洲、南美洲等。亚洲、非洲、北美洲、欧洲、南美洲、大洋洲碳酸盐岩分布的面积占陆地面积的比例分别为9.57%、10.97%、15.31%、19.95%、1.90%、6.78%（Dürr et al，2005）（表5.1）。

表5.1 碳酸盐岩分布在各大洲的比例

类型	亚洲	非洲	北美洲	欧洲	南美洲	大洋洲	合计
碳酸盐岩面积/（10^6 km^2）	4.20	3.30	3.41	1.96	0.34	0.61	13.82
各大洲碳酸盐岩面积占总碳酸盐岩面积的比例/%	30.39	23.88	24.67	14.18	2.46	4.41	100
各大洲碳酸盐岩面积占大洲陆地面积的比例/%	9.57	10.97	15.31	19.95	1.90	6.78	—

对比不同研究者的统计结果（表5.2），全球碳酸盐岩的分布面积占陆地面积的9.3% ~ 15.9%。

表5.2 不同研究者统计的全球碳酸盐岩分布的面积和占陆地面积的比例

类型	Meybeck（1987）	Ford等（1989）	Gibbs等（1994）	Suchet等（2003）	Dürr等（2005）
碳酸盐岩分布面积/（10^6 km^2）	21.09	15.92	12.34	17.78	13.82
碳酸盐岩分布面积占陆地面积的比例/%	15.9	12.0	9.3	13.4	10.4

注：陆地面积为132.69×10^6 km^2。

5.1.2 碳酸盐岩溶解风化对陆地风化碳汇的贡献

全球碳酸盐岩覆盖陆地面积的比例虽然很小，但碳酸盐岩溶解风化对陆地风化消耗大气和土壤CO_2的贡献却很大。

Suchet等（2003）根据岩石的化学组成、结构，以及岩石对风化的敏感性，将岩石划分为6类：碳酸盐岩、页岩、玄武岩、酸性火成岩、砂岩和侵入岩加变质岩。同时对法国232条小流域进行归类，测算流域的径流量和岩石风化消耗大气和土壤CO_2的通量，提出估算全球岩石风化消耗大气和土壤CO_2的经验公式（GEM−CO_2模型）

$$F_{CO_2}=aQ \tag{5.1}$$

式中，F_{CO_2}为岩石风化消耗大气和土壤CO_2的通量；Q为径流量，是降水量与蒸发量的差值；a为系数，因岩性类型而不同（表5.3）。

表5.3 GEM−CO_2模型中不同岩类的a值

岩类	碳酸盐岩	页岩	玄武岩	酸性火成岩	砂岩	侵入岩加变质岩
系数a	1.586	0.627	0.479	0.222	0.152	0.095

根据GEM−CO_2模型估算全球岩石风化消耗大气和土壤CO_2的通量，陆地风化消耗大气和土壤CO_2的通量（以C质量计）为0.258 Pg/a，其中占陆地面积13.4%的碳酸盐岩风化溶解消耗的CO_2通量为0.148 Pg/a，占陆地风化消耗总碳通量的40%。

针对碳酸盐岩溶解风化消耗大气CO_2的估算，不同研究者虽然估算结果存在差异，但都显示碳酸盐岩溶解风化对陆地风化消耗大气和土壤CO_2的贡献处于主导地位。以下CO_2通量数据均以C质量计。如Gaillardet等（1999）估算了全球岩石风化消耗大气CO_2的通量为0.288 Pg/a，其中岩溶消耗的量为0.148 Pg/a，占51.4%；Munhoven（2002）估算的结果为，全球岩石风化消耗大气CO_2的通量为0.221 Pg/a，其中岩溶消耗的量为0.088 Pg/a，占37%；Yoshimura（1997）、Kitano（1984）得到的结果是，全球岩石风化消耗大气CO_2的通量为0.24 Pg/a、0.19 Pg/a；Gombert（2002）通过全球不同地区碳酸盐岩溶蚀速率，结合Ford等（1989）提供的全球岩溶分布图，测算碳酸盐岩风化消耗大气和土壤CO_2的通量为0.30 Pg/a；Liu等（2000）根据估算全球岩石风化消耗大气CO_2的通量为0.1 ~ 0.4 Pg/a；Sarmiento等（1992）的估算结果为0.40 Pg/a；Yuan等（2002）根据IGCP 379“岩溶作用与碳循环”（1995—1999）的国际对比结果，估算全球碳酸盐岩溶解消耗大气和土壤CO_2的通量达0.6 Pg/a（表5.4）。

表5.4　碳酸盐岩溶解对陆地风化消耗大气和土壤CO_2碳通量的贡献（以C质量计）

数据来源	Berner等（1983）	Hartmann等（2009）	Gaillardet等（1999）	Suchet等（2003）	Munhoven（2002）
陆地风化消耗CO_2的通量/（$Pg \cdot a^{-1}$）	0.28	0.237	0.228	0.258	0.221
碳酸盐岩消耗CO_2的通量/（$Pg \cdot a^{-1}$）	0.142	0.088	0.148	0.104	0.088
数据来源	Yoshimura（1997）	Philippe等（2002）	Liu等（2000）	Sarmiento等（1992）	Yuan等（2002）
陆地风化消耗CO_2的通量/（$Pg \cdot a^{-1}$）	—	—	—	—	—
碳酸盐岩消耗CO_2的通量/（$Pg \cdot a^{-1}$）	0.2	0.3	0.1 ~ 0.4	0.4	0.6

选择全球28条有碳酸盐岩分布的大河流域（表5.5），分别计算单位面积的溶解无机碳（DIC）（HCO_3^-）通量，并与碳酸盐岩占流域面积的比例进行比较，可以发现河流向海洋输送的DIC的通量与流域补给区碳酸盐岩分布面积的比例有很好的正相关关系。

表5.5　全球有碳酸盐岩分布的28条大河流域的DIC通量

（Suchet et al，2003）

序号	河流名称	流域面积/（10^6 km^2）	流量/（$km^3 \cdot a^{-1}$）	碳酸盐岩面积占比/%	DIC通量/（10^3 $mol \cdot km^{-2} \cdot a^{-1}$）
1	Amazon	5.83	6223	3.9	509.49
2	Danube	0.74	140	14.5	136.44
3	Don	0.39	31	5.9	55.88
4	Ganges Brahmaputra	1.64	1 313	33.8	430.48
5	Huanghe	0.79	41	7.6	14.60
6	Yenisei	2.44	665	6.9	136.27
7	Indus	0.88	251	26	107.91
8	Irrawaddy	0.40	459	44	906.50
9	Lena	2.32	393	11.2	61.26
10	Limpopo	0.31	27	14.2	25.96
11	Mackenzie	1.47	260	20.6	115.28
12	Magdalena	0.26	313	4.8	422.53
13	Mekong	0.82	623	21.4	476.77
14	Mississippi	3.13	570	18.1	128.71
15	Niger	1.50	166	6.3	16.86
16	Nile	1.84	125	2.5	27.73
17	Ob	3.01	477	2.7	82.34
18	Orange	0.66	26	9.8	11.21
19	Orinoco	0.96	759	1.3	238.06
20	Parana	2.84	666	1.2	71.57
21	Sao Francisco	0.59	119	39.8	171.20

续表

序号	河流名称	流域面积/（10^6 km^2）	流量/（$km^3 \cdot a^{-1}$）	碳酸盐岩面积占比/%	DIC通量/（10^3 mol · $km^{-2} \cdot a^{-1}$）
22	Severnaia Dvina	0.30	97	10.8	218.21
23	Sikiang	0.44	419	82.4	1 156.77
24	St.Lawrence	0.87	360	24.9	200.64
25	Tigris-Euphrates	0.93	156	42.5	131.28
26	Yangtze-Jiang	1.74	908	44.0	463.05
27	Zaire	3.60	1 298	10.1	93.68
28	Zambesi	1.31	109	13.6	34.52

对流域排泄DIC通量的主要影响因子（流域中碳酸盐岩的比例、流量、流域面积）进行多元回归分析，由于各种数据的量纲不同，为了保证不同数据之间的可比性，对原始数据进行了无量纲标准化处理，然后利用Excel 2003的数据分析模块中的回归功能，可以获得流域DIC（HCO_3^-）通量=0.709×碳酸盐岩面积占比+0.803×流量−0.370×流域面积+0.045（N=28，r^2=0.680，P<0.01）。

如果将流域DIC通量分别与碳酸盐岩比例、流量进行相关分析（图5.1），可以看到碳酸盐岩面积占比与DIC通量之间的相关性更高。这意味着流域内碳酸盐岩分布的面积比例是影响流域风化消耗大气和土壤CO_2最主要的因素。

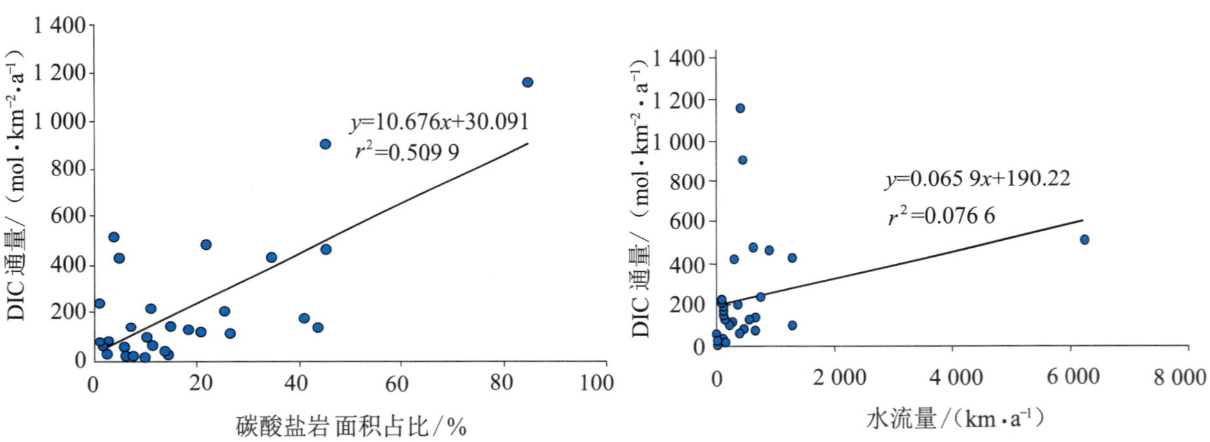

（a）与碳酸盐岩比例关系　　（b）与水流量关系

图5.1　流域HCO_3^-排泄碳通量与碳酸盐岩比例、排泄水量的相关分析

典型流域陆地风化研究中，Blum等（1998）对喜马拉雅地区Raikhot流域的研究指出，虽然流域基岩中长英质片麻岩和花岗岩占主导地位，而碳酸盐矿物只占大约1%，流域DIC（HCO_3^-）通量的82%源自溶解速率很快的碳酸盐矿物的风化，而只有18%的通量源自慢速的硅酸盐风化。Jacobson等（2002a，2002b）也指出喜马拉雅地区新鲜的冰渍物中碳酸盐重量只占1.0%左右，但在岩石表面初次暴露后的至少55 ka内，超过90%的风化来源的Ca^{2+}、HCO_3^-和Sr^{2+}源自碳酸盐的溶解。即微量碳酸盐矿物快速溶解风化控制硅酸盐岩流域水化学特征和对陆地风化碳汇的贡献（Liu et al，2008）。

有资料显示，从存在于大陆河流、湖泊中HCO_3^-的来源看，有38%来自碳酸盐岩的风化，45%来自硅酸盐岩的风化，17%来自蒸发岩的溶解（Ferris et al，1994）。如果从单位面积强度看，碳酸盐岩溶解对大陆河流、湖泊中HCO_3^-的贡献率是其他岩类的3.51倍（朱明秋 等，2007）。据Ludwig等（1998）估算，从大陆河流向海洋排泄的HCO_3^-总量的320 TgC中有180 TgC是来自碳酸盐岩地区，这相当于岩溶地区碳酸盐岩风化回收大气CO_2的量为90 TgC。从单位面积碳酸盐岩溶解回收大气CO_2通量的比率来看，是其他岩类的3.63倍。据Boeglin等（1998）对全球大陆29条河流向海洋排泄HCO_3^-的量，以及各流域中硅酸盐岩、碳酸盐岩风化的贡献，作图如图5.2、图5.3所示。

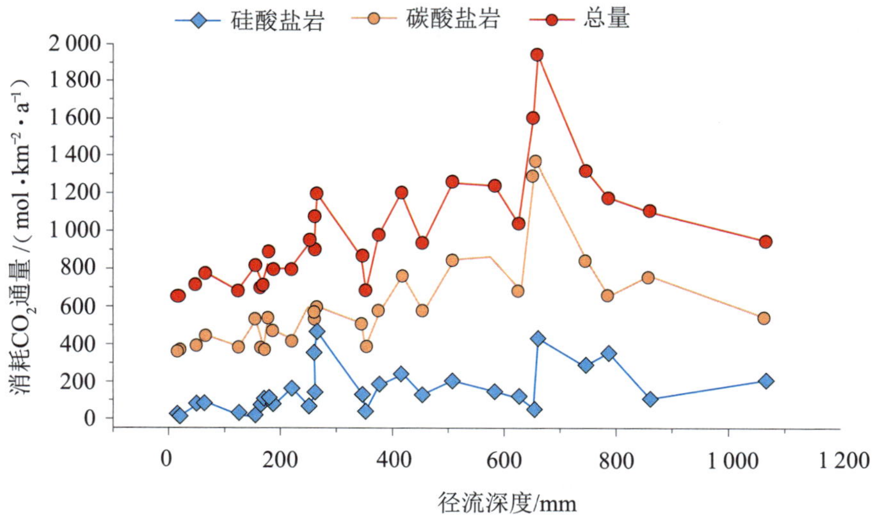

图5.2　大陆风化通过河流向海洋排泄的HCO_3^-总量及硅酸盐岩、碳酸盐岩的贡献随径流深度的变化

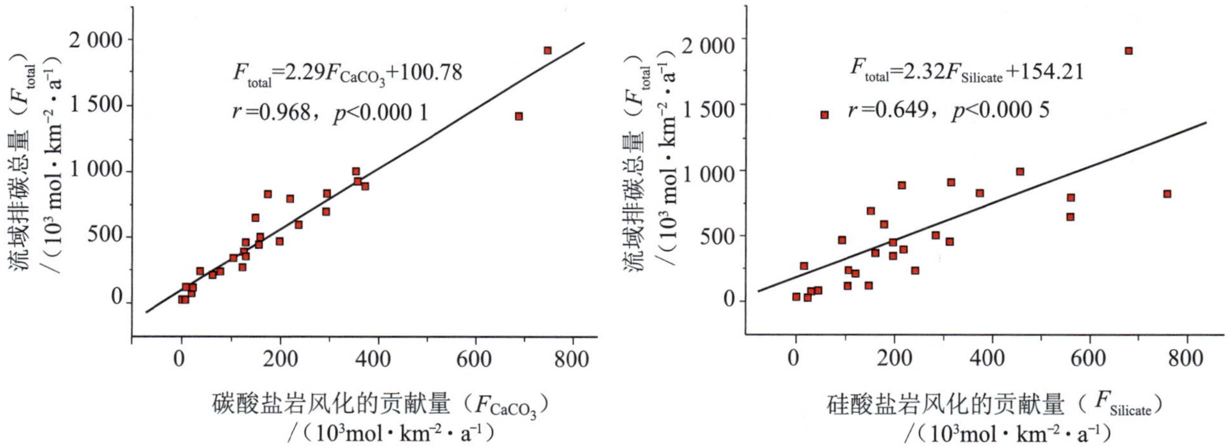

（a）碳酸盐岩　　（b）硅酸盐岩

图5.3　大陆河流流域中碳酸盐岩、硅酸盐岩风化HCO_3^-的贡献量与流域排碳总量的相关性

（1）在径流深度0～700 mm，随径流量的增加，陆地风化吸收大气CO_2的量增加；在700 mm左右，陆地风化回收大气CO_2的量达最大值；大于700 mm的径流深时，陆地风化回收大气CO_2的量有所减少。

（2）碳酸盐岩风化回收大气CO_2的量与流域排碳总量有更大的相关性，其相关系数r=0.968，而硅酸盐岩风化回收大气CO_2的量与流域排碳总量的相关系数为0.649。

（3）在陆地风化回收大气CO_2量随径流深变化过程中有较强的波动，产生这一波动的因素主要是土壤、植被的覆盖及气候条件的差异，对湿润的热带、亚热带地区，土壤环境是碳酸盐岩风化最为强烈的部位之一。

5.1.3 碳酸盐岩溶解风化对内陆水体碳储存的贡献不容忽视

对全球陆地风化产生的碳汇效应，大都以陆地河流向海洋输送的碳通量进行估算，而实际上占全球水域3%左右的内陆水域对全球碳循环同样起到重要的作用。Cole等（2007）估算的结果显示，每年通过陆地向海洋输送的碳通量为0.7 Pg（无机碳60%、有机碳40%），如果加上地下水向海洋的输送量0.2 Pg，即每年总输送量为0.9 Pg。而实际情况是，陆地风化产生的碳汇过程，经过了内陆的水体（河流、湖泊、水库），其每年输入总碳量约为1.90 Pg，其中有0.75 Pg重新返回大气，0.23 Pg沉积在内陆的水体中（图5.4）。

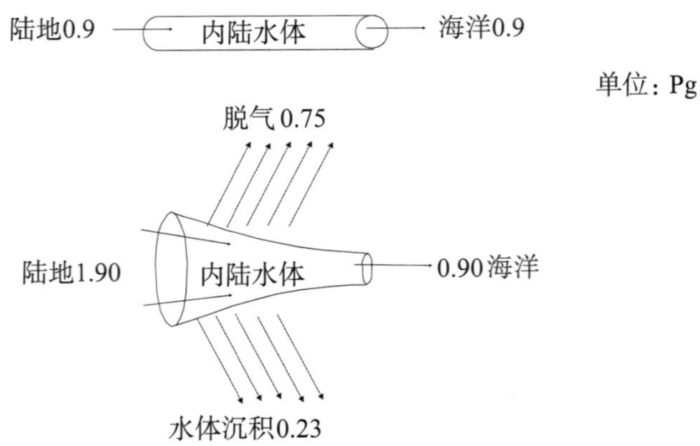

图5.4 内陆水体在全球碳循环及碳平衡中的作用示意
（Cole et al，2007）

2009年，瑞典科学家Lars J.Tranvik召集了12个国家的31位学者，共同发表论文（Tranvik et al，2009），根据大量的数据分析，将内陆水体在全球碳循环及碳平衡中的作用进行了修正（图5.5），认为全球陆地进入水体的总碳量为2.9 Pg，其中1.4 Pg重新返回大气，0.6 Pg在内陆水体中沉积，0.9 Pg由陆地排泄于海洋。

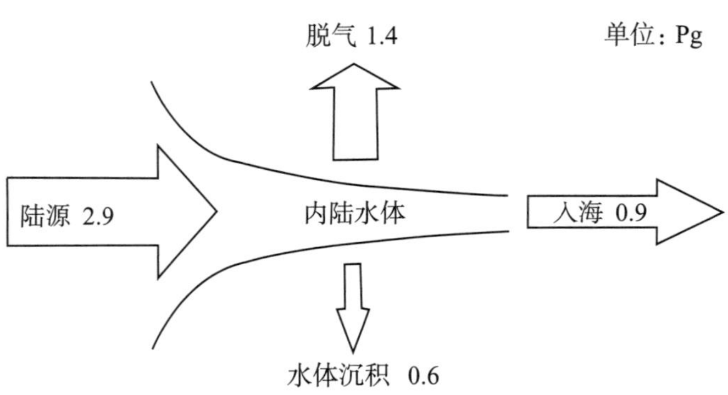

图5.5 内陆水体在全球碳循环及碳平衡中作用的改进示意
（Tranvik et al，2009）

因此，在陆地风化碳汇通量方面，我们一直没有把内陆水体中沉积的部分计算在内。内陆水体如果是岩溶水补给的话，大量的无机碳会在水生生物作用下转化为有机碳，进入生物圈的碳循环，其内在机理和通量的计算需要深入研究。

Marcé等（2015）研究发现，内陆57%的湖泊水体中CO_2过饱和（碱度大于1 meq/L），而过饱和的湖泊与其补给区碳酸盐岩溶解风化相关联，过饱和湖泊的全球分布与碳酸盐岩的分布具有一定的吻合性（Suchet et al，2003）（图5.6）。这一现象，从表面看是显示湖泊向大气释放更多的CO_2，而实际上揭示了强烈的岩溶作用，产生了可观的岩溶碳汇效应。

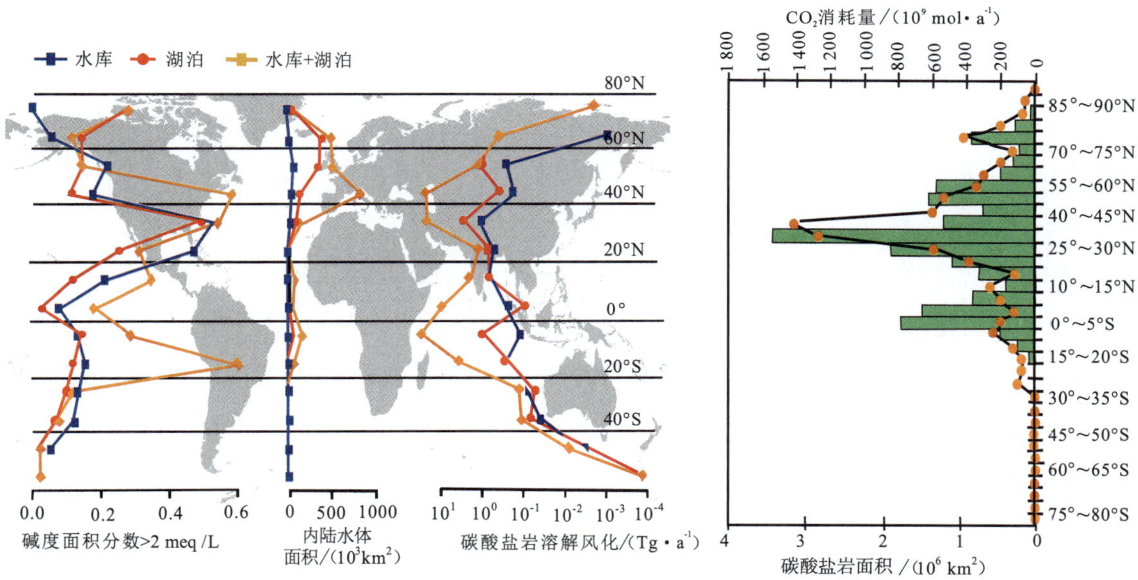

图5.6　全球内陆水体碱度与水–气界面CO_2通量与碳酸盐岩分布的空间对应关系
（Marcé et al，2015；Suchet et al，2003）

因此，根据已有的资料数据分析，我们有理由相信，碳酸盐岩的溶解风化，不仅在全球陆地风化中，消耗更多的大气和土壤中的CO_2，向海洋输送更大量的碳，而且也给内陆水体水生生态系统提供水生植物的碳源，在增加内陆水体水–气界面CO_2释放的同时，也增加水–沉积物界面的碳沉降。虽然目前不同研究者提供的数据存在差距，但岩溶作用的巨大贡献是可以肯定的。

§5.2　岩溶碳循环在全球碳循环中的地位

5.2.1　全球碳循环过程中“遗漏汇”的存在及岩溶碳循环的贡献

在世界工业革命以前，大气中CO_2基本保持平衡，有科学研究资料显示，大气中CO_2浓度的平均值一直维持在280×10^{-6}左右；随着工业的发展，大气中CO_2浓度开始大幅度增加，根据夏威夷岛莫纳罗亚山大气CO_2浓度观测站的数据显示，从1958年至2017年，大气CO_2浓度持续上升，2017年3月地球CO_2浓度值为407.18×10^{-6}（图5.7）。

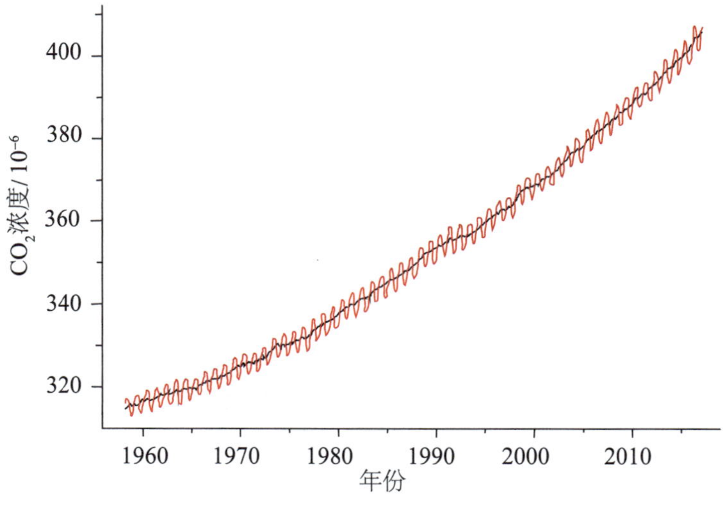

图5.7　1958年—2017年3月大气CO_2浓度变化
（莫纳罗亚山观测站发布）

大气CO_2浓度的逐年增加，以及大气CO_2的温室效应，会导致全球气候变暖（Parrenin et al，2013）。开展全球碳循环研究，揭示内在机制，探索固碳增汇技术途径，成为国际学术界的重大科学问题。

全球碳循环是一个涉及多学科的综合动态过程（图5.8），其动态变化可用以下方程式表示

$$d_{CO_2}/d_t=C+D+R+S+O-P-I-B \quad (5.2)$$

式中，方程左边表示的是大气CO_2的动态变化率，右边各项代表大气CO_2的源和汇（+号为碳源，-号为碳汇）；C为化石燃料燃烧释放到大气中的CO_2；D为土地利用（包括森林砍伐、森林退化、开荒等）释放到大气中的CO_2；R为陆地植物的自养呼吸产生的CO_2；S为陆地生态系统植物的异养呼吸（包括微生物、真菌类和动物）产生的CO_2；O为海洋释放到大气中的CO_2；P为陆地生态系统通过光合作用固定的CO_2：I为海洋吸收大气中的CO_2；B为沉积在陆地和海洋中的有机碳和无机碳。

根据物质平衡关系，全球碳循环中碳源项原则上应该等于碳汇项。而实际上，在全球碳循环研究中一直存在一个关键问题是已知的碳汇不能平衡已知的碳源，存在一个很大的“遗漏汇”（missing sink），这一发现被《科学》（SCIENCE）评为2001年度十大科技进展之一（Kennedy，1998）。这一“遗漏汇”的量，在IPCC-AR3报告中被确定为1.3 Pg/a，IPCC-AR4报告中为1.7 Pg/a，IPCC-AR5报告中为2.5 Pg/a。

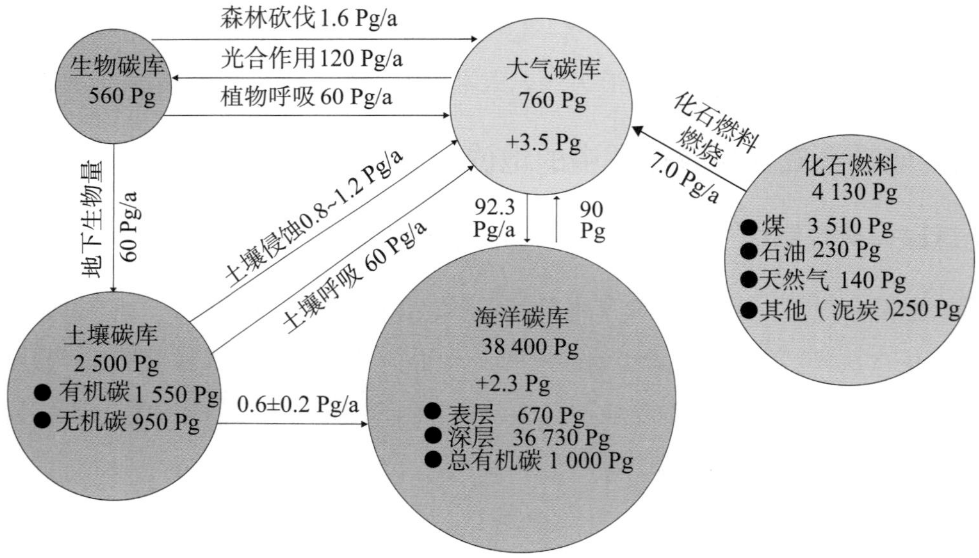

图5.8 全球碳循环模式

（Lal，2008）

最有可能的“遗漏汇”项来自3个方面：北半球陆地生态系统，陆地河流注入海洋的无机碳、有机碳对海洋碳汇的影响和地质碳汇。

岩溶碳循环作为岩石风化地质过程，是否影响现代地球碳循环，是否参与短时间尺度地球碳循环过程，并产生碳汇效应？下文将给出一些证据。

5.2.2 岩溶碳循环参与短时间尺度生物碳循环的证据

碳酸盐岩的风化溶解过程以CO_2+H_2O为驱动力（Golubic et al，1978），CO_2+H_2O同时也是陆地生态系统的驱动力。因此，在地球表层系统中碳酸盐岩的风化溶解与地表生态系统发生着千丝万缕的联系，与陆地生态系统、淡水水生生态系统时刻发生着物质交换（图5.9）。

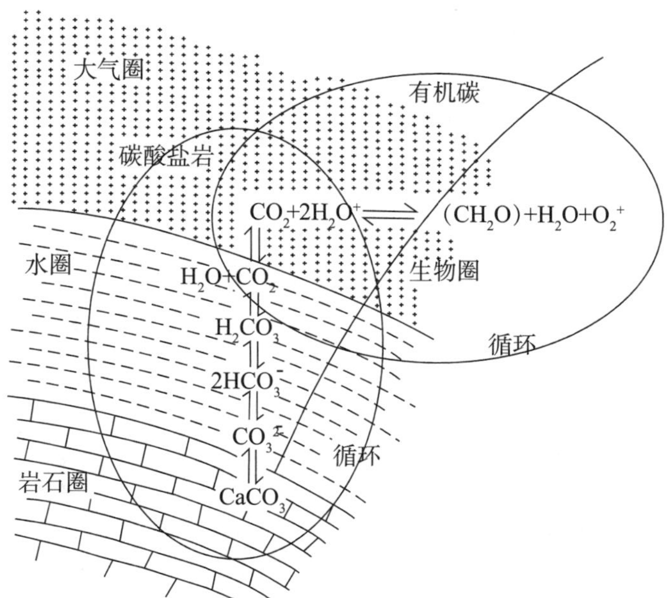

图5.9　地球表层系统岩溶碳循环与陆地生态系统碳循环间的相互关系
（Golubic et al，1978）

生态系统的碳循环，包括光合作用、呼吸作用及有机质的微生物分解，均对气候和环境变化响应敏感（于贵瑞　等，2013）。岩溶碳循环过程同样对气候和生态环境的变化响应敏感。

1. 日动态的响应

桂林丫吉岩溶试验场是典型的峰丛洼地，用便携式红外线CO_2分析仪，动态监测近地表CO_2浓度变化（图5.10）。监测结果不仅揭示了岩溶洼地具有积聚大气CO_2的能力（图5.11），促进对碳酸盐岩风化溶解速率。在垭口、坡地、洼地地面标准溶蚀试片一年（1993年6月—1994年7月）的溶蚀量分别为：垭口平均为104.8 mg/片，坡地平均为72.8 mg/片，洼地平均为122.3 mg/片。而且捕捉到大气CO_2浓度动态对降雨的响应甚为敏感（图5.12），仅1.5小时的降雨使灌丛近地面CO_2浓度降低90×10^{-6}（曹建华　等，1999a）。

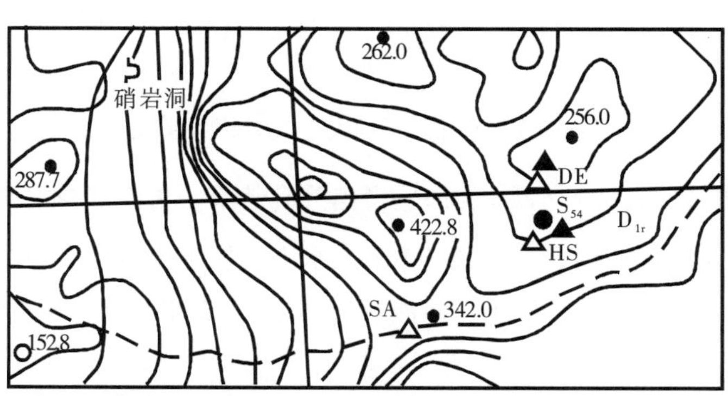

图5.10　桂林丫吉岩溶试验场野外近地面大气CO_2监测点分布

吸收了近地表大气CO_2的雨水，进入岩溶系统，岩溶泉水、岩溶地下水的水化学特征，会有一个敏感性响应。桂林毛村地下河在线监测结果显示（黄芬　等，2014），2010年6月出现3场较为集中的降雨：13日降水量为33 mm，14日降水量62.5 mm，16日降水量为88.5 mm。第一场降雨，地下河中HCO_3^-含量滞后4个小时达到最大，岩溶碳汇通量由5.54 g/s上升到5.57 g/s；第二、第三场降雨，分别滞后于3.2小时、3.5小时HCO_3^-含量达到最大，而岩溶碳汇通量分别增加到9.98×10^3 mg/s、8.73×10^3 mg/s。

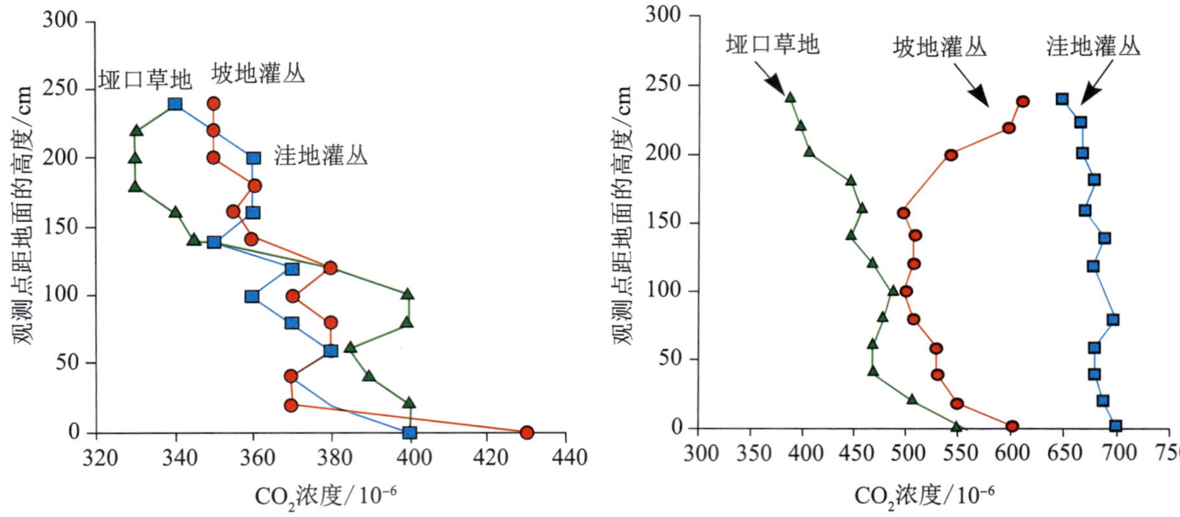

（a）白天正午前后　　（b）凌晨日出前

图5.11　峰丛洼地中不同地貌部位（洼地、坡地、垭口）近地面大气CO_2浓度（曹建华 等，1999a）

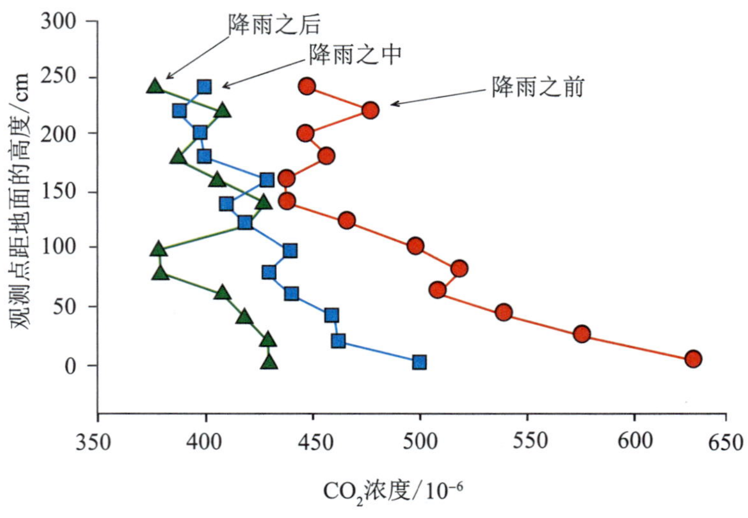

图5.12　灌丛生态环境中近地面大气CO_2浓度对降雨事件响应

每场降雨过后，水的CO_2分压（P_{CO_2}）都呈现出升高趋势，方解石饱和指数（SI_c）与CO_2分压P_{CO_2}的变化趋势正好相反：降雨时，高浓度CO_2溶入水中，使水更具有侵蚀性，溶解碳酸盐岩，使得水的CO_2分压P_{CO_2}升高，水-岩相互作用致使地下水中HCO_3^-含量升高（图5.13）。

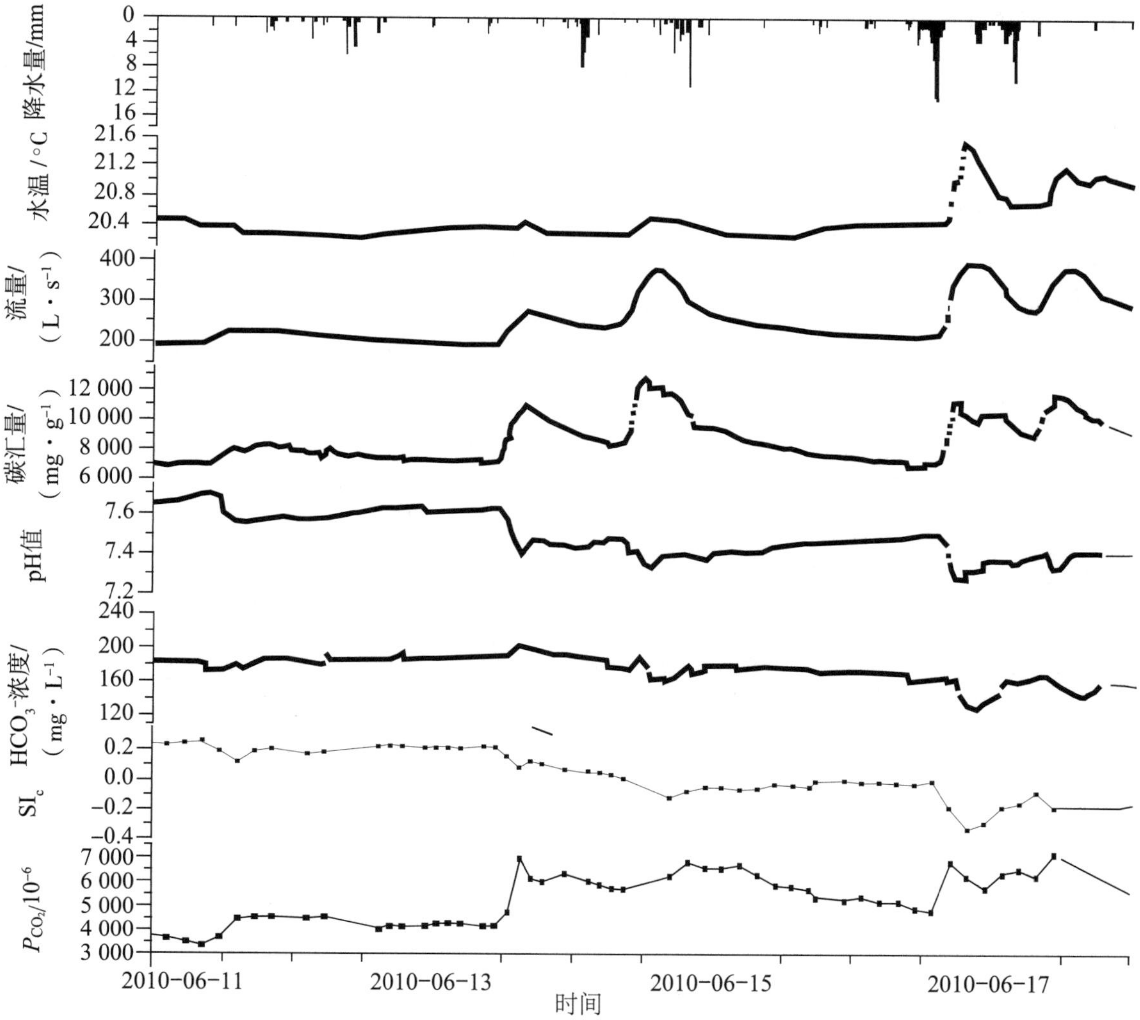

图5.13　桂林毛村岩溶碳循环试验场岩溶碳汇指标对降雨事件的响应
（黄芬 等，2014）

2. 月、季节动态响应

土壤是岩溶碳循环最为活跃的部位，土壤碳循环与土下岩溶碳循环的关系密切，均受到温度、降雨的影响。通过土壤微生物量碳、溶解有机碳和土壤呼吸排放CO_2速率等指标的监测，结果显示，桂林丫吉岩溶试验场全年土壤碳循环动态特征具有明显的3个阶段（曹建华 等，2005）。

（1）3—7月，土壤微生物量碳处于较低水平，土壤溶解有机碳和土壤呼吸排放CO_2速率保持着相同的升高趋势。在春季和初夏，次生的灌丛林下，土壤微生物一方面有足够的易分解的新鲜有机质的存在，另一方面气温不断升高、降水量逐渐增加，其活性和新陈代谢能力极大提高。与此同时，适宜的水热条件也极大地提高了植被的新陈代谢速率，植物根系向土壤环境中释放的CO_2及溶解有机碳量也有很大的增加。因此，尽管是春季和初夏季节，降雨对土壤有机碳和土壤CO_2有较强的雨水淋溶、淋失作用，但强的生物活性、高的生物代谢产物产生速率，使它们的浓度在土壤环境中保持持续上升。而土壤微生物在处于活跃的新陈代谢状态下，周转速率提高，活性土壤微生物量碳蓄存量降低。

（2）8—11月，气温保持在较高的水平，但降水量偏低，土壤容易干燥，而大部分微生物难以耐受土壤干燥，因此，土壤微生物活性极大地减弱，结果是土壤呼吸、土壤溶解有机碳浓度随之降低。

这里需要说明的是，9月27日—10月26日，降水量为259 mm，刺激了微生物的大量繁殖，土壤微生物量碳、土壤呼吸速率都出现一个反弹，而溶解有机碳却出现全年的最低值，导致这一现象的原因可能是长时间土壤干燥后的降雨，雨水的淋溶作用要强于微生物代谢产生溶解有机碳的速率。

（3）12月—次年2月，随温度的降低，微生物活性逐渐降低，在土壤呼吸速率持续降低的同时，溶解有机碳升高，且动态变化过程与土壤微生物量碳之间存在互为消长的关系。这可能是在降雨较少而相对均匀、温度较低、微生物活性微弱的情况下，溶解有机碳是微生物生长、繁殖最主要的能量来源；同时真菌比细菌更能耐受低温，真菌的代谢产物和真菌尸体的分解主要产生小分子的溶解有机碳。因此，当条件适宜，土壤微生物繁殖时，则大量消耗土壤中的溶解有机碳；当条件不适宜，微生物伤亡时，土壤中的溶解有机碳就得到累积（图5.14）。

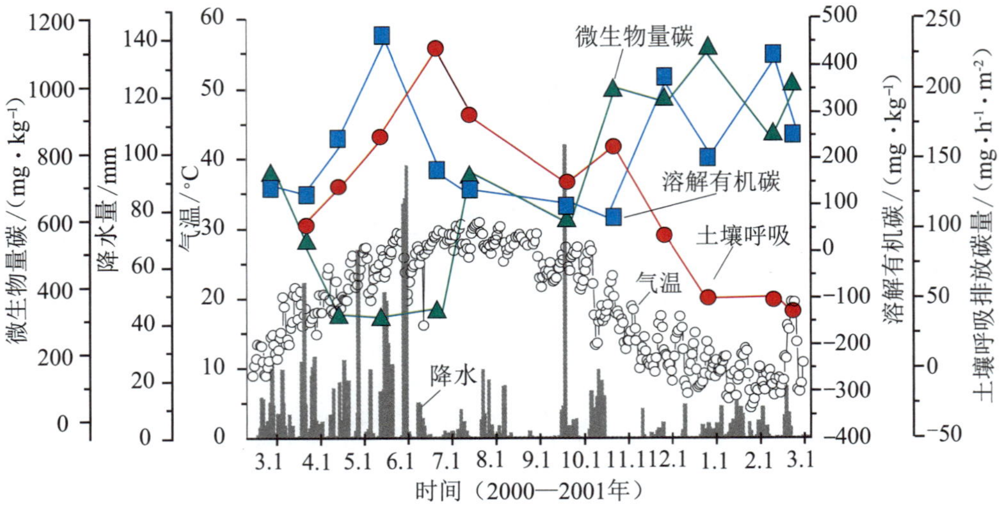

图5.14 桂林丫吉岩溶试验场土壤碳循环特征指标的月动态变化
（曹建华 等，2005）

而土下岩溶碳循环（碳酸盐岩溶蚀）过程主要与土壤环境中侵蚀性组分的质量浓度（CO_2、有机酸及螯合物）及其变化有关。野外监测结果显示：以垭口为例，4—6月碳酸盐岩的溶蚀量明显大于其他季节，是其他3个季节的2.5 ~ 3.5倍（表5.6）。土下50 cm处的试片溶蚀量除10—12月略低于20 cm处外，均大于20 cm处，全年总量比20 cm处高出65.7%。这主要是4—6月在气温不断升高的同时，降水量渐次增加，土下50 cm处比土下20 cm处有更好的涵养水分和保存土壤生物的代谢产物条件。

土下溶蚀量与降水量呈正相关，与土壤溶解有机碳（DOC）呈负相关，但与气温和土壤呼吸之间相关不明显。这暗示着对一个给定的生态系统，岩溶碳循环主要受制于降水量。

表5.6 桂林丫吉岩溶试验场垭口土下碳酸盐岩溶蚀量与影响因子间的关系
（曹建华 等，2005）

日期	溶蚀量/mg		平均气温/℃	降水量/mm	土壤DOC /（mg·kg^{-1}）		排放速率/（mg·h^{-1}·m^{-2}）
	20 cm深	50 cm深			20 cm深	50 cm深	
4—6月	103.1	158.5	23.0	886.8	166.48	234.45	133.42
7—9月	29.5	72.6	27.4	259.5	218.73	189.67	181.70
10—12月	40.1	37.6	14.9	175.5	217.67	160.53	101.39
1—3月	33.4	62.8	11.5	251.1	271.97	190.30	49.79
全年	201.1	331.5	19.2	1 572.9	218.70	193.74	116.58

3. 年动态响应

随着该地区植被的恢复和全球变暖，土壤CO_2浓度和岩溶作用回收大气和土壤CO_2的量逐年增加，从1993年至1998年，土壤CO_2年平均体积浓度由$5\ 000 \times 10^{-6}$增加到$21\ 000 \times 10^{-6}$，而流域排泄水体中的无机碳的年平均浓度则由84 mg/L增加到98 mg/L（Liu et al，2000）（图5.15）；类似的情况在美国Konza Prairie岩溶区也得到验证，从1990年至1995年，浅层地下水中，与岩溶相关的无机碳含量增加13%，而钙离子浓度增加5%，镁离子浓度增加29%（Macpherson et al，2008）。

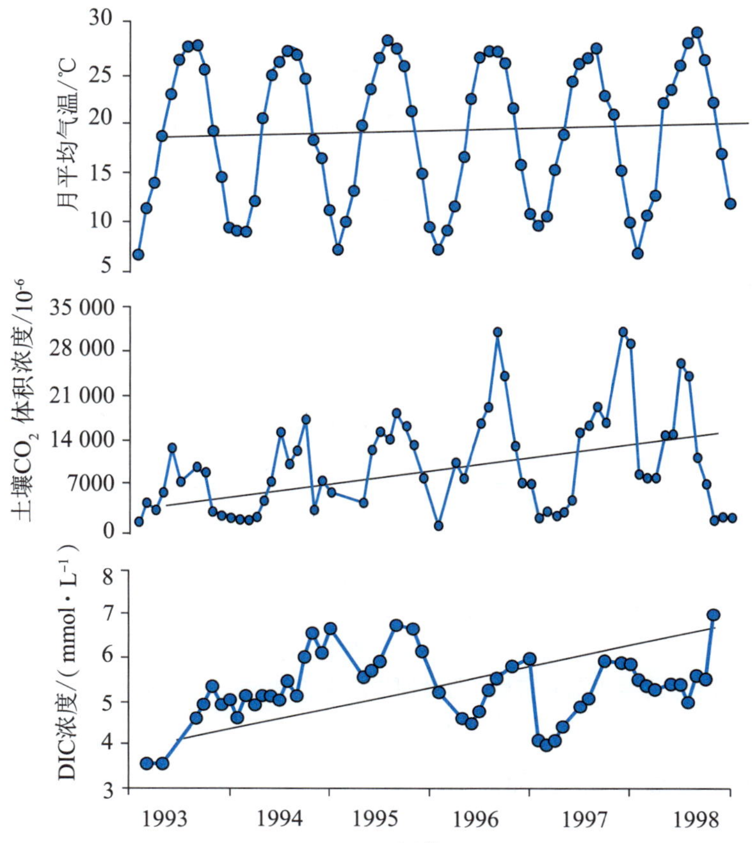

图5.15　桂林丫吉岩溶试验场气温增高、土壤CO_2体积浓度增加与岩溶系统碳酸盐岩溶蚀排碳的对比（Liu et al，2000）

岩溶碳循环与生态碳循环相互融合的同位素证据。岩溶碳循环的过程最根本的化学反应是雨水对碳酸盐岩的溶解，生成岩溶水体中的重碳酸氢根。从理论上看，岩溶水体中的重碳酸根有一半来自岩石、一半来自生态–大气（主要是土壤），碳酸盐岩中相对富集^{13}C，其$\delta^{13}C$值大都处于−1‰～1‰（Hoefs，1997），而大气CO_2的$\delta^{13}C$值大都为−7‰～−8‰（Craig，1953），而生物作用过程优先使用^{12}C，导致生态系统中（土壤CO_2、土壤有机质、植物有机体）$\delta^{13}C$值通常更轻，因生物品种的差异性，其值为−15‰～−35‰。因此，通过监测岩溶碳循环中间产物的碳的稳定同位素示踪，可以了解岩溶生态系统中的碳循环是岩石碳与生物碳相互融合、共同迁移的过程。

地下水中的DIC主要受水–岩反应、土壤CO_2溶解、有机质降解以及水–气间的交换共同控制（李思亮　等，2004）。同处贵州的茂兰板寨岩溶流域和普定陈旗、灯盏河岩溶流域，该3个流域具有不同的土地覆盖类型（赵敏　等，2009）：板寨岩溶流域为原生林覆盖，但土壤覆盖少；陈旗、灯盏河流域为石漠化流域，植被覆盖少，但陈旗有相对较高的土壤覆盖，灯盏河流域土壤覆盖少。一个水文年监测结果显示：①雨季（夏季）水热同期，生物活性增强，更大量的生物来源的CO_2进入岩溶系统，旱季（冬季）则相反，水体中$\delta^{13}C_{DIC}$值则表现为夏季比冬季偏轻1‰～2‰，存在对气候变化的响应；②森林覆盖下的茂兰板寨岩溶流域水体中$\delta^{13}C_{DIC}$值明显比石漠化区的陈旗、灯盏河流域偏轻2.5‰～3‰，生物成因来源的CO_2在水-岩相互作用中占据重要地位，同为石漠化区的陈旗、灯盏河，具有较多土壤覆盖的陈旗流域具有偏轻的$\delta^{13}C_{DIC}$值，揭示随着石漠化发展，土壤进一步流失，参与水-岩相互作用的生物成因来源的比例减少，而大气来源的比例增加（图5.16）。

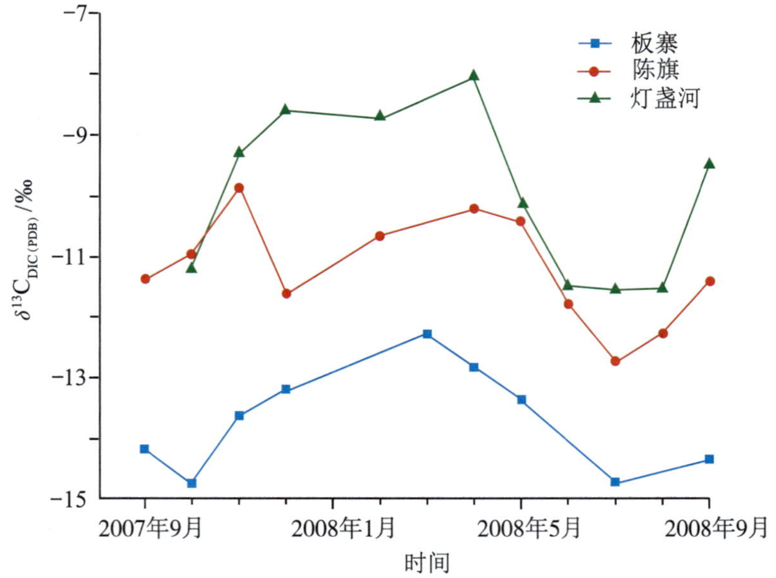

图5.16　贵州茂兰板寨和普定陈旗、灯盏河岩溶流域水体中溶解无机碳的同位素动态对比
（赵敏 等，2009）

4. 岩溶碳循环过程对气候事件的响应和记录

从法国西南部一个岩溶洞穴（45° 08′ N，1° 11′ E，海拔225 m）中采集一个63 mm高的石笋样品。该石笋生长于距洞口10 m处，洞穴顶部基岩距地面的厚度为5～15 m，通过测年，该石笋生长的时间为1917—1998年，深入研究后有两点主要的发现（Genty et al，1999）。

（1）工业效应（苏斯效应）被发现记录在石笋中。工业效应，又称苏斯效应，是指自工业革命以来大量燃烧生物化石燃料，大量^{12}C进入大气，大气中^{14}C和^{12}C比率失衡。自1850年以来，工业革命导致大气CO_2的浓度升高，同时也导致其$\delta^{13}C$变轻（Keeling，1979），大气CO_2的$\delta^{13}C$变化出现3个下降趋势：1900—1960年，大气CO_2的$\delta^{13}C$以每年0.004‰的速度变轻；1960—1980年，以0.065‰的速度变轻；1980—1998年，以0.02‰的速度变轻。但在石笋记录中，因为土壤环境碳的缓冲效应，这一变轻的程度被弱化，精确过程被模糊，且出现的时间点有延迟，延后的时间约16年（图5.17、图5.18）。

（2）1945年，日本广岛、长崎原子弹爆炸事件被发现记录在石笋中。石笋中^{14}C活度的测定结果显示：1953年之前，其活度基本稳定，变化在88.9～92.0 pMC；1953—1958年，^{14}C活度开始升高；1958—1969年，^{14}C活度快速升高；1969—1989年，^{14}C活度维持了一个高台状态；1989年之后，^{14}C活度开始下降。与大气中^{14}C活度相比，石笋中的变化幅度（23 pMC）明显比大气

（91 pMC）的小很多，大气中的峰值出现在1964年，而石笋中出现的峰值是1980年，滞后16年（Genty et al，1999；Levin et al，1998）（图5.19、图5.20）。

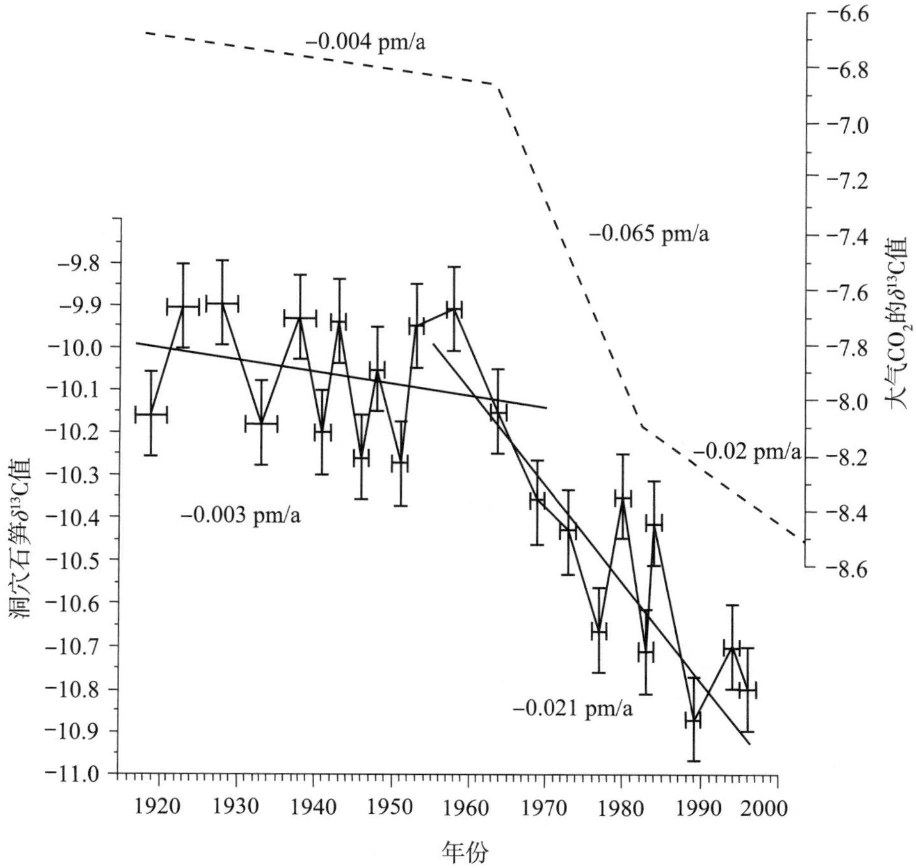

图5.17　大气CO_2的δ^{13}C值与洞穴石笋中δ^{13}C值的对比
（Genty et al，1999）

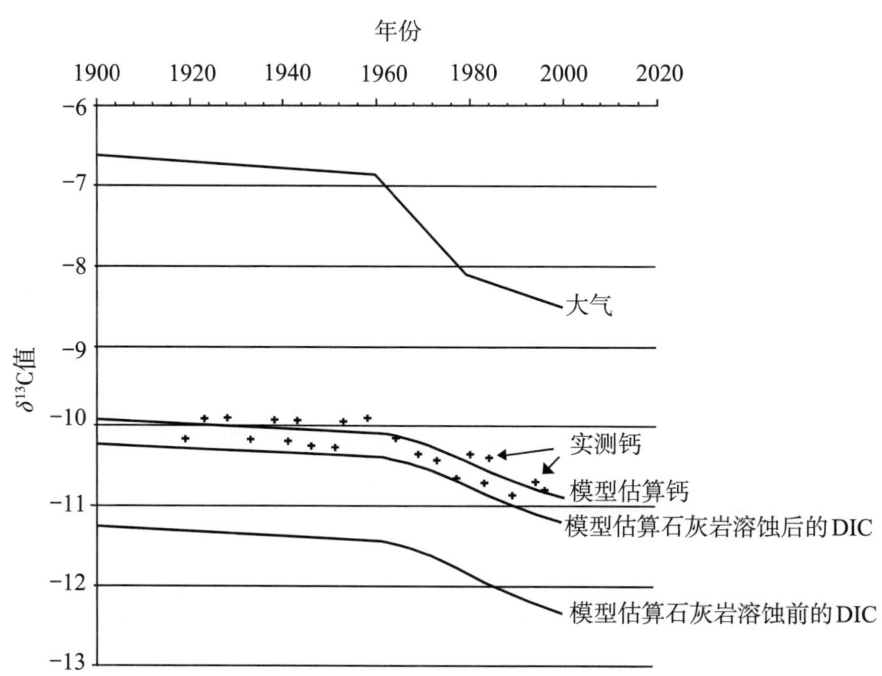

图5.18　大气、雨水、岩溶水、石笋中δ^{13}C值的对比
（Genty et al，1999）

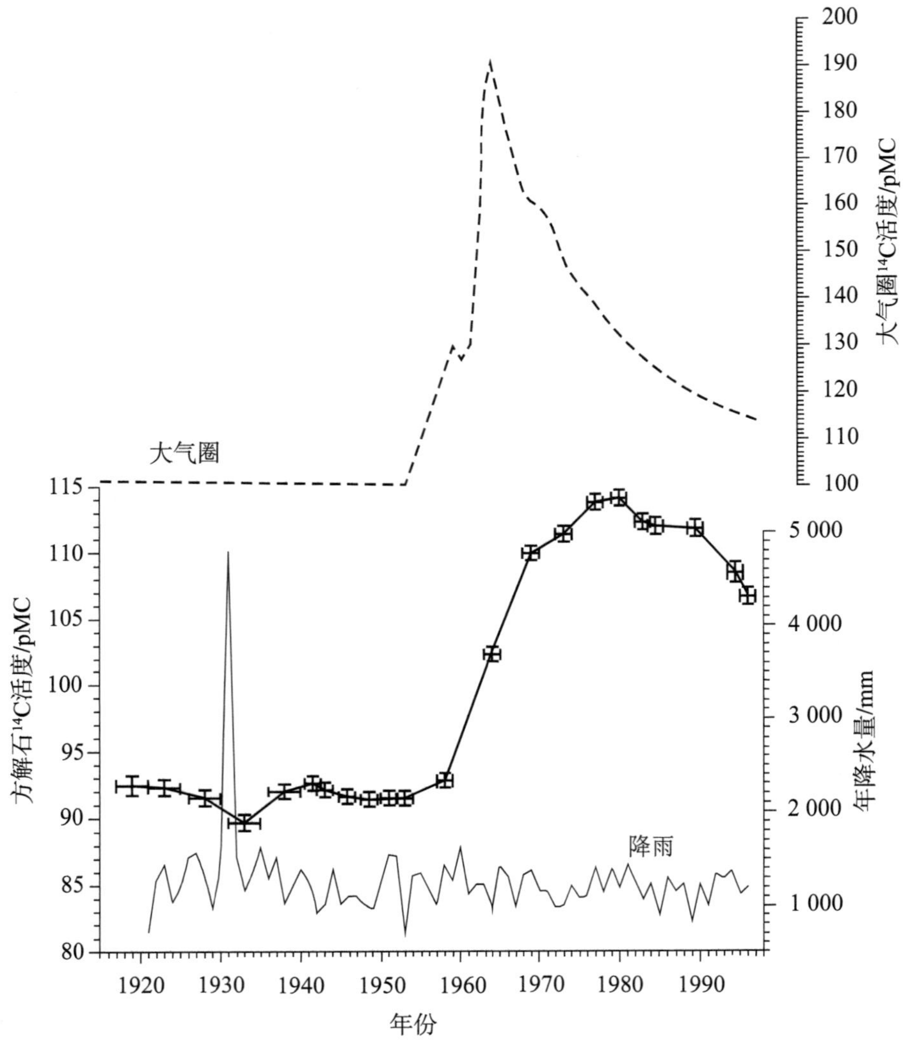

图5.19　大气^{14}C活度值与洞穴石笋中^{14}C活度值的对比
（Genty et al，1999）

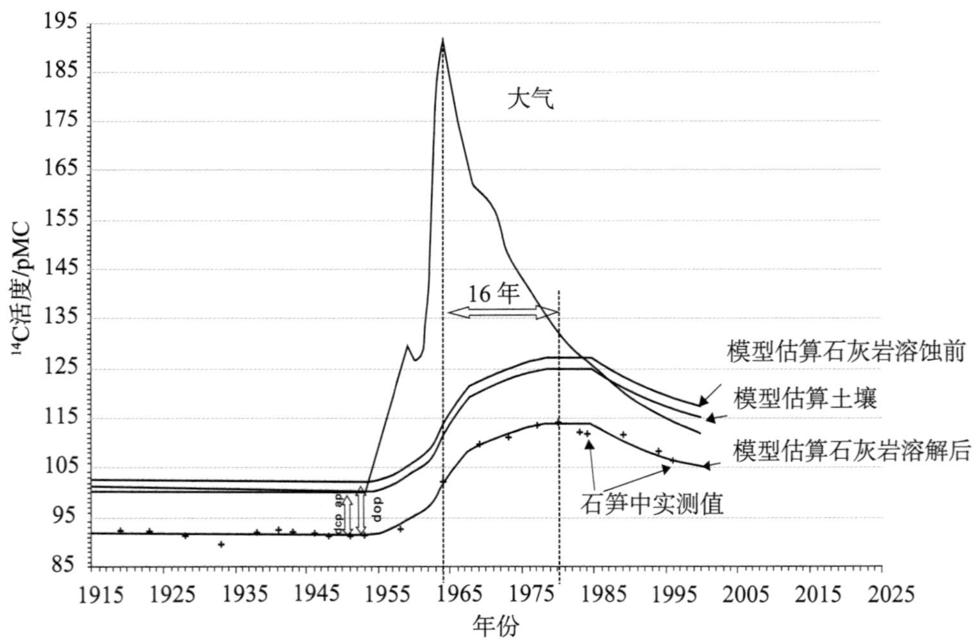

图5.20　大气、雨水、岩溶水、石笋中^{14}C活度值的对比
（Genty et al，1999）

5.2.3　岩溶碳循环产生的碳汇通量

1. 陆地生态系统碳循环及碳汇效应

陆地生态系统碳循环中生物生产力的“4P”概念与生态碳汇效应。陆地生态系统的碳循环开始于植物的光合作用，即生态系统的总初级生产力（gross primary productivity，GPP），是指通过光合作用途径所固定的有机碳量；净初级生产力（net primary productivity，NPP）是指GPP中扣除植物本身呼吸消耗的部分，反映植物固定和转化光合产物的效率，也决定可供异养生物（包括各种动物和人）利用的物质和能量；净生态系统生产力（net ecosystem productivity，NEP）是指NPP减去异养生物呼吸消耗（主要是土壤呼吸）后，余下的部分；净生物群区生产力（net biome productivity，NBP）是指NEP中减去各类自然（火灾、病虫害、动物啃食）和人为干扰（森林砍伐、农林产品、牲畜饲养）等非生物呼吸消耗所剩下的部分，它的大小与人类生产经营活动关系密切（方精云 等，2001）（图5.21）。

“4P”之间的转化与碳汇效应及对全球碳循环的影响。GPP中约有一半通过植被自身的呼吸（自养呼吸，autotrophic respiration）重新释放到大气中，另一半GPP转化为植被的生长量NPP。NPP的进一步转化主要有两种流向，即大部分以凋落物（litterfall）的形式进入地表或成为土壤有机质的一部分（从较长的时间尺度看，它们又通过土壤呼吸而释放到大气中）或以凋落物分解的形式回到大气；另一部分则成为系统的NEP，它们构成植物的生物量（biomass，单位面积上活有机体的干物质）。1960—2006年，中国陆地生态系统净初级生产力（NPP）总量水平（以C质量计）约为2.46 Gt/a，陆地生态系统净生态系统生产力（NEP）总量水平（以C质量计）约为0.11 Gt/a（杨延征 等，2016），即NEP约为NPP的4.47%。陈泮勤等（2008）对中国在1982—2002年森林系统GPP、NPP和NEP进行了估算，估算的结果显示，NPP为GPP的47.73%，NEP为NPP的20.95%。从碳循环的过程及碳在不同碳库中滞留的时间考虑，生态系统的碳汇效应主要包括两个部分，即NEP包括植物碳汇和土壤碳汇。

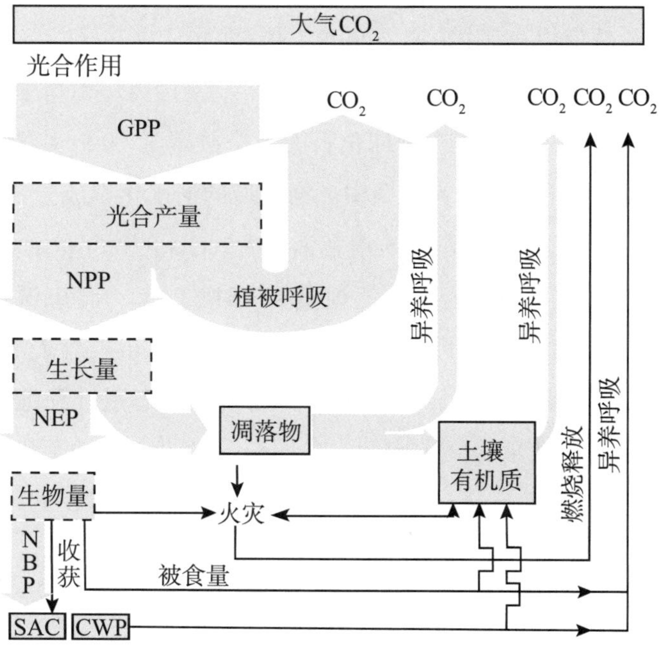

图5.21　陆地生态系统碳循环示意
（方精云 等，2001）

李秀娟等（2009）测算了1982—1999年，我国森林生态系统的年均碳汇量为0.051 Pg C，其中植被的碳汇量为0.034 Pg C，凋落物的碳汇量为0.013 Pg C，土壤的碳汇量为0.004 Pg C。

方精云等（2007）利用森林和草场资源清查资料、农业统计、气候等地面观测资料，以及卫星遥感数据，对1981—2000年中国森林、草地、灌草丛等陆地植被的碳汇进行了估算。中国森林面积（郁闭度为20%）由1980年初的116.5×10^6 hm^2，增加到2000年初的142.8×10^6 hm^2；森林总碳库由4.3 Pg C增加到5.9 Pg C，年均碳汇为0.075 Pg C；中国草地面积约为331×10^6 hm^2，总碳库1.15 Pg C，年均碳汇0.007 Pg C；中国灌草丛的面积为178×10^6 hm^2；年均碳汇为0.014～0.024 Pg C（0.019 Pg C）；中国土壤碳汇为0.04～0.07 Pg C。在1981—2000年，中国陆地植被年均总碳汇为0.096～0.106 Pg C，相当于同期中国工业CO_2排放量的14.6%～16.1%。

全球陆地生态系统植物的光合作用将消耗大气CO_2，每年陆地森林生态系统将产生（1.7 ± 0.5）Pg C的净碳通量，而Lal（2004）估算全球土壤有机碳库在合理的管理下可产生净碳通量（0.4～1.2）Pg C（平均为0.8 Pg C）。

2. 岩溶碳循环过程及碳汇效应

岩溶碳循环及碳汇效应与陆地生态系统具有类似之处，其模式示意见图4.2。根据这一岩溶碳循环模式，针对流域尺度，可称为岩溶碳汇的分为3个部分：因碳酸盐岩溶解过程产生的、保存在水体中的无机碳、有机碳流出量，以及沉积在流域内水体中的有机碳。针对全球岩溶碳汇通量也包括3个方面：陆地向海洋输送的无机碳、有机碳；陆地地下水向海洋输送的无机碳、有机碳；在内陆河流、湖泊、水库沉积的有机碳。

每年全球陆地河流向海洋输送的DIC为0.26～0.30 Pg C、DOC为0.2～0.22 Pg C、POC为0.18～0.23 Pg C（Einsele et al，2001）；陆地地下水向海洋输送总碳量为0.2 Pg C；在内陆水体（湖泊、水库）滞留的有机碳碳量为0.22 Pg C（Cole et al，2007；Dean et al，1998；Pan et al，2011）。如果我们均按1/2比例估算岩溶碳汇效应，则每年因碳酸盐岩溶解风化产生的碳汇通量为0.53～0.58 Pg C，这一数值略高于Liu等（2008）估算的0.477 Pg C，这一数值相当于全球森林碳汇碳量的31.18%～34.41%、土壤碳汇通量的66.25%～73.12%。相当于目前全球碳循环“遗漏汇”2.4 Pg C的22.08%～24.17%；相当于全球化石燃料排放碳量7.0 Pg C的7.5%～8.3%。

吴卫华等（2011）基于我国境内九大水系中大河流域的河水化学成分并结合水文信息，对我国岩溶碳汇通量进行估算，结果显示，碳酸盐岩溶解消耗大气CO_2的每年碳通量为0.016～0.024 Pg C；刘再华等（2000）估算出，每年我国岩溶碳汇通量为0.018 Pg C；蒋忠诚等（2000）估算出每年全球岩溶碳汇通量为0.01 Pg C；邱冬生等（2004）估算中国每年岩溶碳汇为0.014 Pg C。以上结果的估算，都是基于径流-水化学方法，没有考虑内陆水生生态系统和地下水，不考虑我国岩溶分布的广泛性及岩溶区水库建设量的巨大比例，参照全球地表水、地下水、内陆水体滞留碳通量的比例1∶1∶1，则我国每年岩溶碳汇通量应该在0.030～0.072 Pg C，如果取中间值0.051 Pg C，则这一数值，相当于方精云等（2007）估算的我国森林碳汇通量的68%、灌草丛碳汇通量的2.68倍、草地碳汇通量的7.29倍。

侏罗山是位于阿尔卑斯山北界，由侏罗纪、白垩纪石灰岩组成的台地，该地区由低海拔（300 m）到高海拔（1 200 m），年平均气温由11℃降低到5℃，降水量由1 000 mm增加到2 200 mm。

植被以800 m海拔为界，800 m以下为阔叶林，800 m以上为针叶林，Calmels等（2014）选择贝桑松（海拔307 m，年降水量1 090 mm，年平均气温10.2℃，橡树林）和蓬塔利尔（海拔842 m，年降水量1 500 mm，年平均气温7.5℃，云杉林），在2001—2002年进行动态观测，其结果显示岩溶碳汇的通量约相当于植被碳汇通量的37.36%。

5.2.4　岩溶碳循环的时间尺度与碳汇稳定性问题

岩溶作用产生碳的源汇关系，从长时间（地质历史）和大空间（陆地到海洋即风化、剥蚀、搬运、沉积）尺度看可能是平衡的（Zhang，2011）。但从已有的研究结果看，在短时间尺度（数十年至百年）和小空间尺度（流域）可能是不平衡的，更多的是从大气和土壤中吸收CO_2，从而产生碳汇效应，关于岩溶作用是否是真正意义上的大气CO_2汇的争论，主要来自碳酸盐岩溶蚀的可逆反应过程。

在生物碳循环的时间尺度范围内，碳酸盐岩溶解消耗大气和土壤CO_2，以HCO_3^-形式进入地下水、地表水，并伴随全球水循环，由陆地河流迁移到海洋。在这一迁移过程中，无疑会因温度、水动力条件，导致水体中HCO_3^-的不稳定，转化为CO_2逸出水体，返回大气，但逸出的速度、逸出的量，与水体对碳滞留的能力、碳形态的转化存在密切的关系。但最近的研究结果有两点证据表明岩溶碳汇是客观存在的，且具有较好的稳定性。

第一，岩溶水中的无机碳在水生植物光合作用下，转化为有机碳，不仅使岩溶碳汇与生物有机碳汇结合在一起，同时也降低了方解石在水体中的饱和度，提高了无机碳在水体中的稳定性。

第二，Adamczyk等（2009）的研究结果显示水中CO_2比原有认识要稳定得多，暗示岩溶地下水回到地表后水体中HCO_3^-并不会再次全部转化为CO_2回到大气，而是相对稳定的，从而为估算岩溶净碳汇奠定了理论基础。同时由于有机过程（水生植物、微生物及土地利用变化等）的参与，岩溶碳汇量在增加的同时也变得更加稳定。

同时，与前4次IPCC报告相比，在IPCC-AR5报告中，碳酸盐岩岩石圈的溶解风化产生的碳汇效应虽然没有纳入全球碳源、碳汇项，但针对岩溶碳循环过程首次出现两点变化（蒲俊兵 等，2015；Ciais et al，2013）。

（1）将碳酸盐岩风化溶解的碳汇效应的时间长度视为$10^3 \sim 10^4$年，与硅酸盐岩风化的碳汇时间尺度（$10^4 \sim 10^6$年）项区分。

（2）将碳酸盐岩溶解风化的产生碳汇技术纳入去除大气CO_2的4个技术方法之一（陆地生态过程、海洋碳汇、人工直接捕捉和岩溶碳汇），并将其时间尺度定位为$10^2 \sim 10^3$年。

因此，岩溶碳循环过程可以产生短时间尺度的碳汇效应，且响应于地表、地下生物碳循环，以及气候、生态、环境的变化（表5.7）。

表5.7　地表主要碳汇过程的时间尺度及涉及的主要（生物）化学过程

（Ciais et al，2013）

作用过程	时间尺度/年	反应过程
生态系统：光合作用–呼吸作用	$1 \sim 10^2$	$6CO_2+6H_2O+光 \rightarrow C_6H_{12}O_6+6O_2$ $C_6H_{12}O_6+6O_2 \rightarrow 6CO_2+6H_2O+热$
海洋：海水缓冲	$10 \sim 10^3$	$CO_2+CO_3^{2-}+H_2O<=>2HCO_3^-$
碳酸盐岩风化（碳酸钙溶液）	$10^3 \sim 10^4$	$CO_2+CaCO_3+H_2O \rightarrow Ca^++2HCO_3^-$
硅酸盐岩风化	$10^4 \sim 10^6$	$CO_2+CaSiO_3 \rightarrow CaCO_3+SiO_2$

小　结

全球岩溶分布面积占陆地面积的9.3%～15.9%，是地球表层系统重要组成部分，岩溶碳汇通量约占陆地风化的50%，占植被光合固碳通量的30%～50%；岩溶碳循环过程对气候环境变化响应敏感，并强烈影响陆地淡水水生系统碳循环和碳汇通量，淡水水体水–气界面CO_2逸出通量的大小反映了岩溶碳汇强度的大小。

参考文献

蔡国福，1981.珠江流域地质构造及其各大水系发育简史[J]. 人民珠江（2）：13–18.

曹建华，潘根兴，袁道先，等，1999a. 桂林岩溶洼地生态系统中大气CO_2动态及环境意义[J]. 地质论评，45（1）：105–111.

曹建华，潘根兴，袁道先，等，2005. 岩溶地区土壤溶解有机碳的季节动态及环境效应[J]. 生态环境学报，14（2）：224–229.

曹建华，王福星，1998. 初探藻类、地衣生物岩溶微形态与内陆环境间相关性[J]. 地质论评，44（6）：656–661.

曹建华，王福星，黄俊发，等，1993. 桂林地区石灰岩表面生物岩溶溶蚀作用研究[J]. 中国岩溶，12（1）：11–22.

曹建华，杨慧，康志强，2011a. 区域碳酸盐岩溶蚀作用碳汇通量估算初探：以珠江流域为例[J]. 科学通报，56（26）：2181–2187.

曹建华，袁道先，1999b. 石生藻类，地衣，苔藓与碳酸盐岩持水性及生态意义[J]. 地球化学，28（3）：248–256.

曹建华，袁道先，潘根兴，等，2001. 岩溶动力系统中的生物作用机理初探[J]. 地学前缘，8（1）：203–209.

曹建华，袁道先，潘根兴，2003. 岩溶生态系统中的土壤[J]. 地球科学进展，18（1）：37–44.

曹建华，袁道先，潘根兴，等，2004. 不同植被下土壤碳转移对岩溶动力系统中碳循环的影响[J]. 地球与环境，32（1）：90–96.

曹建华，周莉，杨慧，等，2011b. 桂林毛村岩溶区与碎屑岩区林下土壤碳迁移对比及岩溶碳汇效应研究[J]. 第四纪研究，31（3）：431–437.

常建国，刘世荣，史作民，等，2007. 北亚热带—南暖温带过渡区典型森林生态系统土壤呼吸及其组分分离[J]. 生态学报，27（5）：1791–1802.

陈超，周广胜，2013. 1961—2010年桂林气温和地温的变化特征[J]. 生态学报，33（7）：2043–2053.

陈泮勤，王效科，王礼茂，2008. 中国陆地生态系统碳收支与增汇对策[M]. 北京：科学出版社.

陈平，2006. 结晶矿物学[M]. 北京：化学工业出版社.

陈伟燕，王世杰，白晓永，等，2013. 贵州喀斯特地区河网分布规律及其主控要素分析[J]. 地球与环境，41（3）：193–202.

陈伟海，朱学稳，朱德浩，等，2004. 重庆奉节天坑地缝喀斯特地质遗迹及发育演化[J]. 山地学报，22（1）：22–29.

陈伟海，朱学稳，朱德浩，等，2006. 重庆武隆喀斯特景观特征与世界自然遗产价值研究[M]. 北京：地质出版社.

陈文俊，1988. 地苏岩溶地下河系研究[J]. 中国岩溶，7（3）：223.

丁道桂，郭彤楼，刘运黎，等，2007. 对江南—雪峰带构造属性的讨论[J]. 地质通报，26（7）：801–809.

丁一汇，柳艳菊，梁苏洁，等，2014. 东亚冬季风的年代际变化及其与全球气候变化的可能联系[J]. 气象学报，72（5）：835–852.

丁一汇，孙颖，刘芸芸，等，2013. 亚洲夏季风的年际和年代际变化及其未来预测[J]. 大气科学，37（2）：253–280.

董丹，倪健，2011. 利用CASA模型模拟西南喀斯特植被净第一性生产力[J]. 生态学报，31（7）：1855–1866.
董树文，张岳桥，龙长兴，等，2007. 中国侏罗纪构造变革与燕山运动新诠释[J]. 地质学报，81（11）：1449–1461.
杜道林，刘玉成，苏杰，1996. 茂兰喀斯特山地广东松种群结构和动态初步研究[J]. 植物生态学报，20（2）：159–166.
方精云，郭兆迪，朴世龙，等，2007. 1981—2000年中国陆地植被碳汇的估算[J]. 中国科学（地球科学），37（6）：804.
方精云，柯金虎，唐志尧，等，2001. 生物生产力的“4P”概念、估算及其相互关系[J]. 植物生态学报，25（4）：414–419.
方培结，张超兰，曹建华，等，2014. 生物炭对岩溶区玉米生长、土壤CO_2及岩溶作用的影响[J]. 热带地理，34（4）：511–517.
方神光，张文明，徐峰俊，等，2015. 西江中游河网及梯级水库水动力整体数学模型研究[J]. 人民珠江，36（4）：107–111.
冯常茂，刘进，宋立军，2008. 中上扬子地区构造变形带成因机制及有利油气勘探区域预测[J]. 地球学报，29（2）：199–204.
冯伟明，谢渊，刘建清，等，2014. 上扬子下寒武统龙王庙组沉积模式与油气勘探方向[J]. 地质科技情报，33（3）：106–111.
冯增昭，彭勇民，金振奎，等，2001. 中国南方寒武纪岩相古地理[J]. 古地理学报，3（1）：1–14.
冯增昭，杨玉卿，鲍志东，1999. 中国南方石炭纪岩相古地理[J]. 古地理学报，1（1）：75–86.
傅容珊，李力刚，黄建华，等，1999. 青藏高原隆升过程的三阶段模式[J]. 地球物理学报，42（5）：609–617.
广西壮族自治区地质矿产局，1989. 广西地苏地下河系[M]. 北京：地质出版社.
贵州省土壤普查办公室，1993. 贵州省土壤[M]. 贵阳：贵州科技出版社.
郭芳，姜光辉，康志强，2011. 亚热带典型岩溶水系统的碳汇效应对比研究[J]. 中国岩溶，30（4）：403–409.
韩贵琳，刘丛强，2005. 贵州喀斯特地区河流的研究——碳酸盐岩溶解控制的水文地球化学特征[J]. 地球科学进展，20（4）：394–406.
韩行瑞，2015. 岩溶水文地质学[M]. 北京：科学出版社.
何师意，潘根兴，曹建华，等，2000. 表层岩溶生态系统碳循环特征研究[J]. 第四纪研究，20（4）：383–390.
洪业汤，2000. 岩溶（喀斯特）环境与西部开发[J]. 第四纪研究，20（6）：532–538.
胡本清，2012. GPR在岩溶区隧道地质灾害中的应用研究[D]. 南昌：华东交通大学.
胡召齐，朱光，刘国生，等，2009. 川东“侏罗山式”褶皱带形成时代：不整合面的证据[J]. 地质论评，55（1）：32–42.
扈志勇，杨平恒，杨梅，等，2009. 川东槽谷区岩溶泉水物理化学动态特征及其环境效应研究——以重庆青木关岩溶槽谷姜家泉为例[J]. 现代地质，23（6）：1167–1173.
郝青振，张人禾，汪品先，等，2016. 全球季风的多尺度演化[J]. 地球科学进展，31（7）：689–699.
黄芬，唐伟，汪进良，等，2011. 外源水对岩溶碳汇的影响——以桂林毛村地下河为例[J]. 中国岩溶，30（4）：417–421.
黄芬，肖琼，尹伟璐，等，2014. 岩溶系统中土壤氮肥施用对岩溶碳汇的影响[J]. 中国岩溶，33（4）：405–411.
黄家雄，林天健，1983. 珠江流域岩溶地下水基本特征（调查研究报告）[J]. 人民珠江（4）：12–15.
黄奇波，覃小群，刘朋雨，等，2017. 非岩溶水和硫酸参与溶蚀对湘南地区地下河流域岩溶碳汇通量的影响[J]. 地球科学进展，32（3）：307–318.
姜朝松，周瑞琦，王绍晋，2003. 昆明盆地形成模式及其演化[J]. 地震研究，26（2）：172–175.
蒋忠诚，1998. 中国南方表层岩溶带的特征及形成机理[J]. 热带地理，18（4）：322–326.
蒋忠诚，蒋小珍，雷明堂，2000. 运用GIS和溶蚀试验数据估算中国岩溶区大气CO_2的汇[J]. 中国岩溶，19（3）：212–217.
蒋忠诚，李先琨，曾馥平，等，2007. 岩溶峰丛洼地生态重建[M]. 北京：地质出版社.
蒋忠诚，杨德生，曹建华，等，2010. 中国水土流失防治与生态安全：西南岩溶区卷[M]. 北京：科学出版社.
焦念志，2006. 海洋微型生物生态学[M]. 北京：科学出版社.
康志强，2011. 表层岩溶系统水循环碳汇效应——以贵州板寨河流域为例[D]. 武汉：中国地质大学.
孔兰，蒋任飞，杨磊，2017. 西、北、东江水资源特性分析[J]. 中国农村水利水电（7）：120–123.

劳文科，蒋忠诚，时坚，等，2003. 洛塔表层岩溶带水文地质特征及其水文地质结构类型[J]. 中国岩溶，22（4）：258–266.

劳文科，蓝芙宁，蒋忠诚，等，2009. 石期河流域岩溶水系统及其水资源构成分析[J]. 中国岩溶，28（3）：255–262.

黎玉芳，李志鸿，2013. 桂林地区气温与降水量的时间序列预测模型[J]. 广西科学，20（2）：107–110.

李彬，袁道先，1996. 岩溶区碳循环与大气CO_2的源汇关系：以贵州岩溶区为例[J]. 中国岩溶，15（1）：41–49.

李大通，1985. 中国可溶岩类型图说明书[M]. 北京：中国地图出版社.

李东龙，王文圣，李跃清，2011. 中国主要江河年径流变化特性分析[J]. 水电能源科学，29（11）：1–5.

李建鸿，蒲俊兵，袁道先，等，2015. 岩溶区地下水补给型水库表层无机碳时空变化特征及影响因素[J]. 环境科学，36（8）：2833–2842.

李思亮，刘丛强，丁虎，等，2012. $\delta^{13}C$–DIC在河流风化和碳生物地球化学过程中的应用[J]. 地球环境学报，3（4）：929–935.

李思亮，刘丛强，陶发祥，等，2004. 碳同位素和水化学在示踪贵阳地下水碳的生物地球化学循环及污染中的应用[J]. 地球化学，33（2）：165–170.

李秀娟，周涛，何学兆，2009. NPP增长驱动下的中国森林生态系统碳汇[J]. 自然资源学报，24（3）：491–497.

刘宝珺，1980. 沉积岩石学[M]. 北京：地质出版社.

刘宝珺，许效松，1994. 中国南方岩相古地理图集（震旦纪—三叠纪）[M]. 北京：科学出版社.

刘丛强，蒋颖魁，陶发祥，等，2008. 西南喀斯特流域碳酸盐岩的硫酸侵蚀与碳循环[J]. 地球化学，37（4）：404–414.

刘东生，郑绵平，郭正堂，1998. 亚洲季风系统的起源和发展及其与两极冰盖和区域构造运动的时代耦合性[J]. 第四纪研究，18（3）：194–204.

刘功余，1984. 桂林岩溶区红色钙泥质岩中发现白垩纪轮藻化石[J]. 中国岩溶，3（1）：14.

刘功余，张美良，邓自强，等，1992. 桂林晚白垩世红色岩溶建造中溶积钙质泥岩的成因及地质意义初探[J]. 中国岩溶，11（2）：162–172.

刘金荣，2004. 广西热带岩溶研究[M]. 桂林：广西师范大学出版社.

刘天财，2016. 喀斯特山地表层岩溶带发育厚度空间分布规律研究[D]. 贵州：贵州师范大学.

刘文，2015. 亚热带不同地质背景水库碳转移过程的研究[D]. 重庆：西南大学.

刘彦，张金流，何媛媛，等，2010. 单生卵囊藻对DIC的利用及其对$CaCO_3$沉积影响的研究[J]. 地球化学，39（2）：191–196.

刘再华，2001. 碳酸酐酶对碳酸盐岩溶解的催化作用及其在大气CO_2沉降中的意义[J]. 地球学报，22（5）：477–480.

刘再华，田友萍，安德军，等，2009. 世界自然遗产——四川黄龙钙华景观的形成与演化[J]. 地球学报，30（6）：841–847.

刘再华，吴孔运，汪进良，等，2006. 非岩溶流水中碳酸盐岩试块的侵蚀速率及其控制因素：以湖南郴州礼家洞为例[J]. 地球化学，35（1）：103–110.

刘再华，袁道先，2000. 中国典型表层岩溶系统的地球化学动态特征及其环境意义[J]. 地质论评，46（3）：324–327.

刘再华，袁道先，何师意，等，2003. 四川黄龙沟景区钙华的起源和形成机理研究[J]. 地球化学，32（1）：1–10.

刘再华，袁道先，DREYBRODT W，等. 1993. 四川黄龙钙华的形成[J]. 中国岩溶，12（3）：4–10.

刘再华，DREYBRODT W，1998. DBL理论模型及方解石溶解、沉积速率预报[J]. 中国岩溶，17（1）：1–7.

刘再华，WOLFGANG D，王海静，2007. 一种由全球水循环产生的可能重要的CO_2汇[J]. 科学通报，52（20）：2418–2422.

刘志礼，1990. 化石藻类学导论[M]. 北京：高等教育出版社.

罗东辉，夏婧，袁婧薇，等，2010. 我国西南山地喀斯特植被的根系生物量初探[J]. 植物生态学报，34（5）：611–618.

马荣华，杨桂山，段洪涛，等，2011. 中国湖泊的数量、面积与空间分布[J]. 中国科学（地球科学），41（3）：394–401.

马宗晋，张家声，汪一鹏，1998. 青藏高原三维变形运动学的时段划分和新构造分区[J]. 地质学报，72（3）：211–227.

梅冥相，聂瑞贞，张海，等，2006. 上扬子区震旦系层序地层划分[J]. 现代地质，20（1）：49–60.

莫日生，邱书敏，2006. 广西岩溶地下水资源开发利用[M]//中国地质调查局，中国地质科学院岩溶地质研究所. 中国西南地区岩溶地下水资源开发与利用. 北京：地质出版社.

莫雪，蒲俊兵，袁道先，等，2014. 亚热带典型岩溶区地表溪流溶解无机碳昼夜变化特征及其影响因素[J]. 第四纪研究，34（4）：873–880.
聂跃平，1993. 黔中南地区碳酸盐岩岩性与喀斯特地貌发育的关系[D]. 南京：南京大学.
聂跃平，1994. 碳酸盐岩性因素控制下喀斯特发育特征：以黔中南为例[J]. 中国岩溶，13（1）：31–36.
潘保田，李吉均，1996. 青藏高原：全球气候变化的驱动机与放大器——Ⅲ. 青藏高原隆起对气候变化的影响[J]. 兰州大学学报，1：108.
潘根兴，曹建华，1999. 表层带岩溶作用：以土壤为媒介的地球表层生态系统过程——以桂林峰丛洼地岩溶系统为例[J]. 中国岩溶，18（4）：289–296.
潘根兴，曹建华，2000. 土壤碳及其在地球表层系统碳循环中的意义[J]. 第四纪研究，20（4）：325–334.
裴建国，梁茂珍，陈阵，2008. 西南岩溶石山地区岩溶地下水系统划分及其主要特征值统计[J]. 中国岩溶，27（1）：6–10.
蒲俊兵，蒋忠诚，袁道先，等，2015. 岩石风化碳汇研究进展：基于IPCC第五次气候变化评估报告的分析[J]. 地球科学进展，30（10）：1081–1090.
覃小群，蒋忠诚，2005. 表层岩溶带及其水循环的研究进展与发展方向[J]. 中国岩溶，24（3）：250–254.
覃小群，蒋忠诚，李庆松，等，2007. 广西岩溶区地下河分布特征与开发利用[J]. 水文地质工程地质，34（6）：10–13.
覃小群，蒋忠诚，张连凯，等，2015. 珠江流域碳酸盐岩与硅酸盐岩风化对大气CO_2汇的效应[J]. 地质通报，34（9）：1749–1757.
覃小群，刘朋雨，黄奇波，等，2013. 珠江流域岩石风化作用消耗大气/土壤CO_2量的估算[J]. 地球学报（4）：455–462.
覃小群，蒙荣国，莫日生，等，2011. 土地覆盖对岩溶地下河碳汇的影响——以广西打狗河流域为例[J]. 中国岩溶，30（4）：372–378.
邱冬生，庄大方，胡云锋，等，2004. 中国岩石风化作用所致的碳汇能力估算[J]. 地球科学，29（2）：177–182.
曲仲湘，吴玉树，1983. 植物生态学：第二版 [M]. 北京：高等教育出版社.
全国土壤普查办公室，1998. 中国土壤[M]. 北京：中国农业出版社.
任美锷，刘振同，1983. 岩溶学概论[M]. 北京：商务印书馆.
茹锦文，1988. 漓江流域整治的综合研究[M]. 桂林：广西师范大学出版社.
沈照理，1993. 水文地球化学基础[M]. 北京：地质出版社.
史婷婷，2012. 岩溶流域水循环过程碳汇效应研究——以湖北香溪河流域为例[D]. 武汉：中国地质大学（武汉）.
宋昂，彭文杰，何若雪，等，2017. 好氧不产氧光合细菌反馈作用下的五里峡水库坝前水体化学特征研究[J]. 岩矿测试，36（2）：171–179.
苏金宝，董树文，张岳桥，等，2014. 川黔湘构造带构造样式及深部动力学制约[J]. 吉林大学学报（地球科学版），44（2）：490–506.
孙海龙，刘再华，杨睿，等，2017. 珠江流域水化学组成的时空变化特征及对岩石风化碳汇估算的意义[J]. 地球与环境，45（1）：57–65.
孙平安，于奭，莫付珍，等，2016. 不同地质背景下河流水化学特征及影响因素研究：以广西大溶江、灵渠流域为例[J]. 环境科学，37（1）：123–131.
唐天福，张俊明，杨万容，等，1980. 中国西南地区晚震旦世碳酸盐岩与磷块岩的沉积环境[J]. 地层学杂志（4）：264–272.
唐伟，曹建华，杨慧，等，2014. 外源水对碳酸盐侵蚀速率研究——以桂林毛村地下河为例[J]. 地球与环境，42（2）：207–212.
陶澍，梁涛，徐尚平，等，1997. 伊春河河水溶解态有机碳含量和输出通量的时空变化[J]. 地理学报（3）：254–261.
王德滋，1975. 光性矿物学[M]. 上海：上海人民出版社.
王二七，BURCHFIEL B C，季建清，2001. 东喜马拉雅构造结新生代地壳缩短量的估算及其地质依据[J]. 中国科学（地球科学），31（1）：1–9.
王福星，曹建华，1993. 生物岩溶[M]. 北京：地质出版社.
王福星，曹建华，黄俊发，等，1995. 初论藻类生物岩溶作用[J]. 桂林工学院学报，15（2）：149–156.

王鹤年，周丽娅，2006. 华南地质构造的再认识[J]. 高校地质学报，12（4）：457–465.

王明章，2006. 西南岩溶石山区地下水开发在石漠化防治中的地位[J]. 贵州地质，23（4）：261–265.

王培，2016. 典型水生植物对岩溶水生生态系统无机碳稳定性影响研究[D]. 北京：中国地质大学（北京）.

王培，曹建华，李亮，等，2013. 不同来源小球藻对岩溶水Ca^{2+}、HCO_3^-利用的初步研究[J]. 水生生物学报（4）：626–631.

王仕禄，万国江，刘丛强，等，2003. 云贵高原湖泊CO_2的地球化学变化及其大气CO_2源汇效应[J]. 第四纪研究，23（5）：581.

王世杰，季宏兵，欧阳自远，等，1999. 碳酸盐岩风化成土作用的初步研究[J]. 中国科学（地球科学），29（5）：441–449.

王宇，李燕，2003. 断陷盆地岩溶水赋存规律[M]. 昆明：云南科技出版社.

王兆礼，陈晓宏，2006. 珠江流域植被净初级生产力及其时空格局[J]. 中山大学学报（自然科学版），45（6）：106–110.

韦启璠，陈鸿昭，吴志东，等，1983. 广西（山弄）岗自然保护区石灰土的地球化学特征[J]. 土壤学报，20（1）：30–42.

韦跃龙，陈伟海，罗劬侃，2018. 广西都安地下河地质公园喀斯特景观特征及其形成演化[J]. 热带地理，38（1）：34–47.

翁金桃，1987. 桂林岩溶与碳酸盐岩[M]. 重庆：重庆出版社.

吴卫华，郑洪波，杨杰东，等，2011. 中国河流流域化学风化和全球碳循环[J]. 第四纪研究，31（3）：397–407.

吴沿友，2011. 喀斯特适生植物固碳增汇策略[J]. 中国岩溶，30（4）：461–465.

吴沿友，梁铮，邢德科，2011a. 模拟干旱胁迫下构树和桑树的生理特征比较[J]. 广西植物，31（1）：92–96.

吴沿友，邢德科，刘莹，2011b. 植物利用碳酸氢根离子的特征分析[J]. 地球与环境，39（2）：273–277.

吴振斌，2011. 水生植物与水体生态修复[M]. 北京：科学出版社.

肖鸿林，邹成杰，1997. 喀斯特峡谷成因及数学模型研究——以猫跳河、六冲河为例[J]. 中国岩溶，16（2）：105–112.

肖永林，刘宝珺，罗建宁，等，1986. 云南昆明盆地晚新生代沉积环境的演化[C]// 中国地质科学院. 中国地质科学院文集. 北京：中国地质科学院.

徐胜友，袁道先，1996. 碳酸盐岩土壤的动态特征及其对岩溶左右的驱动[M]// 袁道先，谢云鹤. 岩溶与人类生存、环境、资源和灾害. 桂林：广西师范大学出版社.

颜丹平，汪新文，刘友元，2000. 川鄂湘边区褶皱构造样式及其成因机制分析[J]. 现代地质，14（1）：37–43.

杨汉奎，程仕泽，1991. 贵州茂兰喀斯特森林群落生物量研究[J]. 生态学报，11（4）：307–312.

杨慧，张连凯，曹建华，等，2011. 桂林毛村岩溶区不同土地利用方式土壤有机碳矿化及土壤碳结构比较[J]. 中国岩溶，30（4）：410–416.

杨慧，张连凯，于奭，等，2012. 桂林毛村岩溶区与碎屑岩区不同土地利用方式对土壤水稳性团聚体特征的影响[J]. 中国岩溶，31（3）：265–271.

杨建祥，陈竑，何莉，等，2005. 南宁市酸沉降来源的研究[J]. 环境科学研究，18（3）：63–66.

杨兰芳，蔡祖聪，2004. 不同生长期盆栽大豆的土壤呼吸昼夜变化及其影响因子[J]. 生态学报，24（12）：2955–2960.

杨立铮，1985. 中国南方地下河分布特征[J]. 中国岩溶，4（z1）：98–106.

杨立铮，卫迦，1997. 岩溶系统对大气 CO_2的调节作用[J]. 成都理工大学学报（自然科学版）（s1）：32–39.

杨明德，1994. 岩溶峡谷成因及演化模式[C]// 谢云鹤，杨明德. 人类活动与岩溶环境. 北京：北京科学技术出版社.

杨胜天，朱启疆，2000. 贵州典型喀斯特环境退化与自然恢复速率[J]. 地理学报，55（4）：459–466.

杨世燊，1989. 统景风景区岩溶地貌的类型，特征及其发育[J]. 重庆师范大学学报（自然科学版）（3）：9–16.

杨延征，马元丹，江洪，等，2016. 基于IBIS模型的1960—2006年中国陆地生态系统碳收支格局研究[J]. 生态学报，36（13）：3911–3922.

游大伟，汤超莲，邓松，2005. 近50年西江径流量变化与气候变暖关系[J]. 广东气象（4）：4–6.

于贵瑞，方华军，2013，陆地生态系统碳循环过程及其影响因素[M]// 李文华. 中国当代生态学研究——全球变化生态学卷. 北京：科学出版社.

于维莲，董丹，倪健，2010. 中国西南山地喀斯特与非喀斯特森林的生物量与生产力比较[J]. 亚热带资源与环境学报，5（2）：25–30.

喻理飞，朱守谦，叶镜中，等，2002. 退化喀斯特森林自然恢复过程中群落动态研究[J]. 林业科学，38（1）：1–7.
袁道先，1994. 中国岩溶学[M]. 北京：地质出版社.
袁道先，蔡桂鸿，1988. 岩溶环境学[M]. 重庆：重庆出版社.
袁道先，刘再华，林玉石，等，2002. 中国岩溶动力系统[M]. 北京：地质出版社.
曾成，赵敏，杨睿，等，2014. 岩溶作用碳汇强度计算的溶蚀试片法和水化学径流法比较——以陈旗岩溶泉域为例[J]. 水文地质工程地质，41（1）：106–111.
展小云，于贵瑞，郑泽梅，等，2012. 中国区域陆地生态系统土壤呼吸碳排放及其空间格局——基于通量观测的地学统计评估[J]. 地理科学进展，11（1）：97–108.
张必龙，朱光，胡召齐，等，2009. 川东“侏罗山式”褶皱的数值模拟及成因探讨[J]. 地质论评，55（5）：701–711.
张东秋，石培礼，张宪洲，2005. 土壤呼吸主要影响因素的研究进展[J]. 地球科学进展，20（7）：778–785.
张飞，刘纪化，李强，等，2016. 从微型生物功能类群研究到海洋储碳机制的新认识——方法创新带动科学发现的一个典型案例[J]. 中国科学（地球科学），46（1）：9–17.
张捷，1993. 喀斯特侵蚀过程中藻类作用的微形态研究[J]. 地理学报，48（3）：235–243.
张捷，包浩生，1995. 生物喀斯特及其微形态研究[J]. 地球科学进展，10（5）：457–463.
张连凯，覃小群，刘朋雨，等，2016. 硫酸参与的长江流域岩石化学风化与大气CO_2消耗[J]. 地质学报，90（8）：1933–1943.
张美良，2010. 广西晚白垩世古岩溶与成矿研究[M]. 北京：地质出版社.
张美良，朱晓燕，吴夏，等，2017. 岩溶洞穴环境及石笋古气候记录[M]. 北京：地质出版社.
张清华，2018. 漓江流域外源水对岩溶无机碳增汇效应研究[D]. 桂林：桂林理工大学.
张陶，蒲俊兵，袁道先，等，2016. 广西官村岩溶溪流中生物地球化学控制的DIC和NO_3^-昼夜变化研究[J]. 地质学报，90（8）：965–976.
张彦辉，安彦杰，朱迟，等，2009. 水体无机碳条件对常见沉水植物生长和生理的影响[J]. 水生生物学报，33（6）：1020–1030.
张岳桥，施炜，李建华，等，2010. 大巴山前陆弧形构造带形成机理分析[J]. 地质学报，84（9）：1300–1315.
章程，2011. 不同土地利用下的岩溶作用强度及其碳汇效应[J]. 科学通报，56（26）：2174–2180.
章程，汪进良，蒲俊兵，2015. 地下河出口河流水化学昼夜动态变化——生物地球化学过程的控制[J]. 地球学报，36（2）：197–203.
章程，谢运球，吕勇，等，2006. 不同土地利用方式对岩溶作用的影响——以广西弄拉峰丛洼地岩溶系统为例[J]. 地理学报，61（11）：1181–1188.
章程，袁道先，曹建华，等，2004. 典型表层岩溶泉短时间尺度动态变化规律研究[J]. 地球学报，25（4）：467–471.
赵风清，金文山，甘晓春，等，1995. 华夏地块前加里东期变质基底的特征以及深部地壳性质[J]. 地球学报，16（3）：235–245.
赵其国，1997. 土壤圈在全球变化中的意义与研究内容[J]. 地学前缘，4（2）：153–162.
赵敏，曾成，刘再华，2009. 土地利用变化对岩溶地下水溶解无机碳及其稳定同位素组成的影响[J]. 地球化学，38（6）：565–572.
郑度，杨勤业，吴绍洪，2015. 中国自然地理总论[M]. 北京：科学出版社.
郑焕君，2018. 不同地质背景下漓江流域水气界面CO_2交换通量变化过程及环境影响研究[D]. 北京：中国地质大学.
中国科学院地质研究所岩溶研究组，1979. 中国岩溶研究[M]. 北京：科学出版社.
周宁，刘波，2009. 鄂西南岩溶地区表层岩溶带发育强度变化规律研究[J]. 中国岩溶，28（1）：1–6.
周运超，潘根兴，2001. 茂兰森林生态系统对岩溶环境的适应与调节[J]. 中国岩溶，20（1）：47–52.
周运超，王世杰，卢红梅，2010. 喀斯特石漠化过程中土壤的空间分布[J]. 地球与环境，38（1）：1–7.
朱德浩，1982. 桂林地区峰丛洼地的形态量计及其演化[J]. 中国岩溶，2（2）：127.
朱德浩，张远海，2013. 喀斯特地貌[M]// 尤联元，杨景春. 中国地貌. 北京：科学出版社.
朱明秋，曹建华，郭芳，2007. 基于碳酸盐岩风化的碳源分析及土壤的影响作用机制[J]. 中国岩溶，26（3）：202–206.
朱守谦，1993. 喀斯特森林生态研究[M]. 贵阳：贵州科技出版社.

朱学稳，1991a. 峰林喀斯特的性质及其发育和演化的新思考（1）[J]. 中国岩溶，10（3）：51–62.

朱学稳，1991b. 峰林喀斯特的性质及其发育和演化的新思考（2）[J]. 中国岩溶，10（3）：137–150.

朱学稳，1991c. 峰林喀斯特的性质及其发育和演化的新思考（3）[J]. 中国岩溶，10（3）：171–182.

朱学稳，2001. 中国的喀斯特天坑及其科学与旅游价值[J]. 科技导报，19（10）：60–63.

朱学稳，2003. 广西乐业大石围天坑群发现探测定义与研究[M]. 南宁：广西科学技术出版社.

朱学稳，2006. 武隆后坪侵蚀型天坑的发现及其科学与旅游价值[J]. 中国岩溶，25（s1）：93–98.

朱学稳，等，1988. 桂林岩溶地貌与洞穴研究[M]. 北京：地质出版社.

ADAMCZYK K，MIRABELLE P S，PINES D，et al，2009. Real-time observation of carbonic acid formation in aqueous solution[J]. Science，326：1690–1694.

ANDERSON S P，DREVER J I，FROST C D，et al，2000. Chemical weathering in the foreland of a retreating glacier[J]. Geochimica Et Cosmochimica Acta，64（7）：1173–1189.

BAKALOWICZ M，2012. Epikarst[J]. Encyclopedia of Caves，36（4）：284–288.

BERNER R A，1997. The rise of plants and their effect on weathering and atmospheric CO_2[J]. Science，276（8）：506–511.

BERNER R A，LASAGA A C，GARRELS R M，1983. The carbonate—silicate geochemical cycle and its effect on atmospheric carbon—dioxide over the past 100 million years[J]. American Journal of Science，283(7)：641–683.

BLUM J D，GAZIS C A，JACOBSON A D，et al，1998. Carbonate versus silicate weathering in the Raikhot watershed within the high Himalayan crystalline series[J]. Geology，26（5）：411–414.

BOEGLIN J L，PROBST J L. 1998. Physical and chemical weathering rates and CO_2，consumption in a tropical lateritic environment：the upper Niger basin[J]. Chemical Geology，148（3）：137–156.

CALMELS D，GAILLARDET J，FRANÇOIS L，2014. Sensitivity of carbonate weathering to soil CO_2，production by biological activity along a temperate climate transect[J]. Chemical Geology，390（1）：74–86.

CAO J H，BILL H，CHRIS G，et al，2016. Karst dynamic system and the carbon cycle[J]. Zeitschrift Für Geomorphologie Supplementary Issues，60（2）：35–55.

CAO J H，WANG F X. 2015. Reform of carbonate rock subsurface by crustose lichens and its environmental significance[J]. Acta Geologica Sinica，72（1）：94–99.

CIAIS P，SABINE C，BALA G，et al. 2013. Climate change 2013：the physical science basis. Contribution of working group I to the fifth assessment report of the intergovernmental panel on climate change[J]. Computational Geometry，18（2）：95–123.

COLE J J，PRAIRIE Y T，CARACO N F，et al. 2007. Plumbing the global carbon cycle：integrating inland waters into the terrestrial carbon budget[J]. Ecosystems，10（1）：171–184.

CRAIG H，1953. The geochemistry of the stable carbon isotopes [J]. Geochimica Et Cosmochimica Acta，3（2）：53–92.

CROWTHER J，1983. A comparision of the rock table and water hardness methods for determining chemical erosion rates on karst surface[J]. Annual Geomorphology，27（1）：55–64.

CROWTHER J，1987. Ecological observations in tropical karst terrain，West Malaysia. Ⅲ. Dynamics of the vegetation-soil–bedrock system[J]. Journal of Biogeography，14（2）：157–164.

DANIN A，GARTY J，1983. Distribution of cyanobacteria and lichens on hillsides of the Negev Highlands and their impacts on bogenic weathering[J]. Geomorph，27（4）：423–444.

DEAN W E，GORHAM E，1998. Magnitude and significance of carbon burial in lakes，reservoirs，and peatlands[J]. Geology，26（6）：535.

DOWNING J P，MEYBECK M，ORR J C，et al，1993. Land and water interface zone[J]. Water Air & Soil Pollution，70（1）：123–137.

DOWNING J A，PRAIRIE Y T，COLE J J，et al，2006. The global abundance and size distribution of lakes，ponds，and impoundments[J]. Encyclopedia of Inland Waters，51（5）：2388–2397.

DÜRR H H，MEYBECK M，DÜRR S H，2005. Lithologic composition of the Earth's continental surfaces derived from a new digital map emphasizing riverine material transfer[J]. Global Biogeochemical Cycles，19（4）：1–22.

EINSELE G，YAN J，HINDERER M，2001. Atmospheric carbon burial in modern lake basins and its significance for the global carbon budget[J]. Global & Planetary Change，30（3）：167–195.

FAIRBRIDGE R W，1978. 碳酸盐岩与古气候[M]//奇林格，冯增昭. 沉积学的进展——碳酸盐岩. 北京：石油化学工业出版社.

FERRIS F G，WIESE R G，FYFE W S，1994. Precipitation of carbonate minerals by microorganisms：Implications for silicate weathering and the global carbon dioxide budget[J]. Geomicrobiology Journal，12（1）：1–13.

FORD D C，WILLIAMS P W，1989. Karst Geomorphology and Hydrology[M]. London：Unwin Hyman.

FORD D C，WILLIAMS P W，2006. Karst hydrogeology and geomorphology[M]. Hoboken：Wiley.

GAILLARDET J，DUPRÉ B，LOUVAT P，et al，1999. Global silicate weathering and CO_2，consumption rates deduced from the chemistry of large rivers[J]. Chemical Geology，159（1）：3–30.

GALY A，FRANCE L C，1999. Weathering processes in the Ganges–Brahmaputra basin and the riverine alkalinity budget[J]. Chemical Geology，159（1）：31–60.

GENTY D，MASSAULT M，1999. Carbon transfer dynamics from bomb-^{14}C and $\delta^{13}C$ time series of a laminated stalagmite from SW France—modelling and comparison with other stalagmite records[J]. Geochimica Et Cosmochimica Acta，63（10）：1537—1548.

GIBBS M T，KUMP L R，1994. Global chemical erosion during the Last Glacial Maximum and the present：sensitivity to changes in lithology and hydrology[J]. Paleoceanography，9（4）：529–543.

GIBBS R J，1971. Mechanisms controlling world water chemistry[J]. Science，172（3985）：870–872.

GOLUBIC S，KRUMBEIN W，SCHNEIDER J，1978. The carbon cycle[M]// CARR N G，WHITTON B A. The biology of cyanobacteria. Oxford：Blachwell Scientific Publications.

GOMBERT P，2002. Role of karstic dissolution in global carbon cycle[J]. Global and Planetary Change，33（1）：177–184.

HANSON P J，EDWARDS N T，GARTEN C T，et al，2000. Separating root and soil microbial contributions to soil respiration：a review of methods and observations[J]. Biogeochemistry，48（1）：115–146.

HARTMANN J，JANSEN N，DÜRR H H，et al，2009. Global CO_2—consumption by chemical weathering：what is the contribution of highly active weathering regions?[J]. Global and Planetary Change，69（4）：185–194.

HOEFS，1997. Stable isotope Geochemistry（Germany）[M]. Berlin，Herdelberg：Springer—Verlag.

HUANG F，ZHANG C，XIE Y，et al，2015. Inorganic carbon flux and its source in the karst catchment of Maocun，Guilin，China[J]. Environmental Earth Sciences，74（2）：1079–1089.

JACOBSON A D，BLUM J D，CHAMBERLAIN C P，et al，2002a. Ca/Sr and Sr isotope systematics of a Himalayan glacial chronosequence：carbonate versus silicate weathering rates as a function of landscape surface age[J]. Geochimica Et Cosmochimica Acta，66（1）：13–27.

JACOBSON A D，BLUM J D，WALTER L M，2002b. Reconciling the elemental and Sr isotope composition of Himalayan weathering fluxes：insights from the carbonate geochemistry of stream waters[J]. Geochimica Et Cosmochimica Acta，66（19）：3417–3429.

JIAO N，HERNDL G J，HANSELL D A，et al，2010. Microbial production of recalcitrant dissolved organic matter：long–term carbon storage in the global ocean[J]. Nature Reviews Microbiology，8（8）：593–599.

KEELING C D，1979. The Suess effect：13 Carbon–14 Carbon interrelations[J]. Environment International，2（4）：229–300.

KENNEDY D，1998. Breakthrough of the year[J]. Science，282（5397）：2156–2161.

KITANO Y，1984. Environmental chemistry of the Earth[M]. Tokyo：Shokabo.

KRISHNASWAMI S，TRIVEDI J R，SARIN M M，1992. Strontium isotopes and rubidium in the Ganga–Brahmaputra river system：weathering in the Himalaya，fluxes to the Bay of Bengal and contributions to the evolution of oceanic $^{87}Sr/^{86}Sr$[J]. Earth and Planetary Science Letters，109（1）：243–253.

KROTH P G. 2015. The biodiversity of carbon assimilation [J]. Journal of Plant Physiology，172：76–81.

KUMP L R，BRANTLEY S L，ARTHUR M A，2000. Chemical weathering，atmospheric CO_2，and climate[J]. Annual

Review of Earth and Planetary Sciences, 28 (1) : 611–667.

LAL R, 2004. Soil carbon sequestration impacts on global climate change and food security [J]. Science, 304 (5677) : 1623–1627.

LAL R, 2008. Carbon sequestration[J]. Philosophical Transactions of the Royal Society of London, 363 (1492) : 815–830.

LEVIN I, KROMER B, 1998. Twenty years of high precision atmospheric $^{14}CO_2$ observations at Schauinsland station[J]. Germany Radiocarbon, 39 (2) : 205–218.

LEW S, LEW M, KOBLÍZEK M, 2016. Influence of selected environmental factors on the abundance of aerobic anoxygenicphototrophs in peat–bog lakes[J]. Environmental Science & Pollution Research, 23 (14) : 13853–13863.

LIU H, LIU Z, MACPHERSON G L, et al, 2015. Diurnal hydrochemical variations in a karst spring and two ponds, Maolan Karst Experimental Site, China: Biological pump effects[J]. Journal of Hydrology, 522: 407–417.

LIU Z, ZHAO J, 2000. Contribution of carbonate rock weathering to the atmospheric CO2 sink[J]. Environmental Geology, 39 (9) : 1053–1058.

LIU Z H, WOLFGANG, DREYBRODT, et al, 2008. A possible important CO_2 sink by the global water cycle[J]. Chinese Science Bulletin, 53 (3) : 402–407.

LOBBES J M, FITZNAR H P, KATTNER G, 2000. Biogeochemical characteristics of dissolved and particulate organic matter in Russian rivers entering the Arctic Ocean[J]. Geochimica Et Cosmochimica Acta, 64 (17) : 2973–2983.

LUDWIG W, AMIOTTE–SUCHET P, MUNHOVEN G, et al, 1998. Atmospheric CO_2 consumption by continental erosion: present–day controls and implications for the last glacial maximum[J]. Global and Planetary Change, 403 (16) : 107–120.

MABERLY S C, SPENCE D H N. 1983. Photosynthetic Inorganic Carbon use by Freshwater Plants[J]. Journal of Ecology, 71 (3) : 705–724.

MACPHERSON G L, ROBERTS J A, BLAIR J M, et al, 2008. Increasing shallow groundwater CO_2, and limestone weathering, Konza Prairie, USA[J]. Geochimica Et Cosmochimica Acta, 72 (23) : 5581–5599.

MARCÉ R, OBRADOR B, MORGUÍ J A, et al, 2015. Carbonate weathering as a driver of CO_2 supersaturation in lakes[J]. Nature Geoscience, 8 (2) : 107–111.

MEYBECK M, 1987. Global chemical weathering of surficial rocks estimated from river dissolved loads[J]. American Journal of Science, 287 (5) : 401–428.

MULHOLLAND P J, ELWOOD J W, 2010. The role of lake and reservoir sediments as sinks in the perturbed global carbon cycle[J]. Tellus, 34 (5) : 490–499.

MUNHOVEN G, 2002. Glacial–interglacial changes of continental weathering: estimates of the related CO_2 and HCO_3^- flux variations and their uncertainties[J]. Global and Planetary Change, 33 (1) : 155–176.

PAN Y, BIRDSEY R A, FANG J, et al. 2011. A large and persistent carbon sink in the world's forests[J]. Science, 333 (6045) : 988.

PARRENIN F, MASSONDELMOTTE V, KÖHLER P, et al, 2013. Synchronous change of atmospheric CO_2 and Antarctic temperature during the last deglacial warming. [J]. Science, 339 (6123) : 1060–1063.

PERRIN A S, PROBST A, PROBST J L, 2008. Impact of nitrogenous fertilizers on carbonate dissolution in small agricultural catchments: implications for weathering CO_2 uptake at regional and global scales[J]. Geochimica Et Cosmoch imica Acta, 72 (13) : 3105–3123.

PHILIPPE P, DAVID B, JORGE S, et al, 2002. Influence of transport uncertainty on annual mean and seasonal inversions of atmospheric CO_2 date[J]. Journal of Geophysical Rsearch, 17 (19) : 2156–2183

PRINS H, ELZENGA J T M. 1989. Bicarbonate utilization: function and mechanism[J]. Aquatic Botany, 34 (1) : 59–83.

SARMIENTO J L, SUNDQUIST E T, 1992. Revised budget for the oceanic uptake of anthropogenic carbon dioxide[J]. Nature, 356 (6370) : 589–593.

SUBKE J A, INGLIMA I, COTRUFO M F, 2006. Trends and methodological impacts in soil CO_2 efflux partitioning: a metaanalytical review[J]. Global Change Biology, 12 (6) : 921–943.

SUCHET P A, PROBST J L, LUDWIG W, 2003. Worldwide distribution of continental rock lithology: implications for the atmospheric/soil CO_2 uptake by continental weathering and alkalinity river transport to the oceans[J]. Global Biogeochemical Cycles, 17 (2): 1-14.

TRANVIK L J, DOWNING J A, COTNER J B, et al, 2009. Lakes and reservoirs as regulators of carbon cycling and climate[J]. Limnology and Oceanography, 54 (6): 2298-2314.

WEISS R F, 1974. Carbon dioxide in water and seawater: the solubility of a non—ideal gas[J]. Marine Chemistry, 2 (3): 203-215.

WIGLEY T M L, 1977. WATSPEC: a computer program for determining equilibrium speciation of aqueous solutions[J]. British Geomorphological Research Group Technical Bulletin, 20: 1-46.

XIA R Y. 2016. Groundwater resources in karst area in Southern China and sustainable utilization pattern[J]. Journal of Groundwater Science and Engineering, 4: 47-55.

YOSHIMURA K, 1997. The geochemical cycle of carbon dioxide in a carbonate rock area, Akiyoshi-dai Plateau, Yamaguchi, Southwestern Japan[C]//Proceeding of 30th International Geological Congress, Environmental Geology. Bei Jing: Geological Publishing House.

YUAN D, ZHANG C, 2002. Karst processes and the carbon cycle, final report of IGCP 379[M]. Beijing: Geological Publishing House.

ZHANG C, 2011. Time-scale of karst processes and the carbon sink stability[J]. Carsologica Sinica, 30 (4): 368-371.

ZHANG S, GAN W B, ITTEKKOT V, 1992. Organic matter in large turbid rivers: the Huanghe and its estuary[J]. Marine Chemistry, 38 (1): 53-68.